上土下岩二元地层地铁地下工程岩土体自稳特征研究

张自光　著

中国铁道出版社有限公司

2024年·北　京

内容简介

本书针对大规模处于物理力学特征差异显著的上土下岩二元地层结构中的地铁地下工程岩土体自稳问题，立足于充分发挥地下工程岩土体自稳能力的理念，综合采用理论分析、数值计算、原位测试、统计分析等多种研究手段，构建了上土下岩二元地层地铁地下工程岩土体自稳特征分布模型，揭示了上土下岩二元地层地铁地下工程岩土体自稳特征分布规律，提出了上土下岩二元地层地铁地下工程岩土体自稳特征评判指标，展示了上土下岩二元地层地铁地下工程岩土体自稳特征典型应用案例，形成了上土下岩二元地层地铁地下工程岩土体自稳特征研究理论体系。

本书适合城市轨道交通地下工程领域科研人员、工程技术人员参考，也可作为高校城市地下空间工程类专业研究生和本科生教材。

图书在版编目(CIP)数据

上土下岩二元地层地铁地下工程岩土体自稳特征研究/张自光著.—北京：中国铁道出版社有限公司，2024.3

ISBN 978-7-113-30400-3

Ⅰ.①上… Ⅱ.①张… Ⅲ.①地下铁道-地下工程-岩土工程-围岩稳定性-研究 Ⅳ.①TU94②TU457

中国国家版本馆 CIP 数据核字(2023)第 132293 号

书　　名：**上土下岩二元地层地铁地下工程岩土体自稳特征研究**
作　　者：张自光

策　　划：王　健
责任编辑：王　健　　**编辑部电话**：(010)51873065
封面设计：尚明龙
责任校对：安海燕
责任印制：樊启鹏

出版发行：中国铁道出版社有限公司（100054，北京市西城区右安门西街 8 号）
网　　址：http://www.tdpress.com
印　　刷：北京盛通印刷股份有限公司
版　　次：2024 年 3 月第 1 版　2024 年 3 月第 1 次印刷
开　　本：787 mm×1 092 mm 1/16　**印张**：15.75　**字数**：363 千
书　　号：ISBN 978-7-113-30400-3
定　　价：88.00 元

前　言

城市轨道交通因其具有准点、快捷、大运量、安全、舒适、节能、环保等诸多优势，目前已逐渐成为缓解交通拥挤、改善交通环境、引导城市发展格局等问题的重要途径。城市轨道交通正在世界范围内快速发展。

岩土体是地铁地下工程赋存的物质基础。地铁地下工程所面临的如围岩自稳能力、施工方法选择、支护体系选用、建设工期确定、建设投入核定、周边环境影响等诸多问题几乎均与其所处的岩土体特征息息相关。在我国地铁建设中，青岛、大连、厦门、重庆等城市地铁工程面临的共同地层特征是一种大规模处于物理力学特征差异显著的上土下岩二元地层结构，并由此引发地铁地下工程建设地层主结构稳定案例问题，引起业界的持续关注。当代地下工程建设的基本理念是尽量减少工程施工对岩土体的破坏以保护岩土体的自稳能力，用尽可能少的工程辅助措施“帮助”(并与岩土体一起)岩土体稳定，充分利用岩土体的自稳能力，达到保障工程结构安全和较好经济性的目的。

上土下岩二元地层结构的独特之处在于上覆土质地层自稳能力较差，在此土质地层中进行地下工程建设需采用工程强有力辅助措施；而下覆岩质地层有较强的自稳能力，在此岩质地层中进行地下工程建设，其工程岩土体一般可满足自稳要求。然而，关于上土下岩二元地层地铁地下工程岩土体自稳特征尚无统一的认识和判定标准。深入开展上土下岩二元地层地铁地下工程岩土体自稳特征研究，有利于丰富和发展地铁工程设计理念，有利于降低地铁工程施工风险和施工难度，有利于推动地铁工程科技水平提升。

本书立足于充分发挥地下工程岩土体自稳能力的理念，综合采用理论分析、数值计算、原位测试、统计分析等多种研究手段，构建了上土下岩二元地层地铁地下工程岩土体自稳特征分布模型，揭示了上土下岩二元地层地铁地下工程岩土体自稳特征分布规律，提出了上土下岩二元地层地铁地下工程岩土体自稳特征评判指标，展示了上土下岩二元地层地铁地下工程岩土体自稳特征典型应用案例；形成了上土下岩二元地层地铁地下工程岩土体自稳特征研究理论体系。本书适合城市轨道交通地下工程领域科研人员、工程技术人员参考，也可作为高校城市地下空间工程类专业研究生和本科生教材使用。

本书共分5章。第1章为绪论，主要阐述上土下岩二元地层地铁地下工程岩土体自稳特征的研究背景，研究目的和意义，国内外研究现状及发展趋势等。第2章为上土下岩二元地层结构基本特征及工程意义，主要阐述了地层岩土体及其基本特征和依托地铁工程项目的主要特征。第3章为上土下岩二元地层地铁深基坑直立侧壁自稳特征研究，主要构建了上土下岩二元地层地铁深基坑围岩直立侧壁自稳特征分析模型，揭示了上土下岩二元地层地铁深基坑直立侧壁自稳特征分析规律，提出了上土下岩二元地层地铁深基坑直立侧壁自稳特征评判指标，展示了上土下岩二元地层地铁深基坑直立侧壁自稳特征典型应用案例。第4章为上土下岩二元地层地铁隧道围岩自稳特征研究，主要构建了上土下岩二元地层地铁隧道围岩自稳覆岩厚度特征分析模型，揭示了上土下岩二元地层地铁隧道围岩自稳覆岩厚度特征分布规律，提出了上土下岩二元地层地铁隧道围岩自稳特征评判指标，展示了上土下岩二元地层地铁隧道围岩自稳覆岩厚度特征典型应用案例。第5章为结论及展望。

本书得到安徽省高校自然科学研究项目重点项(KJ2021A0611)、安徽省住房城乡建设科学技术计划项目（2022-YF096、2020-YF038）、安徽建筑大学人才引进项目(2019QDZ24)、安徽新基建有限公司科技开发项目(HYB20190216)、中铁科技开发项目等(HYB20220092、HYB20200219、HYB20220162)联合资助。本书由安徽建筑大学张自光撰写。感谢安徽建筑大学土木学院各位领导和同事们在本书撰写过程中予以持续关照和支持。感谢西南交通大学仇文革、张俊儒、孙克国，四川省地质工程勘察院集团有限公司邹维勇，中铁四局集团张杰胜、王安会，安徽新基建有限公司徐涛、刘晓凤，青岛地铁集团黄舰、杨林、徐庆辉、张广亮，中铁十九局樊延祥，中铁隧道集团有限公司毕经东、王星，青岛地矿岩土工程有限公司刘世安，安徽省公路桥梁工程有限公司崔健、刘晓涵，江苏雷威建设工程有限公司夏智华、陶佳佳、王鑫等在本书撰写过程中予以的指导和帮助，感谢研究生张梦晴、王雪峰、尤雪苹、毛瑞金等在图表制作、文字校核等方面所作的工作。本书在撰写过程中参考的国内外学术论文、书籍、标准、规范等均在书后进行了标注，然而由于本书写作历时较长、查阅的资料较多，个别参考资料可能没有标注完全，敬请理解并表示感谢。

由于编者水平有限，本书错漏及欠妥之处在所难免，恳请读者批评指正。

张自光

2023年3月

目　　录

1 绪　论

1.1 研究背景及意义

随着城市人口的不断增长、城市品质的不断升级以及城市规模的不断扩大，城市交通已成为制约城市可持续发展面临的一个亟待解决的问题。城市轨道交通由于其具有的大运量、快捷、准点、节能、环保、安全、舒适等诸多优势，已成为城市缓解交通拥挤、改善交通环境、引导城市格局建设和发展等问题的重要途径，甚至是根本途径。目前，世界各地尤其是我国各主要城市都在大力发展城市轨道交通。截至2022年底，全球共有78个国家和地区的545座城市开通城市轨道交通，运营里程超过41 386.12 km。全球有60个国家和地区的189个城市开通地铁线路，总里程达20 245.74 km，占全球城市轨道交通运营总里程的48.9%[1]。根据《中国城市轨道交通年鉴(2022)》[2]，截至2022年底我国(不含港澳台，本段余同)共有55座城市开通城市轨道交通运营线路308条，总运营里程10 287.45 km，运营车站共计5 875座，占全球城市轨道交通运营总里程23.92%，排名世界第一，其中地铁运营线路8 008.17 km，占比77.84%。全国2022年度共有51个城市有城市轨道交通在建项目，在建线路243条(段)，在建总里程6 350.55 km，其中地下线占比83.88%，在建车站共计3 860座；在建的城市轨道交通中地铁总里程5 050.07 km，占比79.52%。2022年全年共完成城市轨道交通建设投资5 443.97亿元。全国2022年度共有50座获批建设规划城市轨道交通线路，总建设规划里程6 675.75 km，其中地下线占比78.48%，规划车站共计3 284座，规划的城市轨道交通中地铁总里程4 407.20 km，占比66.02%；规划建设项目可研批复投资累计41 688.79亿元。目前我国已成为全球城市轨道交通建设规模最大、建设数量最多、地质条件和结构形式最复杂、建造技术发展最迅速的国家[3,4]。

我国地铁建设始于1965年的北京地铁1号线，通过近60年来工程技术人员的不懈努力，取得了举世瞩目的成就，形成了一系列规范、标准、指南等较为成熟的技术体系，为我国地铁建设的大规模建设提供了不可替代的技术支撑，并为我国地铁建设事业做出了巨大的贡献。然而，这些规范、标准、指南等大多数都是以北京、上海等第四系土质地层为主的城市地铁建设技术经验总结的基础上建立起来的，青岛、大连、厦门、重庆等城市浅表部地层具有明显的物理力学特征差异呈显著的上土下岩二元结构特征，原有的规范、标准、指南等难以有效指导这种地层条件下的地铁建设，且尚未建立新的标准体系，甚至在基本概念认识上都存在较大争议。例如现行国家标准《城市轨道交通工程监测技术规范》(GB 50911—2013)关于工程影响分区仅对土质隧道进行了明确规定；《地铁设计规范》(GB 50157—2013)关于地铁隧道合理埋置深度的设置仅对第四系地层进行了明确规定。地层岩土体是地铁地下工程赋存的物质基础。地铁地下工程所面临的如围岩自稳能力、施工方法选择、支护体系选用、建设工期确定、建设投入核定、周边环境影响等诸多问题几乎均与其所处的地层岩土体特征息息相关。在地铁建设中，青岛、大连、厦门、重庆等城市地铁工程所面临的共同地层特征是一种大规模处于物理力学特征差异显著的上土下岩二元地层结构，并由此引发地铁地下工程建设地层主结构稳定典型问题，引起业界的持续关注。当代地下工程建设的基本理念是尽量减少工程施工对岩土体的破坏以保护围岩的自稳能力，用尽可能少的工程辅助措施"帮助"(并与围岩一起)围岩稳定，充分利用地层岩土体的自稳能力，达到保障工程结构的安全和较好的经济性的目的。上土下岩二元地层结构的独特之处在于上覆土质地层自稳能力较差，在此土质地层中进行地下工程建设需采用工程强有力辅助措施；而下覆岩质地层有较强的自稳能力，在此岩质地层中进行地下工程建设，其工程围岩一般可满足自稳要求。然而，关于上土下岩二元地层地铁地下工程岩土体自稳特征尚无统一的认识和判定标准。深入开展上土下岩二元地层地铁地下工程岩土体自稳特征研究，有利于丰富和发展地铁工程设计理念，有利于降低地铁工程施工风险和施工难度，有利于推动地铁工程科技水平。深入开展上土下岩二元地层地铁地下工程岩土体自稳特征研究具有重要的科学价值、现实意义和广阔的工程应用前景。

本书针对近年来新出现的一种大规模处于物理力学特征差异显著的上土下岩二元地层结构中的地铁地下工程岩土体自稳问题，立足于充分发挥地下工程地层岩土体自稳能力的理念，对上土下岩二元地层地铁地下工程岩土体自稳特征进行了专题研究。为叙述方便，本书中将地铁地下工程分为地铁隧道和地铁基坑两个方面，且地铁隧道特指地铁暗挖隧道，地铁基坑特指地铁明挖基坑。

本书研究的目的和意义主要体现在如下三个方面：(1)针对近年来新出现的上土下岩二元地层地铁工程这一新问题，通过系统地归纳总结，提出或深化上土下岩二元地层结构、地铁隧道围岩自稳最小覆岩厚度、基坑直立岩壁自稳高度等一系列相关概念，以期引起业界对这一类型问题的关注和重视。(2)立足于充分发挥岩层良好自稳能力的岩石力学科学理念，针对上土下岩二元地层地铁深基坑直立岩壁自稳高度和地铁隧道围岩自稳覆岩厚度两个关键问题，构建了上土下岩二元地层地铁地下工程岩土体自稳特征分析模型，揭示了上土下岩二元地层地铁地下工程岩土体自稳特征分布规律，提出了上土下岩二元地层地铁地下工程岩土体自稳特征评判指标。(3)结合具体工程实例，详细阐述了上土下岩二元地层岩土体自稳能力在地铁隧道和基坑工程中的应用和工程实施效果。

1.2 国内外研究现状及发展趋势

1.2.1 上土下岩二元地层地铁深基坑直立侧壁自稳高度研究

深基坑直立侧壁自稳临界高度是评价基坑安全程度和设计基坑支护结构的重要依据。19 世纪 60 年代，卡尔曼(C Culnann)[5]根据力的平衡条件推导出直立侧壁临界失稳高度计算式；之后，太沙基(K Terzaghi)等[6-8]等对卡尔曼法进行了修正，形成了直立侧壁临界失稳高度理论公式系列。苏联土力学家崔托维奇(D E Pufahl)[9]通过对滑动楔体处于极限平衡状态条件的计算分析，推导出了直立开挖基坑的自稳临界高度。许强、黄润秋[10]

从理论上阐述了岩质深基坑直立侧壁可以满足自稳要求的理念，为本书的撰写提供了一定的理论基础。郑颖人等[11]从岩石力学的观点出发，提出一种经验与理论相结合的方法，将岩石基坑岩体分为四类，指出Ⅰ类岩质基坑不做支护即可满足稳定性要求，Ⅱ类基坑不做支护只会出现少量塌落，为本书的撰写提供了重要启发。张天军等[12]采用自重作用下的梁柱力学模型，得出了直立层状岩质边坡的临界失稳高度。罗强、刘新荣等[13]深入探讨了重庆砂岩地层深基坑自稳临界高度问题，并通过重庆诸多基坑工程实践论证了岩质地层基坑应用自稳临界高度的可行性，为本项目的开展提供了重要的参考价值和研究思路。刘红岩等[14,15]基于欧拉压杆理论和能量法原理，构建了基于统计损伤模型的直立层状岩石边坡失稳计算模型，并得到了直立层状岩石边坡临界高度。严薇、杨超等[16]指出上土下岩地层深基坑的失稳模式有别于一般基坑，除考虑基坑整体稳定性外，还应充分考虑土岩交界面以上土体的稳定性，并推导了上覆土层极限平衡厚度 H_{cr} 和基坑允许的最大垂直开挖深度 H_{max} 计算式，为本书的撰写提供了启发。刘方克等[17]对青岛上土下岩地层深基坑工程的特点及问题进行了阐述，并对青岛地铁 3 号线11 个上土下岩深基坑工程围护结构变形特征进行了系统的统计分析，为本书的撰写提供了一定的现实依据。刘红军、刘涛等[18-20]，白晓宇等[21-22]，毕经东、张自光[23]，田海光[24]，武军等[25]等对上土下岩二元地层深基坑工程支护方式及其具体应用案例从多角度进行了探讨。Chen[26]、王迪等[27]基于极限分析法上限定理，推导了任意分层位置的双层边坡在不同破坏机制下临界高度的计算公式，并得到了不同条件下双层边坡临界高度随分层深度改变的线性变化规律。李连祥等[28]对土与全风化岩及强风化岩双元地层深基坑边坡整体稳定性及破坏模式进行了研究。张自光等[29]对土下岩二元地层深基坑直立侧壁自稳高度及其空间分布特征进行了研究。Hammah 等[30]、Ma 等[31]将节理网络有限元法应用于岩质边坡稳定性分析。Moussaei[32]、Li[33]等通过模型试验和数值模拟研究了层状节理倾角、间距等因素对围岩破坏模式的影响。Hammah 等[34]应用有限元节理网络研究了节理边坡破坏的机理以及不同尺度对边坡稳定性的影响。Shamekhi 等[35]建立考虑几何参数变异性的边坡岩体裂隙网络模型，量化了每个几何参数的贡献，进而预测边坡失效概率。王川等[36]以岩土材料力学参数空间变异性的“点估计-有限元”分析方法为基础，结合节理分析时自身存在几何模型、网格划分等特性，开展节理空间变异性围岩稳定性的影响研究。张宜杰等[37]将节理网络有限元(JFEM)与 Rosenbluth 点估计法相结合建立了边坡节理网络概率模型。蒋水华等[38]提出了一种基于贝叶斯更新方法优化结构面几何和抗剪强度参数概率分布的边坡岩体随机裂隙网络模型。郑颖人院士等[39-45]对有限元强度折减法在岩质深基坑稳定性分析中的应用从多个方面进行了研究。我国《工程岩体分级标准》(GB/T 50218—2014)[46]根据岩体坚硬程度、岩质完整程度等岩体基本质量的定性特征和 BQ 大小，将岩体级别分为 5 级，各级岩体工程边坡自稳能力见表 1-1。我国《建筑边坡工程技术规范》(GB 50330—2013)[47]根据岩体主要结构面与坡向的关系、结构面的倾角大小、结合程度、岩体完整程度等因素将边坡岩体类型划分为五类，并指出Ⅰ类岩体 30 m 高的直立侧壁长期稳定；Ⅱ类岩体 15 m 高的直立侧壁长期稳定，15～30 m 高的直立侧壁欠稳定；Ⅲ类岩体 8 m 高的直立侧壁长期稳定，15 m 高的直立侧壁欠稳定；Ⅳ类岩体 8 m 高的直立侧壁不稳定，见表 1-2。

表 1-1　工程岩体边坡自稳能力

围岩级别	自稳能力
Ⅰ	高度≤60 m,可长期稳定,偶有掉块
Ⅱ	高度<30 m,可长期稳定,偶有掉块; 高度 30～60 m,可基本稳定,局部可发生楔形破坏
Ⅲ	高度<15 m,可基本稳定,局部可发生楔形破坏; 高度 15～30 m,可稳定数月,可发生由结构面及局部岩体组成的平面或楔形体破坏,或由反倾结构面引起的倾倒破坏
Ⅳ	高度<8 m,可稳定数月,局部可发生楔形破坏; 高度 8～15 m,可稳定数日至 1 个月,可发生由结构面及局部岩体组成的平面或楔形体破坏,或由反倾结构面引起的倾倒破坏
Ⅴ	不稳定

表 1-2　建筑深基坑直立岩质边坡自稳特征

边坡岩体类型	直立边坡自稳能力
Ⅰ	30 m 高的边坡长期稳定,偶有掉块
Ⅱ	15 m 高的边坡长期稳定,15～30 m 高的边坡欠稳定
Ⅲ	8 m 高的边坡长期稳定,15 m 高的边坡欠稳定
Ⅳ	8 m 高的边坡不稳定

综上所述,国内外诸多学者和工程技术人员对上土下岩二元地层深基坑工程问题进行了多方面的研究,内容包括直立侧壁自稳特征、受力机理、支护技术等方面。但综合来看,无论是数量还是质量,关于上土下岩二元地层深基坑直立侧壁相关研究成果尚未形成一套较为完善的理论和方法体系。系统地开展上土下岩二元地层深基坑直立侧壁自稳机理和自稳高度的研究,探讨一套符合上土下岩二元地层深基坑特征的特色支护体系,力争将具体的工程实际问题提升为普遍的科学技术问题,将有助于丰富和发展深基坑工程设计、施工理念,进而为相关规范、规程、标准、指南等的编制提供参考依据。深入开展上土下岩二元地层深基坑直立侧壁自稳高度研究具有重要的科学价值、现实意义和广阔的应用前景。

1.2.2　上土下岩二元地层地铁隧道围岩自稳特征研究

围岩稳定性是隧道工程必须面对的首要条件,隧道只有在围岩稳定的前提下,开挖作业才可能得以顺利实施。隧道围岩普遍具有一定的自稳能力,隧道围岩自稳能力是指隧道开挖后,洞室周边岩土体不需进行支护处理,而在一定时间内能保持不发生有害变异(如坍塌、挤入、大变形等)的自稳能力。不同类型围岩的自稳能力差异显著,地铁隧道围岩一般分为长期稳定(或充分稳定)、基本稳定、暂时稳定和不稳定四个级别,见表 1-3。

表 1-3　隧道围岩稳定性等级

稳定性等级	稳定状况
长期稳定	围岩在长时间内具有充分的自支护能力，洞室无须支护，进行表面防护即可
基本稳定	围岩在较长时间内能够自稳，可能局部掉块但不影响使用，位移在控制范围内，必要时可采用局部锚杆或喷混凝土支护
暂时稳定	围岩自稳时间较短，需采用支护手段加以控制
不稳定	围岩自稳时间极短，随挖随塌，需采用预支护手段予以加强

围岩是隧道赋存的物质基础，围岩普遍具有自稳能力，不同等级围岩自稳时间和自稳程度有较大的差异。由于隧道围岩的复杂性，同时受限于目前工程技术发展水平，基于工程类比的围岩分级经验方法被广泛采用。国内外学者通过借助围岩分级方法来表征围岩稳定性的差异性。新奥法[48](New Austria Tunneling Method，NATM)强调充分利用和调动围岩自稳能力，兼顾隧道开挖和支护的安全性和经济性，认为Ⅰ～Ⅱ级围岩拱部自稳时间为数天，侧壁数为周～无限；Ⅲ～Ⅳ级围岩自稳时间较短；Ⅴ～Ⅵ级围岩自稳时间极短或不能自稳。挪威法[49](Norway Tunneling Method，NTM)通过综合判定岩体质量 Q 系统的定量分类，把围岩从异常好(Exceptionally Good)到异常差(Exceptionally Poor)分为九个等级，结合当量跨度(ESR)指标，对隧道围岩自稳能力进行了划分。新意法[50](ADECO-RS 法)基于隧道开挖掌子面及其前方核心围岩的应力-应变行为以及强度对隧道变形和围岩稳定性的影响，将隧道稳定状态分为工作面稳定型(A 类)、工作面短期稳定型(B 类)和工作面不稳定型(C 类)三种类型。苏联在巴库地下铁道时对围岩稳定性进行了分级，将各级围岩及其对应的自稳特征分为六个等级，见表 1-4 [3]。

表 1-4　苏联隧道围岩稳定性分级

稳定性等级	围岩自稳特征	稳定性等级	围岩自稳特征
极稳定	无支护能够自稳，长时间可能出现掉块	少稳定	无支护能够自稳，1 天内出现崩塌
稳定	无支护能够自稳，1 个月内可能出现掉块	不稳定	隧道必须全面对掌子面支护
中等稳定	无支护能够自稳，1 周内出现崩塌		

我国《铁路隧道设计规范》(TB 10003—2016)[51]指出Ⅰ级围岩可长期稳定，Ⅱ级围岩基本稳定，Ⅲ～Ⅳ级围岩暂时稳定，Ⅴ～Ⅵ级围岩不稳定，见表 1-5。《公路隧道设计规范》(JTG D 70/2—2014)[52]关于隧道围岩自稳特征的划分在铁路隧道设计规范的基础上，综合考虑了隧道开挖跨度的影响，见表 1-6。《工程岩体分级标准》(GB/T 50218—2014)指出Ⅰ级可长期稳定(洞径≤20 m)，Ⅱ级围岩基本稳定(洞径 10～20 m)或长期稳定(洞径≤10 m)，Ⅲ级围岩稳定数日至 1 个月(洞径 10～20 m)或数月(洞径 5～10 m)；Ⅳ级围岩一般无自稳能力，Ⅴ级围岩无自稳能力，见表 1-7。《岩土锚杆与喷射混凝土支护工程技术规范》(GB 50086—2015)[53]将地下工程岩体分为五级，各级岩体自稳能力见表 1-8。水工隧洞设计规范各级岩体自稳能力见表 1-9 [54]。上述成果对正确认识和评价隧道围岩自稳能力提供了一定的理论依据，然而对上土下岩二元地层隧道围岩自稳能力与隧道埋深、岩层厚度、土层厚度等之间的相关性没有考虑或考虑不够深入周全。

表 1-5　铁路隧道各级围岩自稳能力

围岩级别	稳 定 性	稳 定 状 况
Ⅰ	长期稳定	围岩稳定，无坍塌
Ⅱ	基本稳定	长时间会出现局部小坍塌，侧壁稳定，层间结合差的平缓岩层，顶板塌落
Ⅲ	暂时稳定	拱部无支撑时可能产生小坍塌，侧部基本稳定
Ⅳ	暂时稳定	拱部无支撑时可能产生较大的坍塌，侧部有时失去稳定
Ⅴ	不稳定	围岩易坍塌，处理不当会出现大坍塌，侧部常出现小坍塌，浅埋时易出现地表下陷或坍塌至地表
Ⅵ	不稳定	围岩极易坍塌变形，有水时土砂常与水一起涌出，浅埋时易出现坍塌至地表

表 1-6　公路隧道各级围岩自稳能力

围岩级别	自 稳 能 力
Ⅰ	跨度 20 m，可长期稳定，偶有掉块，无坍方
Ⅱ	跨度 10～20 m，可基本稳定，局部可发生掉块或小塌方； 跨度 10 m，可长期稳定，偶有掉块
Ⅲ	跨度 10～20 m，可稳定数日～1 个月，局部可发生掉块或小塌方； 跨度 5～10 m，可稳定数月，可发生局部块体位移级小～中塌方； 跨度 5 m，可基本稳定
Ⅳ	跨度 5 m，一般无自稳能力，数日～数月内可发生松动变形、小塌方，进而发展为中～大塌方； 跨度小于 5 m，可稳定数日～1 个月
Ⅴ	无自稳能力，跨度 5 m 或更小，可稳定数日
Ⅵ	无自稳能力

表 1-7　地下工程岩体自稳能力

围岩级别	自 稳 能 力
Ⅰ	跨度≤20 m，可长期稳定，偶有掉块，无塌方
Ⅱ	跨度＜10 m，可长期稳定，偶有掉块； 跨度 10～20 m，可基本稳定，局部可发生掉块或小塌方
Ⅲ	跨度＜5 m，可基本稳定； 跨度 5～10 m，可稳定数月，可发生局部块体位移级小、中塌方； 跨度 10～20 m，可稳定数日～1 个月，可发生小、中塌方
Ⅳ	跨度＜5 m，可稳定数日至 1 个月； 跨度＞5 m，一般无自稳能力，数日～数月内可发生松动变形、小塌方，进而发展为中～大塌方
Ⅴ	无自稳能力

表 1-8　隧道各级围岩自稳能力

围岩级别	自 稳 能 力
Ⅰ	毛洞跨度 5～10 m 时长期稳定，一般无碎块掉落
Ⅱ	毛洞跨度 5～10 m 时，围岩能较长时间(数月至数年)维持稳定，仅出现局部小块掉落

续上表

围岩级别	自 稳 能 力
Ⅲ	毛洞跨度 5～10 m 时,围岩能维持 1 个月以上的持稳定,主要出现局部块掉、塌落
Ⅳ	毛洞跨度 5 m 时围岩能数日至 1 个月的稳定,主要失稳形式为冒落或片帮
Ⅴ	毛洞跨度 5 m 时围岩稳定时间很短,约数小时至数日

表 1-9　水利水电隧洞各级围岩自稳能力

围岩类型	围 岩 稳 定 性
Ⅰ	稳定,围岩可长期稳定,一般无不稳定块体
Ⅱ	基本稳定,围岩整体稳定,不会产生塑性变形,局部可能产生掉块
Ⅲ	局部稳定性差,围岩强度不足,局部会产生塑性变形,不支护可能产生塌方或变形破坏
Ⅳ	不稳定,围岩自稳时间很短,规模较大的各种变形和破坏都可能发生
Ⅴ	极不稳定,围岩不能自稳,变形破坏严重

优秀的隧道设计方案,其根本目标在于充分利用围岩自稳能力。目前已有许多充分利用围岩自稳能力进行隧道设计的成功案例,如挪威修建并成功运营了多座低成本无衬砌岩石城市交通隧道工程[55];芬兰赫尔辛基等城市采用简易的支护措施修建并成功运营了多座岩石地铁隧道工程[56];澳大利亚悉尼歌剧院地下停车场圆跨度 17 m 的环形洞穴,岩石覆盖层厚度仅 6 m[57];瑞典斯德哥尔摩地铁地下大跨车站隧道洞室原岩裸露,至今已安全运营近 60 年[58]。在力学特征差异显著的土岩二元地层一定厚度的下覆岩体中开挖隧道,由于岩体具有较高的强度,围岩能够自稳。上土下岩二元地层地铁隧道下覆岩层主要作为隧道结构的主体存在,而上覆土层主要作为隧道结构上的荷载形式存在;并且覆岩厚度越小,上覆土层作为荷载形式的特征越显著。广大学者和工程技术人员对上土下岩二元地层地铁隧道围岩自稳覆岩厚度的相关研究已从多个方面进行了探索,并取得了一些有意义的研究成果。20 世纪 90 年代,Nisen、Dahlo 等[59-61]对挪威及其他国家的 31 座海底隧道最小覆岩厚度进行了统计分析,指出在最小覆岩厚度在实际设计中应以高级别的岩石力学分析手段。郑颖人等[62]、张先锋[63-64]依据工程经验指出拱顶上覆 5～6 m 的坚硬完整岩体的大跨度地铁车站隧道可满足围岩自稳要求。陈先国[65]指出拱部岩体为隧道围岩稳定的关键承载体,关键承载体在外力作用下发生弯曲是一种弹性能增加过程,当位移增加到某一临界值时,隧道围岩便会突发失稳,基于此运用突变理论建立了隧道顶板岩层自稳最小厚度计算分析模型,并推导了隧道围岩自稳顶板岩层最小厚度计算公式。王旭东、袁勇、迟建平等[66-67]指出合理岩跨比是控制暗挖车站隧道围岩安全稳定的关键,Ⅳ及以上围岩条件下当岩跨比不小于 0.05 时,隧道开挖后围岩均能满足自稳要求。李术才、蔚立元等[68-72]对海底隧道围岩最小覆岩厚度进行了系统研究,并总结了一系列计算公式。张顶立 [73-75]等针对钻爆法施工的海底隧道最小岩石覆盖厚度一系列的概念及其相互逻辑、最小岩石覆盖层厚度确定方法、技术措施及其工程应用等进行了系统研究和科学总结。胡智民[76]指出土岩组合地层浅埋暗挖隧道顶部岩层厚度是围岩安全最敏感的因素。彭祖昭等[77]以成拱临界板厚度为判据,建立了不同围岩级别下的水下隧道合理覆岩厚度与隧道跨度、水深、上覆软弱土层厚度之间的回归方程

式。Sun 等[78]建立了上软下硬土岩复合地层地铁车站隧道最小岩石覆盖厚度(LRCT)与土层厚度(ST)之间的函数方程式。张自光、仇文革等[79-83]对上软下硬地层地铁隧道围岩自稳合理问题从多个角度进行了探讨和分析。

上述成果为本书撰写提供了宝贵的思路和参考依据,但综合来看,关于上土下岩二元地层地铁隧道围岩自稳合理覆岩厚度相关研究成果尚未形成一套较为完善的理论和方法体系。在物理力学特征差异显著的上土下岩二元地层条件下修建地铁隧道,采用暗挖法施工将隧道洞室置于下覆岩质地层中并保持合理的覆岩厚度,有利于灵活选择隧道开挖方式有利于减少隧道支护措施和节约建设成本,有利于降低工程施工难度和施工安全风险,有利于减小周边环境影响和社会影响。

参 考 文 献

[1] 韩宝明,习喆,孙亚洁,等.2022 年世界城市轨道交通运营统计与分析综述[J]. 都市快轨交通,2023,36(1):1-8.

[2] 中国城市轨道交通协会年鉴编纂委员会.中国城市轨道交通年鉴(2022)[M]. 北京:中国铁道出版社有限公司,2023.

[3] 王福文,冯爱军. 2022 年我国城市轨道交通数据统计与发展分析[J]. 隧道建设(中英文),2023,43(3):521-528.

[4] 侯秀芳,冯晨,左超,等.2022 年中国内地城市轨道交通线路概况[J]. 都市快轨交通,2023,36(1):9-13.

[5] 蒋忠信.边坡临界高度卡尔曼公式之工程应用[J]. 岩土工程技术,2007,21(5):217-220.

[6] TERZAGHI K. Theoretical soil mechanics[M]. New York:Chapman And Hall,1943.

[7] PECK R B. Description of a flow slide in loose sand[C]// Proceedings of the 2nd International Conference on Soil Mechanics and Foundation Engineering,1948(3):296.

[8] TERZAGHI K. Stability of steep slopes on hard unweathered rock[J]. Geotechnique,1962(12):251-270.

[9] PUFAHL D E,FREDLUND D G,RAHARDJO H. Lateral earth pressures in expansive clay soils[J]. Can Geotech J,1983,20(2):228-241.

[10] 许强,黄润秋. 重庆市建筑开挖边坡稳定性评价及支护措施探讨[J]. 成都理工学院学报,1996(1):32-38.

[11] 郑颖人,方玉树,郑生庆,等. 岩石边坡支挡结构上岩石压力计算方法探讨[J]. 岩石力学与工程学报,1997(6):529-535.

[12] 张天军,李云鹏. 直立顺层边坡的黏弹性稳定分析[J]. 力学与实践,2003(6):51-54.

[13] 罗强,李鹏,钟祖良,等. 重庆基坑工程中的砂岩边坡稳定性问题研究[J]. 地下空间与工程学报,2009,5(2):307-311.

[14] 刘红岩,刘冶,邢闯锋,等. 直立层状岩质边坡失稳模型及临界高度分析[J]. 中国地质灾害与防治学报,2012,23(4):27-30.

[15] 刘红岩,丹增卓玛,刘冶,等. 基于统计损伤模型的直立层状岩质边坡失稳模型[J]. 地质力学学报,2013,19(2):198-205.

[16] 严薇,杨超,左交明,等. 土岩质基坑土层开挖稳定性计算[J]. 地下空间与工程学报,2015,11(1):246-250.

[17] 刘方克,赵海梨,张广亮. 土岩组合地层地铁基坑围护结构变形规律分析[J]. 施工技术,2016,45(增刊 2):149-153.

[18] 刘涛,刘红军.青岛岩石地区基坑工程设计与施工探讨[J]. 岩土工程学报,2010,32(增刊1):499-503.
[19] 刘红军,王亚军,姜德鸿,等.土岩组合双排吊脚桩桩锚支护基坑变形数值分析[J]. 岩石力学与工程学报,2011,30(增刊2):4099-4103.
[20] 刘红军,翟桂林,郑建国. 土岩组合地层加锚双排桩基坑支护结构数值分析[J]. 岩土工程学报,2012,34(增刊1):103-107.
[21] 白晓宇,张明义,袁海洋. 移动荷载作用下土岩组合基坑吊脚桩变形分析[J]. 岩土力学,2015,36(4):1167-1173,1181.
[22] 白晓宇,张明义,闫楠,等.土岩深基坑桩-撑-锚组合支护体系变形特性[J]. 中南大学学报(自然科学版),2018,49(2):454-463.
[23] 毕经东,张自光."吊脚桩"支护型式应用及计算方法分析[J]. 石家庄铁路职业技术学院学报,2013,12(1):28-32.
[24] 田海光. 土岩组合地层盖挖法车站"吊脚桩"基坑设计优化研究[J]. 隧道建设,2015,35(7):635-641.
[25] 武军,杨忠勇,廖少明,等. 土岩复合地层吊脚桩支护结构力学分析与优化设计[J]. 隧道建设(中英文),2018,38(增刊2):80-86.
[26] CHEN W F. Limitanalysis and soil plasticity[M]. Am-sterdam: Elsevier,1975.
[27] 王迪,王宏权,王晓飞,等.基于极限分析上限法双层土坡稳定性分析[J]. 水利与建筑工程学报,2020,18(4):209-214.
[28] 李连祥,贾斌,赵永新,等. 土与全风化岩双元边坡整体稳定性计算分析[J]. 岩石力学与工程学报,2020,39(增刊1):2785-2794.
[29] ZHANG Z G,LI Y H,ZHANG J S,et al,Study on the characteristics of self-stabilizing height distribution for deep foundation pit vertical sidewall in binary strata of upper-soil and lower-rock[J]. Advances in Civil Engineering,2021:1-17.
[30] HAMMAH R E,YACOUB T E,CORKUM B C,et al. Analysis of blocky rock slopes with finite element shear strength reduction analysis[C]//American rock mechanics association. Proceedings of the 1 st Canada-US Rock Mechanics Symposium. Vancouver,2007: 329-334.
[31] MA G W,FU G Y. A Rational and Realistic Rock Mass Modelling Strategy for the Stability[J]. Geomechanics and Geoengineering,2014,9(2):113-123.
[32] MOUSSAEI N,SHARIFZADEH M,SAHRIAR K,et al. A new classification of failure mechanisms at tunnels in stratified rock masses through physical and numerical modeling[J]. Tunnelling and Underground Space Technology,2019,91: 1-12.
[33] LI Y,QI T,LEI B,et al. Deformation patterns and surface settlement trough in stratified jointed rock in tunnel excavation[J]. KSCE Journal of Civil Engineering,2019,23(7): 3188-3199.
[34] HAMMAH R E,YACOUB T E,CORKUM B C,et al. Variation of failure mechanisms of slopes in jointed rock masses with changing scale [R]. Toronto:Rocscience Inc.2011.
[35] SHAMEKHI E,TANNANT D D. Probabilistic assessment of rock slope stability using response surfaces determined from finite element models of geometric realizations[J]. Computers and Geotechnics,2015,69: 70-81.
[36] 王川,冷先伦,李海轮,等.节理分布空间变异的地下洞室稳定性概率分析[J]. 岩土力学,2021,42(1):224-232,244.
[37] 张宜杰,任光明,常文娟,等.节理岩质边坡稳定性概率分析[J]. 成都理工大学学报(自然科学版),2021,48(2):235-241.
[38] 蒋水华,欧阳苏,冯泽文,等.基于结构面参数概率分布更新的节理岩质边坡可靠性分析[J]. 岩土力学,2021,42(9):2589-2599.
[39] 赵尚毅,郑颖人,邓卫东.用有限元强度折减法进行节理岩质边坡稳定性分析[J]. 岩石力学与工程学

报,2003(2):254-260.
[40] 郑颖人,赵尚毅,邓卫东.岩质边坡破坏机制有限元数值模拟分析[J]. 岩石力学与工程学报,2003(12):1943-1952.
[41] 郑颖人,赵尚毅.有限元强度折减法在土坡与岩坡中的应用[J]. 岩石力学与工程学报,2004(19):3381-3388.
[42] 郑颖人,王永甫,王成,等.节理岩体隧道的稳定分析与破坏规律探讨:隧道稳定性分析讲座之一[J]. 地下空间与工程学报,2011,7(4):649-656.
[43] 王永甫,唐晓松,郑颖人,等.岩体节理对隧道开挖稳定性影响的数值分析[J]. 岩土工程学报,2013,35(增刊2):207-211.
[44] 郑颖人,姚正伦,赵燕明,等.城市地下工程与高层建筑深基坑岩石间壁处理研究[J]. 岩石力学与工程学报,1999(1):93-97.
[45] 郑颖人.岩土数值极限分析方法的发展与应用[J]. 岩石力学与工程学报,2012,31(7):1297-1316.
[46] 中华人民共和国住房和城乡建设部.工程岩体分级标准:GB/T 50218—2014 [S]. 北京:中国计划出版社,2014.
[47] 中华人民共和国住房和城乡建设部.建筑边坡工程技术规范:GB 50330—2013[S]. 北京:中国建筑工业出版社,2013.
[48] OZCELIK M.Criteria for the selection of construction method at the Ovit Mountain Tunnel(Turkey)[J]. KSCE Journal of Civil Engineering,2016,20(4):1323-1328.
[49] BARTON N,LIEN R,LUNDE J. Engineering classification of rock mass for the design of tunnel support[J]. Rock Meahanics,1976(6):189-236.
[50] PIETRO LUNARDI.Design and Construction of Tunnels. Analysis of Controlled Deformations in Rock and Soils(ADECO-RS) [M]. Berlin:Springer-Verlin Berlin Heideberg,2008.
[51] 国家铁路局.铁路隧道设计规范:TB 10003—2016[S]. 北京:中国铁道出版社,2017.
[52] 中华人民共和国交通运输部.公路隧道设计规范 第二册 交通工程与附属设施:JTG D70/2—2014[S]. 北京:人民交通出版社,2014.
[53] 中华人民共和国住房和城乡建设部.岩土锚杆与喷射混凝土支护工程技术规范:GB 50086—2015 [S]. 北京:中国计划出版社,2015.
[54] 中华人民共和国水利部.水工隧洞设计规范:SL 279—2016 [S]. 北京:中国水利水电出版社,2016.
[55] BROCH E. Planning and utilization of rock caverns and tunnels in Norway[J]. Tunnelling and Underground Space Technology. 2016,55:329-338.
[56] ILKKA VÄHÄAHO. Underground space planning in Helsinki[J]. Journal of Rock Mechanics and Geotechnical Engineering,2014(6): 387-398.
[57] PELLS P J N. Developments in the design of tunnels and caverns in the Triassic rocks of the Sydney region[J]. Rock Mechanics and Mining Science,2002,39:569-587.
[58] 梁广深.别具一格的斯德哥尔摩地铁[J]. 地铁与轻轨,2001(3):37-43.
[59] NILSEN B. Empirical analysis of minimum rock cover for subsea rock tunnels[J]. Developments in Geotechnical Engineering.1993, 74: 677-687.
[60] DAHLO T S,NILSEN B. Stability and rock cover of hard rock subsea tunnels[J]. Tunnelling and Underground Space Technology.1994,9(2): 151-158.
[61] EISENSTEIN Z D. Large undersea tunnels and the progress of tunneling technology[J]. Tunnelling and Underground Space Technology.1994,9(2): 151-158.
[62] 郑颖人,谢孝忠,张乃基.重庆轻轨小什字车站设计研究[C]// 中国岩石力学与工程学会第三次大会论文集,1994:239-245.
[63] 张先锋. 青岛地铁暗挖车站埋深的探讨[C]// 中国土木工程学会隧道及地下工程学会第九届年会论

文集,1996.
[64] 张先锋.对硬岩地层地铁车站结构设计的认识与思考[J]. 岩石力学与工程学报,2003(03):476-480.
[65] 陈先国. 隧道结构失稳及判据研究[D]. 成都:西南交通大学,2002.
[66] WANG X D,YUAN Y,WU X,et al. Study on method to determining the ration depth of metro station in composed of soil and weathered rock stratum [C]//Proceeding of the 6th European Congress on Computational Methods in Applied Sciences and Engineering Vienna,2012.
[67] 迟建平. 浅埋暗挖法在青岛地铁车站施工中的应用[J]. 城市轨道交通研究,2014(2): 129-133.
[68] 李术才,徐帮树,蔚立元.钻爆法施工的海底隧道最小岩石覆盖厚度确定方法[M]. 北京:科学出版社,2013.
[69] 李术才,李树忱,徐帮树,等.海底隧道最小岩石覆盖厚度确定方法研究[J]. 岩石力学与工程学报,2007,90(11):2289-2295.
[70] 李树忱,张京伟,李术才,等.海底隧道最小岩石覆盖厚度的位移收敛法[J]. 岩土力学,2007,138(7):1443-1447.
[71] 李术才,徐帮树,丁万涛,等.海底隧道最小岩石覆盖厚度的权函数法[J]. 岩土力学,2009,30(4):989-996.
[72] 蔚立元,徐帮树,李术才,等.确定水下隧道覆盖层厚度的经验公式及其应用[J]. 地下空间与工程学报,2011,7(3):497-503.
[73] 张顶立,李兵,房倩,等.基于风险系数的海底隧道纵断面确定方法[J]. 岩石力学与工程学报,2009,28(1):9-19.
[74] 李兵,张顶立,房倩,等.风险系数法在海底隧道平面线位确定中的应用[J]. 北京交通大学学报,2009,33(4):13-17.
[75] 房倩,张顶立,李鹏飞,等.基于施工安全性的海底隧道断面优化研究[J]. 北京工业大学学报,2010,36(3):321-327.
[76] 胡智民.土岩组合地层浅埋隧道埋深确定方法研究[J]. 隧道建设,2015,35(4):322-327.
[77] 彭祖昭,封坤,肖明清,等.基于压力拱理论的水下隧道合理覆岩厚度研究[J]. 岩土力学,2018,39(7):2609-2616.
[78] SUN K G,XU W P,QIU W G,et al. Study on the characteristics of safety distribution changing with buried depth for metro station in upper-soft and lower-hard stratum [J]. Advances in Civil Engineering,2018:1-14.
[79] 张自光,仇文革.上软下硬地层暗挖地铁隧道合理岩跨比探讨及实例分析[J]. 现代隧道技术.2015,52(6):28-35.
[80] ZHANG Z G,SUN K G,QIU W G. Reasonable thickness of metro station with single arch large-span in upper-soft and lower-hard stratum[C]//International Conference on Mechanics and Architectural Design,2016:72-82.
[81] 张自光,仇文革.青岛上软下硬地层城市地下空间稳定性三度区域划分研究[J]. 地下空间与工程学报,2018,14(4):881-892.
[82] ZHANG Z G. Study on reasonable overlying strata thickness of subway tunnels under raft foundation buildings in upper-soft and lower-hard strata[C]// Earth and Environmental Science.2019,218:1-7.
[83] ZHANG Z G,XU T,CAO G Y,et al. Distribution features of the minimum rock cover thickness of the surrounding rock self-Stability of the metro tunnel in the soil-rock dualistic stratum[J]. Advances in Civil Engineering,2020:1-12.

2 上土下岩二元地层结构基本特征及其工程意义

随着我国青岛、大连、厦门、重庆等城市地铁工程建设大规模地开展，一种大规模处于物理力学特征差异显著的上土下岩二元地层结构中的地下工程问题及由此引发的一系列地铁工程建设问题凸显出来，并引起业界的持续关注。优秀的地下工程方案在于充分调动和发挥工程建设项目场地有利的地质条件，充分利用工程岩土体的自稳能力，尽量减少工程辅助措施，在保障安全性的前提下提高经济性。然而关于上土下岩二元地层结构的基本特征及其工程意义，目前国内外工程界和学术界尚未统一的认识和标准。系统地开展上土下岩二元地层基本特征研究可为充分发挥地铁地下工程岩土体的自稳能力提供重要依据。

2.1 地层岩土体及其基本特征

地层是地史学中的一个概念，指各个地质时代形成的不同分布形式的岩土体。岩土体是岩体和土体的简称，两者都是自然历史的形成物和地壳表层的组成物。岩体是在漫长的地质历史时期天然形成的由颗粒材料堆积或胶结而成的多相体，是地球内力地质作用和外力地质作用对地表岩石圈共同孕育和改造的结果。岩体在其形成和发展过程中，由于内外力地质作用的影响，具有大量不同序次的结构面。结构面造成了岩体介质的不连续性，对岩体的力学行为起着控制性作用。由于结构面的存在，岩体在经受荷载作用时，表现出与人工材料极为不同的特征。如果结构面在岩体中时贯通的，岩体的变形将以块体的移动为主导。如果结构面在岩体中是不贯通的，岩体的变形将以结构面的扩展和块体的变形移动为特征。不连续性、非均质性和各向异性，是岩体最基本的力学特征[1]。土体是由地表浅表层各种不同成因的岩体经风化、剥蚀、搬运、堆积而形成的将固态矿物颗粒、液态水和气体融为一体的一种集合体。由岩体物理风化而形成的土体颗粒粗大，如砂土、砾石土等，称为无黏性土；由岩体化学风化而形成的土体颗粒细小，具有黏结力，如黏土、粉质黏土等，称为黏性土。自然界中的土体，由于颗粒联结一般较弱，尤其是非黏性土，在外力的作用下，即使是在作用力较小的情况下，也易发生变形，甚至遭到整体破坏。从地质学大循环的角度来说，土体经过成岩作用并在地壳深处的高温高压环境中能够转化为岩石，岩体在经过地壳风化作用和各种外动力的搬运和沉积后也能转化为土体，两者互为因果[2]。地层岩土体工程特征取决于各自的物质成分和结构，一般情况下，岩土体之间由于存在颗粒间有无坚固联结的区别而使两者间的工程特征有显著差异。我国幅员辽阔，各城市地层地质条件差异显著，目前阶段我国城市地铁建设中经常遇到的城市主要浅部地层类型一般划分为软土地层、砂卵石地层、黄土地层、岩石地层、复合地层五种类型[3-5]，见表 2-1。

表 2-1　我国城市浅部主要地层类型及特征

地层类型	城市浅部地层	地层特征	主要代表城市
软土地层	淤泥质黏土、黏土、砂土，粉土、粉质黏土、淤泥质粉质黏土	压缩性高，强度低，含水量大，透水性差，易流塑，黏聚力小，内摩擦角小	上海、杭州、南昌、宁波、苏州、无锡、天津、南宁、长春、长沙、武汉、合肥
砂卵石地层	黏土、粉土、砂土、砂卵	结构松散，无胶结，呈大小不等颗粒状，颗粒间孔隙大，颗粒间无黏聚力	北京、成都、沈阳
黄土地层	黄土	结构疏松，强度低，湿陷性高，透水性强，多孔隙	西安、郑州
岩石地层	泥岩、花岗岩、漂石、板岩	单轴抗压强度高，不连续，非均质，各向异性，遇水强度降低，存在结构面；存在构造应力	重庆、青岛、大连、厦门、福州
复合地层	黏土、粉土、砂土、花岗岩、漂石、上软下硬	岩性变化频繁，物理力学特性差异大，基岩风化界面起伏大，断层破碎带分布密集，含水量差异明显	广州、深圳、东莞、昆明、南京

2.1.1　地层岩体及其基本特征

2.1.1.1　岩石及其基本特征

岩体是由一定的岩石成分组成，具有一定的结构面，赋存于一定的地质环境中，经历过反复的地质作用，经受过变形、遭受过破坏的地质体[6]。岩石是由矿物和岩屑在地质作用下，按一定的规律聚集而成的有一定固结力的地质体。自然界中的岩石按其成因可分为岩浆岩、沉积岩、变质岩三大类型。岩浆岩是由地壳深处或上地幔中形成的高温熔融岩浆，在侵入地下或喷出地表冷凝固结而成的岩石[7]。其中，由于岩浆侵入活动在地下不同深度冷凝固结形成的岩石称为侵入岩；岩浆及其他岩石碎屑、玻屑、晶屑等沿着火山通道喷出地表冷凝固结形成的岩石称为喷出岩或火山岩。侵入岩根据形成深度的不同，可进一步划分为深成岩和浅成岩。深成岩的形成深度一般大于 3 km，多形成规模较大的岩体。由于形成于地壳深部，冷凝较慢，挥发成分多，其矿物的结晶程度好。浅成岩形成深度一般为 0～3 km，常呈较小规模的岩体产出。自然界中的岩浆岩种类多达 1 000 种以上。一般认为种类繁多的岩浆岩主要是由超基性岩浆（橄榄岩浆）、基性岩浆（玄武岩浆）、中性岩浆（安山岩浆）、酸性岩浆（花岗岩浆）等少数几类原始岩浆通过复杂的演化作用形成的。沉积岩是指先期岩石在地表或接近地表的常温常压条件下，由风化剥蚀作用、生物作用或火山作用的产物在原地或经过外力的搬运，在适当条件下沉积下来所形成的沉积层，经胶结成岩作用而形成的岩石[8]。先期岩石的风化产物包括碎屑物质和非碎屑物质两部分。碎屑物质是先期岩石机械破碎的产物，是形成碎屑岩的主要物质。非碎屑物质包括真溶液和胶凝体两部分，是形成化学岩和黏土岩的主要成分。根据沉积方式、物质成分、结构造成等可将沉积岩分为碎屑岩、黏土岩、化学岩及生物化学岩三大类型，见表 2-2。变质岩是指先期岩石在温度、压力发生改变以及物质成分加入或带出等条件下，矿物成分、化学成分以及结构构造发生变化而形成的岩石[9]。一般将由岩浆岩经变质作用形成的变质岩称为正变质岩，由沉积岩经变质作用形成的变质岩称为负变质岩，由变质岩经变质作用形成的变质岩称为复变质岩或叠加变质岩。岩浆岩、沉积岩、变质岩三者间存在着紧密的有机联系，且在一定条件下可以相互转化[10]。岩浆岩、沉积岩、变质岩在地质构造运动抬升到地表后，经过风化、剥蚀、搬运、沉积、机械破碎等作用可形成沉积岩。岩浆岩、沉积岩、变质岩因温度、压力的变化或流体的作用等可形成变质岩。岩浆岩、沉积岩、变质岩经重熔作用可形成岩浆，岩浆再冷凝固结形成岩浆岩，如图 2-1 所示。

表 2-2　沉积岩基本类型及典型岩石

沉积岩类型	典型岩石	沉积岩类型	典型岩石
碎屑沉积岩	角砾岩、砾岩、砂岩	化学及生物化学沉积岩	石灰岩、白云岩、泥灰岩、岩盐等
黏土沉积岩	泥岩、页岩		

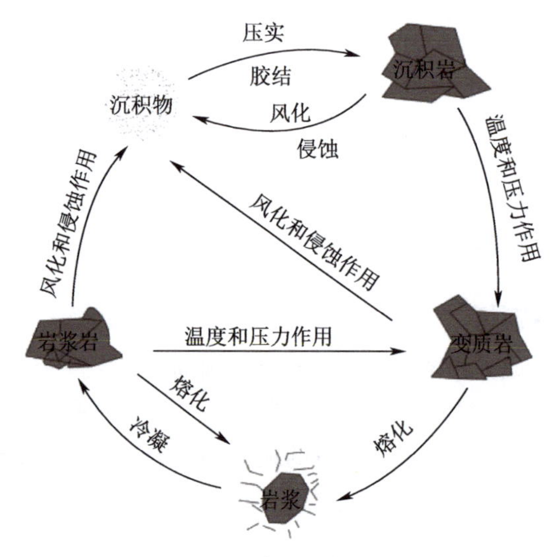

图 2-1　岩石形成过程

根据岩石饱和单轴抗压强度 R_c大小，一般将岩石分为坚硬岩、较坚硬岩、较软岩、软岩、极软岩五种类型[5]，见表 2-3。

表 2-3　岩体坚硬程度分类表

岩石饱和单轴抗压强度 R_c(MPa)	>60	60～30	30～15	15～5	<5
坚硬程度	坚硬岩	较坚硬岩	较软岩	软岩	极软岩

按风化程度岩石一般可分为未风化、微风化、中风化、强风化、全风化和残积土六种类型[5]，见表 2-4。

表 2-4　岩石风化程度分类表

风化程度	野外特征	风化程度参数指标	
		波速比 K_v	风化系数 K_f
未风化	岩质新鲜，偶见风化痕迹	0.9～1.0	0.9～1.0
微风化	结构基本未变，仅节理面有渲染或略有变色，有少量风化裂隙	0.8～0.9	0.8～0.9

续上表

风化程度	野外特征	风化程度参数指标	
		波速比 K_v	风化系数 K_f
中风化	结构部分破坏，沿节理面有次生矿物、风化裂隙发育，岩体被切割成块状，用镐难挖，岩心钻方可钻进	0.6～0.8	0.4～0.8
强风化	结构大部分破坏，矿物成分显著变化、风化裂隙发育，岩体破碎，用镐可挖，干钻不易钻进	0.4～0.6	<0.4
全风化	结构基本破坏，但尚可辨认，有残余强度，可用镐挖，干钻可钻进	0.2～0.4	—
残积土	组织结构全部破坏，已风化成土状，锹镐易挖掘，干钻易钻进	小于0.2	—

2.1.1.2 岩体结构面及其基本特征

岩体结构面是指岩体内部具有一定方向、一定规模、一定形态和特征的面、缝、层和带状的地质界面。岩体经受过各种不同构造运动的改造和风化次生作用的演化，存在着各种不同的地质界面即岩体结构面。岩体结构面是由一定的地质实体抽象出来的学术概念，其在横观延展上具有面的几何特征，在垂直方向上则与几何学中的面不同，常充填一定的物质、具有一定的厚度。

1. 岩体结构面自然特征

岩体结构面自然特征主要是指结构面的产状、密度、连续性等空间分布特征及形态、张开度、充填与胶结等的特征，见表2-5。

表 2-5 岩体结构面自然特征

自然特征		表征参数或描述
空间分布特征	产状	走向、倾向、倾角
	密度	线密度、体密度、间距
	连续性	贯通程度、线连续性系数、面连续性系数、迹长
形态		起伏度、粗糙度、起伏差、起伏角
张开度		闭合、裂开、张开
充填与胶结		未充填或硅质、铁质、钙质、泥质充填等

(1) 岩体结构面产状

岩体结构面产状是指结构面的空间方位，通常用走向、倾向和倾角表征，如图2-2所示。走向指岩体结构面与水平面相交的直线所指的方向，表示结构面在空间的水平延伸方向，如图2-2中的 OA 方向和 OB 方向，两者相差180°。结构面上与走向垂直并指向结构面下方的射线称为倾向线。倾向指岩体结构面倾向线在水平面上投影的方向，如图2-2中的 OD' 方向。倾角指岩体结构面与水平面的夹角，一般指最大倾斜线与倾向线之间的夹角，如图2-2中的 α 角。

(2) 岩体结构面密度

岩体结构面密度是指单位岩体内发育的结构面数量，常采用线密度、体密度、间距等指标表征。岩体结构面线密度 K 指同组结构面沿其迹线垂直的方向，单位长度内发育的结构

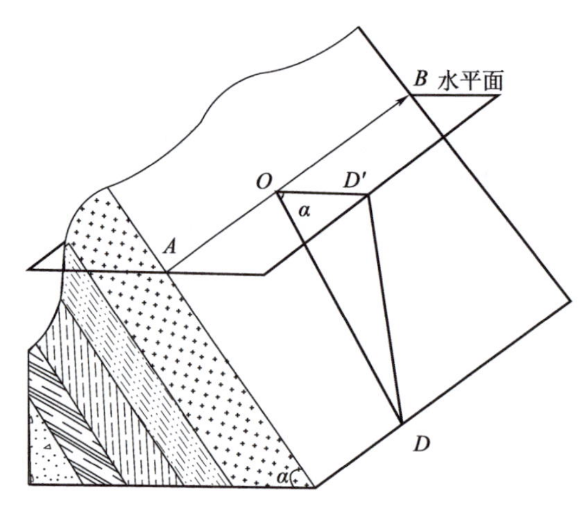

图 2-2　岩体结构面产状

面数量。若以 L 表示测线长度，以 n 为示测线长度内的结构面数目，则结构面线密度 K 可用式(2-1)计算。

$$K=n/L \tag{2-1}$$

若岩体中存在数组结构面(a，b，…)，则测线上的线密度为各组线密度之和，见式(2-2)。

$$K=K_a+K_b+\cdots \tag{2-2}$$

若测线不能沿结构面的垂直方向布置，当测线与结构面迹线夹角为 α，实际测线长度为 L 时，则结构面线密度 K 可按式(2-3)计算。

$$K=n/(L\sin\alpha) \tag{2-3}$$

式(2-3)中，α 表示岩体结构面测线与迹线间的夹角，如图 2-3 所示。

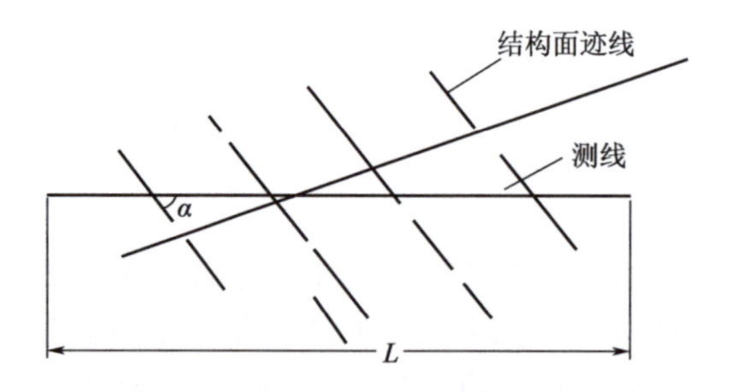

图 2-3　岩体结构面线密度计算示意图

根据岩体结构面线密度，可将其密集程度分为疏、密、极密、压碎四种类型，见表 2-6。

表 2-6　岩体结构面密集程度按线密度分类

岩体结构面线密度 K(条/m)	<1	1～10	10～100	100～100
岩体结构面密集程度	疏	密	极密	压碎

岩体结构面体密度 J_v 指单位体积内发育的结构面数量。岩体结构面体密度 J_v 应针对不同的岩组或岩性段选择有代表性的出露面或开挖岩壁进行统计，按式(2-4)进行计算。

$$J_v = \sum_{k=1}^{n} K_i + K_0 \tag{2-4}$$

式中 N——统计区域内结构面组数；

K_i——第 i 组结构面的线密度；

K_0——每立方体内的非成组结构面的条数。

岩体结构面体密度 J_v 与岩体完整性的关系见表 2-7。

表 2-7 岩体完整性按结构面体密度分类

岩体结构面体密度 K(条/m)	<3	3～10	10～20	20～35	≥35
岩体完整程度	完整	较完整	较破碎	破碎	极破碎

岩体结构面间距 d 指同组结构面在法线方向的平均距离，即岩体结构面线密度 K 的倒数，可按式(2-5)计算。

$$d = L/n = 1/K \tag{2-5}$$

按照岩体结构面间距大小，国际岩石力学学会(ISRM)将其分为七种类型，见表 2-8。

表 2-8 岩体结构面体间距分级

岩体结构面间距 d(m)	<0.02	0.02～0.06	0.06～0.2	0.2～0.6	0.6～2	2～6	≥6
岩体结构面间距级别	极窄	很窄	窄	中等	宽	很宽	极宽

(3)岩体结构面连续性

岩体结构面连续性也称岩体结构面延展性或延续性，是指某一平面内岩体结构面的面积范围或大小。

岩体结构面连续性可采用连续性系数 K_A 进行表示，见式(2-6)，如图 2-4 所示。

$$K_A = \sum_{1}^{i} a_i / A \tag{2-6}$$

式中 a_i——第 i 个结构面的面积(m^2)；

A——所测的整个断面面积(m^2)。

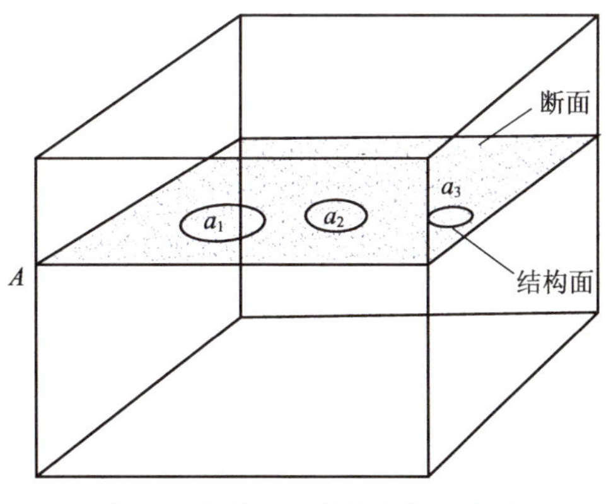

图 2-4 结构面连续性系数示意图

岩体结构面根据其贯通程度，可分为非贯通性结构面、半贯通性结构面和贯通性结构面三种类型。非贯通性结构面较短，不能贯通岩体，如图 2-5(a)所示。半贯通性结构面有一定长度，但尚不能贯通整个岩体，如图 2-5(b)所示。贯通性结构面连续，长度贯通整个岩体，通常可控制岩体的破坏，如图 2-5(c)所示。

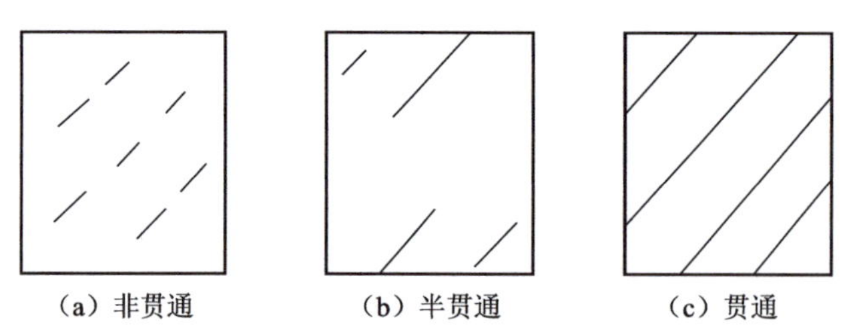

图 2-5　岩体结构面贯通类型示意图

(4) 岩体结构面形态

岩体结构面形态也称岩体结构面粗糙程度，是指岩体结构面相对其平均平面凹凸不平的程度，可用起伏度和粗糙度进行衡量。根据起伏程度岩体结构面可分为平直形、波浪形、台阶形三种类型，按粗糙程度分为光滑型、平坦型、粗糙型三种类型，岩体结构面形态综合采用起伏度和粗糙度，如图 2-6 所示。

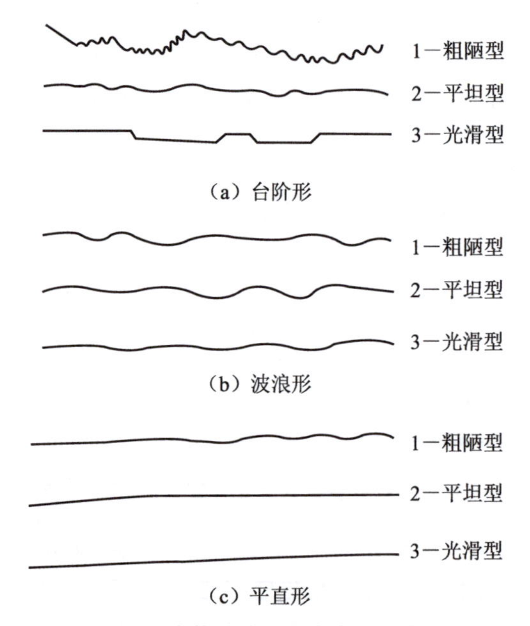

图 2-6　岩体结构面形态类型示意图

(5) 岩体结构面张开度

岩体结构面张开度是指结构面两侧壁之间的垂直距离。结构面两侧壁面一般不是紧密接触的，而是呈局部接触或点接触，接触点大部分位于起伏或锯齿状的凸起点。结构面抗剪强度随着接触面积减小不断降低。当接触面张开且被其他介质充填时，结构面强调主要由充填物质决定。岩体结构面按张开度大小可分为闭合结构面、裂开结构面和张开合结构面，见表 2-9。

表 2-9 结构面按张开度分类

结构面状态	闭合结构面			裂开结构面			张开结构面		
	很紧密	紧密	部分张开	张开	中等宽的	宽的	很宽的	极宽的	似洞穴的
张开度（mm）	<0.1	0.1～0.25	0.25～0.5	0.5～2.5	2.5～10	>10	10～100	100～1 000	>1 000

（6）岩体结构面充填与胶结

岩体结构面充填状态可分为无充填和有充填。无充填结构面处于闭合状态，岩块结合较紧密，结构面的强度与结构面两侧岩石的力学性质、结构面表面形态有关。有充填结构面的强度与充填物成分、胶结程度有关。结构面内充填物质常见的成分主要有泥质、碎屑质、角砾质三种类型。其中泥质的矿物成分受含水量影响很大，如在低湿度压密状态下，泥质结构面黏聚力 c 值可达 50～100 kPa，内摩擦角可达 17°～20°；浸水后，黏聚力 c 值可降至 5～20 kPa；当含水量达 80%时，黏聚力和内摩擦角甚至均可降低为零。碎屑质结构面和角砾质结构面的强度与其所含的黏土质含量关系极大，黏土质含量越高，强度越低。部分结构面由于胶结等作用形成具有一定强度的充填物，结构面黏聚力 c 有所增加。若结构面充填物未胶结，结构面强度低于岩体强度，属软弱结构面。

2. 岩体结构面地质成因

岩体结构面按成因类型可分为原生结构面、构造结构面和次生结构面三种类型，见表 2-10。原生结构面主要是指在岩体形成过程中形成的结构和结构面，主要分为沉积结构面、火成结构面、变质结构面。构造结构面是在岩体形成后，地壳运动过程中在岩体内产生的各种破裂面，如断层面、节理面、错动面、劈理面等。次生结构面是指在外营力作用下产生的风化裂隙面及卸荷裂隙面等。结构面成因不同，其所具有的地质特征不同，对工程岩体的影响也各有不同。岩体结构面成因分类能从宏观上表征结构面的主要性质，为结构面性质进一步量化研究提供依据。

表 2-10 岩体结构面成因类型

成因类型	原生结构面			构造结构面				次生结构面			
	沉积结构面	岩浆结构面	变质结构面								
地质类型	层面、层理、沉积间断面等	流纹、流层等	板理、片理、片麻理、软弱夹层等	劈理	节理	断层	层间破碎带	卸荷裂隙	风化裂隙	泥化夹层	爆破裂隙

3. 岩体结构面规模分级

岩体结构面按规模可分为Ⅰ级结构面、Ⅱ级结构面、Ⅲ级结构面、Ⅳ级结构面、Ⅴ级结构面五种类型，见表 2-11。岩体结构面按发育程度可分为不发育、较发育、发育、很发育四种类型，见表 2-12。不同规模的岩体结构面对地下工程围岩自稳特征的影响程度不同，小尺度结构面影响和指控地下工程围岩的物理力学性质，大尺度结构面影响和控制地下工程围岩的稳定性，更大尺度的结构面影响和控制地下工程场地区域性岩体的稳定性。

表 2-11 岩体结构面规模类型

规模类型	Ⅰ级结构面	Ⅱ级结构面	Ⅲ级结构面	Ⅳ级结构面	Ⅴ级结构面
规模特征	延伸长度数千米至数十千米以上，宽度数米至数十米乃至数百米以上	延伸长度数百米至数千米，宽度数十厘米至数米	延伸长度数十米至数百米，宽度数十厘米至 1 m	延伸长度数十厘米至数十米，小者仅数厘米至十几厘米，宽度为零至数厘米	规模小，连续性差，常包含在岩块内
地质类型	通常为大断裂或区域性断裂	多为较大的断裂、层间错动、不整合面及原生软弱夹层等	断裂、发育的层面及层间错动、软弱夹层等	节理、层面、次生裂隙及较发育的片理、劈理等	隐节理、微层面、微裂隙及不发育的片理、劈理等
力学属性	确定性软弱结构面	确定性软弱结构面、滑动块裂体的边界	多数为确定性软弱结构面、少数为较坚硬结构面	多数为随机性坚硬结构面，构成岩块的边界	随机性坚硬结构面

表 2-12 岩体结构面发育程度及其基本特征

发育程度等级	基本特征	对岩体稳定性的作用
不发育	1～2 组，规则，构造型，间距 1 m 以上，多为密闭裂隙，岩体被切割成巨块状	对基础工程无影响，无地下水及其他不良因素时，对岩体稳定性影响不大
较发育	2～3 组，呈 X 型，较规则，以构造型为主，多数间距大于 0.4 m，多为密闭裂隙，少有填充物；岩体被切割成大块状	对基础工程影响不大，对其他工程可能产生一定的影响
发育	3 组以上，不规则，以构造型或风化型为主，多数间距小于 0.4 m，大部分为张开裂隙，部分有填充物；岩体被切割成小块状	对工程可能产生很大影响
很发育	3 组以上，杂乱，以风化型为主，多数间距小于 0.2 m，以张开裂隙为主，一般有填充物；岩体被切割成碎石状	对工程产生严重影响

4. 岩体结构特征

结构面与结构体以不同形式的相互结合状态通常为岩体结构，其特性随结构面、结构体的特性及组合特点的不同而不同。按结构面切割程度可将岩体结构分为整体状结构、块状结构、层状结构、破裂结构和散体结构。

2.1.1.3 地下水及其基本特征

地下水是埋藏于地表以下地层岩土体孔隙中各种状态的水，分为气态水、液态水和固态水，其中以液态水为主[11-13]。地层岩土体中的液态水主要由结合水和自由水组成，前者可改变岩土体力学性质，后者可改变岩土体中应力状态。结合水又分为强结合水和弱结合水。强结合水又称吸着水，是由岩土体矿物颗粒表面的电分子力牢固地吸引的水分子紧靠土粒表面，厚度只有几个水分子厚，小于 0.003 μm。强结合水性质接近固态，不传递静水压力，100 ℃不蒸发，密度 ρ_w 处于 1.2～2.4 g/cm^3 范围，并具有很大的黏滞性、弹性和抗剪强度，当矿物颗粒只含强结合水时呈坚硬状态。弱结合水又称薄膜水，是在强结合水外侧，也是由岩土体矿物颗粒表面的电分子力吸引的水分子，其厚度小于 0.5 μm，密度 ρ_w 处于 1.0～1.7 g/cm^3 范围。弱结合水也不传递静水压力，呈黏滞体状态，对矿物颗粒力学性能影响最大。自由水离矿物颗粒表面较远，在矿物颗粒表面的电场作用以外的水分子自由散乱地排列。自由水又分为重力水和毛细水。重力水是指位于地下水位以下在重力作用下能够自由运动的水，可从总水头较高处向总水头较低处流动，具有浮力的作用。毛细水受毛细作用而上升，粉土中孔隙小，毛细水上升高。地层岩土体中地下水类型及分布特征如图 2-7 所示。

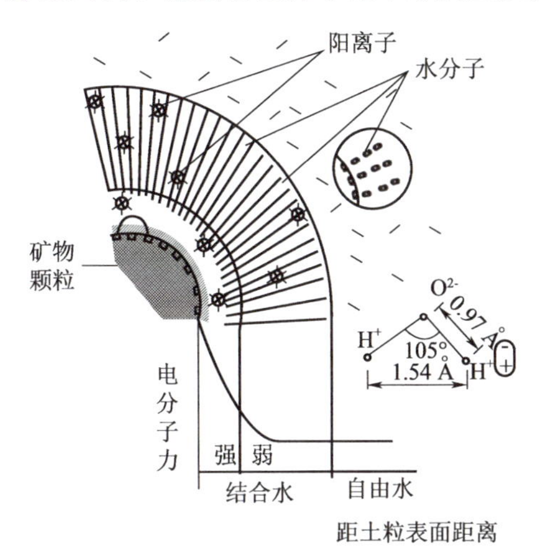

图 2-7　地层岩土体中地下水分布特征

地层岩土体中的地下水狭义上特指重力水，一般分为孔隙水和裂隙水。孔隙水赋存于松散沉积物颗粒构成的孔隙网格中。裂隙水赋存于岩体裂隙中。根据地下水的埋藏条件、赋存特征及运动规律，岩体裂隙水分为面状裂隙水、层状裂隙水、脉状裂隙水三种类型。

面状裂隙水埋置于各种岩体风化裂隙中。风化裂隙一般发育均匀密集，有一定程度的张开度，储存在其中的地下水相互连通，构成统一的地下水面，含水层似层状，呈面状分布。面状裂隙水水量大小主要取决于岩体裂隙的发育程度、风化壳的厚度、气候条件、地貌等特征。

层状裂隙水多埋藏于层状岩石的区域构造裂隙和成岩裂隙中。裂隙以网状组合为主，裂隙之间往往有较好的水力联系，含水层分布边界主要受不同性质的岩层界面控制，形成典型的层状含水层。层状裂隙水的埋藏与分布主要受地层岩性控制，其富水性取决于含水层厚度和裂隙发育程度以及地形条件等。在沉积岩和变质岩地区，一般脆硬性岩石(如砂岩、石英岩等)的构造裂隙远较柔塑性岩石(如页岩、板岩等)发育；当其互层时，脆硬性岩石往往形成含水层，而软塑性岩石则构成相对隔水层，地下水则常成为承压水，亦可形成潜水。层状裂隙水虽然与一定层位裂隙发育的岩层相一致，但含水层的富水性在不同构造部位和不同深度上的差异也很大。如褶曲轴部的富水性较褶曲翼部强，埋藏较浅的含水层较相同岩性埋藏较深的含水层富水性强。在岩浆岩地区，层状裂隙水常见于喷出岩体的成岩裂隙中，如玄武岩等柱状节理及层面节理发育，裂隙分布较均匀密集，张开性较连通性好，常形成储水丰富、透水性强、具有统一地下水面的潜水含水层，其下伏隔水层为另一裂隙不发育的岩层，含水层呈层状，飘层状裂隙水。它一般分布范围较广，补给条件较好，水量丰富。当成岩裂隙岩体被后期不透水层覆盖时，也可形成承压含水层。层状裂隙水的水质，主要由埋藏深度决定。浅部含水层的地下水处于良好的水交替带中，水质为重碳酸盐型水，向下水交替逐渐减弱，过渡为硫酸盐型水，到深部为氯化物型水。总矿化度也随深度增加而增高。

脉状裂隙水埋藏于局部构造裂隙带中，含水层不受岩层界面的限制，含水带(体)呈脉状或带状分布。它可穿越不同性质的岩层或岩体，地下水为承压水或潜水。脉状裂隙水的埋藏与分布主要受地质构造控制，一般分布在断层破碎带、褶曲轴部张裂带、侵入体与围岩接触带等局部断裂破碎部位。裂隙呈脉状或网脉状，分布很不均匀，巨大的主干断裂主要起导水作用，微小支裂隙主要起储水和释水作用。脉状裂隙含水带的富水性很不均匀，如断裂带通过脆性岩层时，裂隙较发育，且张开度大，含水性及导水性较强；通过塑性岩层时，裂隙发育程度较弱，导水性差，甚至起隔水作用。即使在同一岩层里，脉状含水带各个部位的富水性也很不相同。当水井穿过含水带主干裂隙时，因其导水性强，出水量很大，可成为良好的供水水源；当水井穿过含水带较小裂隙时，其出水量则较小。

地层岩体中地下水的作用可归纳为物理作用、化学作用和力学作用。

岩体中地下水的物理作用包括润滑作用、软化和泥化作用、结合水的强化作用等。润滑作用是指地下水的存在使岩体不连续面的摩擦阻力减小，从而使作用在不连续面上的剪应力效应增强，诱发岩体沿不连续面产生剪切运动。软化和泥化作用是指地下水使岩体结构面充填物的物理性状发生改变，随着含水量的变化，结构面中的充填物将发生由固态像塑态直至液态转变的软化效应。软化和泥化作用使岩体的力学性能降低，黏聚力和内摩擦角均会减小。一般情况下，断层破碎带中的充填物在地下水渗流作用下易发生泥化现象。强化作用是指处于非饱和带岩体中的地下水处于负压状态，此时地下水不是重力水，而是结合水。根据有效应力原理，非饱和岩体中的有效应力大于岩体的总应力，结合水的存在强化了岩体的力学性能，使岩体强度增大。

地下水的化学作用包括地下水与岩体间的离子交换作用，地下水对岩体的溶蚀作用、水化作用、水解作用、氧化还原作用等。地下水与岩体间的离子交换作用是指由物理力和化学力吸附到岩体颗粒上的离子和分子与地下水的一种交换过程。与地下水进行离子交换的，主要是岩体中的黏土矿物，如高岭土、蒙脱石、伊利石、绿泥石、沸石、氧化铁以及有机物等。地下水与岩体的离子交换使岩体的结构发生改变，从而对岩体的性质产生影响。溶蚀作用是指地下水对可溶解性岩石的溶解与溶蚀作用，会使岩体中产生溶蚀裂隙、溶蚀孔隙及溶洞等。这些裂隙及孔洞的存在，会改变岩体的孔隙率及渗透性，进而对岩体的力学性质产生影响。水化作用是指地下水渗透到岩体的矿物结晶格架中或水分子附着可溶岩石的离子上，使岩石的结构发生微观、细观及宏观尺度上的改变，减小岩体的黏聚力。含有膨胀矿物的岩体，在与地下水发生水化作用时，岩体会产生较大的体应变。水解作用是指地下水与岩体中的某些离子间的一种反应。若岩体中的阳离子与地下水发生水解作用，则地下水的酸度会增大；若岩体中的阴离子与地下水发生水解作用，则地下水的碱度会增大。水解作用一方面改变地下水的 pH 值，另一方面也使岩体中所含的物质发生改变，从而影响岩体的力学性质。氧化还原作用是一种电子从一个原子转移到另一个原子的化学反应。氧化和还原过程必须一起出现，且互相弥补。氧化作用一般发生在地下水潜水面以上的包气带，而还原反应一般发生在地下水潜水面以下的饱水带。地下水与岩体之间发生的氧化还原作用，既改变地下水的化学组分及侵蚀性，又改变岩体中的矿物组成，从而影响岩体的力学特性。

地层岩体中地下水的力学作用包括渗流应力力学效应和水岩耦合力学效应。渗流应力力学效应主要体现在减小岩体的有效应力，而水岩耦合力学效应是通过改变岩体的渗透性能，降低或增大岩体的渗透系数，由于岩体的渗透性能发生改变，反过来影响岩体中的应力分布。地层岩体中地下水作用类型如图 2-8 所示。

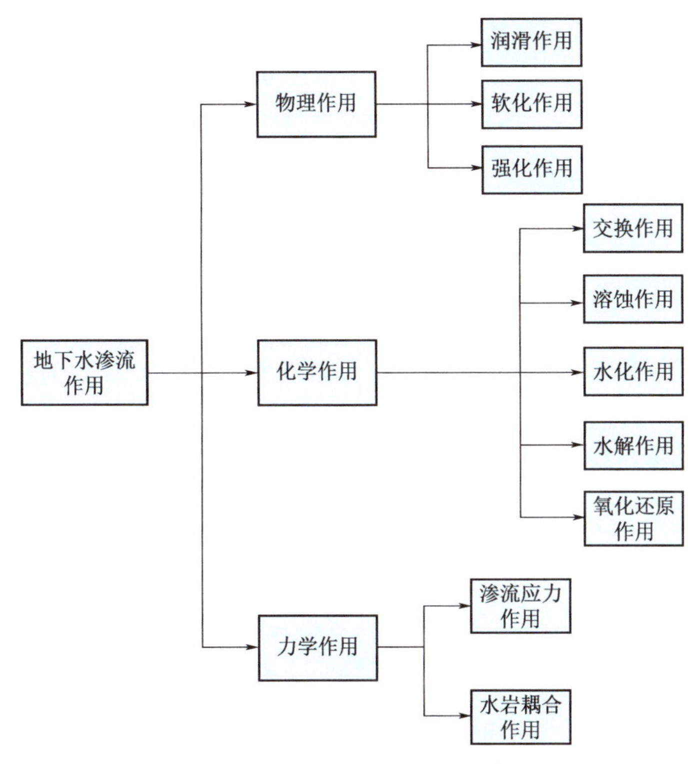

图 2-8　地层岩体中地下水作用类型

岩体是由岩石块体骨架和骨架间孔隙构成的多孔介质。岩体变形由岩石块体骨架本体变形和骨架间排列方式改变引起结构变形两部分组成。岩体骨架本体变形是指由因岩石块体骨架自身应力变化导致骨架自身体积的变化进而引起整体变形，但骨架排列方式不发生变化，如图 2-9(a)所示。岩体骨架间的结构变形是指因骨架排列方式的改变而导致的整体变形。在结构变形过程中，骨架之间接触应力的变化导致骨架间产生相对位移，改变了骨架的排列方式但骨架自身体积不发生变化，实质上就是岩体的压实变形，如图 2-9(b)所示。

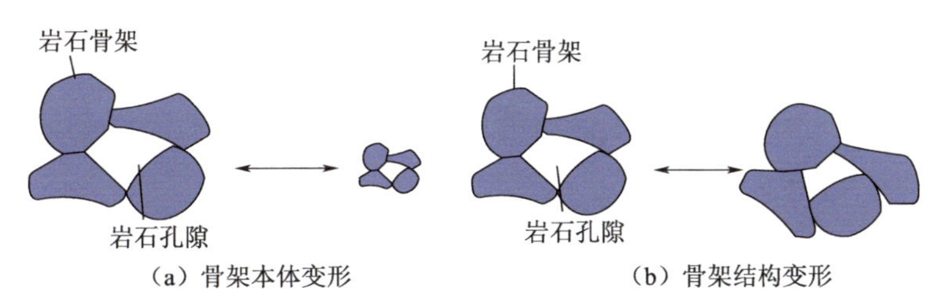

图 2-9　岩体变形机理示意图

岩体应变 ε 为岩体骨架本体应变 ε_p 和岩体骨架间结构应变 ε_s 的代数和，见式(2-7)。

$$\varepsilon=\varepsilon_p+\varepsilon_s \tag{2-7}$$

与岩体变形机制相对应，岩体有效应力 σ 由岩体本体骨架应力 σ_s 和骨架间接触应力 σ_c

两部分组成,如图 2-10 所示。

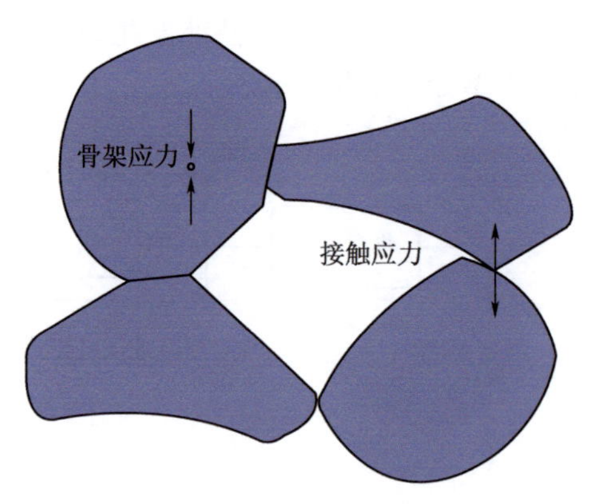

图 2-10　岩体有效应力

设岩体介质任一截面 OO' 上方的外应力为 σ,作用面积为 A,受到的总外力为 σA;OO' 截面下方的骨架应力为 σ_s,作用面积为 $(1-n)A$,骨架对 OO' 截面的总作用力为 $\sigma_s(1-n)A$。OO' 截面下方的孔隙水压力为 p,作用面积为 nA,孔隙中流体对 OO' 截面的总作用力为 pnA,如图 2-11 所示。

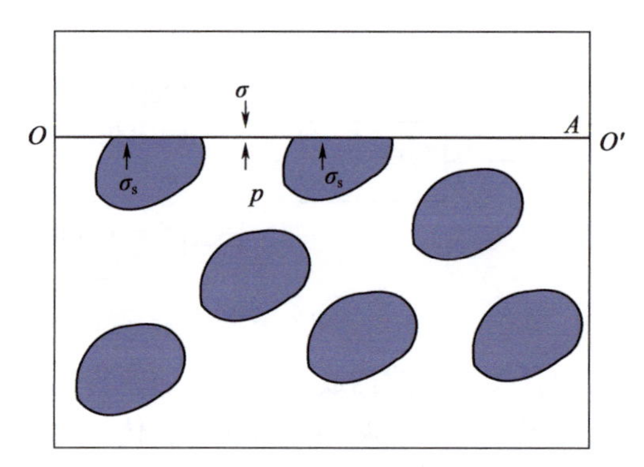

图 2-11　岩体结构骨架应力受力分析示意图

根据静力平衡原理,在 OO' 截面上、下作用力相等,见式(2-8)。

$$\sigma A = pnA + \sigma_s(1-n)A \tag{2-8}$$

由式(2-8)整理可得岩体骨架应力 σ_s,见式(2-9)。

$$\sigma_s = \frac{\sigma - pn}{1-n} \tag{2-9}$$

把骨架应力折算到整个介质横截面面积,进而可得岩体骨架本体有效应力 σ_{eff}^{p} 及岩体本体应变 ε_p,见式(2-10)和式(2-11)。

$$\sigma_{eff}^{p} = \frac{\sigma_s(1-n)A}{A} = \sigma_s(1-n) = \sigma - pn \tag{2-10}$$

$$\varepsilon_p = f(\sigma_{eff}^{p}) \tag{2-11}$$

岩体结构接触应力受力分析模型示意图如图 2-12 所示。

在对岩体骨架间接触应力 σ_c 进行计算分析时,首先引入岩体结构接触面积比率 δ_c 和触点孔隙度 n_c 两个指标,其表达式分别见式(2-12)和式(2-13)。

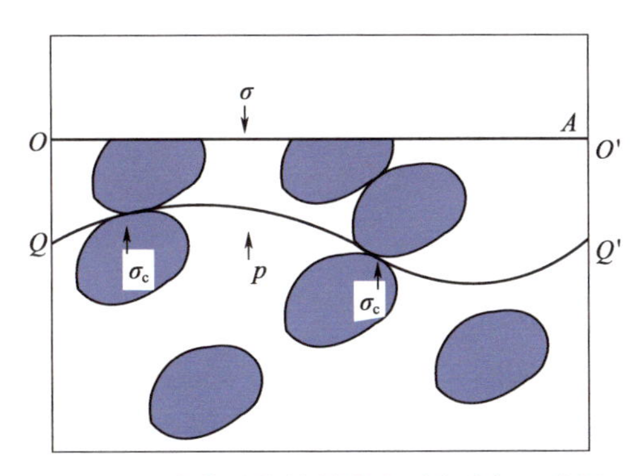

图 2-12　岩体结构接触应力受力分析示意图

$$\delta_c=\frac{A_c}{A} \tag{2-12}$$

$$n_c=1-\delta_c \tag{2-13}$$

式中　A_c——QQ'曲面上骨架颗粒接触面积的竖向投影面积(m^2)；

A——QQ'曲面上介质总面积的竖向投影面积(m^2)。

设岩体介质中任一连接骨架颗粒接触点的曲面 QQ'下方的竖向接触应力为σ_c，作用面积为$(1-n_c)A$，竖向接触应力对 QQ'曲面的总作用力为$\sigma_c(1-n_c)A$。QQ'曲面下方的孔隙水压力为 p，作用面积为 n_cA，孔隙中流体对 QQ'曲面的总作用力为pn_cA。

令 QQ'曲面无限趋于OO'截面，由截面上下方向静力平衡条件并化简可得岩体骨架间接触应力 σ_c 数学表达式，见式(2-14)。

$$\sigma_c=\frac{\sigma-pn_c}{1-n_c} \tag{2-14}$$

把接触应力 σ_c 折算到整个介质横截面面积，可得岩体结构有效应力 σ_{eff}^s表达式，见式(2-15)。

$$\sigma_{eff}^s=\frac{\sigma_c(1-n_c)A}{A}=\sigma_c(1-n_c)=\sigma-pn_c \tag{2-15}$$

由本构关系可得岩体结构应变表达式，见式(2-16)。

$$\varepsilon_s=f(\sigma_{eff}^s) \tag{2-16}$$

此外，地下水的存在使孔隙水压力增大，减小了作用在岩体上的有效应力，降低了岩体的抗剪强度 τ，见式(2-17)。

$$\tau=(\sigma-p_p)\tan\varphi_m+c_m \tag{2-17}$$

裂隙岩体的渗透性具有非均匀性、各向异性、尺度相关性等特点，与裂隙网络的发育程度、裂隙面的产状，张开度、粗糙性、贯通性和围岩应力状态等多种复杂因素密切相关。

裂隙岩体的渗流系数可由式(2-18)计算。

$$K_f=\frac{K_Agd^2}{12\upsilon\eta} \tag{2-18}$$

$$\eta=1+8.8\left(\frac{h}{2d}\right)^{1.5} \tag{2-19}$$

式中 K_A——裂隙面连续性系数；

η——裂隙面相对粗糙修正系数；

h——裂隙面起伏差；

K_f——渗透系数(m/s)；

g——重力加速度(m/s²)；

d——裂隙张开度(m)；

υ——水的运动黏滞系数(m²/s)。

当岩体中含一组结构面时，如图 2-13 所示。

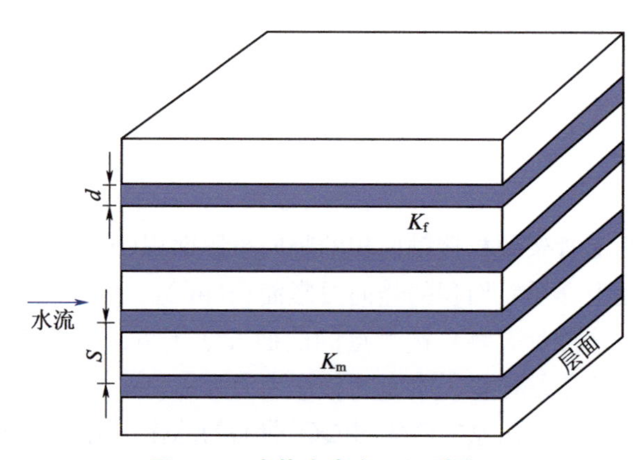

图 2-13 岩体中含有一组裂隙面

岩体中含有一组裂隙面，设裂隙面渗透系数为 K_f，张开度为 d，间距为 S，岩块渗透系数为 K_m。

将裂隙面内的水流平摊到岩体中，得到顺裂隙面走向的等效渗透系数 K 为

$$K=\frac{d}{S}K_f+\frac{S-d}{S}K_m\approx\frac{d}{S}K_f+K_m \tag{2-20}$$

裂隙面的渗透性远大于岩块的渗透性，K_m 可忽略，岩体等效渗透系数 K 为

$$K=\frac{d}{S}K_f=\frac{K_A g d^3}{12\upsilon S\eta} \tag{2-21}$$

当岩体中含多组结构面时。

岩体中含有多组相互连通的裂隙面时，假设各组裂隙面水流互不干扰。

第 i 组裂隙面内的断面平均流速矢量：

$$\overline{u}_i=-\frac{K_{Ai}d_i^2 g}{12\upsilon\eta_i}(J\cdot m_i)m_i \tag{2-22}$$

式中 m_i——水力梯度矢量 J 在第 i 组裂隙面上的单位矢量。

假设岩体中水的渗流速度矢量 u 是各组裂隙面平均渗流速度矢量之和：

$$u=\sum_{i-1}^{n}\frac{d_i}{S_i}\overline{u}_i \tag{2-23}$$

式中 d_i——第 i 组裂隙面的张开度(°)；

S_i——第 i 组裂隙面的间距(m)。

结合上两式，岩体的渗透张量：

$$u=-\sum_{i=1}^{n}\frac{K_{Ai}d_i^3g}{12\upsilon S_i\eta_i}(J\cdot m_i)m_i=-\sum_{i=1}^{n}K_{fi}(J\cdot m_i)m_i \tag{2-24}$$

注：由于反映裂隙面特征的各种参数（裂隙面间距、张开度）具有随机性，因此必须在大量实测资料统计的基础上进行确定。

2.1.1.4　岩体力学基本特征

岩体在力作用下表现出来的性质称为岩体的力学性质。岩体在受到不大力的作用下首先发生变形，随着作用力的增加变形量随之增加，当力或（和）变形量超过一定限度后，即发生破坏。岩体力学性质可分为其承受力的作用而发生变形的性能（即变形特征）和抵抗力的作用而保持其自身完整的抗破坏性能（即强度特征）两个方面。从表观上看，岩体的破坏是在作用力增加到一定水平后，当其中产生了破坏岩体完整性的贯通破坏面或沿着已有的贯通结构面发生不间断的破坏性位移才出现的，似乎变形和破坏是两个截然分开的阶段，然而实际上并非如此。对于没有贯通结构面的岩体或岩体中虽有贯通结构面但破坏并未沿之发生的情况而言，在作用力达到极限值之前，组成岩体的颗粒间的联结早已开始遭受破坏，已有裂纹产生。不过当这些新产生裂纹还很细微，互不连接，肉眼不易观测。随着作用力的增加，无论单个裂纹的大小还是裂纹的数量都会有相应的发展，从而使得岩体变形量增加。这种量变的不断积累，直至作用力超过某一极限值，在某一定方向或某一定位置上的裂纹最先连接起来，形成一个贯通面，进而引起岩体破坏。因此，在作用力不断增加的过程中，岩体的变形和破坏是一个统一的连续的过程，破坏是累进性的。

岩体的力学性质受岩块的力学性质和结构面的力学性质及其组合方式控制。一般情况下，岩体的力学性质不同于岩块的力学性质，也不同于结构面的力学性质。对于岩体结构面不发育的完整岩体，其力学性质大致等于岩块的力学性质。对于稳定性受某一结构面控制的岩体，其力学性质大致等同于结构面的力学性质。裂隙岩体的力学性质介于岩块的力学性质和结构面的力学性质之间，且受岩块材料性质、结构面特征、赋存环境等影响。岩体法向加载压力 P-岩体变形量 W 曲线（即 P-W 曲线）形状和特征可大致分为直线型、上凹型、下凸型、复合型四类，如图 2-14 所示。其中坚硬岩体为较完整的直线型；较完整的软弱岩体一般为上凹型；裂隙发育的坚硬岩体一般为上凸型；外荷载很大时裂隙较发育的坚硬岩体一般为复合型。

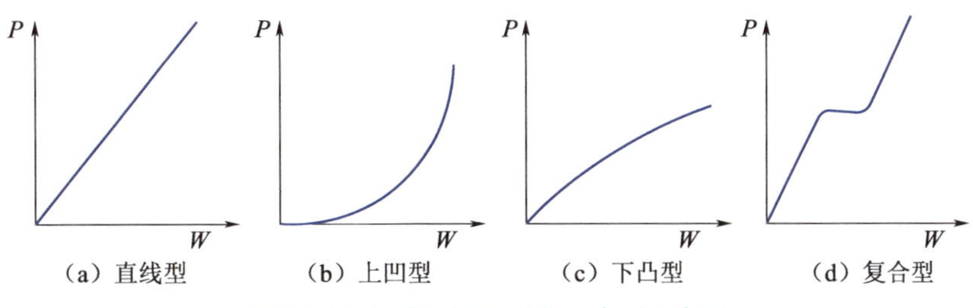

图 2-14　岩体压缩变形曲线类型示意图

岩体的变形性一般通过力作用下的变形过程表现出来，通常采用岩体的应力 σ 与应变 ε 两者间的关系进行研究。根据剪应力 τ-切向位移 μ 曲线（即 τ-μ 曲线）的形状及残余强度

(τ_r)与峰值强度(τ_p)的比值,可将岩体剪切变形曲线分为重剪型、过渡型、剪断型三种类型,如图 2-15 所示。其中重剪型峰值前变形曲线平均斜率小,破坏位移大,一般可达 2~10 mm;峰值后随位移继续增大,岩体强度损失很小或不变,$\tau_r/\tau_p\approx1.0\sim0.6$;沿软弱结构面剪切时常呈现这种类型。过渡型峰值前变形曲线平均斜率较大,峰值强度较高;峰值后随位移继续增大,岩体强度损失较大,$\tau_r/\tau_p\approx0.8\sim0.6$;沿粗糙结构面、软弱岩体或强烈风化岩体剪切时常呈现这种类型。剪断型峰值前变形曲线平均斜率大,曲线具有较清晰的线形段和非线性段;峰值强度较高,破坏位移小,一般约为 1 mm;峰值后随位移增大岩体强度迅速降低,残余强度较低,$\tau_r/\tau_p\approx0.8\sim0.3$;坚硬岩体剪切时常呈现这种类型。

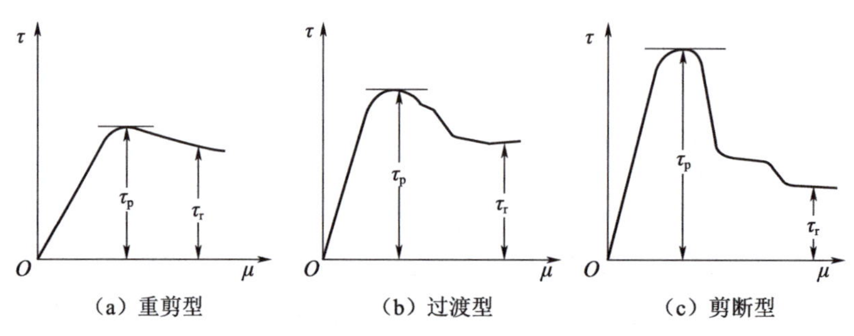

图 2-15 岩体剪切变形曲线类型示意图

岩体强度实质岩体抵抗外力破坏的能力,包括抗压强度、抗拉强度和抗剪强度。岩体强度受岩块强度和结构面强度及其组合方式控制。一般情况下,岩体强度不同于岩块强度,也不同于结构面强度。对于岩体结构面不发育的完整岩体,其强度大致等于岩块强度。对于稳定性受某一结构面控制的岩体,其强度大致等于结构面强度。裂隙岩体的强度介于岩块强度和结构面强度之间,且受岩块材料性质、结构面特征、赋存环境等影响。裂隙岩体抗拉强度较小,一般不考虑其工程意义。岩体中由于包含复杂的结构面,难以从理论角度推求其强度与变形理论解析式,在工程实践中一般采用经验方法进行确定。确定岩体强度与变形的经验方法一般采用经验或某项实测参数,直接对其进行折减作为岩体强度。岩体抗压、抗拉强度可根据岩体完整性指数 K_v分别按式(2-25)和式(2-26)进行经验折减法估算。岩体内摩擦角可按其完整程度按式(2-27)进行经验折减估算。

$$\sigma_{cm}=K_v\times\sigma_c \tag{2-25}$$

$$\sigma_{tm}=K_v\times\sigma_t \tag{2-26}$$

$$\Phi_m=\varphi_i\times I_\Psi \tag{2-27}$$

式中 σ_{cm},σ_{tm}——岩体的单轴抗压强度和抗拉强度(MPa);

σ_c,σ_t——岩块的单轴抗压强度和抗拉强度(MPa);

K_v——岩块完整性系数,$K_v=v_{pm}^2/v_{pr}^2$;

v_{pm},v_{pr}——岩体纵波波速和岩块纵波波速(km/s);

φ_m——岩体的内摩擦角(°);

φ_i——岩块的内摩擦角(°);

I_Ψ——折减系数,可按表 2-13 取值。

表 2-13 岩体内摩擦角折减系数 I_Ψ 建议值

岩体完整程度	折减系数 I_Ψ	岩体完整程度	折减系数 I_Ψ
完　整	0.90～0.95	较破碎	0.80～0.85
较完整	0.85～0.90	破碎	0.75～0.80

通过岩体分级的方式确定岩体工程等级，进而给出不同等级工程岩体的强度参数经验值，或建立岩体分级参数与岩体力学参数之间的经验关系，进而估算岩体强度与变形参数，是目前工程实践中通常采用的另一种重要手段。随着人们工程意识的转变，工程岩体分级方法不断发展。常用的工程岩体分级方法有数十种，见表 2-14。其中，具有代表性的常用的工程岩体分级方法主要有岩体地质力学分级法（RMR 法）、巴顿岩体质量分级法（Q 法）、地质强度指标法（GSI 法）、修正的[BQ]岩体质量分级法[14-16]。

表 2-14 工程岩体分级方法

岩体分级方法	分级主要指标或特征	表　达　式
普氏分级	单轴抗压强度	$f_{ck}=\frac{\sigma_c}{10}$
太沙基分级	岩体结构特征	无
RQD	岩体原始裂隙、硬度、均质性	RQD=长度超过 10 cm（含 10 cm）岩芯的累计长度/钻孔长度×100%
岩体结构分级	岩体结构类型、岩体完整性、结构面特征等	无
Q	RQD、节理组数、最不利节理组的粗糙度指标，最不利节理或节理组的蚀变状态，裂隙水状态，断层、硬岩强度应力比、挤压、膨胀等	$Q=\frac{RQD}{J_n}\cdot\frac{J_r}{J_a}\cdot\frac{J_w}{SFR}$
RMR	岩块强度、RQD、节理间距、节理状态、地下水状态及节理方向	定性和定量指标，和差法
IRMR	岩石强度、结构面间距、结构面状态	IRMR=RBS+JS+JC
RMS	RMR、节理几何与力学特征	定性和定量指标，和差法
SMR	RMR、不连续面与边坡面的产状关系、边坡破坏模式、边坡开挖与爆破方法等	$SMR=RMR-(F_1\times F_2\times F_3)+F_4$
SRMR	RMR、修正 RQD、修正节理产状及特征	定性和定量指标，和差法
BQ	岩块强度、岩体完整性、地下水、主要软弱结构面产状、初始应力等	GB/T 50218—1994：$BQ=90+3R_c+250K_v$ GB/T 50218—2004：$BQ=100+3R_c+250K_v$
MRMR	岩石强度、节理间距、节理状态。修正参数：风化、节理产状、二次应力、爆破、地下水	$MRMR=IRMR\times A_W\times A_J\times A_S\times A_B\times A_{inf}$
GSI	岩石、结构以及观测的不连续面状态	$GSI=1.5J\,Cond_{89}+RQD/2$
CSMR	SMR、边坡高度及优势结构面产状的修正等	$CSMR=\xi RMR+\lambda(F_1\times F_2\times F_3)+F_4$
RMi	UCS、岩石块体体积、节理粗糙度、节理围岩蚀变、节理尺寸	$RMi=\sigma_c\times JP$
M-RMR	UCS、RQD、节理面状态、节理间距、节理方位、地下水、风化、爆破因素、主要软弱面	$M-RMR=$ $A_bA_w[F_c(I_{UCS}+I_{RQD}+I_{JC})+I_{JS}+I_{GW}+I_{JO}]$

1. 岩体地质力学分级法(RMR 法)

岩体地质力学分级(RMR)法是目前岩体分级应用最广泛的分级方法之一,由南非科学与工业研究委员会(CSIR)Bieniawski 等人于 1973～1975 年间提出。岩体地质力学分级方法首先由岩石强度、RQD 值、节理间距、节理状态、地下水状态五种指标按照表 2-15 中的相关标准分别得到其分值,接着采用式(2-28)计算岩体地质力学分级 RMR 总分值。然后根据节理产状对隧道、地基、边坡等地下工程的影响对 RMR 总分值进行折减,见表 2-16、表 2-17。最后根据 RMR 总分值得到岩体级别及其自稳时间与抗剪强度参数指标(D、φ)建议值,见表 2-18。

表 2-15　RMR 指标取值及岩体分级

<table>
<tr><th colspan="3">分类参数</th><th colspan="7">数 值 范 围</th></tr>
<tr><td rowspan="3">1</td><td rowspan="2">完整岩石强度(MPa)</td><td>点载荷载强度指标</td><td>>10</td><td>4～10</td><td>2～4</td><td>1～2</td><td colspan="3">对强度较低的岩石宜用单轴抗压强度(MPa)</td></tr>
<tr><td>单轴抗压强度</td><td>>250</td><td>100～250</td><td>50～100</td><td>25～50</td><td>5～25</td><td>1～5</td><td><1</td></tr>
<tr><td colspan="2">评分值</td><td>15</td><td>12</td><td>7</td><td>4</td><td>2</td><td>1</td><td>0</td></tr>
<tr><td rowspan="2">2</td><td colspan="2">RQD 值(%)</td><td>90～100</td><td>75～90</td><td>50～75</td><td>25～50</td><td colspan="3"><25</td></tr>
<tr><td colspan="2">评分值</td><td>20</td><td>17</td><td>13</td><td>8</td><td colspan="3">3</td></tr>
<tr><td rowspan="2">3</td><td colspan="2">节理间距(cm)</td><td>>200</td><td>60～200</td><td>20～60</td><td>6～20</td><td colspan="3"><6</td></tr>
<tr><td colspan="2">评分值</td><td>20</td><td>15</td><td>10</td><td>8</td><td colspan="3">5</td></tr>
<tr><td rowspan="2">4</td><td colspan="2">节理条件</td><td>节理面很粗糙,节理不连续,节理宽度为零,节理面岩石坚硬</td><td>节理面稍粗糙,宽度<1 mm,节理面岩石坚硬</td><td>节理面稍粗糙,宽度<1 mm,节理面岩石较弱</td><td>节理面光滑或含厚度<5 mm 的软弱夹层,张开度 1～5 mm 节理连续</td><td colspan="3">含厚度>5 mm 的软弱夹层,张开度>5 mm,节理连续</td></tr>
<tr><td colspan="2">评分值</td><td>30</td><td>25</td><td>20</td><td>10</td><td colspan="3">0</td></tr>
<tr><td rowspan="4">5</td><td rowspan="3">地下水状态</td><td>每 10 m 长的隧道涌水量(L/min)</td><td>0</td><td><10</td><td>10～25</td><td>25～125</td><td colspan="3">>125</td></tr>
<tr><td>节理水压力/最大主应力</td><td>0</td><td>0.1</td><td>0.1</td><td>0.2～0.5</td><td colspan="3">>0.5</td></tr>
<tr><td>一般条件</td><td>完全干燥</td><td>潮湿</td><td>只有湿气(有裂隙水)</td><td>中等水压</td><td colspan="3">水的问题严重</td></tr>
<tr><td colspan="2">评分值</td><td>15</td><td>10</td><td>7</td><td>4</td><td colspan="3">0</td></tr>
</table>

$$RMR=\sum_{i=1}^{6}R_i \tag{2-28}$$

式中　R_1——岩石抗压强度评分；

R_2——RQD 评分；

R_3——节理间距评分；

R_4——节理状态评分；

R_5——地下水状态评分；

R_6——节理的方向对工程的影响修正评分。

表 2-16　RMR 评分节理产状修正值

节理产状	非常有利	有利	一般	不利	非常不利
隧道工程	0	−2	−5	−10	−12
地基工程	0	−2	−7	−15	−25
边坡工程	0	−5	−25	−50	−60

表 2-17　节理产状对地下工程稳定性的影响

走向与地下工程轴线垂直				走向与地下工程轴线平行		与走向无关
沿倾向掘进		反倾向掘进		倾角 20°～45°	倾角 45°～90°	倾角 0°～20°
倾角 45°～90°	倾角 20°～45°	倾角 45°～90°	倾角 20°～45°			
非常有利	有利	一般	不利	一般	非常不利	不利

表 2-18　工程岩体分类及强度指标参考值

RMR		81～100	61～80	41～60	21～40	0～20
岩体质量级别		Ⅰ	Ⅱ	Ⅲ	Ⅵ	Ⅴ
		很好	好	一般	差	很差
平均稳定时间	跨度(m)	15	10	7	2.5	1
	时间	20 a	1 a	7 d	10 h	30 min
岩体黏结力(kPa)		>400	300～400	200～300	100～200	<100
岩体内摩擦角(°)		>45	35～45	25～35	15～25	<15

2. 巴顿岩体质量分级法(Q 法)

岩体质量指标 Q 围岩分类法是挪威学者 Barton 等人于 1971～1974 年间根据对 249 条隧道工程实践总结的基础上提出的一种适用于将隧道围岩分级与支护设计于一体的工程岩体分级方法。目前已结合 2 000 多条隧道工程实践案例经验对该方法进行了进一步的修订完善。岩体质量评价系数 Q 值由岩石质量指标 RQD、节理组数 J_n、节理粗糙度 J_r、节理蚀变系数 J_a、节理水折减系数 J_w、应力折减系数 SRF 等六项指标参数按照关系式(2-29)计算得出。岩石质量指标 RQD 按照关系式(2-30)计算。

$$Q=\frac{\mathrm{RQD}}{J_n}\frac{J_r}{J_a}\frac{J_w}{\mathrm{SRF}} \tag{2-29}$$

$$\mathrm{RQD}=长度超过 10\ \mathrm{cm}(含 10\ \mathrm{cm})岩芯的累计长度/钻孔长度\times 100\% \tag{2-30}$$

式中 RQD——岩石质量指标；

J_n——节理的组数；

J_r——节理的粗糙度；

J_a——节理的蚀变系数；

J_w——含水折减系数；

SRF——应力折减系数。

由式(2-29)可见，巴顿岩体质量分级指标 Q 集中体现了岩体结构体尺寸(RQD/J_n)、岩体结构面强度(J_r/J_a)和地下水、地应力等地质因素对岩体质量的影响程度(J_w/SRF)3 个方面对岩体质量的影响程度。

工程岩体质量按照 Q 值大小分为九级，见表 2-19。各级岩体相应的支护参数如图 2-16 所示。

表 2-19　岩体质量 Q 值分级表

Q值	<0.01	0.01～0.1	0.1～1.0	1.0～4.0	4.0～10	10～40	40～100	100～400	≥400
岩体质量	极差	非常差	很差	差	一般	好	很好	非常好	极好

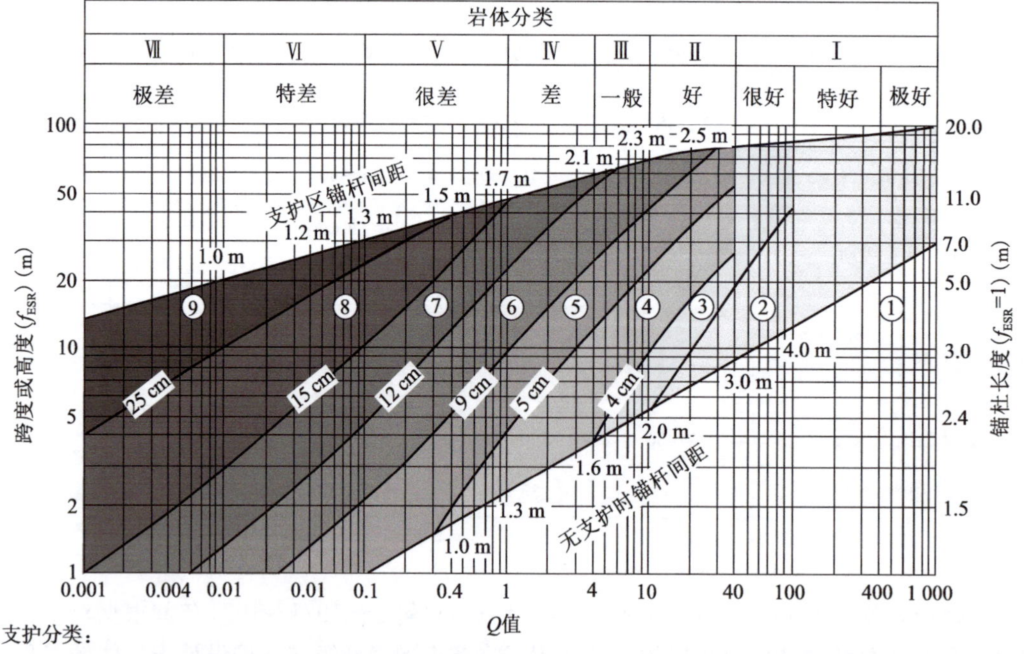

图 2-16　工程岩体 Q 分级及支护类型

3. 修正的[BQ]岩体质量分级法

修正的[BQ]岩体分级方法是我国国家标准《工程岩体分级标准》(GB/T 50218—2014)采用的方法。修正的[BQ]法采用岩体基本质量定性特征和定量特征相结合的方法进行分级，其中定性特征包括岩石坚硬程度和岩体完整程度两个方面进行分化，定量分级由岩石饱和单轴抗压强度 R_c 和岩体完整性系数 K_v 两个基本指标，以及地下水 K_1、结构面 K_2、地应力 K_3 三个修正指标组合计算得到。岩石坚硬程度是表征岩石力学性能的重要指标，分为坚硬岩、较坚硬岩、较软岩、软岩、极软岩五种类型。岩体完整程度分为完整、较完整、较破碎、破碎、极破碎五种类型，岩体完整程度与岩体完整性系数 K_v 两者间的对应关系见表 2-20。

表 2-20　岩体坚完整程度分类表

J_v(条/m^3)	<3	3～10	10～20	20～35	≥35
K_v	>0.75	0.75～0.55	0.55～0.35	0.35～0.15	≤0.15
完整程度	完整	较完整	较破碎	破碎	极破碎

岩体基本质量指标 BQ 根据岩石单轴饱和抗压强度 R_c 数值和岩体完整性系数 K_v 值，按式(2-31)计算得到。

$$BQ = 100 + 3R_c + 250K_v \tag{2-31}$$

其中，式(2-31)中，当 $R_c > 90K_v + 30$ 时，以 $R_c = 90K_v + 30$ 和 K_v 代入式(2-31)计算 BQ 值；当 $K_v > 0.04R_c + 0.4$ 时，以 $K_v + 0.04R_c + 0.4$ 和 R_c 代入式(2-31)计算 BQ 值。

岩体修正质量指标[BQ]可根据地下水的出水状态、结构面产状及其与洞轴线的组合关系、初始地应力状态按式(2-32)进行计算。

$$[BQ] = BQ - 100(K_1 + K_2 + K_3) \tag{2-32}$$

式(2-32)中，K_1 为地下工程地下水影响修正系数，可表 2-21 进行取值；K_2 为地下工程主要软弱结构面产状影响修正系数，可表 2-22 进行取值；K_3 为初始应力状态影响修正系数，可表 2-23 进行取值。

表 2-21　地下工程地下水影响修正系数 K_1

地下水出水状态	BQ				
	>550	550～451	450～351	350～251	<250
潮湿或点滴状出水，$p \leq 0.1$ 或 $Q \leq 25$	0	0	0～0.1	0.2～0.3	0.4～0.6
淋雨状或涌流状出水，$0.1 < p \leq 0.5$ 或 $25 < Q \leq 125$	0～0.1	0.1～0.2	0.2～0.3	0.4～0.6	0.7～0.9
淋雨状或涌流状出水，$p > 0.5$ 或 $Q > 125$	0.1～0.2	0.2～0.3	0.4～0.6	0.7～0.9	1.0

注：1. p 为隧道及地下工程围岩裂隙水压(MPa)；
2. Q 为每 10 m 洞长每分钟的出水量[L/(min · 10 m)]；
3. 在同一地下水状态下，岩体基本质量指标 BQ 越小，修正系数 K_1 值越大；
4. 同一岩体，地下水量、水压越大，修正系数 K_1 值越大。

表 2-22　地下工程主要结构面产状影响修正系数 K_2

结构面产状及其洞轴线的组合关系	结构面走向与洞轴线夹角<30°，结构面倾角 30°～75°	结构面走向与洞轴线夹角>60°，结构面倾角>75°	其他组合
K_2	0.4～0.6	0～0.2	0.2～0.4

注：1. 一般情况下，结构面走向与洞轴线夹角越大，结构面倾角越大，修正系数 K_2 值越小；结构面走向与洞轴线夹角越小，结构面倾角越小，修正系数 K_2 值越大；

2. 本表特指存在 1 组起控制作用结构面的情况，不适用于有两组或两组以上起控制作用结构面的情况。

表 2-23　初始地应力状态影响修正系数 K_3

初始应力状态	BQ				
	>550	550～451	450～351	350～251	≤250
极高应力区	1.0	1.0	1.0～1.5	1.0～1.5	1.0
高应力区	0.5	0.5	0.5	0.5～1.0	0.5～1.0

注：BQ 值越小，修正系数 K_3 取值越大。

根据工程岩体基本质量定性特征和岩体基本质量指标[BQ]，可确定岩体基本质量分级，见表 2-24。各级别工程岩体的物理力学参数可参考表 2-25 确定，岩体结构面抗剪峰值强度可参考表 2-26 确定。

表 2-24　工程岩体基本质量分级

岩体基本质量级别	岩体基本质量的定性特征	岩体基本质量指标(BQ)
Ⅰ	坚硬岩，岩体完整	>550
Ⅱ	坚硬岩，岩体较完整；较坚硬岩，岩体完整	550～451
Ⅲ	坚硬岩，岩体较破碎；较坚硬岩，岩体较完整；较软岩，岩体完整	450～351
Ⅳ	坚硬岩，岩体破碎；较坚硬岩，岩体较破碎～破碎；较软岩，岩体较完整～较破碎；软岩，岩体完整～较完整	350～251
Ⅴ	较软岩，岩体破碎；软岩；岩体较破碎～破碎；全部极软岩及全部极破碎岩	≤250

表 2-25　工程岩体的物理力学参数

岩体基本质量级别	容重 γ(kN/m³)	抗剪断峰值强度		变形模量 E(GPa)	泊松比 μ
		内摩擦角 φ(°)	黏聚力 c(MPa)		
Ⅰ	>26.5	>60	>2.1	>33	<0.20
Ⅱ		60～50	2.1～1.5	33～16	0.20～0.25
Ⅲ	26.5～24.5	50～39	1.5～0.7	16～6	0.25～0.30
Ⅳ	24.5～22.5	39～27	0.7～0.2	6～1.3	0.30～0.35
Ⅴ	<22.5	<27	<0.2	<1.3	>0.35

表 2-26 岩体结构面抗剪峰值强度参考值

类别	两侧岩石的坚硬成都及结构面的结合程度	内摩擦角 φ(°)	黏聚力 c(MPa)
1	坚硬岩,结合好	>37	>0.22
2	坚硬～较坚硬岩,结合一般;较软岩,结合好	37～29	0.22～0.12
3	坚硬～较坚硬岩,结合差;较软岩～软岩,结合一般	29～19	0.12～0.08
4	较坚硬～较软岩,结合差～结合很差;软岩,结合差;软质岩的泥化面	19～13	0.08～0.05
5	较坚硬岩及全部软质岩,结合很差;软质岩泥化层本身	<13	<0.05

2.1.2 地层土体及其基本特征

2.1.2.1 土体物质成分

土体是由地层浅表层各种不同成因的岩石经风化、剥蚀、搬运、沉积而形成的将固态矿物颗粒、液态水和气体融为一体的一种集合体[5,11,17,18]。风化是岩石在地壳表面外力作用下,破碎成较细块体和土粒的过程,一般分为物理风化、化学风化和生物风化。物理风化是指岩石经受风、霜、雨、雪的侵蚀,温度、湿度的变化,发生不均匀膨胀与收缩,使岩石产生裂隙,崩解为碎块的过程。物理风化只改变岩石矿物颗粒的大小和形状,不改变原有的矿物成分。岩石由物理风化而形成的土称为粗粒土,如砂土、砾石土等,一般称为无黏性土。化学风化是指原生岩石矿物与水、氧气、二氧化碳等物质接触时发生化学变化并生产次生矿物的过程。岩石由化学风化而形成的土为细粒土,具有黏结力,如黏土、粉质黏土等,一般称为黏性土。生物风化是指由于动物、植物、微生物参与的岩石风化作用。风化作用在岩石转化为土中是最为关键的过程。原岩风化后形成的尺寸较小的岩屑和矿物颗粒,经流水、风力、冰川活动等动力搬运作用,在一定的环境条件下沉积下来形成土体。由于搬运力周期性变化,在某点沉积的土体上面可能再次沉积性质不同的其他土体,也可能使原来沉积的土体重新搬运到新的地点沉积。不同时期的沉积物,经过自重压密作用,形成地壳表面的土层。

土体一般是由固体颗粒、液态水和气体组成。固体颗粒构成土体骨架,其间存在大量的空隙,空隙间充填着水和气体。土体中的固体颗粒成分主要分为原生矿物、次生矿物、有机物三种类型。土体固体颗粒中的原生矿物主要由原岩经物理风化而成,主要成分为石英、长石、云母矿物等组成,其化学性质较为稳定,亲水性较弱,具有较强的抗水性和抗风化能力。次生矿物主要由原岩经化学风化而成,主要成分为黏土矿物。有机物主要由动植物残骸分解而成,是土体矿物成分中性质最不稳定、最易变化的部分。有机物含量超过5%的土称为有机土,有机物含量对有机土的性质影响显著。有机物含量不超过5%的土称为无机土,其性质主要受矿物成分控制。一般由原生矿物构成的土体颗粒较粗大,由次生矿物构成的土体颗粒较细小。土体固体颗粒大小与矿物成分存在一定的相关关系,在某种程度上反映了土体性质的差异。自然界中土颗粒的大小相差悬殊,例如,巨粒土漂石,粒径 $d>200$ mm,细粒土黏粒 $d<0.005$ mm,两者粒径相差超过4万倍。颗粒大小不同的土,它们的工程性质也各异。为便于研究,把土的粒径按性质相近的原则划分为六个粒组,如图2-17所示。

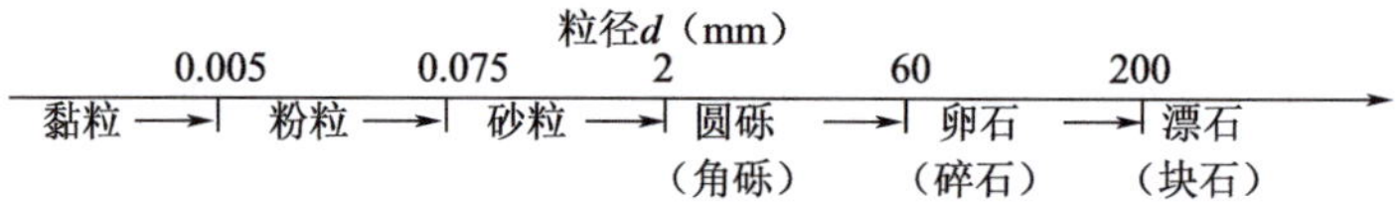

粒径d（mm）
0.005
0.075
2
60
200
黏粒
粉粒
砂粒
圆砾
（角砾）
卵石
（碎石）
漂石
（块石）

图 2-17　土的颗粒分组

自然界里的天然土，很少是一个粒组的土，往往由多个粒组混合而成，土的颗粒有粗有细。工程中常用土的不均匀系数 C_u 和曲率系数 C_c 表示土的粗细程度，如图 2-18 所示，见式(2-33)、式(2-34)。

小于某粒径之土质量百分数（%）
100
60
10
10
5
2
d60
1.0
0.5
0.25
0.10
0.075
d10
土粒直径d（mm）

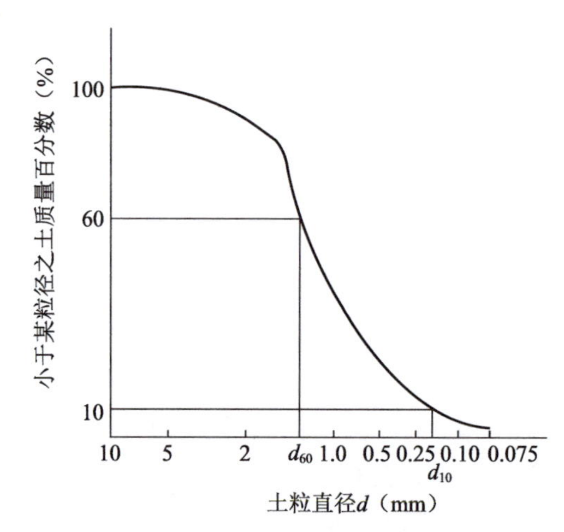

图 2-18　土的颗粒级配曲线

$$C_u=\frac{d_{60}}{d_{10}} \tag{2-33}$$

$$C_c=\frac{(d_{30})^2}{d_{10}\times d_{60}} \tag{2-34}$$

式中　d_{10}，d_{30}，d_{60}——粒径级配曲线上纵坐标为 10%、30%、60%所对应的粒径。

2.1.2.2　土体物理力学性质

土体物理力学性质主要受土固体颗粒得到大小、性质和矿物成分控制，其中土体矿物成分又受形成土体母岩的矿物成分和风化过程控制。自然界中的土，由于颗粒联结一般较弱，尤其是非黏性土，在力的作用下，即使是在作用力较小的情况下，也易发生变形，甚至遭到整体破坏。由于土体抗拉性能极差，工程活动中一般所受到的主要是压力。土体在外力作用下发生压缩变形的过程就是其体积缩小的过程。一般认为，土体体积压缩是其在压力作用下水分和气体的外逸，固体颗粒的位移，从而使空隙体积压缩和密度提高的结果。土体的压缩是在压力作用下，由于孔隙中的水、气被排出，固体颗粒相互靠拢所致。土体的压缩性一般采用压缩系数 α 或压缩模量 E 表示，如图 2-19 所示，见式(2-35)、式(2-36)。

$$\alpha=\tan\beta=\frac{e_1-e_2}{p_2-p_1}\times 1\ 000 \tag{2-35}$$

式中　α——土的压缩系数；

　　β——M_1M_2 直线倾角；

e_1, e_2——压应力 p_1、p_2 作用下土的孔隙率；

p_1, p_2——压应力。

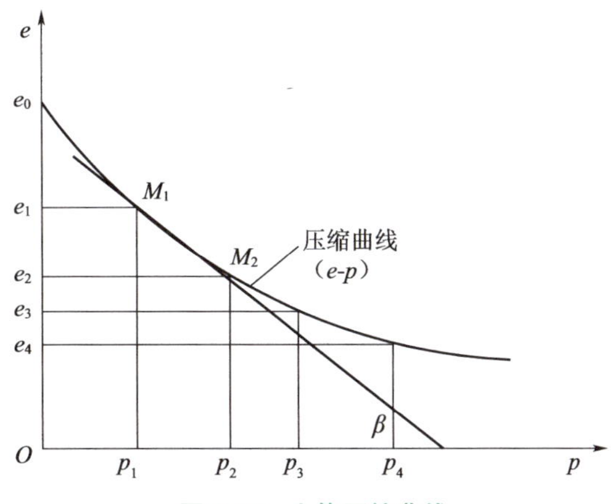

图 2-19　土体压缩曲线

$$E_s=\frac{p_{i+1}-p_i}{1\,000(s_{i+1}-s_i)}=\frac{1+e}{\alpha} \tag{2-36}$$

式中　p_i, p_{i+1}——无侧限条件件垂直竖向加载试验由 100 kPa 增加到 200 kPa 时的压力；

s_i, s_{i+1}——对应的压缩量。

土体根据压缩系数 α 大小，可分为低压缩性土、中压缩性土和高压缩性土三种类型，如图 2-20 所示。

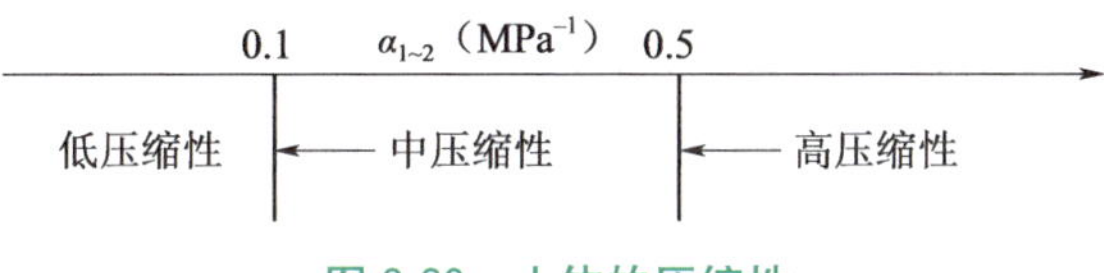

图 2-20　土体的压缩性

在不允许有侧向变形的情况下，土样受到轴向压力增量 $\Delta\sigma_1$ 将会引起侧向压力的相应增量 $\Delta\sigma_3$，比值 $\Delta\sigma_3/\Delta\sigma_1$ 称为土的侧压力系数 ξ 或静止土压力系数 K_0，见式(2-37)。侧向应变和轴向应变的比值称为土的泊松比 ν，见式(2-38)。

$$\xi=K_0=\frac{\Delta\sigma_3}{\Delta\sigma_1} \tag{2-37}$$

$$\nu=\frac{\xi}{1+\xi} \tag{2-38}$$

土体的抗剪强度主要由土体颗粒间的结构联结力和摩阻力两部分组成。不同类型的土体，两种力的实质及其在抗剪阻力中所起的作用有所区别。黏性土的结构联结较强，在土体抗剪阻力中起着重要作用，颗粒间的摩擦力实质上是其表面结合水的黏滞阻力，且随含水率的增高而降低，其抗剪强度可按式(2-39)计算。砂土的抗剪强度主要由摩阻力构成，且随压力的增大而增大，结构所起的作用很弱，其抗剪强度可按式(2-40)计算。式(2-39)和式(2-40)即为著名的库仑公式，如图 2-21 所示。

$$T_f=c+\sigma\tan\varphi \tag{2-39}$$

$$T_f=\sigma\tan\varphi \tag{2-40}$$

式中　T_f——抗剪强度(kPa)；

σ——作用在剪切面上的法向应力(kPa)；

φ——内摩擦角(°)；

c——黏聚力(kPa)。

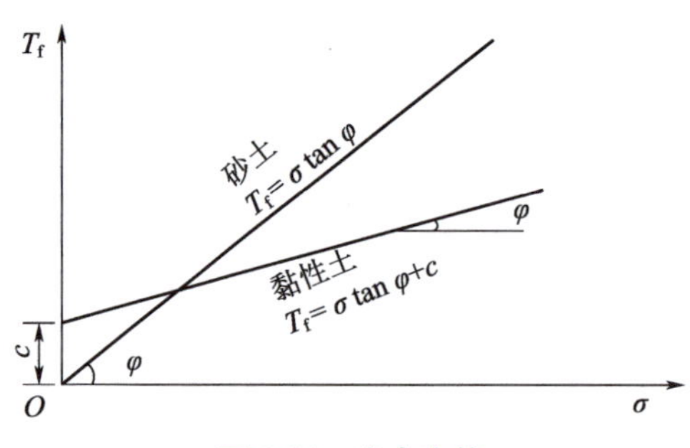

图 2-21　库仑定律

土体的黏聚力较小，一般处于 0～94 kPa 范围，压缩模型一般处于 8～46 MPa 范围，见表 2-27。

表 2-27　土体主要力学性能参数

土体类型		变形模量(MPa)	泊 松 比	黏聚力(kPa)	内摩擦角(°)	承载力(kPa)
砂土	粗砂	33～46	0.25～0.30	0～2	38～42	200～550
	中砂	33～46	0.25～0.30	1～3	35～40	150～450
	细砂	24～37	0.25～0.30	2～4	32～38	100～350
	粉砂	10～14	0.25～0.30	4～8	28～36	90～300
粉土		11～23	0.25～0.33	5～12	23～30	100～410
黏性土	粉质黏土	8～45	0.30	7～68	17～24	100～450
	黏土	11～28	0.25～0.30	36～94	15～18	100～450

2.2　地铁沿线区域地质环境基本特征

本书以青岛地铁作为主要依托工程背景展开。1935 年青岛市城市交通规划中在全中国最早提出地铁建设[21]。1987 年青岛市开始筹建地铁工程[22-24]。1989 年编制完成了青岛市市区城市轨道交通“二线一环”线网规划。1991 年，国家计委对青岛地铁一期工程批准立项，即老“二线一环”规划的 1 号线。1994 年，青岛市地铁线网规划扩充为“四线一环”。1994 年 12 月，青岛地铁 1 号线一期工程试验段项目和青岛火车站地铁站点开工建设。1995 年，因政策调整国家下文暂停审批轨道交通项目，青岛地铁建设项目搁浅。1998 年完成了青岛市“四线一环”城市轨道交通线网的深化，达到了规划用地控制深度。2004 年，完成了连接主城区与五个县级市的市域轨道交通线网规划，并对主城区线网进行了补充完善，与市域线网衔接整合，形成了覆盖全行政区划范围的城市轨道交通线网规划。2008 年，《青岛市轨道交通线网规划修编》获市政府批准，规划轨道交通线路 12 条，总长度 519 km，包括中心城区线网和市域线网两个层次，其中中心城区线网由 8 条线路组成，线网总长 231 km；市域线网由 4 条线路组成，线路总长 288 km。2009 年 8 月，《青岛市城市快速轨道交通建设规划(2009—2016)》获国家批准，青岛市正式实施地铁 3 号线一期工程和 2 号线一期工程的建设，其中青岛地铁 3 号线一期工程于 2010 年 10 月开工建设，2015 年 12 月开通运营；青岛地铁 2 号线一期工程于 2012 年 11 月开工建设[25]，2017 年 12 月开通运营。2012 年 11 月，《青岛市城市轨道交通线网规划修编(2012)》获得市政府批复，新的线网规划共 19 条线路，全长 814.5 km。2013 年 11 月，《青岛市城市轨道交通近期建设规划(2013—2018)》获得国家批准，同时批复青岛地铁 1 号线、4 号线、6 号线一期工程等项目。2015 年 8 月，《青岛市城市轨道交通线网规划调整》(2015 年)正式颁布，未来，青岛城市轨道交通远景规划线路 19 条约 872 km，将构建以“一环四线、三城三网、网间互联”为基本形态，城区之间 45 min 可达、“三城”之间 1 h 可达的中心湾区轨道交通网络。青岛市城市轨道交通线网远景规划如图 2-22 所示。

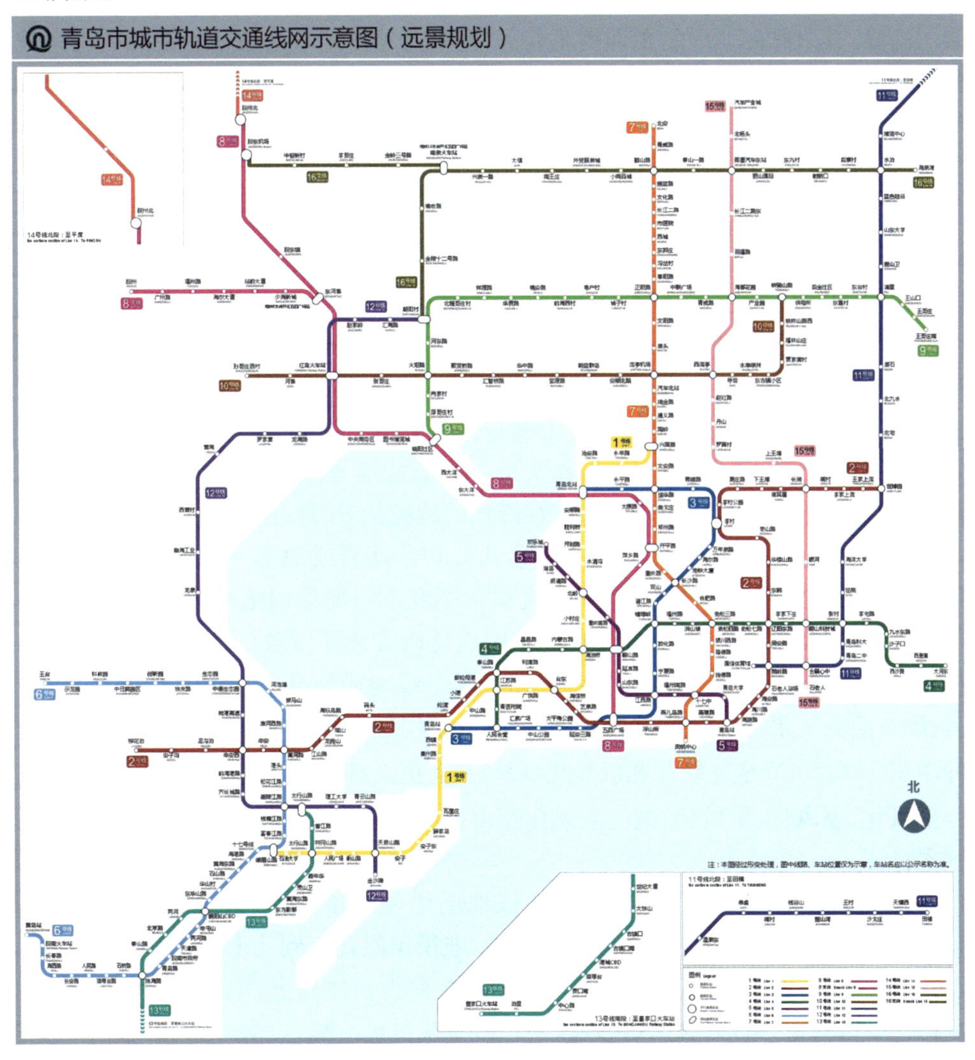

图 2-22　青岛市城市轨道交通规划图

2.2.1 自然地理环境

青岛市地处胶东半岛西南部，濒临黄海，地理坐标东经119°30′～121°00′，北纬35°40′～37°09′，市域面积207.79 km^2。青岛市属华北暖温带沿海季风区，大陆性气候。受海洋影响，空气湿润、气候温和，雨量较多，四季分明，具有春迟、夏凉、秋爽、冬长的气候特征。累年平均降水量为714 mm，年最大降水量为1 225.2 mm(1975年)，最小降水量347.4 mm。年最大降水量与最小降水量比值在3～5之间，73%的降水集中在6～9月。按日降水量≥0.1 mm/d计算，年平均降雨日为82 d，最多116 d，最少56 d。累年平均暴雨日即日降水量≥50 mm，为2.9 d，最多为7 d。年最大降雪量270 mm。

2.2.2 地形地貌

青岛市地形整体呈东高西低，中间凹陷状分布。东南部崂山主峰海拔1 132.7 m，为山东省第三高峰，其余脉向北绵延至即墨东北部，向西南延伸到青岛市区。中西部广大地区为胶莱盆地，地形低平，海拔高度一般不超过50 m。青岛市地铁沿线地貌类型包括剥蚀地貌、剥蚀堆积地貌、侵蚀堆积地貌、滨海堆积地貌四种基本工程地质单元。

2.2.3 区域地质特征

青岛市自太古代～元古代以来一直处在一个长期、缓慢、稳定的上升隆起状态，缺失华北型地层沉积。自中生代燕山晚期以来，区域性构造活动强烈，发生大规模、区域性酸性岩浆侵入，形成稳固的花岗岩岩基，以深成相似斑状中粗粒黑云母花岗岩为主要组成岩石。随后受华夏式构造体系影响，形成NE向为主的压扭性断裂构造。其后，酸性～中基性岩浆沿岩基内薄弱面入侵，形成煌斑岩、细晶岩和辉绿岩等浅成相岩脉，与花岗岩岩基组成复合岩体。它们之间虽然岩性不同，但属于同源异相的岩浆岩类硬质岩石，是坚硬稳固的地质体，无后期沉积夹层、溶洞等不良地质作用。在漫长的地壳抬升、风化、剥蚀、夷平作用的反复改造下，使燕山晚期稳固的花岗岩体，以基底形式分布于地表或地下一定深度内，并在长期风化作用下形成了一定厚度的风化带，其上沉积了厚度不一的第四纪松散堆积物。无后期沉积夹层、溶洞等不良地质作用，具有建设地铁的优越地质条件基础[26-31]。

根据地铁3号线一期工程和2号线一期工程沿线地质钻孔钻探揭露情况，结合区域地质资料、既有研究成果等综合分析，研究区第四系地层主要包括全新统人工堆积层(Q_4)、全新统冲洪积层(Q_4^{al+pl})、全新统海相沉积层(Q_4^{m})和上更新统冲洪积层(Q_3^{al+pl})，基岩自上而下依次为全风化、强风化、中风化、微～未风化燕山期花岗岩(γ_5^3)及侵入岩脉，各主要地层具有如下基本特征。

(1)第四系全新统人工堆积层(Q_4^{ml})。该地层主要由素填土、杂填土等组成，色杂，松散～稍密，物质组成、颗粒成分等组成均较复杂，堆积年限几年到几十年。

(2)第四系全新统冲洪积层(Q_4^{al+pl})。该地层主要由粉质黏土、中粗砂等组成，其中粉质黏土呈褐色～黄褐色，可塑，含多量砂粒，中粗砂呈灰白色～褐色，湿～饱和，松散～中密，以长英质砂为主，分选较差～一般，磨圆一般～较差，局部形成薄层。

(3)第四系全新统海相沉积层(Q_4^m)。该地层主要由淤泥质黏土,呈灰黑色,流塑,局部为软塑,有腥臭味,含少量腐殖物及贝壳,局部夹少量砂。

(4)上更新统洪冲积层(Q_3^{al+pl})。该地层主要由粉质黏土、粗砾砂、卵碎石等组成。其中粉质黏土呈黄褐～褐黄色,可塑～硬塑,含铁锰氧化物及结核,夹有灰白色高岭土条带,含少量砂粒;粗砾砂呈黄褐色,稍湿～湿,中密～密实,以粗砾砂和风化碎屑为主,多呈黏性土胶结状,稍具塑性,夹有风化碎石。卵碎石呈黄褐色,湿～饱和,中密～密实,以卵碎石为主,磨圆较好,充填砂,含少量黏性土。

(5)强风化花岗岩(γ_5^3)。该地层呈浅红～棕红色,可见原岩结构,矿物均已风化成土状。

(6)强风化花岗岩(γ_5^3)。该地层呈褐黄色,原岩风化裂隙发育,矿物蚀变强烈,岩芯呈砂土～角砾状,部分岩芯呈小碎块状,手可掰碎。

(7)中等风化花岗岩(γ_5^3)。该地层呈浅红～褐黄色,原岩结构清晰,节理裂隙较发育,裂隙面见铁锈色矿染,岩芯呈碎块～短柱状,柱体粗糙,岩块锤击声喑哑,易击碎。

(8)微～未风化花岗岩(γ_5^3)。该地层呈肉红色,节理裂隙基本不发育,风化裂隙局部发育,裂隙面有变色现象,坚硬柱状岩芯,局部短柱状。

2.2.4　地质构造特征

研究区构造属区域华夏式构造体系低级别、低序次、伴生与派生的构造成分。主要构造类型为断裂及节理,无褶皱构造。研究区断裂构造以北东向为主,自西向东依次为沧口断裂(F_1)、青岛山断裂(F_2)、劈石口断裂(F_3)和王哥庄断裂(F_4)[32-40],如图2-23所示。

沧口断裂(F_1)全长约170 km,走向呈北东40°～45°,总体向南东倾斜,局部为北西,倾角70°～85°,断裂带中糜棱岩、断层泥、构造透镜体发育,断裂上盘为燕山期崂山花岗岩,下盘为青山群火山岩系。为区域上Ⅳ级构造边界。

青岛山断裂(F_2)全长约130 km,断裂带走向40°～45°,倾向南东,倾角70°～80°。断裂带下盘为青山群火山岩系,上盘为王氏群及青山群地层。断裂破碎带宽几十到几百米,糜棱岩、断层泥、构造透镜体、擦痕多处可见。该断裂带大部分为第四系覆盖。

劈石口断裂(F_3)全长约28 km,断裂带走向40°～45°,倾向北西,倾角约80°。上下盘均为崂山期花岗岩,沿断裂带发育煌斑岩及正长岩岩脉。断裂宽几米到几十米,以断层角砾岩、碎裂岩为主,可见糜棱岩,是海阳—劈石口断裂南延部分。

王哥庄断裂(F_4)全长约30 km,走向40°～45°,断裂带主要由断层角砾岩、碎裂岩组成,上下盘均为崂山期花岗岩,是区域上乳山～留格庄断裂南延部分。

研究区的节理受区域性断裂构造控制,不同岩性其节理发育程度差异较大。在中～粗粒花岗岩中节理走向以NE-NEE及NNW-NW向为主,节理频率为10～20条/m。在正长花岗斑岩、细晶岩等酸性脉岩中,一般节理很发育,频率可达20～30条/m。在火山岩中节理以NEE及NNW向两组为主,节理密度为20～37条/m。节理结构面一般较平直,紧闭～闭合,很少有充填物,倾角一般60°～80°。节理空间分布上一般在断裂带两侧比较发育,常形成节理密集带,地下水相对较丰富。

2.2.5　水文地质特征

研究区地下水类型按赋存方式分为第四系松散层孔隙水和基岩裂隙水两种主要类型。

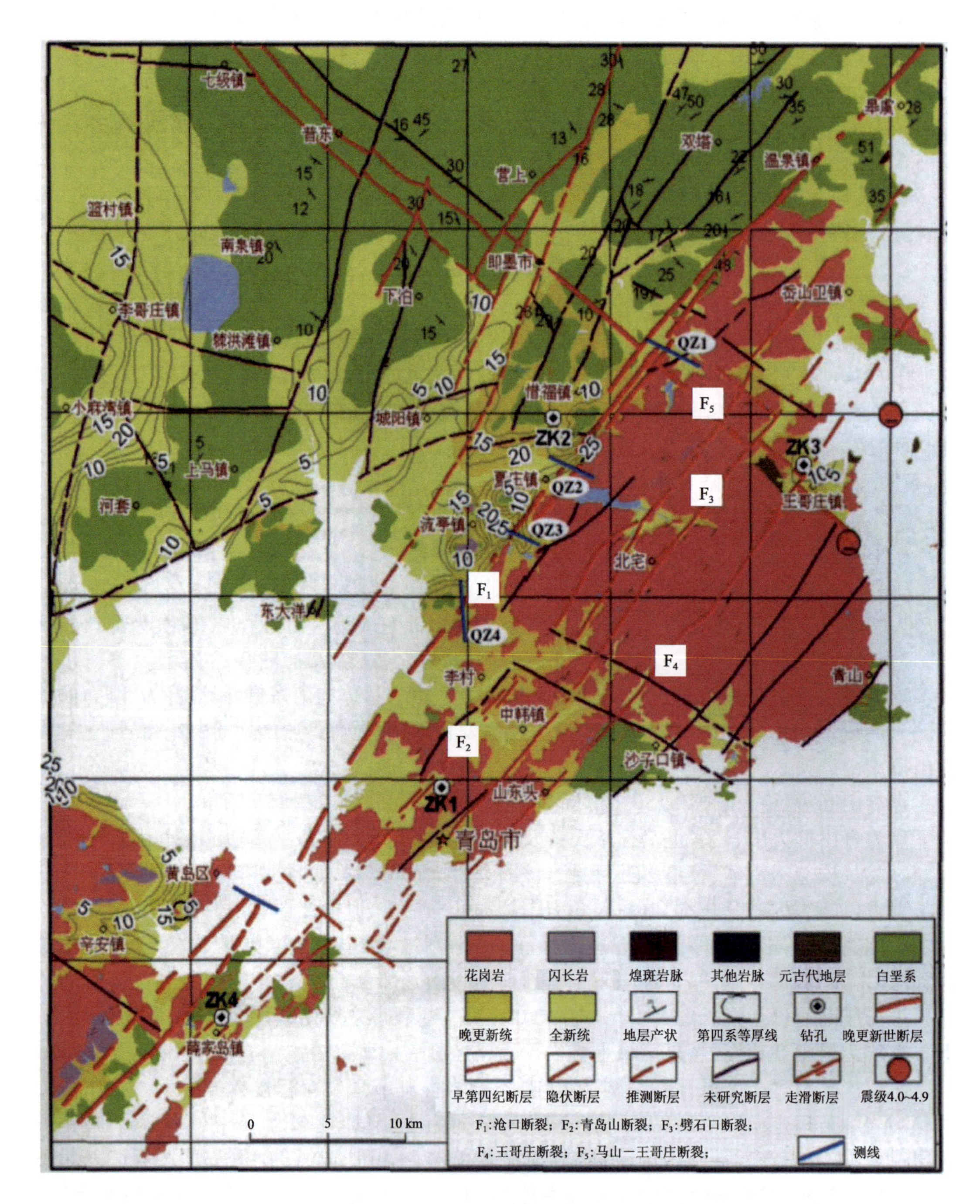

图 2-23　青岛市主要断裂分布图

第四系松散层孔隙水呈片状、条带状分布于山前侵蚀堆积坡地、山间侵蚀堆积坡地、河谷侵蚀堆积坡地及滨海堆积地貌单元内。在垂向上分布及埋藏条件受松散层分布、厚度、坡度制约，一般均赋存于10 m深度内，与下部的基岩裂隙水有一定的水力联系。松散层孔隙水补给来源为大气降水和上游的侧向径流补给，汛期河流有短期的渗漏补给。松散层孔隙水在接受大气降水之后，部分转化为地表径流汇入地表水体，少量被蒸发，部分渗入地下转化为地下水，并在重力作用下，在各自的单元内低洼处汇集，在沟谷底部汇集，枯水期向河流排泄转化为地表水，同时上部的地下水向下垂向运动渗入到下部的基岩含水岩组，另一种排泄方式为潜水蒸发排泄，人工开采排泄量较少。基岩裂隙水主要赋存于基岩中，包括风化裂隙水和构造裂隙水。风化裂隙水主要赋存于基岩花岗岩强风化～中等风化带中，岩石呈砂土状、砂状、角砾状，风化裂隙发育，呈似层状分布于地形相对低洼地带。由于裂隙发育不均匀，其富水性亦不均匀，局部有一定的承压性。风化裂隙水主要分布于 20 m 深度范围内，水位埋深受地形高低影响显著。构造裂隙水主要赋存于断裂带两侧的构造影响带、细晶岩、细粒花岗岩、煌斑岩等后期侵入的脉状岩脉挤压裂隙密集带中，呈脉状、带状产出。构造裂隙水含水层(组)的分布及其透水性受岩石风化裂隙、构造裂隙发育控制，在水平和垂直方向上都表现出较明显的不均匀性，无紧密的水力联系。流向受所处地貌单元影响较大，表现为多向性特征。裂隙水补给来源除接受大气降水补给外，当基岩与第四系砂砾层直接接触时，存在一定的补给关系，以“浅部循环、段距离径流”为主要特征[41,42]。

2.2.6 地震及新构造运动特征

青岛市所处大地构造单元相对稳定，不具备发生破坏性地震的构造条件。历史上未发生过破坏性地震，仅发生弱震、微震等有感地震，且震中离散，无明显线性分布。根据中国地震局颁布的《中国地震烈度区划图(1990)》，以及《中国地震动参数区划图》(GB 18306—2001)和《建筑抗震设计规范》(GB 50011—2001)，青岛地区基本地震烈度为 6 度，设计基本地震加速度值为 0.05g，设计地震分组为第二组。

2.3 地铁沿线地层参数统计分析

2.3.1 地铁沿线地层厚度特征统计分析

2.3.1.1 地铁 3 号线一期工程沿线地层特征

地铁 3 号线一期工程是青岛市也是山东省第一条建设的城市轨道交通线路，线路全长 24.779 km。地铁线路起自青岛火车站，向东沿广西路、太平路、文登路、香港路，至市政府拐入南京路向北，经江西路、宁夏路、辽阳西路，后进入哈尔滨路、黑龙江路、万年泉路至李村，向西沿京口路、振华路至终点铁路青岛北站。线路总体呈“西—东—北—西”走向，线路平面位置如图 2-24 所示。

地铁 3 号线一期工程共设车站 22 座，全部为地下站，其中明挖法施工 14 座，暗挖法施工 7 座，半明半暗法施工 1 座，最大站间距 1 558.71 m，最小站间距 763 m，平均站间距 1 159.81 m。地铁 7 座暗挖法施工车站中的 5 座采用双侧壁导坑法开挖，1 座采用拱盖法开挖，1 座采用塔柱式结构形式开挖。地铁 3 号线一期工程地铁车站基本特征见表 2-28。地铁区间以双洞单线隧道为主，均采用钻爆法开挖，其中Ⅱ、Ⅲ级围岩段采用全断面法施工，Ⅳ、Ⅴ级围岩段采用台阶法施工。

图 2-24　青岛地铁 3 号线平面位置图

表 2-28　地铁 3 号线一期车站工程基本特征

序号	车站名称	中心里程	站间距（m）	长度（m）	宽度（m）	基(隧)底深度(m)	车站性质	结构形式	施工方法
	设计起点	K0＋000		—	—	—	—	—	—
1	火车站	K0＋110	110	149.2(明)；60.2(暗)	39.6(明)；20.0(暗)	22.0～22.8(明)；24.5～27.5(暗)	起点站＋换乘站	三层两跨矩形框架结构＋双层单拱结构	明挖法＋台阶法
2	人民会堂站	K1＋500	1 390	144.4	18.9	15.3～18.8	中间站	双层两跨矩形框架结构	明挖法
3	汇泉广场站	K2＋520	1 020	249.6	18.9	16.2～16.8	中间站	双层两跨矩形框架结构	明挖法
4	中山公园站	K3＋725	1 205	176.9	17.4	26.2～28.2	中间站	单拱大跨双层结构	拱盖法
5	太平角站	K4＋715	990	182.7	18.8	15.4～18.1	中间站	双层两跨矩形框架结构	明挖法
6	湛山站	K6＋045	1 330	201.2	21.5	4	中间站	单拱大跨双层结构	双侧壁导坑法

续上表

序号	车站名称	中心里程	站间距(m)	长度(m)	宽度(m)	基(隧)底深度(m)	车站性质	结构形式	施工方法
7	五四广场站	K6+945	900	277.8	44.8	10.2～16.2	换乘站	双层六跨矩形框架结构	明挖法
8	江西路站	K8+400	1 455	247.0	20.6	24.8～26.0	换乘站	单拱大跨双层结构	拱盖法
9	宁夏路站	K9+3 500	950	154.8	20.6	16.5～18.6	中间站	双层两跨矩形框架结构	明挖法
10	敦化路站	K10+150	800	145.6	9.5×2	20.6～31.30	中间站	单拱大跨双层结构	塔柱式
11	错埠岭站	K10+950	800	145.6	20.8	19.6～20.6	换乘站	双层三跨矩形框架结构	盖挖逆作法
12	清江路站	K12+310	1 360	189.0	20.2	24.8～26.8	中间站	单拱大跨双层结构	双侧壁导坑法
13	双山站	K13+530	1 220	259.1	18.7	15.8～17.5	中间站	两层两跨矩形框架结构	明挖法
14	长沙路站	K14+500	970	238.5	18.8	15.7～20.0	中间站	两层两跨矩形框架结构	明挖法
15	河西站	K15+995	1 495	199.2	18.5	13.5～14.2	中间站	两层两跨矩形框架结构	明挖法
16	河东站	K17+060	1 065	161.4	18.8	16.0～19.0	中间站	两层两跨矩形框架结构	明挖法
17	万年泉路站	K18+420	1 360	199.6	18.9	26.6～28.6	中间站	单拱大跨双层结构	双侧壁导坑法
18	李村站	K19+730	1 310	174.7	22.8	17.0～19.5	换乘站	两层三跨矩形框架结构	明挖法
19	君峰路站	K20+835	1 105	179.5	20.8	28.4～31.4	中间站	单拱大跨双层结构	双侧壁导坑法
20	西流庄站	K21+740	905	196.3	18.8	17.0～17.8	中间站	两层两跨矩形框架结构	明挖法
21	永平路站	K23+010	1 270	179.8	18.8	16.3～18.6	中间站	两层两跨矩形框架结构	明挖法
22	青岛北站站	K24+625	1 615	560.2	162.0	19.0～24.0	终点站+换乘站	两层多跨矩形框架结构	明挖法
	终点	K24+779	300	—	—	—	—	—	—

地铁3号线一期工程沿线地貌是在新生代以来经构造→剥蚀→侵蚀→堆积等一系列复杂的内外地质营力共同作用下形成的。地铁线路沿线通过的地貌主要为剥蚀堆积、侵蚀堆积和滨海堆积地貌，地表均为城市道路及现代建筑。其中剥蚀地貌可分为剥蚀残丘及剥蚀斜坡；剥蚀堆积地貌可分为剥蚀堆积缓坡、剥蚀堆积平台及剥蚀堆积坳谷，侵蚀堆积地貌可分为侵蚀堆积平台及侵蚀堆积一级阶地；海蚀堆积地貌为滨海沼泽地貌。地铁沿线地貌类型分布与地质构造关系密切。地铁沿线经过区的断裂均为北东向断裂，其中与线路交叉对线路影响比较大的断裂为夏庄～沧口断裂及其派生的断裂李村断裂、青岛山断裂、老虎山断裂以及它们派生的次级断裂。根据地铁线路沿线地质钻探揭露情况，与线路交叉对线路影响比较大的断裂共有12条，断裂基本特征见表2-29。

表2-29　地铁3号线一期工程线路沿线主要断裂构造

断裂编号	走　向	倾　向	倾　角	通过线路洞身里程
F1	30°	NW	60°	K0+460
F2	45°	NW	60～70°	K0+920及K20+530
F3	40°	NW	46～80°	K1+380及K14+010
F4	50°	NW	70～80°	K1+670
F5	30°	NW	60°	K4+520
F6	40°	NW	60°	K4+890
F7	60°	NW	50°	K5+710
F8	65°	NW	60°	K7+140
F9	65°	NW	60°	K7+140
F10	30°	不明	不明	K8+370
F11	35°	NW	50°	K21+720
F12	40°	NW	50～86°	K24+280

根据地铁沿线地貌单元部位、地层分布规律、岩土特性及物理力学性质等影响因素，可将地铁线路沿线划分为剥蚀工程地质区、侵蚀堆积工程地质区、滨海工程地质区三个区域，各工程地质分区基本特征见表2-30。

表2-30　地铁3号线一期工程沿线工程地质区域及其基本特征

区号	里程位置	地形地貌	地层结构	地下水情况
Ⅰ	K0+000～K10+740 K11+160～K13+440 K14+180～K15+380 K17+700～K18+700 K19+980～K21+000 K21+750～K24+040	地貌呈剥蚀残丘、剥蚀斜坡及剥蚀堆积斜坡、平台及剥蚀堆积坳谷渐变，地形总体起伏较大，现地面高程在5.8～47.8 m之间	剥蚀残丘及剥蚀斜坡地段基岩呈裸露～半裸露，剥蚀堆积斜坡、平台及坳谷地段表覆第四系人工填土，之下为第四系上更新统冲洪积层粉质黏土及粗砾砂。下伏基岩为燕山晚期花岗岩，受构造影响构造岩及脉岩发育	第四系潜水主要发育于剥蚀堆积坳谷地段，水量一般不大；基岩风化裂隙水水量贫，富水性差，对工程影响较大的主要为构造裂隙水，主要赋存于断裂带两侧的构造影响带、后期侵入的脉岩裂隙密集带中，呈脉状、带状产出，无统一水面，具有一定的承压性，水量一般较丰富

续上表

区号	里程位置	地形地貌	地层结构	地下水情况
Ⅱ	K10＋740～K11＋160 K13＋440～K14＋180 K15＋380～K17＋700 K18＋700～K19＋980 K21＋000～K21＋750	近现代河床及侵蚀堆积一级阶地。地形一般起伏不大，现地面高程在 8.4～28.5 m 之间	表覆第四系全新统人工堆积层，上部为第四系全新统冲洪积层粉质黏土、软土及粗砾砂，其下为上更新统冲洪积层粉质黏土、粗砾砂及卵砾石，下伏燕山晚期粗粒花岗岩，局部穿插有煌斑岩等脉岩	地下水以第四系孔隙潜水为主，水量中等～丰富，部分地段具弱承压性
Ⅲ	K24＋040～K25＋925	滨海沼泽地，地形有一定起伏，现地面高程在 3～8 m 左右	表层为 8～14.3 m 厚的人工填土，其下第四纪海相沉积的淤泥质黏性土及淤泥质砂，沧口断裂以东基岩为燕山期花岗岩，以西为白垩系安山岩及泥质砂岩	地下水以第四系孔隙潜水为主，地下水稳定水位高程 0.97～4.29 m，与海水有一定的水力联系

地铁 3 号线一期工程沿线共布设地质钻孔 1 449 个，其中控制性钻孔数约占钻孔总数的 1/3 且兼做取芯钻孔。控制性钻孔进入地铁地下工程基底以下 10 m 左右，若基底下为中～微风化岩层，钻入基底下 3～5 m。一般性钻孔进入地铁地下工程基底下 6 m 左右，若基底为中～微风化岩层，钻入基底下 3～5 m。断层处钻孔应将地层上下盘打通，以揭示出断层的基本情况。地铁车站地质钻孔原则上在车站主体两侧及出入口和通风口两侧按不大于 40 m 间距布孔，根据项目场地复杂程度及地层变化情况适当加密；当车站主体两侧地层变化较大时，则在车站主体轴线上增加钻孔以查明覆盖层地质信息。地铁区间地质钻孔原则上在地铁左右区间边线外侧 5 m 处左右区间交叉布置，按单侧纵向间距不大于 80 m 布孔，根据场地复杂程度及地层变化情况适当加密；当地层区间两侧地层变化较大时，则在区间中轴线上增加钻孔以查明覆盖层地质信息。

地铁 3 号线一期工程线路沿线地质钻孔样本地层厚度数据统计分析结果表明，线路沿线第四系地层厚度平均 5.76 m，中位数 4.33 m，最大 22.22 m；强风化层厚度平均值 6.47 m，中位数 5.26 m，最大值 25.42 m；中风化层厚度平均 4.48 m，中位数 4.18 m，最大值约 15.21 m，见表 2-31。地铁 3 号线一期工程线路沿线地层厚度统计分布散点图如图 2-25 所示，线路沿线不同地层类型结构空间分布如图 2-26 所示。

表 2-31　地铁 3 号线一期工程沿线地层厚度特征参数统计分析表(m)

地层类型	最小值	低位	下四分位	中位数	上四分位	高位	最大值	平均值	标准差
第四系地层	0	0	1.3	4.3	9.0	19.7	22.2	5.7	5.3
强风化层	0	0	0.6	3.7	9.0	21.0	26.5	5.1	5.5
中风化层	0	0.2	2.7	4.2	5.8	10.7	15.2	4.5	2.6

2.3.1.2　地铁 2 号线一期工程沿线地层特征

地铁 2 号线是青岛市也是山东省第 2 条建设的城市轨道交通线路，是连接青岛老城区

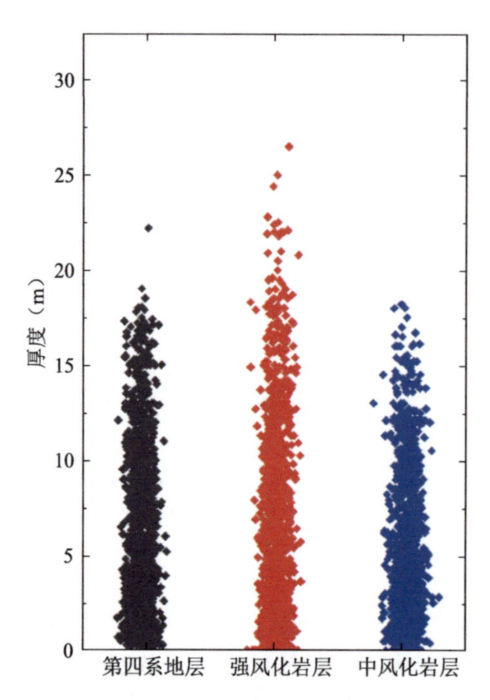

图 2-25　地铁 3 号线一期工程沿线地层厚度统计分布散点图

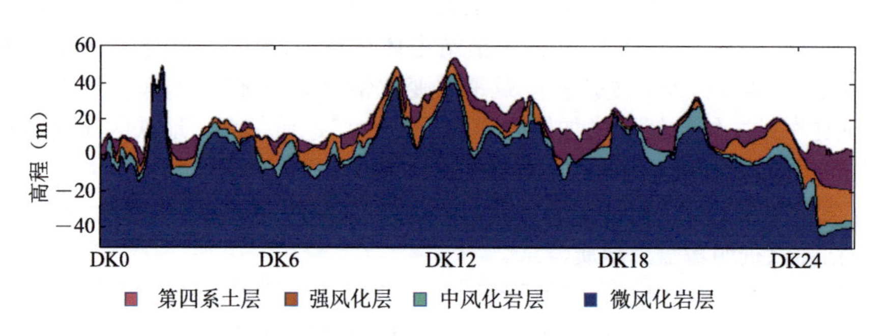

图 2-26　地铁 3 号线一期工程沿线地层空间分布图

与黄岛的一条骨干线路，将青岛老城区、行政中心、商业中心、东部文化中心、北部生活中心等一系列大的客流集散点连接在一起，并通过换乘与轨道交通 1、3、4、5、6、R1 号线衔接。线路起自泰山路站西端折返线(SK24＋310.000)，沿辽宁路、台东一路经海信立交桥后拐向延安三路南下；至香港路后线路向东过市政府、远洋广场、辛家庄、麦岛、青岛大学、啤酒城后线路向北拐向深圳路，过汽车东站后线路沿规划路向北进入枣山路，过李村后线路沿夏庄路北上至终点李村公园站北端折返线(SK49＋507.000)，线路全长 25.197 km，均为地下线，整体呈“南—北—东—北”走向，如图 2-27 所示。

地铁 2 号线一期工程共设地下车站 22 座，其中明挖法施工 13 座，暗挖法施工 8 座，半明半暗挖施工 1 座，最大站间距 2 240 m，最小站间距 468 m，平均站间距 1 100.3 m。地铁 8 座暗挖法施工车站中的 2 座采用双侧壁导坑法开挖，6 座采用拱盖法开挖(其中 1 座采用二衬拱盖法施工，3 座采用拱部二衬拱盖法开挖，2 座采用初支拱盖法)，地铁暗挖车站断面形

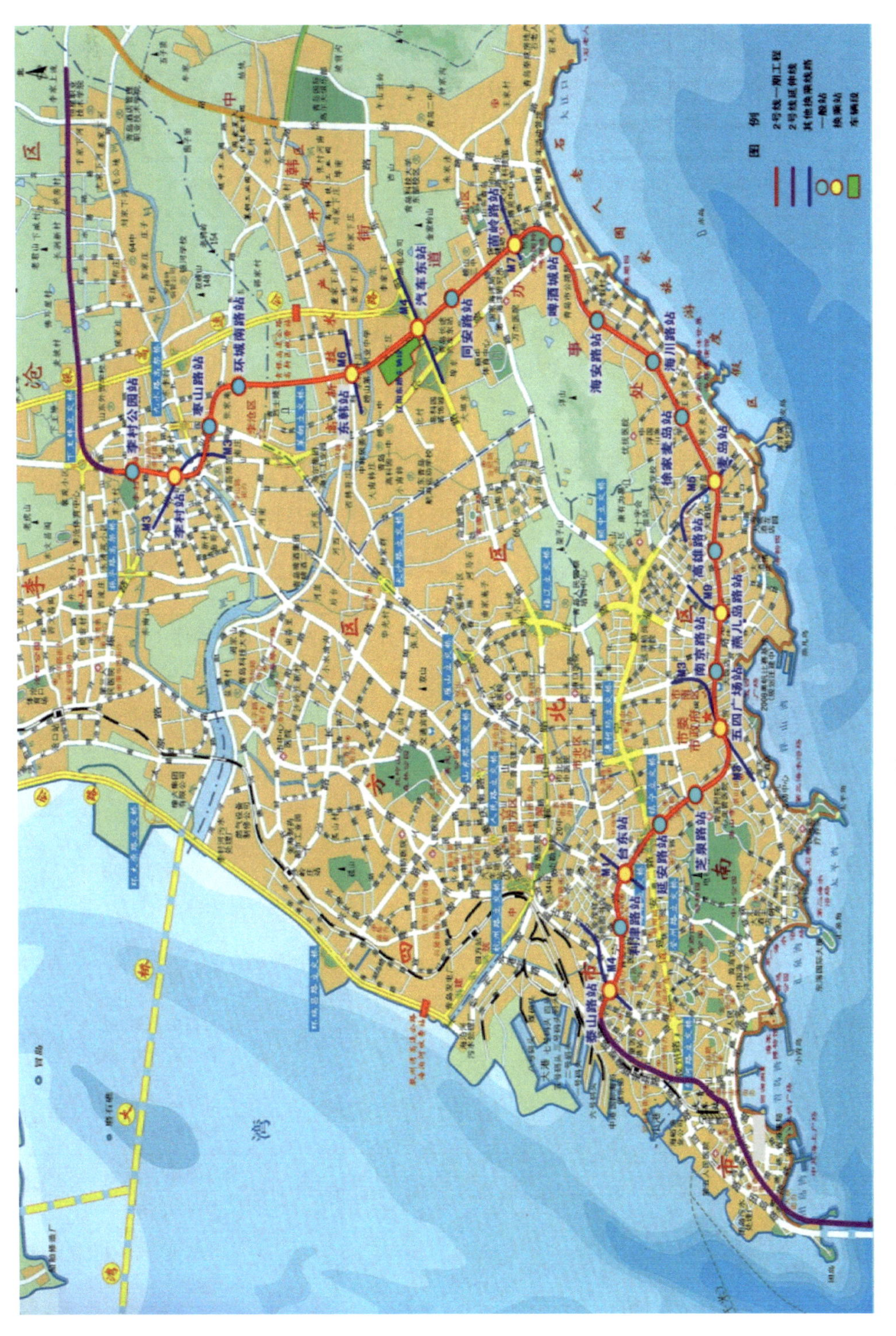

图 2-27　地铁 2 号线一期工程平面分布示意图

式如图 2-28 所示。地铁 2 号线一期工程地铁车站基本特征见表 2-32。

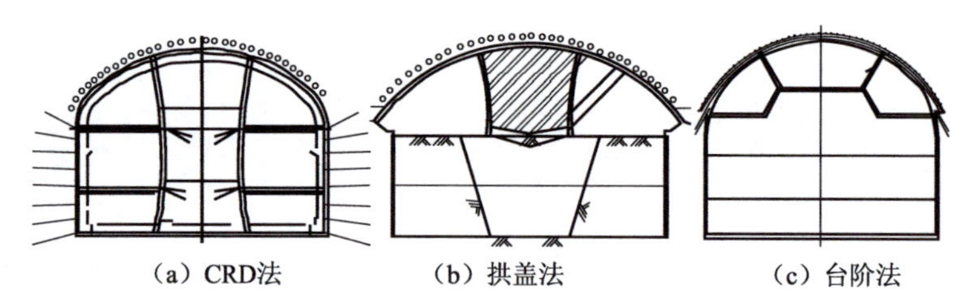

(a) CRD法　(b) 拱盖法　(c) 台阶法

图 2-28　地铁 2 号线暗挖车站典型断面形式及开挖工法

表 2-32　地铁 2 号线一期工程地铁车站基本特征

序号	车站名称	中心里程	站间距(m)	长度(m)	宽度(m)	基(隧)底深度(m)	车站性质	结构形式	施工方法
	起点	YCK24+310.000		—	—	—	—	—	—
			413.333						
1	泰山路站	YCK24+723.333		236.5	20.7	18.0	起点站+换乘站	两层三跨矩形框架结构	明挖法
			1 214.667						
2	利津路站	YCK25+938.000		151.6	15.4	23.0	中间站	三层双跨矩形框架结构	明挖法
			775.150						
3	台东站	YCK26+713.150		289.7	25.6	17.9	中间站+换乘站	两层四跨矩形框架结构	明挖法
			1 052.850						
4	延安路站	YCK27+766.000		198.8	23.8	32.5	中间站	单拱大跨双层多心圆结构	拱盖法
			926						
5	芝泉路站	YCK28+692.000		241.4	22.8	32.5	中间站	两层大跨多心圆结构	拱盖法
			1 529.519						
6	五四广场站	YCK30+221.520		277.6	44.8	10.2～16.2	中间站	两层三跨矩形框架结构	明挖法
			946.980						
7	南京路站	YCK31+168.500		195.2	20.7	15.2～15.7	换乘站	双层两跨矩形框架结构	明挖法
			1 018.300						
8	燕儿岛路站	YCK32+186.800		190.7	20.7	14.9～15.7	换乘站	双层三跨矩形框架结构	明挖法
			838.700						
9	高雄路站	YCK33+025.500		213.2	21.4	25.3～34.7	中间站	双层两跨矩形框架结构	拱盖法
			1 198.5						
10	麦岛站	YCK34+224.000		260.9	20.9	17.4～19.0	中间站	两层三跨矩形框架结构	明挖法
			1 081						
11	徐家麦岛站	YCK35+305.000		206.0	20.4	26.2～31.6	换乘站	单拱大跨双层结构	初支拱盖+台阶法
			1 019						
12	海川路站	YCK36+324.000		200.0	22.1	27.8～33.7	中间站	单拱大跨双层结构	初支拱盖+台阶法

续上表

序号	车站名称	中心里程	站间距(m)	长度(m)	宽度(m)	基(隧)底深度(m)	车站性质	结构形式	施工方法
13	海安路站	YCK37＋533.000	1 211.921	271.2	19.4	19.5～24.7	中间站	两层两跨矩形框架结构	明挖法
14	啤酒城站	YCK39＋096.500	1 563.5	241.4	20.7	16.2～16.8	中间站	两层三跨矩形框架结构	明挖法
15	苗岭路站	YCK39＋993.000	896.5	252.0	20.7	16.0～17.5	中间站	两层三跨矩形框架结构	明挖法
16	同安路站	YCK41＋608.396	1 614.367	232.7	21.2	26.1～28.0	中间站	单拱大跨双层多心圆结构	拱盖法
17	汽车东站	YCK42＋449.200	840.804	214.3	22.3	27.8～28.7	中间站	单拱大跨双层多心圆结构	拱盖法
18	东韩站	YCK43＋905.000	1 500.223	206.8	20.9	15.5～16.3	换乘站	两层三跨矩形框架结构	明挖法
19	环城南路站	YCK46＋172.791	2 267.791	211.1	20.8	27.5～28.2	中间站	单拱大跨双层结构	台阶法
20	枣山路站	YCK47＋099.791	927	234.8	19.0	28.2～33.3	中间站	单拱大跨双层结构	拱盖法
21	李村站	YCK48＋152.212	1 052.421	177.7	23.0	24.0～26.5	换乘站	三层三跨矩形框架结构	明挖法
22	李村公园站	YCK49＋089.071	936.859	273.8	20.7	25.8～26.4	终点站＋换乘站	单拱大跨双层结构	双侧壁导坑法
	终点	YCK49＋485.000	395.929	—	—	—	—	—	—

地铁2号线一期工程地铁线路主要在城市中心区穿行，沿线地面建筑密集，地层以花岗岩为主，岩质坚硬，地质条件普遍好，仅局部地质条件为较差。地铁区间施工根据地层条件及周边环境特征，综合考虑安全性、经济性、环境影响、施工进度、施工工效等多种因素，分别采用了喷锚构筑法、盾构及TBM法、明挖法等多种施工方法。其中南京路站—燕儿岛路站—高雄路站区间采用复合式土压平衡式盾构施工；泰山路—利津路站—台东站—延安路站—芝泉路站—五四广场站、高雄路站—麦岛站—徐家麦岛站—海川路站—海安路站两标段区间采用改良型双护盾TBM法施工；YCK43＋50.2～YCK43＋810.7里程段采用明挖法施工。地铁区间隧道典型施工断面如图2-29所示。

地铁2号线一期工程沿线地貌是在新生代以来经构造—剥蚀—侵蚀—堆积等一系列复杂的内外地质营力共同作用下形成的。地铁线路沿线通过的地貌主要为剥蚀堆积、侵蚀堆积和滨海堆积地貌，地表均为城市道路及现代建筑。其中剥蚀地貌又分为剥蚀丘陵、剥蚀残

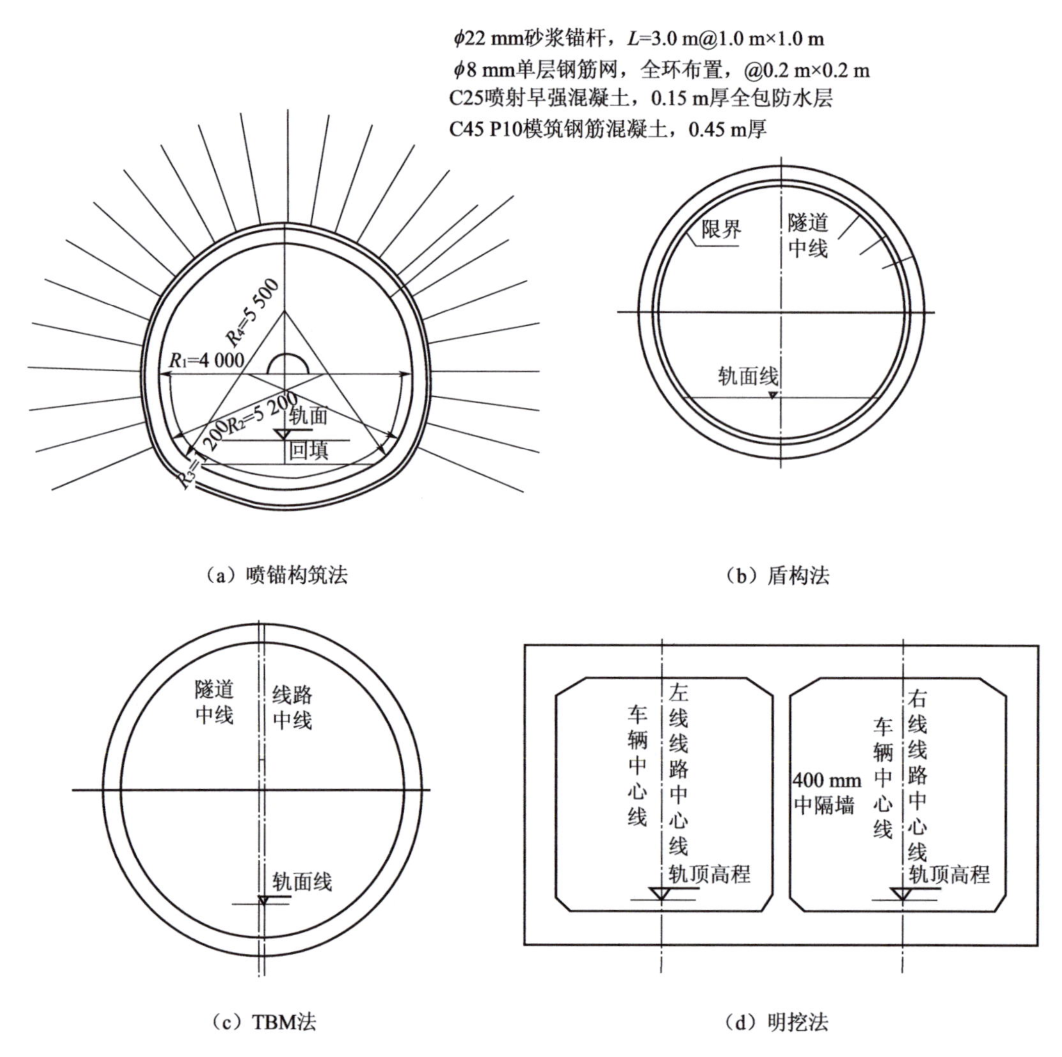

（a）喷锚构筑法　（b）盾构法

（c）TBM法　（d）明挖法

图 2-29　地铁区间施工方法

丘及剥蚀斜坡。侵蚀堆积地貌又分为山前侵蚀堆积坡地、山间侵蚀堆积坡地、河谷冲洪积坡地。地铁沿线地貌类型分布与地质构造关系密切。与地铁线路相交的比较大的断裂为李村断裂，该断裂为正断层，其走向 45°，倾向 315°，倾角 60°～70°，北起李村，向南延伸黄海，断裂带宽 0.5～6.0 m，断裂带内以碎裂岩为主，矿物高岭土化、绿泥石化明显，可见数条煌斑岩、花岗斑岩岩脉穿插其中。根据地铁线路沿线地质钻探揭露情况，与线路交叉对线路影响比较大的断裂共有 18 条，见表 2-33。

表 2-33　青岛地铁 2 号线断裂地质情况

断裂编号	与线路相交里程	基本情况
F_{TL1}	YAK25＋317	走向 20°，倾向 NW，倾角＞60°，宽度约 5～10 m
F_{yw1}	YAK27＋946	走向 30°，倾向 NW，倾角＞60°，宽度约 3～10 m
F_{yw2}	YAK28＋122	走向 310°，倾向不明，倾角＞60°，宽度约 3～10 m

续上表

断裂编号	与线路相交里程	基 本 情 况
F-WN01	YAK31+960	走向 NE,倾向 NW,倾角>70°,宽度约 10~20 m
F-NY01	YAK31+510	走向 NE,倾向 NW,倾角>60°,宽度约 5~10 m
F-NY02	YAK31+715	走向 NE,倾向 NW,倾角>60°,宽度约 5~10 m
F-YG01	YAK32+820	走向 NE,倾向 NW,倾角>60°,宽度约 5~10 m
F-YG02	YAK32+940	走向 NE,倾向 NW,倾角>60°,宽度约 5~10 m
F-GM01	YAK33+247~YAK33+318	走向近 NE,倾向 NS,倾角 40~60°,宽度约 20 m
F-GM02	YAK33+370~YAK33+392	走向近 NS,倾向 NS,倾角 40~60°,宽度约 19~20 m
F-GM03	YAK33+401~YAK33+448	走向近 NE,倾向 NS,倾角 40~60°,宽度约 20 m
F-GM04	YAK34+034	走向近 NS,倾向 NE,倾角>70°,宽度约 5~10 m
F-MD01	YAK34+120	走向 NE,倾向 NW,倾角>70°,宽度约 5~10 m
F-MD01	YAK34+320	走向 NE,倾向 NW,倾角>60°,宽度约 5~10 m
FMX1	YAK35+140	走向 NS,倾向 NE,倾角>60°,宽度约 5~10 m
F-XH01	YAK35+895	走向 NE,倾向 NW,倾角>60°,宽度约 3~10 m
F_{SPJ1}	YAK38+900	走向 41°,倾向 NW,倾角>60°,宽度约 10~20 m
F_{HP1}	YAK38+365	走向 43°,倾向 NW,倾角>60°,宽度约 10~20 m

根据地铁沿线地貌单元部位、地层分布规律、岩土特性及物理力学性质等影响因素,地铁 2 号线一期工程线路沿线可划分为剥蚀工程地质区、侵蚀堆积工程地质区、滨海工程地质区三个区域,各工程地质分区基本特征见表 2-34。

表 2-34 地铁 2 号线一期工程沿线工程地质区域及其特征

<table>
<tr><th>区号</th><th>亚 区</th><th>里程位置</th><th>地形地貌</th><th>地层结构</th><th>地下水情况</th></tr>
<tr><td rowspan="3">Ⅰ区剥蚀工程地质区</td><td>剥蚀丘陵工程地质亚区(Ⅰ1)</td><td>YAK37+050~YAK37+670
YAK41+000~YAK42+621
YAK44+400~YAK46+160
YAK51+715~YAK53+656
YAK44+092~YAK44+400
YAK20+100~YAK21+180</td><td rowspan="3">地貌呈剥蚀丘陵、剥蚀残丘、剥蚀斜坡,地形总体起伏较大,现地面高程在 4.21~106.99 m 之间</td><td rowspan="3">剥蚀丘陵、剥蚀残丘及剥蚀斜坡地段基岩呈裸露~半裸露,下伏基岩为燕山晚期花岗岩,受构造影响,构造岩及脉岩发育</td><td rowspan="3">第四系潜水水量一般不大;基岩风化裂隙水水量贫,富水性差,对工程影响较大的主要为构造裂隙水,主要赋存于断裂带两侧的构造影响带、后期侵入的脉岩裂隙密集带中,呈脉状、带状产出,无统一水面,具有一定的承压性,水量一般较丰富</td></tr>
<tr><td>剥蚀残丘工程地质亚区(Ⅰ2)</td><td>YAK21+490~YAK24+521
YAK24+909~YAK25+288
YAK26+089~YAK26+625
YAK26+760~YAK30+729
YAK32+266~YAK38+783
YAK39+680~YAK41+000</td></tr>
<tr><td>剥蚀斜坡工程地质亚区(Ⅰ3)</td><td>YAK42+621~YAK42+954
YAK46+408~YAK47+233
YAK48+494~YAK49+406
YAK49+960~YAK50+020
YAK50+522~YAK51+715</td></tr>
</table>

续上表

区号	亚　区	里程位置	地形地貌	地层结构	地下水情况
Ⅱ区侵蚀堆积工程地质区	山前侵蚀堆积坡地工程地质亚区 山间侵蚀堆积坡地工程地质亚区 河谷冲洪积坡地工程地质亚区	YAK24＋521～YAK24＋909 YAK25＋288～YAK26＋089 YAK26＋625～YAK26＋760 YAK53＋656～YAK54＋525 YAK42＋954～YAK43＋355 YAK46＋160～YAK46＋408 YAK43＋355～YAK44＋092 YAK47＋233～YAK48＋494 YAK49＋406～YAK49＋960 YAK50＋020～YAK50＋522	山前侵蚀堆积坡地、山间侵蚀堆积坡地。地形一般起伏不大，现地面高程在3.83～58.47 m之间	表覆第四系全新统人工堆积层，上部为第四系全新统冲洪积层粉质黏土、软土及粗砾砂，其下为上更新统冲洪积层粉质黏土、粗砾砂及卵砾石，下伏燕山晚期粗粒花岗岩，局部穿插有煌斑岩等脉岩	地下水以第四系孔隙潜水为主，水量中等～丰富，部分地段具弱承压性
Ⅲ区滨海工程地质区	人工填海工程地质亚区	YAK21＋180～YAK21＋490 YAK38＋783～YAK39＋680 YAK30＋729～YAK32＋266	滨海堆积，地形有一定起伏，现地面高程在4.39～11.86 m左右	表层为0.5～7.75 m厚的人工填土，其下第四纪海相沉积的淤泥质黏性土及淤泥质砂，下伏燕山晚期粗粒花岗岩，局部穿插有煌斑岩等脉岩	地下水以第四系孔隙潜水为主，地下水稳定水位高程2.00～3.00 m，与海水有一定的水力联系

地铁2号线一期工程线路沿线共布设地质钻孔1 778个，其中控制性钻孔数约占钻孔总数的1/3。地铁线路沿线地质钻孔样本地层厚度数据统计分析结果表明，线路沿线第四系地层厚度平均4.44 m，中位数25.95 m，最大值17.44 m；强风化层厚度平均值6.58 m，中位数6.20 m，最大值19.23 m；中风化层厚度平均6.81 m，中位数6.01 m，最大值29.43 m。地层厚度参数统计分析情况见表2-35。地铁2号线一期工程线路沿线地层厚度统计分布散点图如图2-30所示，线路沿线不同地层类型结构空间分布如图2-31所示。

表2-35　地铁2号线一期工程地层厚度参数统计分析表(m)

地层类型	最小值	低　位	下四分位	中位数	上四分位	高　位	最大值	平均值	标准差
第四系地层	0	0	1.1	2.9	7.0	13.8	17.4	4.4	4.0
强风化层	0	0	1.0	3.4	7.9	17.8	20.6	4.6	4.8
中风化层	0	1.2	4.3	6.0	8.4	16.1	29.4	6.8	4.0

2.3.1.3　地铁沿线地层厚度特征统计分析

地质钻探是目前获取地层岩土体实物资料最直接和最主要的方法。地质钻探资料中完整记录了地层年代、地层岩性、地质构造、地层风化程度等丰富的地质数据信息，是地质钻探

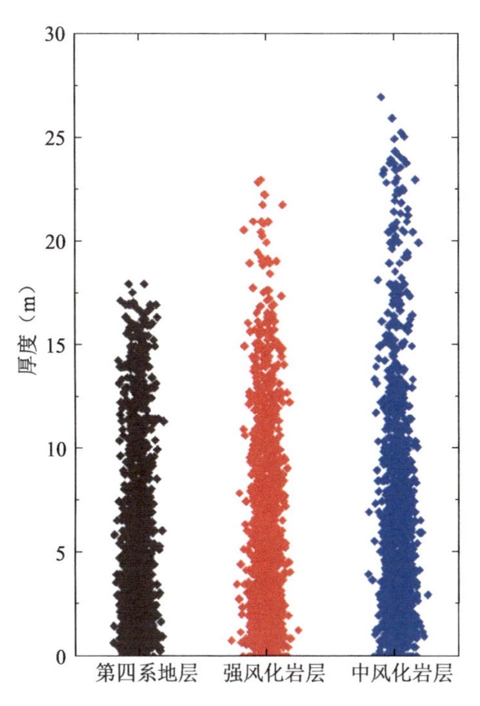

图 2-30　地铁 2 号线一期工程沿线地层厚度统计分布散点图

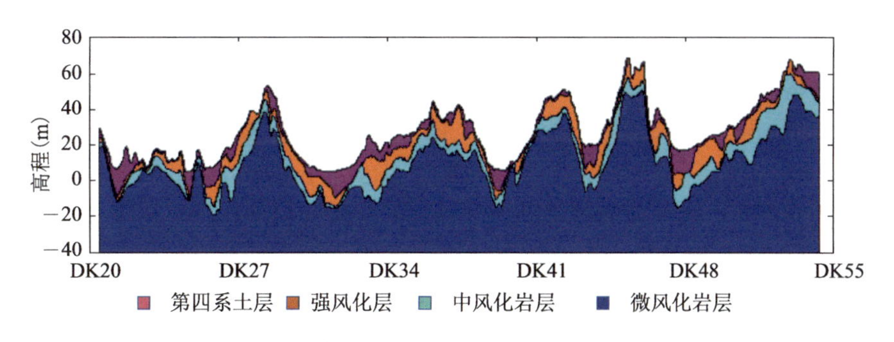

图 2-31　地铁 2 号线一期工程沿线地层空间分布图

工作形成的最重要成果的综合体现，为城市地下空间开发、地质环境保护、城市规划、国土资源开发、重大工程建设、地质科学研究等诸多领域提供了重要数据支撑和宏观决策支撑。根据青岛地铁 2 号和 3 号线 49.2 km 线路3 227 个地质钻孔样本数据，地铁沿线第四系地层、强风化层、中风化层厚度统计分析结果见表 2-36，不同类型地层厚度统计分布散点图如图 2-32 所示。

表 2-36　地铁沿线地层厚度特征参数统计（m）

地层类型	最小值	低　位	下四分位	中位数	上四分位	高　位	最大值	平均值	标准差
第四系地层	0	0	1.4	3.6	7.8	17.3	21.0	5.1	4.5
强风化层	0	0	0.8	3.5	8.4	19.8	26.5	5.0	5.1
中风化层	0	0	1.7	4.0	7.9	17.2	27.6	5.1	4.8

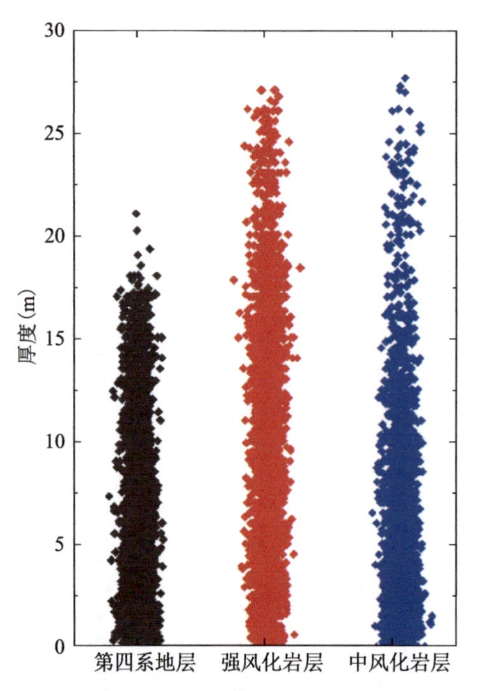

图 2-32 地铁沿线地层厚度统计分布散点图

由图 2-32 可见,地铁沿线第四系地层厚度平均 5.1 m,最大厚度 21.0 m,中位数3.6 m。强风化地层厚度平均 5.0 m,最大厚度 26.5 m,中位数 3.5 m。中风化地层厚度平均 5.1 m,最大厚度 27.6 m,中位数 4.0 m。进一步分析发现,青岛地铁沿线第四系地层厚度处于 9 m 以内的钻孔样本数占总样本数 80.0%,处于 12 m 以内的占 89.4%,处于 15 m 以内的占 96.3%,处于 18 m 以内的占 99.8%。强风化地层厚度处于 9 m 以内的钻孔样本数占总样本数 75.2%,处于 12 m 以内的占 85.3%,处于 15 m 以内的占 91.9%,处于 18 m 以内的占 95.0%。中风化地层厚度处于 9 m 以内的钻孔样本数占总样本数 81.7%,处于 12 m 以内的占 90.7%,处于 15 m 以内的占 95.0%,处于 18 m 以内的占 97.3%。地铁沿线地层厚度统计情况见表 2-37。地铁 3 号线一期工程和 2 号线一期工程线路沿线不同地层类型结构空间分布如图 2-33 所示。

表 2-37 青岛地铁沿线地层厚度统计表

地层类型	≤3 m	≤6 m	≤9 m	≤12 m	≤15 m	≤18 m
第四系地层	46.1%	66.3%	80.0%	89.4%	96.3%	99.8
强风化层	45.7%	63.4%	75.2%	85.3%	91.9%	95.0%
中风化层	43.2%	67.4%	81.7%	90.7%	95.0%	97.3%

由图 2-32 可见,青岛地铁沿线地形呈波状,地表高程最大高差约 53 m。地层厚度分布与地形地貌类型密切相关,山前及山间侵蚀堆积地貌、滨海堆积地貌地势较低,第四系及强风化地层厚度较大,大部分在 9.0 m 以上,个别区段大于 30.0 m;剥蚀地貌地势较高,第四系地层及强风化地层厚度一般较小,主要在 6.0 m 以内。

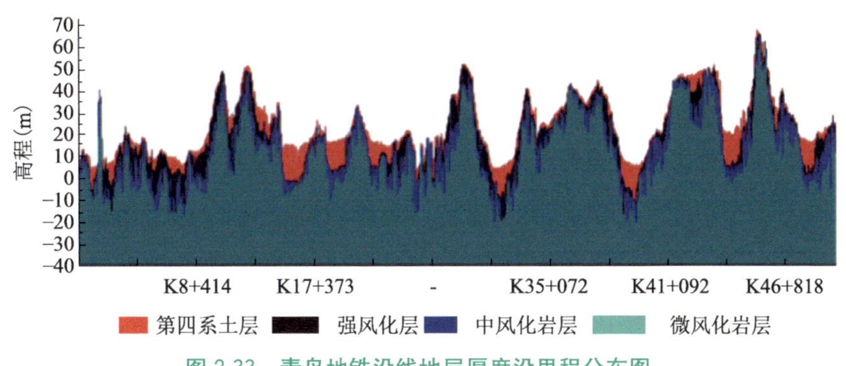

图 2-33　青岛地铁沿线地层厚度沿里程分布图

2.3.2　地铁沿线地层物理力学统计分析

地层岩土体是地铁地下工程赋存的物质基础，正确了解和认识地层岩土体物理力学特征对地铁地下工程建设合理设计和施工具有重要意义。地层岩土体物理力学参数统计分析采用平均值 Φ_m、标准差 σ_f、变异系数 δ、标准值 f_k 等评价指标，各评价指标分别通过式(2-41)～式(2-44)进行计算。

$$\Phi_m=\frac{1}{n}\sum_{i=1}^{n}\Phi_i \tag{2-41}$$

式中　Φ_i——岩土参数测试值；

n——参加统计的子样数。

$$\sigma_f=\sqrt{\frac{1}{n-1}\left[\sum_{i=1}^{n}\Phi_i^2-\left(\sum_{i=1}^{n}\Phi_i\right)^2/n\right]} \tag{2-42}$$

$$\delta=\frac{\sigma_f}{\Phi_m} \tag{2-43}$$

$$f_k=\gamma_s\cdot\Phi_m \tag{2-44}$$

式中　γ_s——统计修正系数，按照式(2-45)进行计算，其中正负号按不利组合考虑。

$$\gamma_s=1\pm\left(\frac{1.704}{\sqrt{n}}+\frac{4.678}{n^2}\right)\delta \tag{2-45}$$

根据地铁沿线室内试验及原位测试地层岩土体物理力学参数结果统计分析，得到第四系地层、中风化花岗岩和微风化岩层弹性模型 E、泊松比 μ、黏聚力 c、内摩擦角 φ、岩石单轴饱和抗压强度 R_c 以及对中风化花岗岩地层和微风化花岗岩地层弹性波纵向波速 V_{pm} 等参数分布特征，见表 2-38。

由表 2-39 可见，青岛地铁沿线第四系地层弹性(压缩)模量四分位区间分布范围为 3.6～6.6 MPa，平均值为 5.33 MPa，标准值为 5.17 MPa；泊松比为 0.26～0.30，平均值为 0.28，标准值为 0.27；黏聚力为 25.0～37.6 kPa，平均值为 31.44 kPa，标准值为 30.6 kPa；内摩擦角为 10.02.2°～17.3°，平均值为 14.67°，标准值为 14.31°。中风化花岗岩弹性模量四分位区间分布范围为 11.37～30.02 GPa，平均值为 20.87 GPa，标准值为 19.19 GPa；泊松比为 0.23～0.31，平均值为 0.27，标准值为 0.26；黏聚力为 4.65～6.94 MPa，平均值为

表 2-38 地铁沿线岩土体物理力学参数特征统计表

参数	地层类型	样本数	最小值	下四分位	中位数	上四分位	最大值	平均值	标准差	变异系数	标准值
弹性模量	第四系地层	500 组	1.42 MPa	3.68 MPa	5.17 MPa	6.62 MPa	13.07 MPa	5.33 MPa	2.135 MPa	0.400	5.17 MPa
	中风化岩层	97 组	4.05 GPa	11.37 GPa	21.60 GPa	30.02 GPa	34.01 GPa	20.87 GPa	9.70 GPa	0.465	19.19 GPa
	微风化岩层	306 组	11.73 GPa	27.85 GPa	39.80^{3} GPa	49.36 GPa	78.70 GPa	40.35 GPa	16.231 GPa	0.402	38.77 GPa
泊松比	第四系地层	20 组	0.21	0.26	0.27	0.30	0.31	0.28	0.016	0.093	0.27
	中风化岩层	101 组	0.16	0.23	0.27	0.31	0.42	0.27	0.056	0.208	0.26
	微风化岩层	355 组	0.08	0.19	0.23	0.28	0.39	0.24	0.061	0.259	0.23
黏聚力	第四系地层	320 组	10.40 kPa	25.00 kPa	31.00 kPa	37.60 kPa	55.00 kPa	31.44 kPa	9.36 kPa	0.28	30.60 kPa
	中风化岩层	84 组	2.04 MPa	4.65 MPa	6.05 MPa	6.94 MPa	12.84 MPa	6.13 MPa	1.974 MPa	0.322	5.76 MPa
	微风化岩层	294 组	3.12 MPa	7.37 MPa	10.20 MPa	13.40 MPa	22.35 MPa	10.51 MPa	3.959 MPa	0.377	10.12 MPa
内摩擦角	第四系地层	320 组	4.60°	12.20°	15.10°	17.30°	25.30°	14.67°	3.81°	0.26	14.31°
	中风化岩层	75 组	31.35°	39.20°	44.60°	49.41°	53.06°	44.12°	5.847°	0.133	42.96°
	微风化岩层	299 组	31.50°	46.50°	54.88°	59.47°	68.59°	53.23°	8.493°	0.160	52.39°
岩石单轴抗压强度	中风化岩层	300 组	10.15 MPa	19.54 MPa	26.60 MPa	36.40 MPa	70.45 MPa	29.48 MPa	12.87 MPa	0.437	28.21 MPa
	微风化岩层	819 组	15.13 MPa	47.82 MPa	62.58 MPa	76.81 MPa	133.82 MPa	63.60 MPa	19.77 MPa	0.311	62.42 MPa
岩体弹性波波速	中风化岩层	207 组	1.886 km/s	2.844 km/s	3.295 km/s	3.612 km/s	4.083 km/s	3.199 km/s	0.513 km/s	0.160	3.14 km/s
	微风化岩层	360 组	3.124 km/s	4.303 km/s	4.549 km/s	4.654 km/s	5.076 km/s	4.445 km/s	0.342 km/s	0.077	4.41 km/s

6.13 MPa,标准值为 5.76 MPa;内摩擦角为 39.20°～49.41°,平均值为 44.12°,标准值为 42.96°;岩石单轴饱和抗压强度为 19.54～36.40 MPa,平均值为 29.48 MPa,标准值为 28.21 MPa;单孔声波测试岩体弹性纵波波速为 2.844～3.612 km/s,平均值为 3.199 km/s,标准值为 3.14 km/s。微风化花岗岩弹性模量四分位区间分布范围为 27.85～49.36 GPa,平均值为 40.35 GPa,标准值为 38.77 GPa;泊松比为 0.19～0.28,平均值为 0.24,标准值为 0.23;黏聚力为 7.37～13.40 MPa,平均值为 10.51 MPa,标准值为 10.12 MPa;内摩擦角为 46.50°～59.47°,平均值为 53.23°,标准值为 52.39°;岩石单轴饱和抗压强度为 47.82～76.81 MPa,平均值为 63.60 MPa,标准值为 62.42 MPa;单孔声波测试岩体弹性纵波波速为 4.303～4.654 km/s,平均值为 4.445 km/s,标准值为 4.41 km/s。地铁沿线岩土体物理力学参数统计分析散点图如图 2-34 所示,其中由于地铁沿线第四系地层和中风化及微风化岩石的弹性模量和黏聚力差距较大,图中分别以 MPa 和 kPa 为单位取对数形式进行对比分析。

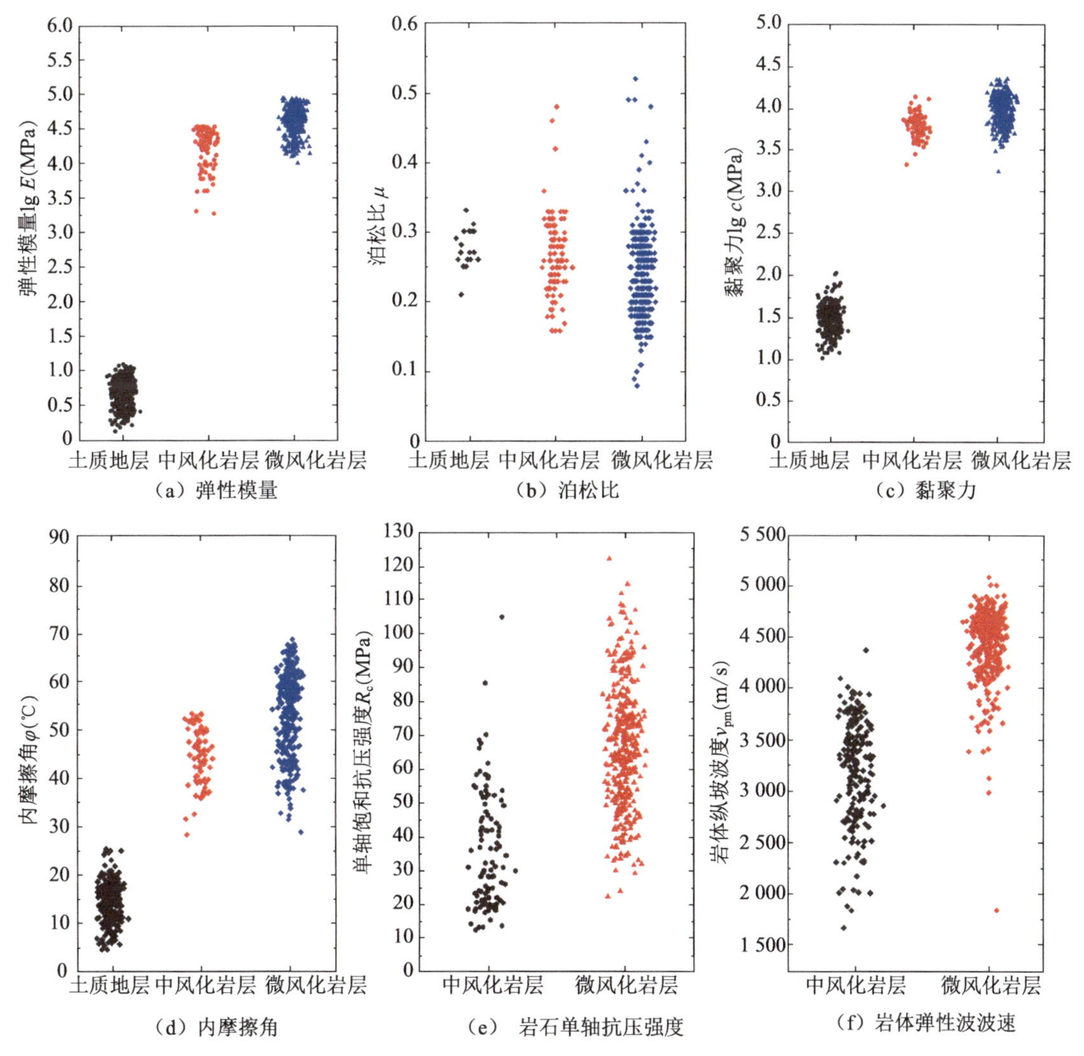

图 2-34 地铁沿线岩土体物理力学参数统计分析散点图

2.3.3 地铁沿线上土下岩二元地层结构基本特征

地层是由不同物质组成的复杂集合体。在广泛的样本调研和系统的理论分析的基础上，根据地层自身特征进行正确的工程判断，在解决地铁地下工程实践问题中发挥着重要作用。青岛地铁沿线各地层物理力学试验结果和工程实践经验表明，第四系地层强度低、变形大、稳定性差。全风化层原岩组织结构已全部破坏，绝大部分已成黏土状。强风化层原岩结构已破坏，岩芯呈半岩半土状或角砾状，未扰动前比较致密、承载力较高，扰动后强度迅速降低、软化、崩解，自稳性差等特性，但其工程性质略好于第四系地层。考虑第四系层与强风化层物理力学参数相近，本书将地铁沿线第四系层与强风化层统称为土质地层。青岛地铁3号线一期工程和2号线一期工程沿线土质地层厚度平均10.2 m，最大厚度38.0 m，中位数10.0 m，见表2-39。进一步分析发现，地铁沿线土质地层厚度处于9 m以内的钻孔样本数占总样本数45.6%，处于12 m以内的占61.4%，处于15 m以内的占77.5%，处于18 m以内的占89.7%，见表2-40。地铁3号线一期工程和2号线一期工程沿线土质地层厚度统计分析散点图如图2-35所示。

表2-39　地铁沿线土质弱地层厚度参数统计分析表(m)

最小值	低　位	下四分位	中位数	上四分位	高　位	最大值	平均值	标准差
0	0	5.0	10.0	14.8	29.8	38.0	10.2	6.35

表2-40　地铁沿线土质地层厚度统计表

地层厚度	≤3 m	≤6 m	≤9 m	≤12 m	≤15 m	≤18 m
百分比	15.6%	30.7%	45.6%	61.4%	77.5%	89.7%

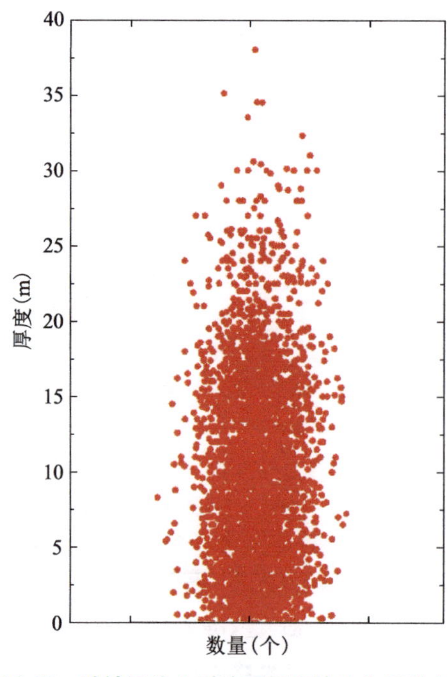

图2-35　地铁沿线土质地层厚度统计分析散点图

地铁沿线中风化花岗岩岩层属较软～较硬岩，结构构造较完整，岩芯多呈碎块状～块状。微风化花岗岩岩层属较硬～坚硬岩，结构构造完整，岩芯多呈块状～整体状。为简化分析并突出主要问题，本书将地铁沿线风化层及微风化层统称为岩质地层。针对城市地铁地下工程一般位于城市地面埋深较浅地层环境中的具体特征，立足于突出城市地铁地下工程岩土体自稳程度巨大差异，本书将该类具有显著上软下硬二元结构特征的强度变形等主要力学参数量值相对差距在千倍量级的土岩复合地层定义为上土下岩二元地层。青岛地铁3号线一期工程和2号线一期工程线路沿线上土下岩二元地层结构空间分布如图2-36所示。

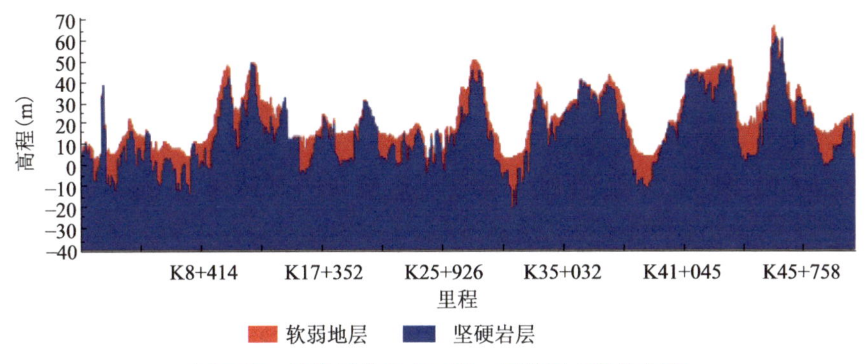

图 2-36　地铁沿线上土下岩二元地层空间分布图

2.4　上土下岩二元地层结构对地铁建设的工程意义

地层环境是城市地铁地下工程赋存的物质基础，地铁地下修建过程中的几乎一切活动如岩土体稳定特征、施工方式方法、支护体系、建设工期、建设投入等，均与地铁沿线地质环境息息相关。由于地质环境的极端复杂性，地铁地下工程应坚持工程地质第一性资料原则。地铁地下工程地质第一性资料原则可按照从宏观到微观、从地表到地下、从施工前到施工中再到施工后的方式由浅入深逐步推进。从宏观到微观获取城市地下工程施工场地工程地质第一性资料方式是指从小区域的地质考察到项目场地的工程地质测绘。然而由于地质环境的宏观性，项目场地地质现象只是区域地质中的一部分，只有对区域地质环境有了宏观的了解，才能对项目场地的地质现象有正确的认识。区域地质第一性资料的调查工作主要是采用路线考察的方法。

路线地质考察的方法和内容有：(1)地形地貌考察。尽可能掌握本地区内的地形、地貌、地层、地质构造等，分析其成因关系，对工程场地环境的影响。(2)地层考察。首先要确定代表本地区地层的典型剖面，并进行实测，充分掌握区域内地层岩性、分布规律、空间展布特点、赋存条件等。(3)地质构造考察。掌握本区域内起控制作用的褶皱、断层等主要构造的规模、性质、延展状况等。(4)水文地质考察。了解本区域内大气降水和地下水的关系，地下水性质、补给条件、含水层特征、地下水流动特征等。在上述各项路线考察中还要注意各类物理地质现象、周边环境条件等。区域地质考察完成后项目场地大比例尺工程地质测绘。绘制项目场地工程地质平面图、地层剖面图、地层柱状图、水文地质图等工程地质第一性资料实测图。在此基础上，对项目场地工程地质第一性资料进行归类和分析评价。从地表到地下的获取深基坑场地工程地质第一性资料的方式是指对第一性资料的认识除从地表进行考察外，还应采用钻探、物探等各种手段对项目场地内地下空间内的地层岩性、成因、构造状况等地质信息进行考察。此外，工程地质第一性资料还应包括工程项目施工过程中的地质考察，进一步验证施工前项目场地地表和地下第一性资料认识的正确性。

地层岩土体是城市地铁地下工程最直接的赋存环境，地层岩土体作为工程环境，直接承载着岩体自重产生的压力作用，是地铁地下工程荷载的最终承载者。地层岩土体不仅作为地铁地下工程的建设工程环境，同时也作为地下工程结构的一部分，具有工程环境、工程结构和工程荷载的三重身份。城市地铁地下工程结构主要位于城市地表以下的浅表地层中。地层岩土工程是以地层岩土体作为介质和环境的工程。地下工程开挖破坏了地层岩土体自身原始的力学平衡状态，地层岩土体为达到新的力学平衡状态必须进行调整，地铁地下工程的本质就是为适应这种力学调整而进行的工作。地铁地下工程地层岩土体研究的目的和出发点在于满足工程设计和稳定性分析的需要，主要工作核心是地下工程设计参数的确定和开挖后地层的稳定性问题。优秀的地下工程方案在于充分调动和发挥工程建设项目场地有利的地质条件，充分利用地层自身的自稳能力，尽量减少工程辅助措施，在保障安全性的前提下注重经济性。这一目标的实现程度，主要取决于现场的地质条件和对这些地质条件的了解程度、以及将其作为设计的能力。上土下岩二元地层具有独特的上覆土体和下覆岩体物理力学性能显著差异性的二元结构特征。在上软下硬土岩二元地层中修建地铁地下工程，立足于充分发挥围岩自稳能力，有利于灵活选择开挖方式、减少支护措施、节约建设成本、降低工程风险和施工难度、减小周边环境影响和社会影响等诸多优势。开展基于充分发挥围岩自稳能力的地铁合理埋深研究具有重要的理论价值和现实意义。

小　　结

本章在对地层岩土体及其基本特征深入分析的基础上，通过对地铁沿线地层分布厚度分布规律及地层岩土体物理力学性能特征进行了统计分析，将地铁沿线地层分布概化为上软下硬二元地层结构，并阐述了上土下岩二元地层结构对地铁地下工程建设重要的现实意义。所得主要结论如下：

(1)系统分析了地层岩土体物质组成、地下水、岩体结构面、岩土体物理力学性能等基本特征，为上土下岩二元地层地铁地下工程岩土体自稳特征研究奠定了坚实的物质基础和理论依据。

(2)青岛地铁 2 号线和 3 号线均为地下线，暗挖车站隧道全部采用单拱直墙大跨结构形式，开挖跨度一般 19.2～23.8 m，高度一般 15.5～19.2 m。区间主要采用单洞单线结构形式，开挖宽度一般 5.8～6.2 m，高度 5.8～6.3 m。

(3)地铁沿线 49.2 km 线路 3 227 个地质勘测孔样本资料统计分析结果显示，地铁沿线第四系地层平均厚度 5.1 m，其中 80%处于 9.0 m 以内，约 90%处于 12 m 以内；强风化层平均厚度约 5.0 m，其中 80%处于 10.0 m 以内，约 90%处于 15 m 以内；中风化层平均厚度

5.1 m,其中约80%处于9.0 m以内,约90%处于12 m以内。地铁沿线第四系地层与下覆岩层黏聚力和弹性模量等关键力学参数相差均为三个数量级,地层分布具有显著的上土下岩二元地层结构特征。

(4)揭示了地铁沿线地层厚度分布规律,对比分析了地铁沿线地层岩土体物理力学性能,构建了地铁沿线上土下岩二元地层结构分布模型,为上土下岩二元地层地铁地下工程岩土体自稳特征研究奠定了理论基础。

参考文献

[1] 谢强,赵文. 岩体力学与工程[M].成都:西南交通大学出版社,2011.
[2] 孔德坊. 工程岩土学[M].北京:地质出版社,1992.
[3] 杨新安,丁春林,徐前卫. 城市隧道工程[M].上海:同济大学出版社,2015.
[4] 何川,封坤,方勇. 盾构法修建地铁隧道的技术现状与展望[J].西南交通大学学报,2015,50(1):97-109.
[5]《工程地质手册》编委会. 工程地质手册[M].北京:中国建筑工业出版社,2018.
[6] 孙广忠. 岩体结构力学[M].北京:科学出版社,1988.
[7] 赖绍聪. 岩浆岩岩石学[M].北京:高等教育出版社,2016.
[8] 徐开礼,朱志澄. 构造地质学[M].北京:地质出版社,2005.
[9] 张景军,柳成志. 岩浆岩与变质岩[M].北京:石油工业出版社,2020.
[10] 吴顺川,李利平,张晓平. 岩体力学[M].北京:高等教育出版社,2021.
[11] 陈希哲,叶菁. 土力学地基基础 [M]. 北京:清华大学出版社,2016.
[12] 胡厚田,吴继敏. 土木工程地质[M].北京:高等教育出版社,2001.
[13] 谢强. 土木工程地质[M].成都:西南交通大学出版社,2015.
[14] 仇文革,龚彦峰,殷怀连,等. 隧道单层衬砌技术:理论、设计与施工[M].成都:西南交通大学出版社,2011.
[15] 王后裕,陈上明,言志信. 地下工程动态设计原理[M].北京:化学工业出版社,2008.
[16] 李志业,曾艳华. 地下结构设计原理与方法[M].成都:西南交通大学出版社,2003.
[17] 殷宗泽. 土工原理[M].北京:中国水利水电出版社,2012.
[18] 卫振海,王梦恕,张顶立.岩体材料结构分析[M].北京:中国水利水电出版社,2012.
[19] 谭罗荣. 土的微观结构研究概况和发展[J].岩土力学,1983(1):73-86.
[20] 陈正汉. 岩土力学的公理化理论体系[J].应用数学和力学,1994(10):901-910.
[21] 何笙,王勇森,董天顺. 地铁时代,心花怒放:青岛地铁从无到有的那些事儿[J].走向世界,2015(50):32-35.
[22] 乔飞,王勇森. 青岛进入“地铁时代”[J].走向世界,2016(2):26-29.
[23] 姜震. 青岛市地铁规划简介[J].地铁与轻轨,1990(4):3-6.
[24] 姜震. 青岛地铁隧道埋深研究[C]//中国土木工程学会.中国土木工程学会第七届年会暨茅以升诞辰100周年纪念会论文集,上海:同济大学出版社,1995.
[25] 张文萱. 青岛正式进入“双地铁时代”[J].走向世界,2018(2):30-31.
[26] 赵玉婷,刘洪华,江国会,等. 青岛城市地质研究现状与展望[J].世界地质,2020,39(4):960-970.
[27] 马利柱,窦衍光,王磊,等. 青岛市地铁隧道施工常见不良地质问题及对策分析[J].工程建设与设计,2021,46(14):119-124.
[28] 窦衍光,印萍,陈斌,等.滨海基岩城市地质调查成果应用探索与理论技术创新:以青岛市为例[J].海洋地质前沿,2021,37(9):1-9.
[29] 夏伟强,董杰,何鹏,等.青岛主城区地下空间开发利用地质因素的影响评价及适宜性分区[J].地质学

报，2019，93(增刊1)：233-240.
[30] 赵继增，胡昌华. 青岛地铁花岗岩特征及隧道稳定性分析[J].地铁与轻轨，2000(1)：12-20.
[31] 赵继增. 青岛地铁区间隧道以喷混凝土作为永久支护的可行性[J].现代隧道技术，2004(增刊)：129-132.
[32] 山东省住房和城乡建设厅. 工程勘察岩土层序列划分方法标准：DBJ/T 14-094—2012 [S]. 2011.
[33] 邵万强，陆晓燕，张敬志. 青岛市市区第四系层序的划分[J].海洋地质动态，2006(1)：5-8.
[34] 贾永刚，谭长伟，刘红军，等. 青岛城市工程地质[M].青岛：青岛海洋大学出版社，1995.
[35] 栾光忠，刘红军，范德江. 青岛胶州湾地质特征及其成因[J].海洋湖沼通报，1998(3)：18-23.
[36] 栾光忠，任鲁川，段本春. 青岛及其邻区 NE、NW 向断裂的活动性研究[J].青岛海洋大学学报(自然科学版)，1999(4)：727-732.
[37] 栾光忠，赵淑娟，王庆帅，等. 青岛劈石口断裂的构造特征和现代活动性研究[J].中国海洋大学学报(自然科学版)，2009，39(2)：299-303.
[38] 栾光忠，王红霞，尹明泉，等. 青岛城市主要断裂构造特征以及对城市地质环境的影响[J].地球学报，2010，31(1)：102-108.
[39] 郭玉贵，邓志辉，尤惠川，等. 青岛沧口断裂的地质构造特征与第四纪活动性研究[J].震灾防御技术，2007(2)：102-115.
[40] 贾永刚，方鸿琪. 青岛城市地质环境工程适宜性系统分析[J].地球科学，1999(6)：648-652.
[41] 赵战丰. 青岛地铁防水问题浅析[J].现代隧道技术，2003，40(5)：44-47.
[42] 华福才. 基于地下水动力学的地铁隧道裂隙水预测分析[J].现代隧道技术，2015，52(2)：78-86.

3 上土下岩二元地层地铁深基坑直立侧壁自稳特征研究

直立侧壁自稳临界高度是评价深基坑安全程度和设计基坑支护结构的重要依据，开挖深度作为传统意义上深基坑直立侧壁稳定性衡量指标不适应于上土下岩二元地层地铁深基坑。探索上土下岩二元地层地铁深基坑直立侧壁自稳机理，揭示不同上覆土体和下覆岩体地层类型下的上土下岩二元地层地铁深基坑直立侧壁自稳高度分布特征及其演化规律，构建上土下岩二元地层地铁深基坑直立侧壁自稳区域分布模型及其理论体系，深入系统地开展上土下岩二元地层地铁深基坑直立侧壁自稳特制研究具有重要的科学研究价值和工程现实意义。

3.1 上土下岩二元地层地铁深基坑基本特征

基坑是指位于地面以下建(构)筑物的设计位置，在具有一定应力履历和应力场的地层中，按照基底高程和平面尺寸由地面向下所开挖出的空间，一般将开挖深度大于或等于 5 m 的基坑称为深基坑。基坑工程指为保证地面向下开挖形成的地下空间在地下结构施工期间的安全稳定所需的挡土结构及地下水控制、环境保护等措施的措施。基坑自稳是指基坑周围岩土体在没有人为因素干预的条件下维持自身稳定的程度。

随着我国城市基础设施建设如火如荼地开展，由于特定的地层环境制约、特殊的结构功能需求等诸多因素影响，一种形式独特的基底高程处于上土下岩二元地层分界高程以下的深基坑工程类型应运而生。这种类型深基坑工程的独特之处在于，基坑在其开挖深度范围内所处地层自上而下由黏聚力、弹性模量等主要强度变形参数相差在千倍量级(及以上)的土层和岩层两种差异显著的地层结构形式组成，因而基坑开挖在其上部土层和下部岩层中所引起的稳定性及变形特征差异显著。为叙述方便，本书将此种类型的深基坑统一称之为上土下岩二元地层深基坑。直立侧壁自稳临界高度是评价基坑安全程度和设计基坑支护结构的重要依据。为深入探讨上土下岩二元地层地铁深基坑直立侧壁自稳特征，立足于充分发挥地层岩土体自稳能力的深基坑工程理念；同时，突出问题的主要矛盾特征，忽略次要矛盾，本书将直立的基坑侧壁统一称为基坑直立侧壁，并将处于岩层中的基坑直立侧壁称为基坑直立岩壁，处于土层中的基坑直立侧壁称为基坑直立土壁。基于上述假定，构建如图 3-1

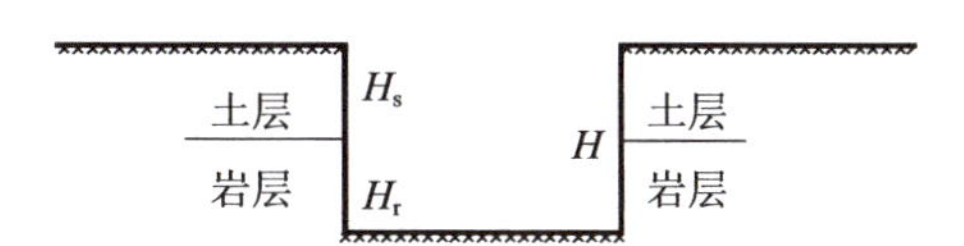

图 3-1　上土下岩二元地层深基坑直立侧壁自稳特征分析模型

所述的上土下岩二元地层地铁深基坑直立侧壁自稳特征分析模型，图中 H 为基坑开挖深度，H_s 为直立土壁高度，H_r 为直立岩壁高度。

3.1.1 基坑类型划分

1. 按开挖深度划分

开挖深度是基坑最重要的特征参数。把基坑开挖深度按一定的原则进行适当分类是一种能够简练而准确地描述基坑主要几何特征的方法，有利于基坑工程的理解、交流与应用。目前国内各种技术标准、各地政府相关条例规定及手册指南等文献，对超过一定深度的基坑笼统地称为深基坑，深度标准一般定为 5 m，也有少部分定为 6 m、4 m 甚至 3 m，深度低于这一标准则视为浅基坑[1]。付文光等[2]将深度大于 4 m 的基坑称之为深基坑，并分别以 4 m、6 m、13 m、18 m、23 m、30 m 为界线，把深基坑划分为稍深、中深、颇深、甚深、特深、超深 6 个级别，见表 3-1。

表 3-1 基坑深度分类表

深度类型	浅基坑	稍深基坑	中深基坑	颇深基坑	甚深基坑	特深基坑	超深基坑
分界标准(m)	＜4	4～6	6～13	13～18	18～23	23～30	＞30

2. 按侧壁垂直度划分

按照基坑侧壁与基底平面外侧沿线角度的不同，可将其划分为直立侧壁基坑和倾斜侧壁基坑，其中基坑侧壁与基底平面角度呈 90°的称为直立侧壁基坑，角度小于 90°的称为倾斜侧壁基坑，如图 3-2 所示。

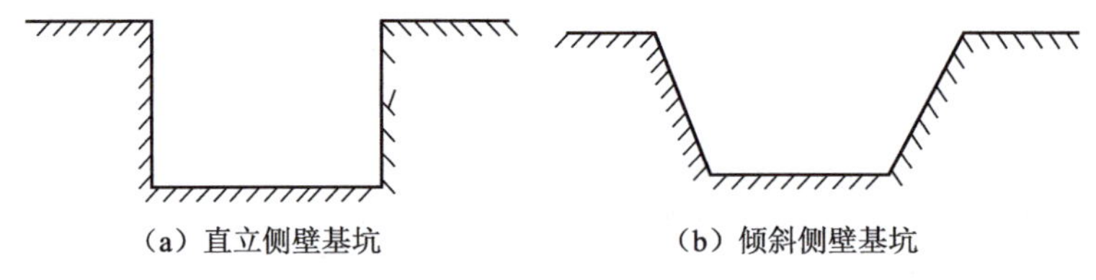

(a) 直立侧壁基坑　　(b) 倾斜侧壁基坑

图 3-2 基坑侧壁垂直度分类

3. 按地层类型划分

地层环境是基坑赋存的物质基础，基坑开挖所引起的稳定性特征、透水性特征等几乎一切活动均与地层密切相关。按照基坑所处地层类型的不同，一般可将其分为土质基坑、岩质基坑、土岩组合基坑[3,4]。

4. 按平面形状划分

基坑平面形状与基坑工程的质量有着极为密切的关系。合理的基坑平面形状可以改善基坑的应力分布、减小基坑的位移、改善基坑的位移分布、节省基坑支护费用。按开挖平面形状，可分为条形基坑、矩形基坑、圆形基坑、类椭圆形、异形基坑、坑中坑六中类型形式[5-7]。研究表明，在其他条件相同时，不同形状基坑的稳定性不同。一般来讲，基坑越接近圆形稳定性越好，类圆形次之，矩形最差，且矩形平面结构基坑的承载能力与坑壁稳定性随着长宽比的增大逐步降低、长宽比越大承载能力与坑壁稳定性越差。

5. 按开挖面积划分

基坑开挖尺寸对基坑抗隆起具有一定影响,相同条件下,开挖尺寸越小,其稳定性越好。按开挖面积大小,可将基坑划分为微型、小型、中型、大型、超大型及巨型六种类型[2],见表 3-2。

表 3-2 按开挖面积分类

类 型	微 型	小 型	中 型	大 型	超大型	巨 型
面积(m^2)	<100	100～2 500	2 500～10 000	10 000～25 000	25 000～50 000	>50 000

6. 按使用功能划分

按照功能不同,可将基坑分为建筑基坑、地铁基坑、市政工设施基坑(如地下蓄水池、地下污水处理场等)、工业基坑(如地下变电站等)等。

3.1.2 基坑侧壁自稳性影响因素

深基坑侧壁自稳特征因素可归纳为地质环境因素、人类活动因素和外部环境因素三个主要方面[8]。其中地质环境因素是内因,具有自然客观特征,主要包括地层类型、地下水等;人类活动因素是外因,具有一定等人为主观特征,主要包括几何尺寸(开挖深度、开挖宽度等)、开挖形状(方向基坑、圆形基坑等)、开挖方式方法等;外部环境因素主要包括基坑周围建筑物荷载、地表堆载、动荷载等,如图 3-3 所示。

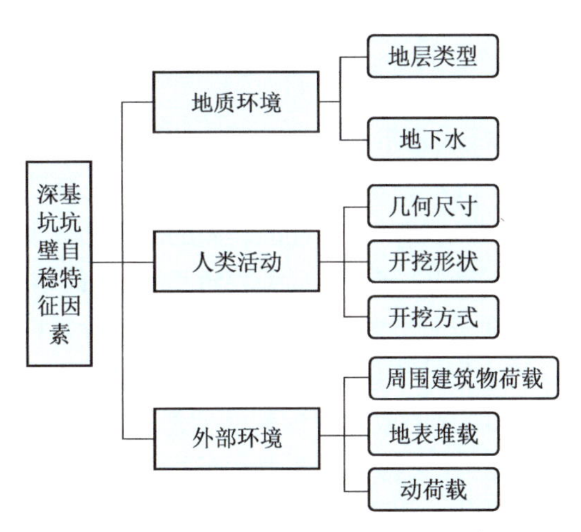

图 3-3 深基坑侧壁自稳性影响因素

3.1.3 基坑侧壁主要失稳模式

基坑侧壁失稳模式分析是评价基坑侧壁自稳性的基础,并为基坑侧壁自稳分析模型构建提供基本依据。基坑侧壁失稳破坏非常复杂,有简单的失稳模式,但更多的是几种简单的失稳模式交织在一起形成的复杂失稳模式。目前,基坑侧壁失稳模式分类主要是从失稳体的几何形态和运动形式角度考虑。由于地质条件的差异,基坑侧壁失稳的发生和发展是千变万化的,仅靠几个类型的划分是很难满足工程要求的。本章节按照“抓大放小、就重避轻、先大后小，宏观先判断，局部细分析”的原则，将基坑坑壁失稳模式简化归纳为圆弧滑移型、平移滑动型、楔块坠落型、倾倒失稳型、卸荷拉裂型五种基本模式[9-20]。实际上基坑侧壁失稳破坏多为复合型失稳模式，在复合型失稳模式中往往以上述某种失稳模式为主导，各种失稳模式之间互相影响。

1. 圆弧滑移型失稳模式

基坑侧壁圆弧滑移型失稳模式是指基坑侧壁周边的岩土体沿着近似弧形的破裂面发生滑移破坏的失稳模式，如图 3-4 所示。黏性土地层基坑侧壁失稳模式一般表现为圆弧滑移型。当层状岩质基坑岩体被多组节理面交叉切割成碎状体或散状体时，基坑侧壁岩质地层表现出与土质地层类似土的性质，其失稳模式一般也表现为圆弧滑移型。

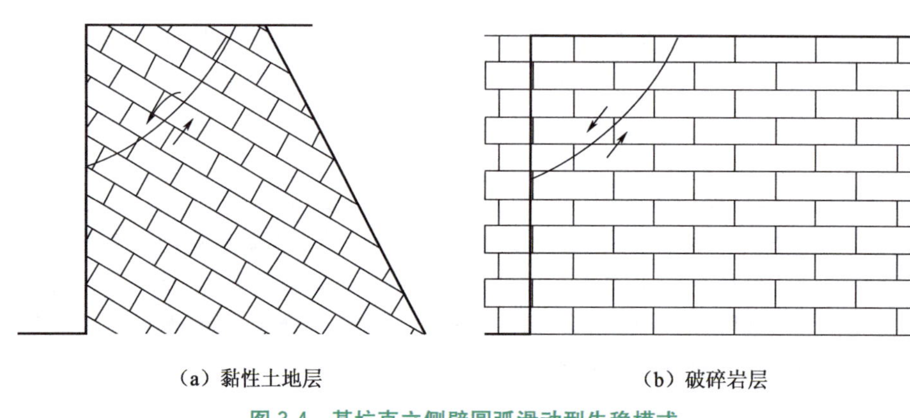

(a) 黏性土地层　　(b) 破碎岩层

图 3-4　基坑直立侧壁圆弧滑动型失稳模式

2. 平面滑移型失稳模式

基坑侧壁平面滑移型失稳模式是指基坑侧壁周边的岩土体沿着近似平面的破裂面发生滑移破坏的失稳模式，如图 3-5 所示。基坑侧壁平面滑移型失稳模式主要发生在倾向基坑开挖临空面的内倾结构面岩质基坑侧壁力学性能较差的结构面软弱夹层中。内倾结构面一般指结构面倾向与坡面倾向均指向临空面且二者较角小于 30°的结构面，岩体有可能沿内倾结构面滑落，由于基坑侧壁高度一般不大，在基坑稳定性定量计算中，一般可将结构面平直、贯通的保守工况进行考虑，并认为结构面走向平行于坡面。这种破坏模式的主要表现形式是前缘基坑坑脚临空并且具有明显的或潜在的顺倾向滑动面，基坑侧壁发生整体失稳沿层面下滑。坑壁侧壁发生平面滑移型失稳与诸多因素有关，如岩体强度、岩层面表面形态与粗糙度、层间充填物及其力学特性等。平面滑移型破坏主要适用于基坑岩壁整体稳定性受结

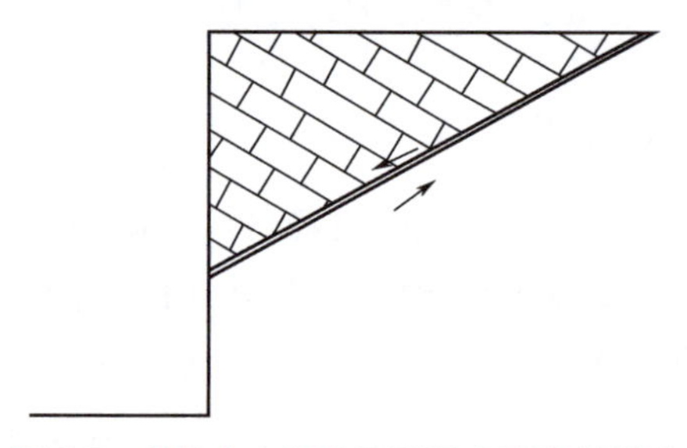

图 3-5　基坑直立侧壁平面滑移型失稳模式

构面控制的岩层，强调了结构面对基坑岩壁稳定的控制性作用，体现了岩体力学基本思想。平面滑移型失稳模式是岩质地层基坑侧壁最为常见的一种整体失稳模式。

3. 楔块坠落型失稳模式

楔块坠落型失稳模型是常见的岩质地层基坑侧壁破坏类型之一，失稳实质上是楔块岩体两个以上滑动面的滑动失稳造成的滑动面两个倾向相反且其交线倾角与坡面倾角相同、倾角小于边坡倾角的软弱结构面组成。根据破坏岩块空间几何形态的不同，可分为楔体破坏和块体破坏两种类型。楔体为空间四面体或五面体，由两条或两条以上的结构面对岩体切割而形成，并沿两个结构面发生滑移，其滑移方向沿这两个结构面的组合交线方向，且该交线的倾角缓于边坡坡角，如图 3-6(a)和图 3-6(b)所示。块体为空间六面体，如图3-6(c)所示，由三个或三个以上的结构面对岩体切割而形成，其滑移方向沿倾角小于坑壁坡角的结构面交线方向。

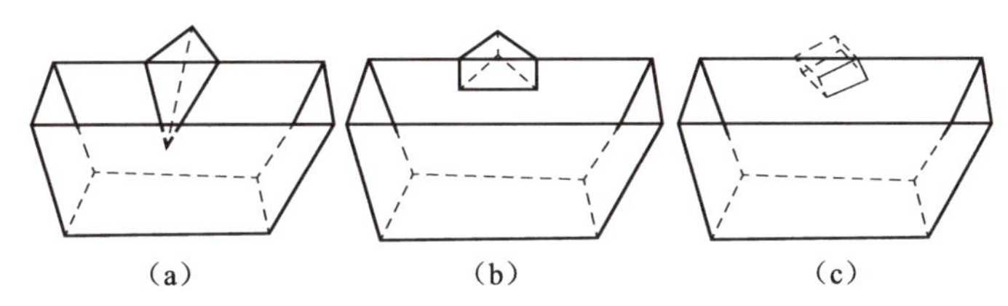

图 3-6　基坑侧壁楔块坠落型失稳模式

4. 卸荷拉裂型失稳模式

卸荷拉裂型失稳模式主要发生在完整性较好的岩质深基坑中。基坑侧壁卸荷拉裂型失稳模式是指由于基坑开挖卸荷回弹导致基坑临空面周边岩体产生应力重分布，引起基坑侧壁顶部首先产生张拉裂隙并逐渐向深部发展，进而引起基坑侧壁顶部坡缘岩体崩塌破坏的现象。基坑是在具有一定应力履历和应力场地层中开挖出具有一定深度的临空面的空间，地层应力在漫长的地质历史时期逐渐形成相对平衡的稳定状态。基坑开挖破坏了原始平衡状态，引起基坑自由临空面附近的岩体发生卸荷回弹，进而引起应力重分布及应力集中现象。由于岩体中的应力的重分布，基坑侧壁坡顶周围主应力迹线发生明显偏转。愈接近坡面，最大主应力愈接近平行于坡面，而最小主应力则与坡面近于正交。由于应力分异的结果，在临空面附近造成应力集中带。在基坑侧壁顶部坡缘附近，坡面的最小主应力转化为拉应力，形成张力区。当拉应力大于岩石的抗拉强度时，在基坑侧壁顶部坡缘张应力最大区域形成接近垂直的分支张型裂纹，进而沿着最大主应力方向形成近平行于开挖面走向的顶部坡缘卸荷裂隙。基坑侧壁顶部坡缘岩体因受卸荷裂隙影响，形成具有向基坑岩壁临空面外侧倒塌趋势的较独立的棱柱状岩体。在外界因素(如地下水渗入、振动等)的诱发作用下，基坑侧壁顶部外缘的棱柱状岩体可能向基坑临空面垮塌。卸荷拉裂型基坑侧壁失稳破坏演化过程如图 3-7 所示，基坑侧壁卸荷拉裂失稳机理如图 3-8 所示。

卸荷回弹是指基坑开挖以后形成的临空面为储存在岩体中的高应变能提供了释放空间，伴随能量释放，基坑侧壁周边一定范围内岩体应力调整，导致浅表部位应力降低，而在基坑侧壁更深部位产生某种程度的应力集中，即产生所谓应力驼峰现象。基坑侧壁周边应力降低导致岩体回弹膨胀、结构松弛，并在集中应力和剩余应力作用下产生新的表生结构面，即卸荷裂隙。一旦封闭于岩体中受约束的弹性能释放完毕，卸荷回弹即告结束。卸荷作用

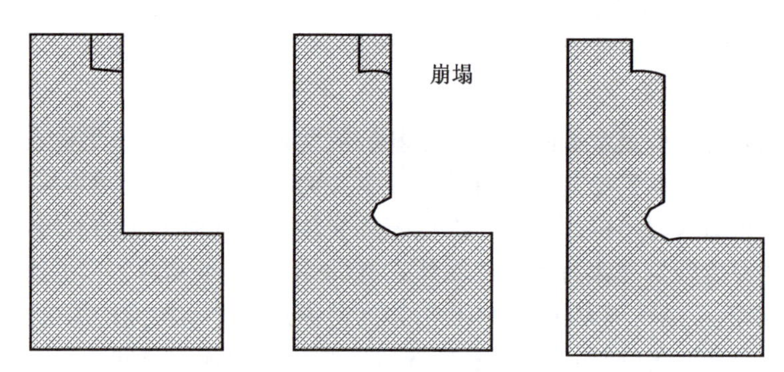

图 3-7　卸荷拉裂型基坑侧壁失稳演化过程示意图

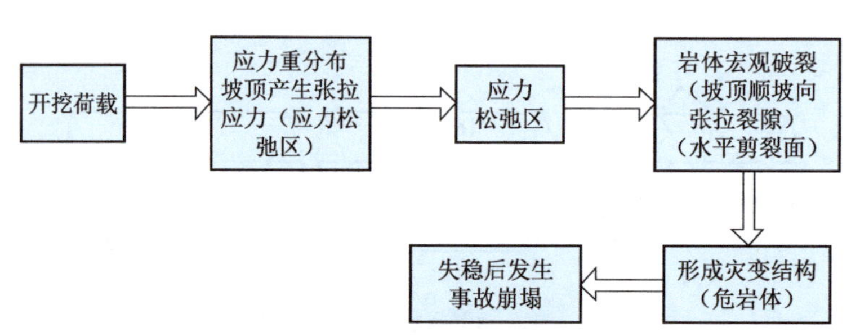

图 3-8　基坑侧壁卸荷拉裂失稳破坏机理

造成岩体表生改造与卸荷裂隙生成，导致岩体结构松弛。岩体结构松弛的主要原因为应力状态改变和基坑侧壁周边的长期累积变形。基坑侧壁周边岩体卸荷回弹之前处于二向等压应力状态且以压缩为主，由于基坑开挖、侧向力降低，岩体处于不等压状态而产生侧向拉伸变形导致岩体松弛。可见，卸荷作用的本质为原岩应力降低，导致的结果是岩体结构松弛。对于基坑工程而言，经过开挖以后，基坑周边岩体处于卸荷状态。由于岩体在漫长的地质构造过程中，被各种地质构造和多组结构面所切断，从而劣化了岩体的总体质量。岩体的力学特性在加载与卸荷条件下有着明显的区别。在加载条件下，结构面仍有较好的力学特性，但是在卸荷的条件下，其力学特性将有巨大的变化，岩体中含有较多的节理，裂隙等原始缺陷，对于岩体卸荷较为敏感。尤其是当卸荷量较大，出现拉应力时，将使岩体的质量迅速劣化，再加上裂隙中水压力的作用，裂隙不断延伸、扩展和贯通，最终导致坡顶宏观卸荷裂隙的出现。

现行国家标准《建筑地基基础设计规范》(GB 50007—2011)指出，对于抗滑移整体稳定基坑侧壁而言，由于岩石本身具有较高的抗压与抗剪强度，基坑岩壁的破坏都是从坑壁顶部垮塌开始的，其潜在的拉裂深度和拉裂宽度均约为边坡高度的 0.2～0.3 倍，如图 3-9 所示。《建筑地基基础设计规范》(GB 50007—2011)指出，当整体稳定的软质岩边坡高度小于12 m，硬质岩边坡高度小于 15 m 时，可按图 3-10 所示工程措施对基坑岩壁进行构造处理。

方玉树教授[19]指出，对于强度较高、完整性较好、受岩体强度控制的基坑岩壁，当基坑侧壁较高较陡时，在基坑侧壁顶部范围内可能出现拉裂变形，且随着时间的推移可能导致危岩的形成继而导致崩塌的发生，即基坑侧壁可能由拉裂变形演变成失稳。目前阶段，以限制基坑侧壁拉裂变形继而防范危岩崩塌为目的的坡率控制按既有工程经验确定，应根据岩石

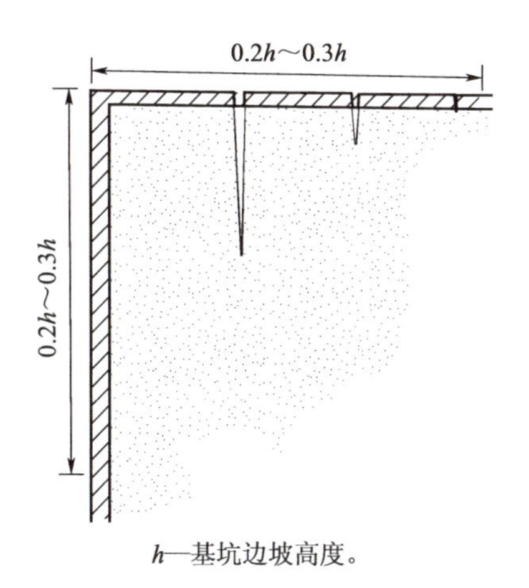

图 3-9 卸荷拉裂型基坑侧壁裂隙分布图

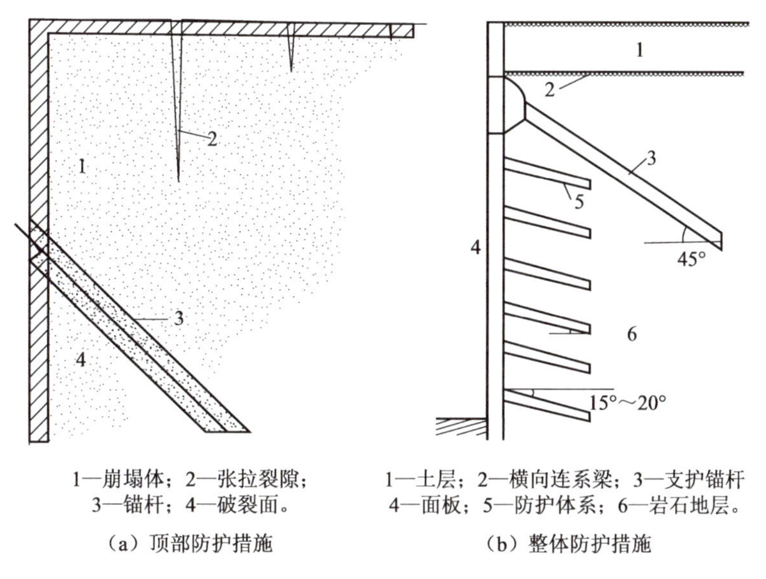

（a）顶部防护措施　　（b）整体防护措施

图 3-10 卸荷拉裂型基坑侧壁构造措施

坚硬程度、岩体完整程度和结构面产状（有无走向垂直坡向的陡倾结构面）按表 3-3 对基坑侧壁进行抗拉裂变形能力分类，进而按表 3-4 确定基坑侧壁坡率允许值。

表 3-3 基坑侧壁岩体抗拉裂能力岩体分级

基坑侧壁岩体类型	分级因素		
	岩石坚硬程度	岩体完整程度	结构面产状
Ⅰ	坚硬、较硬	完整、较完整	无平行坑壁走向的陡倾结构面
Ⅱ	坚硬、较硬	完整、较完整	有平行坑壁走向的陡倾结构面
	较软、软	完整、较完整	无平行坑壁走向的陡倾结构面
	坚硬、较硬	较破碎	无平行坑壁走向的陡倾结构面

续上表

基坑侧壁岩体类型	分级因素		
	岩石坚硬程度	岩体完整程度	结构面产状
Ⅲ	较软、软	完整、较完整	有平行坑壁走向的陡倾结构面
	较软、软	较破碎	无平行坑壁走向的陡倾结构面
	坚硬、较硬	较破碎	有平行坑壁走向的陡倾结构面
Ⅳ	极软	完整至较破碎	有或无平行坑壁走向的陡倾结构面
	较软、软	较破碎	有平行坑壁走向的陡倾结构面
	坚硬至极软	破碎、极破碎	有或无平行坑壁走向的陡倾结构面

表 3-4　基坑侧壁抗拉裂坡率允许值（J_0值）

基坑岩壁岩体类型	岩壁高度 H(m)		
	$H \leqslant 8$	$8 < H \leqslant 15$	$15 < H \leqslant 25$
Ⅰ	$1:0.00 > J_0 \geqslant 1:0.15$	$1:0.15 > J_0 \geqslant 1:0.25$	$1:0.25 > J_0 \geqslant 1:0.40$
Ⅱ	$1:0.15 > J_0 \geqslant 1:0.25$	$1:0.25 > J_0 \geqslant 1:0.40$	$1:0.40 > J_0 \geqslant 1:0.55$
Ⅲ	$1:0.25 > J_0 \geqslant 1:0.40$	$1:0.40 > J_0 \geqslant 1:0.55$	$1:0.55 > J_0 \geqslant 1:0.65$
Ⅳ	$1:0.40 > J_0 \geqslant 1:0.55$	$1:0.55 > J_0 \geqslant 1:0.65$	$1:0.65 > J_0 \geqslant 1:0.75$

5. 倾倒型失稳模式

基坑侧壁倾倒失稳特征表现为岩层走向与基坑开挖走向基本一致，但其倾向与基坑开挖面倾向相反。此时，如存在一组或多组横向节理将岩层切割成离散的块体，便会形成倾倒破坏的发生条件，如图 3-11 所示。该类破坏模式与剪切滑动破坏在边界条件、变形特征和力学机制上有着很大的差异，因此，对倾倒破坏的稳定分析和评价有着不同常规的方法。

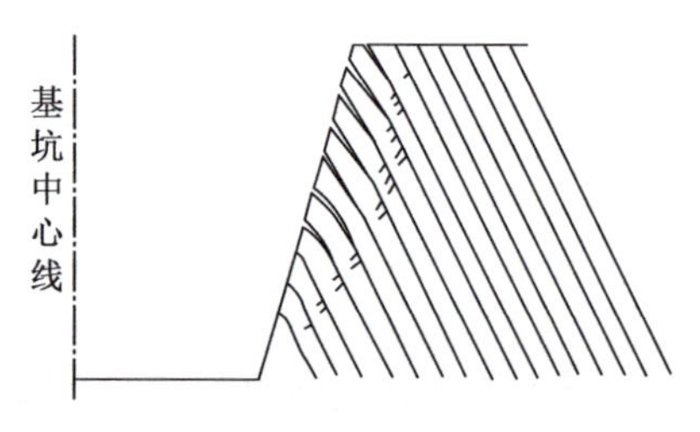

图 3-11　深基坑直立侧壁倾倒型失稳模式

3.1.4　上土下岩二元地层地铁深基坑基本特征

深基坑是一项综合性很强的系统工程，涉及工程地质、水文地质、施工工艺，以及工程结构、建筑材料等诸多领域。深基坑具有如下一些基本的共性特征：

(1)赋存环境复杂，地层参数不易确定。基坑是在地表以下地层岩土体中的开挖的空间，地层岩土体是其赋存的物质基础。地层岩土体的独特之处在于其是自然历史的产物，不仅具有极强的区域性，而且即使在同一场地、同一地层，其性质也存在一定差异性，有时甚至变化很大。地层岩土体参数确定的合理与否直接决定深基坑受力变形分析结果的合理性。

合理确定地层岩土体物理力学参数是一个非常复杂的问题。一方面，基坑开挖前很难完全准确地确定出项目场地实际的地层岩土体地质状况，故而不能完全准确地确定地层岩土体物理力学参数；另一方面，地层岩土体的黏聚力、内摩擦角、含水率等参数均随着基坑开挖进程的变化而不断变化，进一步增加了合理确定地层岩土体参数的难度。此外，由于影响因素众多，基坑稳定性分析结果往往是由其多个因素综合确定的模糊值，具有一定程度的随机性。

(2)施工风险高。深基坑施工一般是在地层环境不完全明朗的环境下进行的，加之技术措施的合理性、工程材料的完备性、机械操作及人员活动的规范性等导致施工风险发生的致险因子众多，极易导致坍塌、变形较大等施工风险的发生。轻则延误工期，重则造成重大的人员伤亡和财产损失。

(3)基坑具有临时性结构的功能，基坑开挖是为工程结构服务的，工程结构完成后基坑使命完成，不是为了基坑而修建基坑。基坑使用年限一般不超过 24 个月。

土下岩二元地层地铁深基坑除具有上述深基坑的共性特征外，还具有如下一些很强的个性特征：(1)基坑开挖深度一般在 15～30 m；(2)基坑平面形状一般为矩形或条形，长度一般 200 m 左右，宽度一般 20 m 左右；(3)基坑坡度特征一般为垂直开挖；(4)对于物理力学特征差异显著的上土下岩二元地层地铁深基坑，开挖深度作为传统意义上深基坑稳定性衡量指标已不再适应。

3.2 上土下岩二元地层地铁深基坑直立侧壁自稳高度研究

3.2.1 上土下岩二元地层地铁深基坑直立侧壁自稳机理

地铁工程深基坑一般不具备放坡开挖条件。因此，本章节仅对地铁深基坑垂直开挖进行研究。基坑是在具有一定应力履历和应力场地层中开挖出具有一定深度的地下空间。基坑所在场地地层中的应力状态是在漫长的地质历史时期逐渐形成的平衡状态。基坑开始开挖时，基坑临空面水平方向的应力解除，基坑侧壁水平方向应力逐渐减小，即侧向卸荷，竖直方向的自重应力基本保持不变。水平方向应力处于主动土压力和静止土压力之间。随着基坑开挖深度的不断增加，基坑侧壁临空面水平位移亦随之不断增大，水平应力逐渐由静止土压力状态向主动土压力极限状态发展。假定基坑所处地表水平，地层为均质体。基坑坡顶地层有裂缝，基坑破坏时的滑动面由裂缝底部根端向基坑临空面形成贯通，滑动面为平面，滑动体为刚体，如图 3-12 所示。

在图 3-12 中，设 $ABED$ 为基坑直立侧壁潜在滑动体，其质量为 G'；AB 为基坑直立侧壁自稳临界高度，其值为 H_c；DE 为基坑直立侧壁坡顶裂缝，其深度为 z_0；BE 为基坑直立侧壁临界滑动面，其与水平面夹角为 α。基坑直立侧壁潜在滑动体所处地层容重为 γ，黏聚力为 c，内摩擦角为 φ。

为便于分析，设楔形体 ABC 的质量为 G，楔形体 CDE 的质量为 G''，平面 BC、EC、BE 的长度分别设为 L、L'、L''。由简单的几何分析，不难得出关系式(3-1)和式(3-2)。

$$L=H_c/\sin\alpha,\quad L''=z_0/\sin\alpha,\quad L'=L-L''=\frac{H_c-z_0}{\sin\alpha} \tag{3-1}$$

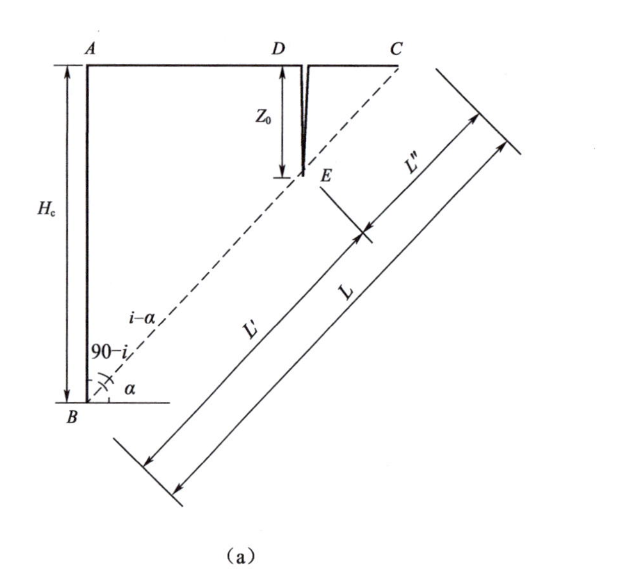

(a)

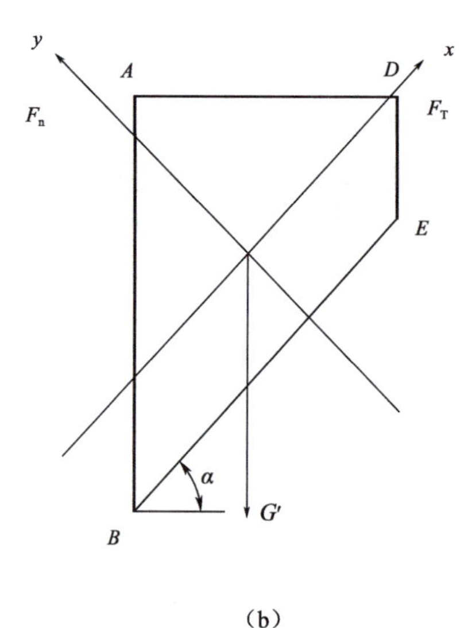

(b)

图 3-12　深基坑直立侧壁自稳机理分析模型

$$G=\frac{1}{2}H_c^2\gamma\cot\alpha,\quad G''=\frac{1}{2}z_c^2\gamma\cot\alpha,\quad G'=G-G''=\frac{1}{2}(H_c^2-z_c^2)\gamma\cot\alpha \tag{3-2}$$

对于基坑直立侧壁潜在滑动体 $ABED$，设其在滑动面 BE 上力的法向分量为 F_n、切向分量为 F_T，如图 3-12(b)所示。由潜在滑动体 $ABED$ 在潜在滑动面 BE 的 x 和 y 两个方向上的受力平衡关系，可得表达式(3-3)和式(3-4)。

$$\sum F_x=0:\quad F_T-G'\sin\alpha=0 \tag{3-3}$$

$$\sum F_y=0,\quad F_n-G'\cos\alpha=0 \tag{3-4}$$

当深基坑直立侧壁潜在滑动体 $ABED$ 处于临界滑动状态时，切向分量 F_T 等于滑动体抗剪强度，即表达式(3-5)。

$$F_T=F_nG\tan\varphi+cL' \tag{3-5}$$

将式(3-3)和式(3-4)代入式(3-5)，可得式(3-6)。

$$G'\sin\alpha=G'\cos\alpha\tan\varphi+cL' \tag{3-6}$$

将式(3-1)和式(3-2)代入式(3-6)，可得式(3-7)。

$$\frac{1}{2}(H_c^2-z_0^2)\gamma\cot\alpha\sin\alpha=\frac{1}{2}(H_c^2-z_0^2)\gamma\cot\alpha\cos\alpha\tan\varphi+c\frac{H_c-z_0}{\sin\alpha} \tag{3-7}$$

由式(3-7)整理可得，地铁深基坑直立侧壁自稳临界高度 H_c 表达式见式(3-8)。

$$H_c=\frac{2c}{\gamma\cos\alpha(\sin\alpha-\cos\alpha\tan\varphi)}-z_0 \tag{3-8}$$

由式(3-8)可知，地铁工程深基坑直立侧壁自稳临界高度 H_c 主要取决于其所处地层的抗剪强度参数黏聚力 c 和摩擦角 φ，地层容重 γ 及破裂角度 α。

对于具有内摩擦特征的土体材料，其破裂角一般取$\left(\frac{\pi}{4}+\frac{\varphi}{2}\right)$，即式(3-9)。

$$\alpha=\frac{\pi}{4}+\frac{\varphi}{2} \tag{3-9}$$

将式(3-9)带入式(3-8)，化简可得式(3-10)。

$$H_c = \frac{4c}{\gamma}\tan\left(\frac{\pi}{4}+\frac{\varphi}{2}\right)-z_0 \tag{3-10}$$

由式(3-10)可知，地铁工程深基坑直立侧壁所处地层上部裂缝深度越小 z_0，其自稳临界高度 H_c越大。当不考虑裂缝深度 z_0 即其值取零时，地铁工程深基坑直立侧壁自稳临界高度 H_c计算式(3-8)和式(3-10)可分别转化为式(3-11)或式(3-12)。

$$H_c = \frac{2c}{\gamma\cos\alpha(\sin\alpha-\cos\alpha\tan\varphi)} \tag{3-11}$$

$$H_c = \frac{4c}{\gamma}\tan\left(\frac{\pi}{4}+\frac{\varphi}{2}\right) \tag{3-12}$$

不考虑裂缝的深基坑直立侧壁自稳高度模型如图 3-13 所示。

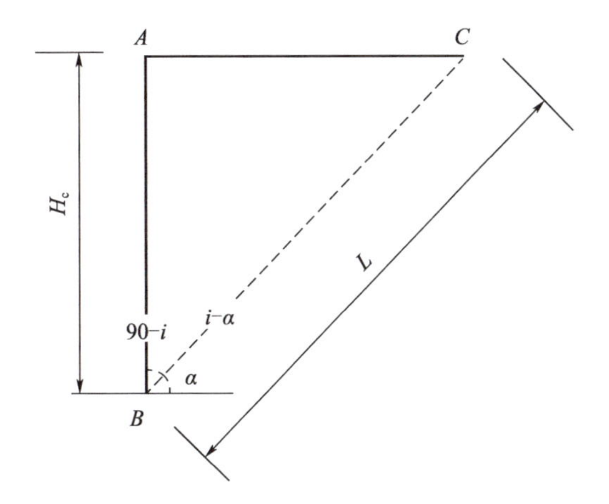

图 3-13　不考虑裂缝深基坑直土壁自稳高度分析模型示意图

假定基坑场地地面水平且地面无外荷载作用，地层为均匀、连续的半空间体。在基坑未开挖前，场地水平地面下任一深度 Z 处 M 点由岩土体本身自重引起的自重应力记为 σ，竖直自重应力记做 σ_z，水平自重应力记做 σ_x 和 σ_y，岩土体容重记做 γ，则 M 点处的应力状态如图 3-14 所示。

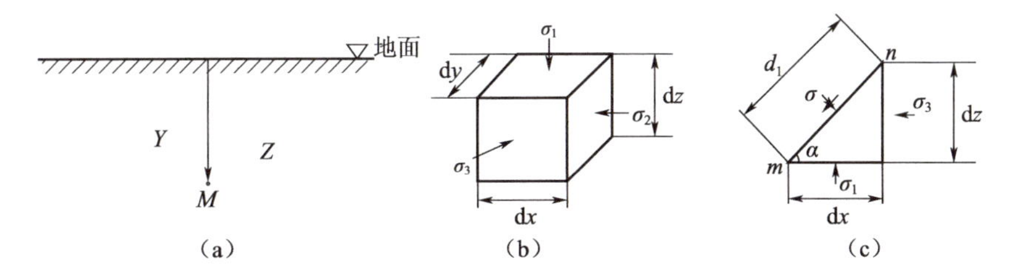

图 3-14　应力状态

由 M 点取一微元体 $dxdydz$，并使微元体的顶面和底面平行于地面。基坑开挖深度一般不超过 30 m，因此基坑场地地应力可只考虑岩土体自重应力作用。M 点顶面和底面的作用力见式(3-13)。

$$\sigma_z = \gamma h \tag{3-13}$$

微元体侧面作用力见式(3-14)。

$$\sigma_x=\sigma_y=\xi\gamma h \tag{3-14}$$

式中 ξ——岩土体的侧压力系数。

由于 M 点微元体只考虑土的自重，故各个作用面上没有剪应变，也就没有剪应力。因此，式(3-13)和式(3-14)中 σ_z，σ_x 及 σ_y 的为最大主应力 σ_1 和最小主应力 σ_3，即

$$\sigma_1=\sigma_z=\gamma h \tag{3-15}$$

$$\sigma_3=\sigma_x=\sigma_y=\xi\gamma h \tag{3-16}$$

在 M 点微元体上任取一截面 mn，与最大主应力面即水平面呈 α 角，截面 mn 上作用的法向应力 σ 和切向应力 τ 如图 3-14(c)所示。

取 $\mathrm{d}y=1$，按平面问题计算。设直角坐标系中，以 m 点为坐标原点 O，Ox 向右为正，Oz 向下为正。根据静力平衡方程，分别取水平方向和竖直方向合力为零，即

$$\sum x=0,\quad \sigma\sin\alpha\mathrm{d}l-\tau\cos\alpha-\sigma_3\sin\alpha\mathrm{d}l=0 \tag{3-17}$$

$$\sum y=0,\quad \sigma\cos\alpha\mathrm{d}l+\tau\sin\alpha-\sigma_1\cos\alpha\mathrm{d}l=0 \tag{3-18}$$

解联立方程(3-17)和式(3-18)，可求的微元体任意界面 mn 上的法向应力 σ 和切向应力 τ 见式(3-19)和式(3-20)。

$$\sigma=\frac{\sigma_1+\sigma_3}{2}+\frac{\sigma_1-\sigma_3}{2}\cos 2\alpha \tag{3-19}$$

$$\tau=\frac{\sigma_1-\sigma_3}{2}\sin 2\alpha \tag{3-20}$$

按照摩尔-库仑强度理论，基坑场地地层土体破裂面上的抗剪强度 τ_f 是法向应力 σ 的函数，其表达式见式(3-21)，对应的应力状态可用图 3-15 中的摩尔应力圆Ⅰ来表示。

$$T_f=c+\sigma\tan\varphi \tag{3-21}$$

式中 σ——作用在剪切面上的法向应力(kPa)；

φ——内摩擦角(°)；

c——黏聚力(kPa)。

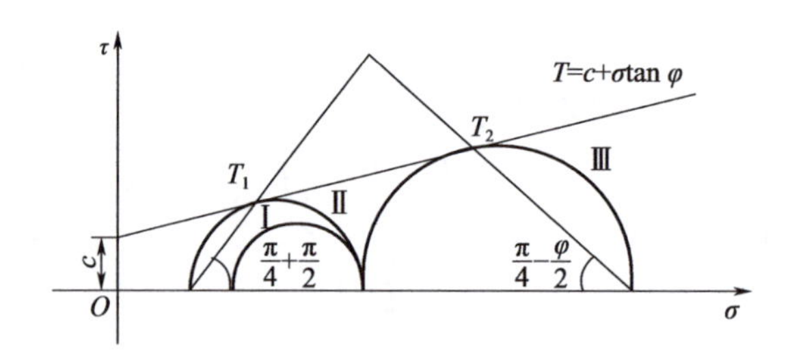

图 3-15 半无限土体应力状态

基坑开始开挖时，基坑临空面水平方向的应力解除。随着基坑开挖深度的增加，基坑侧壁水平方向应力不断减小，即 σ_3 不断减小；而竖直方向自重应力基本不变，即 σ_1 基本不变。摩尔应力圆逐渐靠近抗剪强度包络线，直至与其相切于 T_1 点，此时达到极限平衡状态，如图 3-15 中的摩尔应力圆所示。剪切破坏面与大主应力方向的夹角为$\left(\frac{\pi}{4}-\frac{\varphi}{2}\right)$，即与大主应

力作用面的夹角为$\left(\frac{\pi}{4}+\frac{\varphi}{2}\right)$。

$$\sigma_3=\sigma_1\tan^2\left(\frac{\pi}{4}-\frac{\varphi}{2}\right)-2c\tan\left(\frac{\pi}{4}-\frac{\varphi}{2}\right)=\gamma h\tan^2\left(\frac{\pi}{4}-\frac{\varphi}{2}\right)-2c\tan\left(\frac{\pi}{4}-\frac{\varphi}{2}\right) \tag{3-22}$$

由式(3-22)可见，理论上，基坑临空面水平应力σ_3随开挖深度h的增加不断减小。当开挖深度h_0达到某一值时，当基坑临空面水平应力σ_3为零。开挖深度继续增大，水平应力σ_3成为负值，即基坑侧壁坡顶将出现张拉区。张拉区土体在自重压应力作用下将会产生向临空面的扩张，也就是张拉区会产生若干条裂缝直至破坏。基坑临空面水平应力随开挖深度变化示意图如图3-16所示。

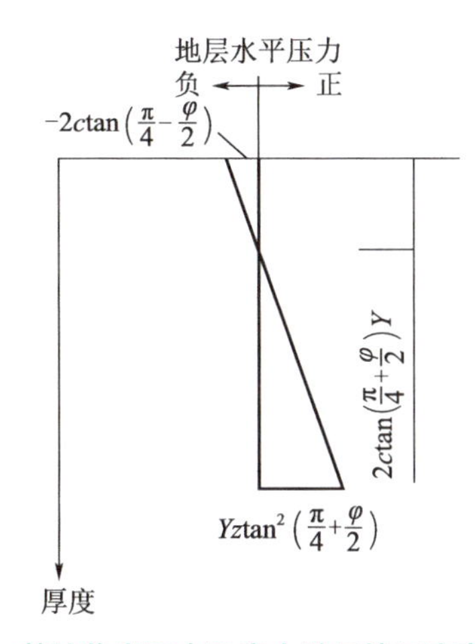

图3-16 基坑临空面水平应力随开挖深度变化示意图

当不考虑地层岩土体抗拉强度时，即认为基坑开挖到达某一临界深度h_0引起的地层岩土体拉应力为零时地层岩土体便产生裂缝，并认为基坑开挖引起的裂缝深度z_0等于基坑开挖出现拉应力时的临界深度h_0。由式(3-22)整理可得，基坑开挖引起的裂缝深度z_0的表达式见式(3-23)。

$$z_0=h_0=\frac{2c}{\gamma\tan\left(\frac{\pi}{4}-\frac{\varphi}{2}\right)}=\frac{2c}{\gamma}\tan\left(\frac{\pi}{4}+\frac{\varphi}{2}\right) \tag{3-23}$$

传统的岩土力学概念中，土体是不可承受拉力的。这对于残积土、杂填土、碎石土等松散土层显然是无可厚非的。然而，对于岩体及黏土等土体的抗张拉特征是明显的，深基坑直立侧壁坡顶后缘裂缝与张拉效应是相互关联的。当考虑地层岩土体抗拉强度σ_t时，即认为基坑开挖到达某一临界深度h_0'引起的地层岩土体拉应力为σ_t时地层岩土体才产生裂缝，并认为基坑开挖引起的裂缝深度z_0'等于基坑开挖出现拉应力时的临界深度h_0'。由式(3-22)整理可得，基坑开挖引起的裂缝深度z_0'的表达式见式(3-24)。

$$z_0'=h_0'=\frac{2c}{\gamma}\tan\left(\frac{\pi}{4}+\frac{\varphi}{2}\right)+\frac{\sigma_t}{\gamma\tan 2\left(\frac{\pi}{4}-\frac{\varphi}{2}\right)\gamma} \tag{3-24}$$

还有学者认为，深基坑直立侧壁坡顶后缘张拉裂缝应考虑地层岩土体的变形参数。深基坑直立侧壁坡顶后缘地层岩土体变形只有在最小主应力不足以承受土体的拉应力时才会出现裂缝。而随着坡顶后缘地层岩土体张拉裂缝深度的不断增加，最小主应力终将超越地层岩土体拉应力而不再出现裂缝。张拉区地层岩土体在自重压应力作用下将会产生向临空面的扩张，也就是张拉区会产生若干条裂缝直至破坏。当竖向荷载一定时，不同的泊松比 μ 显然会对应不同的侧向压力，影响裂缝深度，进而得到张拉区极限深度 z_0 的表达式见式(3-25)。

$$z_0=\frac{2c\tan\left(\frac{\pi}{4}-\frac{\varphi}{2}\right)}{\gamma\left[\tan^2\left(\frac{\pi}{4}-\frac{\varphi}{2}\right)-\frac{\mu}{1-\mu}\right]} \tag{3-25}$$

实际的基坑侧壁坡体在稳定状态或欠稳定状态时，后缘可能存在一定数量的裂缝。Michalowski 认为，裂缝深度只要小于式(3-23)的值，基坑侧壁就处于带裂缝工作的稳定状态，即后缘裂缝深度只要满足一定的条件就可以保证边坡的安全。Michalowski 基于简单滑块运动形式得到了竖直裂缝深度的近似上限解，即式(3-26)。

$$z_0=\frac{3.83c}{\gamma}\tan\left(\frac{\pi}{4}+\frac{\varphi}{2}\right) \tag{3-26}$$

工程实践表明，深基坑直立侧壁在失稳初期，靠近基坑侧壁顶临空面的地层最先发生受拉破坏，出现几乎垂直的张拉裂缝，而后发生剪切滑动，引起基坑侧壁整体失稳破坏。深基坑直立侧壁的整体破裂形式一般呈现为张拉-剪切复合破坏特征。

将地铁工程深基坑直立侧壁裂缝深度 z_0 计算式(3-23)代入直立侧壁自稳临界高度 H_c 计算式(3-10)，化简后可得到的带裂缝的地铁工程深基坑直立侧壁自稳临界高度 H_{cr} 见式(3-27)。

$$H_{cr}=\frac{2c}{\gamma}\tan\left(\frac{\pi}{4}+\frac{\varphi}{2}\right) \tag{3-27}$$

地铁工程深基坑直立侧壁开挖时，在取得土体力学参数后，可根据基坑开挖侧壁高度 H 与不带裂缝的深基坑直立侧壁自稳临界高度 H_c 和带裂缝的深基坑直立侧壁自稳临界高度 H_{cr} 之间的评估基坑直立侧壁自稳程度。若基坑侧壁高度 H 小于 H_{cr}，则说明基坑直立侧壁满足自稳要求，同时基坑开挖不会发生张拉裂缝，基坑开挖时不要采用人工处理措施。若基坑侧壁高度 H 大于 H_{cr}，但小于 H_c 时，则说明基坑直立侧壁满足自稳要求，但基坑开挖会发生张拉裂缝，基坑开挖时应采用一定的人工处理措施避免裂缝产生。若基坑侧壁高度 H 大于 H_c 时，则说明基坑直立侧壁不能满足自稳要求，基坑开挖时应采用人工处理措施避免失稳破坏。

地铁工程深基坑直立侧壁自稳临界高度 H_c 和 H_{cr} 计算式为快速判断基坑开挖直立侧壁的自稳程度提供了理论依据，然而，上述各式均是基于基坑周边地层均质、无地下水、基坑侧壁顶部地表水平且无荷载等简化的理想条件得出的。现实的基坑工程不可能完全满足理想条件的要求，采用式(3-12)或式(3-27)计算深基坑直立侧壁自稳临界高度可能会给分析结果带来一定程度的偏差。因此，关于上土下岩二元地层地铁工程深基坑直立侧壁自稳高度应做进一步深入研究。

3.2.2 上土下岩二元地层地铁深基坑直立侧壁自稳高度理论计算

极限平衡法是评价深基坑侧壁稳定性使用历史最悠久、使用频率最高、使用范围最广泛的一种方法。极限平衡法分析基坑侧壁稳定性的基本思路是，首先根据经验和理论预设一个可能的基坑侧壁滑动面，然后通过分析基坑侧壁滑动体在临界稳定状态时滑体自身重力与其强度所提供抗力之间的平衡关系，进而计算出滑动体在自身荷载作用下的基坑侧壁稳定性系数[21-23]。上土下岩二元地层地铁深基坑侧壁稳定性系数计算当其潜在的滑动面为简单平面时，可以采用解析法，根据公式(3-12)做静力平衡计算，进而求得基坑侧壁稳定性相关解。然而，上土下岩二元地层地铁深基坑直立侧壁破裂面一般按圆弧形状考虑。现行国家标准《建筑边坡工程技术规范》(GB 50330—2013)指出，对于建筑基坑土质边坡、极软岩边坡、破碎或极破碎岩质边坡，计算其沿结构面滑动的整体稳定性时，应采用基于圆弧形滑面的刚体极限平衡法进行计算。对于滑动面为圆弧状的上土下岩二元地层地铁深基坑直立侧壁稳定性系数计算，极限平衡分析法无法直接获得解析解，一般需要对滑体进行条分，通过分析条块的受力来求得基坑侧壁稳定性系数。

上土下岩二元地层地铁深基坑直立侧壁整体稳定性系数极限平衡条分法假定条块为刚体，不产生变形，不发生转动，且以竖向一定间隔加以划分，如图 3-17 所示。

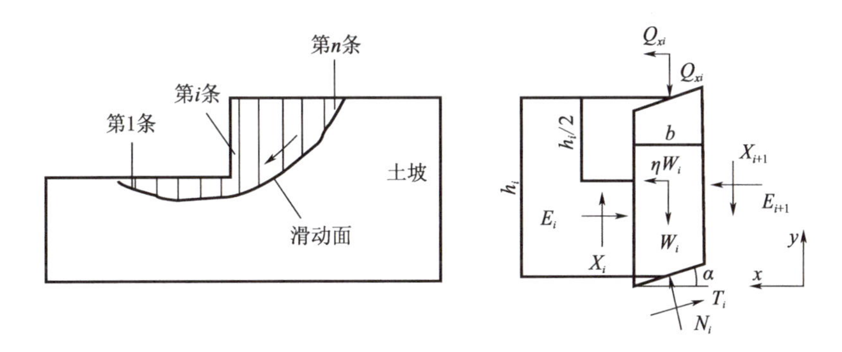

图 3-17 极限平衡条分析模型

在图 3-17 中，将上土下岩二元地层地铁深基坑直立侧壁整个滑体划分为 $n(n\geqslant 3)$ 个条块，作用在条块上的力有条块自重 W_i，地表均布荷载 q_i，水平作用力 Q_i，条块底部法向反力 N_i 及切向反力 T_i，条块两侧的法向力 E_i、E_{i+1} 及竖向剪切力 X_i、X_{i+1}，孔隙水压力 U_i。条块高度为 h_i，条块宽度为 b_i，条块底面与水平面夹角为 α_i。上土下岩二元地层深基坑直立侧壁整个滑体划分为 n 个条分后的未知量和已知条件数量情况统计见表 3-5。

表 3-5 已知量与未知量统计表

项　目		数　目
未 知 量	条块底面法向合力 N_i	n
	条块底面切向合力 T_i	n
	条块间竖向力 N_i	$n-1$
	条块间水平力 E_i	$n-1$
	条块间水平力 E_i作用点	$n-1$
	安全系数 F_s	1
总　计		$5n-2$

续上表

项　目		数　目
已知条件	条块竖直方向力平衡方程	n
	条块水平方向力平衡方程	n
	条块力矩平衡方程	n
	摩尔-库伦强度准则	n
总　计		$4n$

由表 3-5 可见，上土下岩二元地层地铁深基坑直立侧壁整个滑体未知量比已知条件多出$(n-2)$个。说明通过条分后的深基坑直立侧壁稳定分析是一个求解高次超静定的问题。为了使问题静定可解，必须引入新的条件，增加新的方程。理论上有两种方法可以解决上述问题，一是建立假设条件，二是考虑土体应力应变本构关系。由于土体本构关系极其复杂，存在众多不确定性，难以建立稳定的应力应变本构关系方程。工程实践中一般采用引入假设条件的方式将深基坑直立侧壁稳定性分析超静定问题转化为静定问题。根据假设的条件不同，形成了不同形式的基于极限平衡分析理论的上土下岩二元地层地铁深基坑直立侧壁自稳临界高度计算方法。下面仅对适宜上土下岩二元地层地铁深基坑上覆土层整体稳定性计算的常用的 Fellenious 法[24-26]、Janbu 法[27-29]、Bishop 法[30-32]三种方法的计算原理进行分析。

3.2.2.1　计算原理

1. Fellenious 法

Fellenious 法即著名的瑞典条分法，该方法将基坑侧壁假定为均质体，滑裂面近似为圆弧面。假定条块左右侧作用力合力方向均平行于该条块的底面，且大小相等。如图 3-18 所示，取单位长度基坑侧壁按平面问题计算，设潜在的滑动面为 AC，其圆心为 O，半径为 R，潜在滑动体分为 $n(n\geqslant 3)$个竖向条块，条块宽度为 b_i。基坑侧壁潜在滑动体上任一条块 i 上

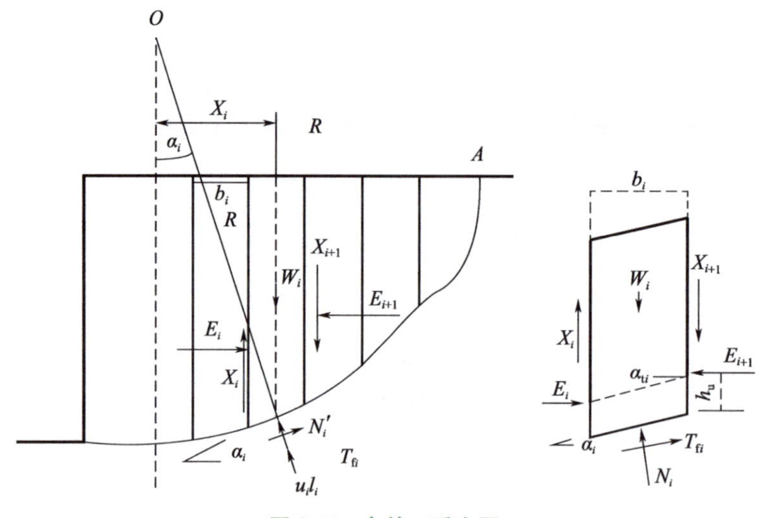

图 3-18　条块 i 受力图

的作用力有重力 W_i，滑动面上的法向力 N_i 和切向力 T_i，条块两侧的法向力 E_i、E_{i+1} 和切向力 X_i、X_{i+1}。假定 E_i 和 X_i 的合力与 E_{i+1} 和 X_{i+1} 的合力大小相等、方向相反，两者相互抵消。此时，作用在条块 i 上的作用力仅有重力 W_i、法向力 N_i 和切向力 T_i。

对条块 i 水平方向和竖直方向受力平衡可得式(3-28)。

$$N_i=W_i\cos\alpha_i,\quad T_i=W_i\sin\alpha_i \tag{3-28}$$

滑动面 AC 上土体的抗剪强度见式(3-29)。

$$\tau_i=\sigma_i\tan\varphi_i+c_i=\frac{1}{l_i}(N_i\tan\varphi_i+c_i)=\frac{1}{l_i}(W_i\tan\varphi_i+c_i) \tag{3-29}$$

条块 i 上的作用力对圆心 O 滑动力矩 M_s 和抗滑力 M_r 矩分别见式(3-30)、式(3-31)。

$$M_s=T_iR=W_iR\sin\alpha_i \tag{3-30}$$

$$M_r=\tau_iR \tag{3-31}$$

假定基坑侧壁潜在滑体上的每一条块的稳定系数与整体稳定系数都为 F_s，整个滑体相应于滑动面 AC 的稳定性系数见式(3-32)。

$$F_s=\frac{M_r}{M_s}=\frac{\sum(W_i\cos\alpha_i\tan\varphi_i+c_il_i)}{\sum W_i\sin\alpha_i} \tag{3-32}$$

2. Bishop 法

Bishop 法也假设滑裂面为圆弧面，在计算过程中只考虑水平作用力而不考虑竖向剪力，即假定条块间只存在水平推力作用，而条块间在竖向不存在相互的剪切作用力。如图 3-19 所示，取单位长度土坡按平面问题计算，设可能的滑动面为圆弧 AC，其圆心为 O，半径为 R。将滑动体 ABC 划分为 $n(n\geqslant3)$ 个竖向条块，条块宽度为 b_i。基坑侧壁潜在滑动体上任一条块 i 上的作用力有重力 W_i，滑动面上的法向力 N_i 和切向力 T_i，条块两侧的切向力 X_i 和 X_{i+1}。

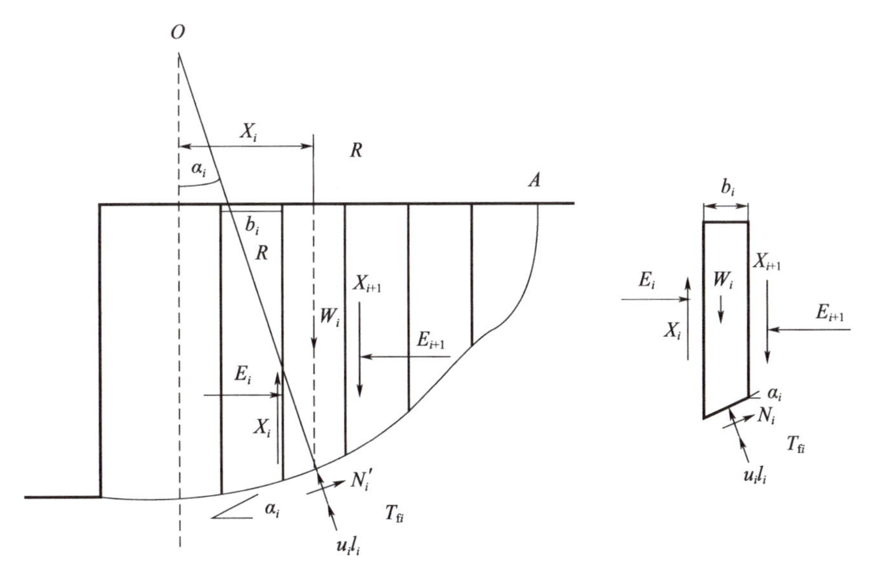

图 3-19　圆弧形滑面分析模型

如图 3-19 所示，假定滑动体各条块滑动面的抗剪强度 τ_{if} 与其实际产生的剪应力 τ_i 的比值均为 F_s。同时假定滑动体各条块滑动面的抗剪强度之和 τ_f 与实际产生的剪应力之和 τ 的比值为 F_s，见式(3-33)。

$$F_s=\frac{\tau_f}{\tau} \tag{3-33}$$

对 i 条块，由竖直方向受力平衡，可得式(3-34)。

$$W_i+\Delta X_i-T_i\sin\alpha_i-(N_i+u_il_i)\cos\alpha_i=0 \tag{3-34}$$

潜在滑体作用在滑动面 AC 上抗剪力见式(3-35)。

$$T_i=\frac{\tau_il_i}{F_s}=\frac{c_il_i}{F_s}+N_i\ \frac{\tan\varphi}{F} \tag{3-35}$$

将式(3-35)带入式(3-34)，整理可得式(3-36)。

$$N_i=\frac{1}{m_i}\left(W_i+\Delta X_i-u_il_i-\frac{c_il_i}{F_s}\sin\alpha\right) \tag{3-36}$$

式中，

$$m_a=\cos\alpha\left(1+\frac{\tan\varphi\tan\alpha}{F_s}\right) \tag{3-37}$$

以整个滑动面对圆心 O 求力矩平衡。此时，相邻条快件侧壁作用力的力矩相互抵消，可得式(3-38)。

$$\sum W_ix_i-\sum T_iR=0 \tag{3-38}$$

由式(3-33)～式(3-38)可得式(3-39)。

$$F_s=\frac{\sum\frac{1}{m_a}[c_ib_i+(W_i-u_il_i+\Delta X_i)\tan\alpha]}{\sum W_i\sin\alpha} \tag{3-39}$$

实践证明，若忽略条块两侧剪切力，所产生的偏差仅为 1%左右，由此可得简化的基坑侧壁稳定性安全系数计算公式见式(3-40)。

$$F_s=\frac{\sum\frac{1}{m_a}[c_ib_i+(W_i-u_il_i)\tan\alpha]}{\sum W_i\sin\alpha} \tag{3-40}$$

由式(3-40)可以看出，m_a 中含有 F_s 值，故需要迭代计算。

3. Janbu 法

Janbu 法主要通过假设条块之间推力线的位置，在同时满足力与力矩平衡的条件下分别求出条块间的推力与条间剪切力，迭代计算最后求出稳定系数。假定条间力的作用点构成了通过滑体的推力线高位于土条高度的 1/3 或 1/2 位置，如图 3-20 所示。

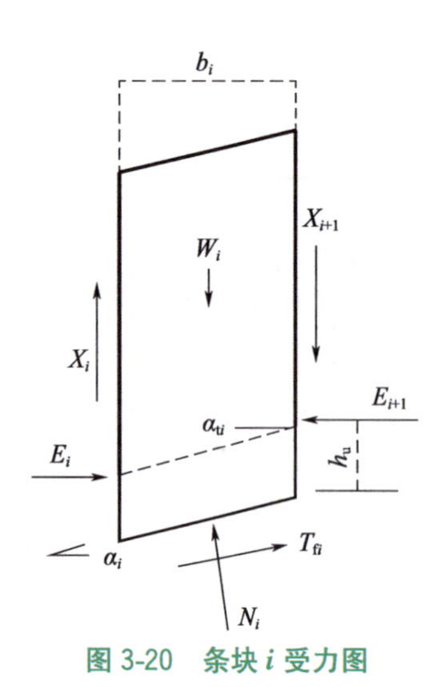

图 3-20　条块 i 受力图

对条块 i 取垂直方向的静力平衡方程，可得式(3-41)和式(3-42)。

$$N_i \cos \alpha_i = W_i + \Delta X_i - T_{fi} \sin \alpha_i \tag{3-41}$$

或

$$N_i = (W_i + \Delta X_i) \sec \alpha_i - T_{fi} \tan \alpha_i \tag{3-42}$$

对条块 i 取水平方向的静力平衡方程，可得式(3-43)。

$$\Delta E_i = N_i \sin \alpha_i - T_{fi} \cos \alpha_i = (W_i + \Delta X_i) \tan \alpha_i - T_{fi} \sec \alpha_i \tag{3-43}$$

首先以土条底线中点为取矩中心，建立微分条块的力矩平衡方程，见式(3-44)。

$$E_{i+1}\left(z_{i+1} - \frac{b_i}{2}\tan \alpha_i\right) = E_i\left(z_i + \frac{b_i}{2}\tan \alpha_i\right) - \frac{b_i}{2}(X_{i+1} - X_i) + K_c W_i \frac{h_i}{2} - Q_i^x h_i \tag{3-44}$$

式(3-44)还可表示成式(3-45)。

$$\frac{X_{i+1} + X_i}{2} = \frac{E_{i+1} + E_i}{2}\tan \alpha_i + \frac{E_i z_i - E_{i+1} z_i}{b_i} + K_c \frac{W_i}{b_i}\frac{h_i}{2} - \frac{Q_i^x}{b_i} h_i \tag{3-45}$$

当 b_i 趋于无穷小时，可得式(3-46)～式(3-49)。

$$X(x) = E(x) \tan \alpha(x) + (Ez)' + K_c w(x) h(x) - q_x(x) h(x) \tag{3-46}$$

$$X(x) = f(x) E(x) + M'(x) + t(x) \tag{3-47}$$

$$X_i b_i = -E_i b_i \tan \alpha_{ti} + h_{ti} \Delta E_i \tag{3-48}$$

$$\text{或 } X_i = -E_i \tan \alpha_{ti} + h_{ti} \Delta E_i / b_i \tag{3-49}$$

由滑体整体水平方向受力平衡可得式(3-50)。

$$\sum (W_i + \Delta X_i) \tan \alpha_i - \sum T_{fi} \sec \alpha_i = 0 \tag{3-50}$$

由安全系数的定义和摩尔-库伦破坏准则可得式(3-51)。

$$T_{fi} = \frac{\tau_{fi} l_i}{F_s} = \frac{c_i b_i \sec \alpha_i + N_i \tan \varphi_i}{F_s} \tag{3-51}$$

联合式(3-45)和式(3-51)，可得式(3-52)。

$$T_{fi} = \frac{1}{F_s}[c_i b_i + (W_i + \Delta X_i) \tan \varphi_i]\frac{1}{m_{\alpha i}} \tag{3-52}$$

式中，

$$m_{\alpha i} = \cos \alpha i\left(1 + \frac{\tan \varphi_i \tan \alpha_i}{F_s}\right) \tag{3-53}$$

将式(3-52)带入式(3-53)，可得式(3-53)。

$$F_s = \frac{\sum \frac{1}{m_{\alpha i}}[c_i b_i + (W_i + \Delta X_i) \tan \varphi_i]}{\sum (W_i + \Delta X) \sin \alpha_i} \tag{3-54}$$

式(3-54)即为基于极限平衡理论的 Janbu 法。

3.2.2.2 计算结果及分析

上土下岩二元地层地铁深基坑直立侧壁自稳高度理论计算上覆土体依次取粉土、粉质黏土、黏土、风化土四种类型。依据青岛地铁线路沿线岩土体室内试验数据统计分析，结合国内外最新研究成果，上土下岩二元地层地铁深基坑直立侧壁自稳高度理论计算岩土体物理力学参数取值见表 3-6。

表 3-6　上土下岩二元地层物理力学计算参数

地层类型		黏聚力(kPa)	内摩擦角(°)	容重(kN/m^3)
上覆土层	粉土	5	25	20.0
	粉质黏土	30	20	19.0
	黏土	50	16	18.5
	风化土	32	20	22.5
下覆岩层		600	35	24.5

首先假定基坑场地上覆土层为粉质黏土且地表平整，土层厚度 H_s 分别取 9 m、11 m、13 m三种工况，开挖深度 H 依次取 5 m、6 m、7 m、8 m、9 m、10 m、11 m、12 m、13 m、14 m、15 m、20 m、30 m 共计 11 种工况，合计 3×11＝33 种计算工况，不考虑地下水、外荷载等因素影响。理论计算分别采用 Fellenious 法、Janbu 法、Bishop 法三种方法，借助理正计算软件，上土下岩二元地层地铁深基坑 33 种计算工况下的上覆土层整体稳定性安全系数理论计算结果数值见表 3-7，基坑上覆土层整体稳定性安全系数变化情况如图 3-21 所示。

表 3-7　上土下岩二元地层基坑上覆土层稳定性安全系数理论计算结果

开挖深度 H_s(m)		5	6	7	8	9	10	11	12	13	14	15	20	30
9 m	F 法	1.497	1.290	1.105	1.007	0.913	0.913	0.913	0.913	0.913	0.913	0.913	0.913	0.913
	B 法	1.525	1.310	1.150	1.037	0.935	0.935	0.935	0.935	0.935	0.935	0.935	0.935	0.935
	J 法	1.569	1.354	1.205	1.090	1.003	1.003	1.003	1.003	1.003	1.003	1.003	1.003	1.003
11 m	F 法	1.497	1.290	1.105	1.007	0.913	0.852	0.799	0.799	0.799	0.799	0.799	0.799	0.799
	B 法	1.525	1.310	1.150	1.037	0.935	0.860	0.802	0.802	0.802	0.802	0.802	0.802	0.802
	J 法	1.569	1.354	1.205	1.090	1.003	0.930	0.872	0.872	0.872	0.872	0.872	0.872	0.872
13 m	F 法	1.497	1.290	1.105	1.007	0.913	0.852	0.799	0.786	0.766	0.766	0.766	0.766	0.766
	B 法	1.525	1.310	1.150	1.037	0.935	0.860	0.802	0.754	0.707	0.707	0.707	0.707	0.707
	J 法	1.569	1.354	1.205	1.090	1.003	0.930	0.872	0.822	0.778	0.778	0.778	0.778	0.778

注：F 法—Fellenious 法，B 法—Bishop 法，J 法—Janbu 法。

由图 3-21 可见，上土下岩二元地层地铁深基坑在上覆土层中开挖，基坑整体安全系数随开挖深度的增加不断降低；相同开挖深度不同基底下覆土层厚度下深基坑整体安全系数几乎相同；说明上土下岩二元地层地铁深基坑在上覆土层中开挖基坑整体稳定性几乎不受基底以下覆土厚度影响。深基坑开挖进入岩层后，不同开挖深度下基坑整体稳定性安全系数几乎相同；说明上土下岩二元地层地铁深基坑开挖深度进入下覆岩层后其整体稳定性几乎不受基底以上覆岩厚度影响；上土下岩二元地层地铁深基坑直立侧壁自稳高度与基底以上覆土层性质密切相关。

取安全系数为 1.00 时对应的上土下岩二元地层地铁深基坑直立侧壁高度作为其自稳临界高度。按照内插法计算原则，采用 Fellenious 法、Bishop 法、Janbu 法计算的上土下岩二元地层地铁深基坑自稳临界高度分别为 8.07 m、8.36 m、9.04 m。根据基坑直立侧壁自稳临界高度计算公式(3-12)，采用上述粉质黏土地层计算参数，计算可得粉质黏土地层深基坑

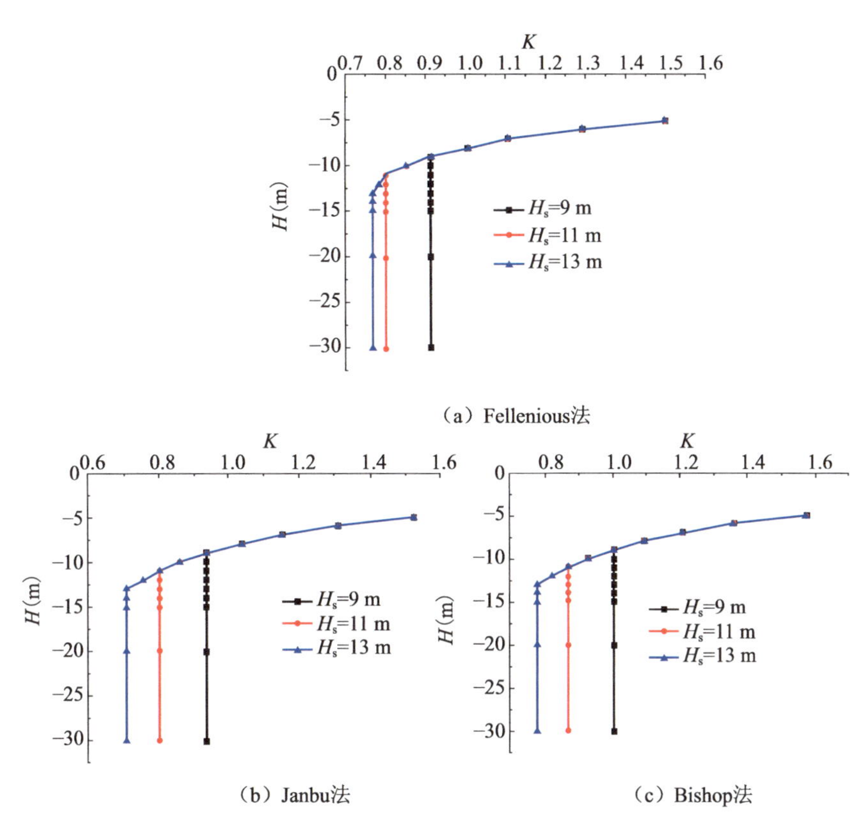

图 3-21 上土下岩二元地层基坑上覆土层整体稳定性安全系数三种方法计算结果

直立侧壁自稳临界高度为 9.02 m。上土下岩二元地层地铁深基坑上覆粉质黏土不同计算方法得到的深基坑直立侧壁自稳临界高度计算结果如图 3-22 所示。

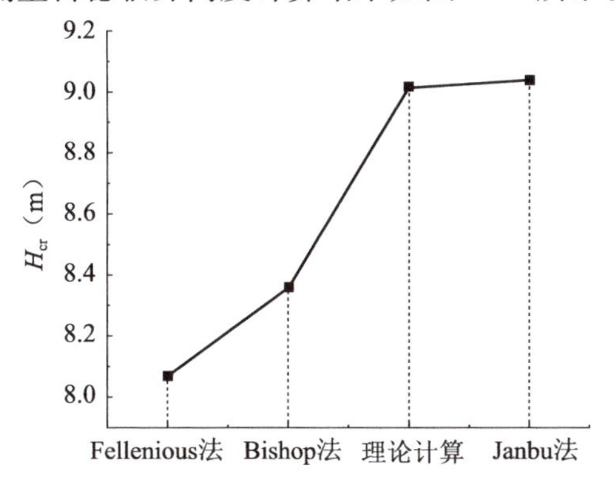

图 3-22 深基坑上覆粉质黏土直立侧壁自稳临界高度

由图 3-22 可见,采用条分法计算上土下岩二元地层地铁深基坑直立侧壁自稳临界高度时,Fellenious 法计算值最小,Bishop 法计算值次之,Janbu 法计算值最大。采用公式(3-12)计算的基坑直立侧壁自稳临界高度值与 Janbu 法计算值两者间非常接近。

考虑到基坑工程实际情况,假定基坑场地平整且场地周边地表外荷载为 20 kPa 的均布荷载,不考虑地下水因素影响,上土下岩二元地层深基坑上覆土层依次取粉土、粉质黏土、黏土、风化土四种类型,土层厚度 H_s 均取 15 m,基坑开挖深度 H 分别取 1 m、2 m、3 m、4 m、

5 m、6 m、7 m、8 m、9 m、10 m、11 m、12 m 共计 12 种工况。不同工况下的上土下岩二元地层地铁深基坑直立侧壁稳定性安全系数计算安全系数计算结果数值见表 3-8，深基坑直立侧壁稳定性安全系数随开挖深度变化规律如图 3-23 所示。

表 3-8　上土下岩二元地层深基坑上覆土层稳定性安全系数计算结果

开挖深度 H(m)		3	4	5	6	7	8	9	10	11	12
F 法	粉土	0.487	0.450	0.400	0.371	0.343	0.342	0.322	0.306	0.293	0.290
	粉质黏土	1.548	1.327	1.172	1.056	0.949	0.876	0.806	0.760	0.714	0.671
	黏土	2.363	1.981	1.731	1.541	1.392	1.280	1.170	1.083	1.034	0.993
	风化土	1.496	1.274	1.117	1.005	0.895	0.822	0.763	0.716	0.672	0.636
B 法	粉土	0.490	0.450	0.400	0.370	0.347	0.343	0.322	0.305	0.293	0.290
	粉质黏土	1.555	1.332	1.184	1.063	0.969	0.896	0.832	0.773	0.733	0.693
	黏土	2.369	1.994	1.739	1.559	1.404	1.288	1.191	1.105	1.034	0.974
	风化土	1.503	1.279	1.128	1.013	0.919	0.847	0.787	0.729	0.689	0.654
J 法	粉土	0.490	0.452	0.400	0.373	0.352	0.345	0.324	0.307	0.295	0.290
	粉质黏土	1.573	1.349	1.211	1.087	1.003	0.926	0.872	0.818	0.776	0.742
	黏土	2.378	2.020	1.763	1.587	1.439	1.319	1.226	1.144	1.078	1.017
	风化土	1.521	1.297	1.157	1.036	0.953	0.880	0.823	0.776	0.735	0.702

注：F 法—Fellenious 法，B 法—Bishop 法，J 法—Janbu 法。

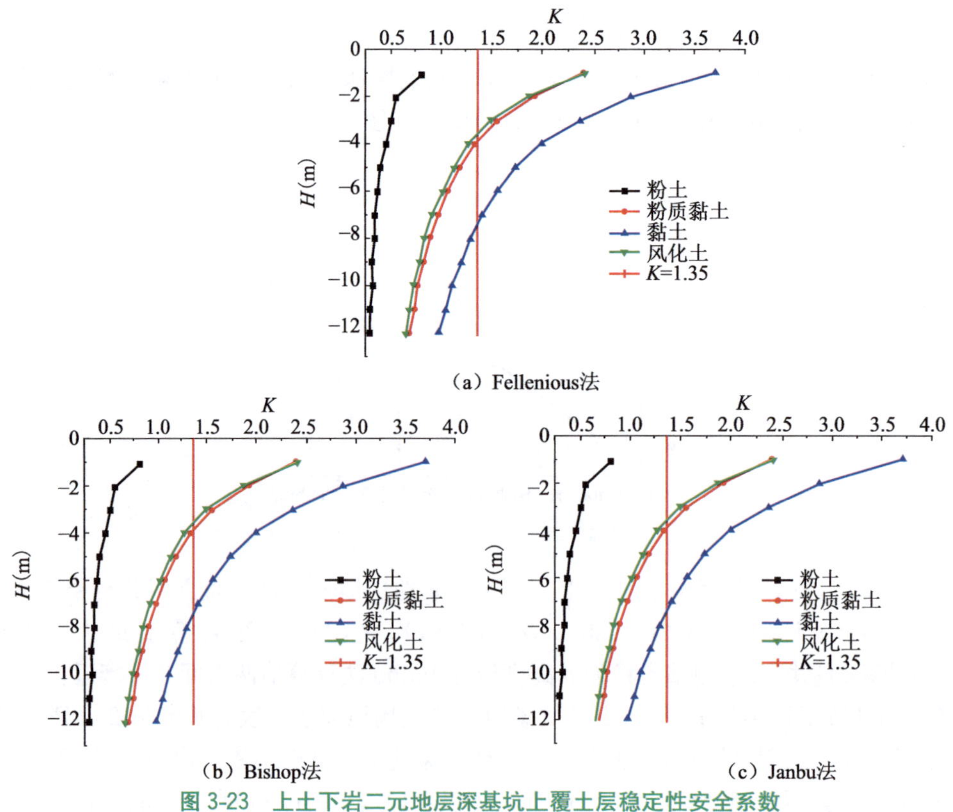

(a) Fellenious法

(b) Bishop法　　(c) Janbu法

图 3-23　上土下岩二元地层深基坑上覆土层稳定性安全系数

由图3-23可见,上土下岩二元地层地铁深基坑直立侧壁整体稳定性安全系数随土壁高度的增加不断降低。上土下岩二元地层深基坑上覆土层在相同开挖深度条件下,黏土地层深基坑直立侧壁整体安全系数最大,粉质黏土地层次之,再次之为风化土地层,粉土地层基坑直立侧壁整体稳定性安全系数较小。取安全系数为1.35时对应的上土下岩二元地层地铁深基坑直立侧壁高度作为直立土壁自稳临界安全高度(详见3.3.3节)。按照内插法计算原则,上土下岩二元地层上覆土层分别为粉质砂土、黏土、风化土时,深基坑自稳临界安全高度理论计算结果见表3-9。

表3-9　上土下岩二元地层深基坑直立侧壁自稳临界安全高度(单位:m)

计算方法	Fellenious法	Bishop法	Janbu法
粉质黏土地层	3.90	3.92	4.00
黏土地层	7.38	7.47	7.74
风化土地层	3.66	3.68	3.76

3.2.3　上土下岩二元地层地铁深基坑直立侧壁自稳高度数值计算

3.2.3.1　研究方法

有限元强度折减法最早由英国科学家Zienkiewicz O C于1975年基于极限状态法提出[33]。Ugai[34](1989)采用强度折减有限元法对直立边坡的稳定性进行了分析研究,并指出弹塑性强度折减有限元法具有较强的适应性和可行性。Matsui和San[35](1992)将强度折减技术与采用Duncan-Chang双曲线模型的非线性有限元法相结合,以局部剪应变增量作为失稳破坏标准,研究了人工开挖边坡的稳定性,并通过与极限平衡法计算结果的对比分析,验证了结果的合理性。Griffiths和Lane(1999)[36]假定土体为Mohr-Coulomb材料,采用弹塑性强度折减有限元法较全面地对多个边坡的稳定性进行了分析。Donald,et al[37](1985)将某个节点的位移和折减系数的关系曲线处理为两段直线,用两直线的交点对应折减系数作为安全系数。对于基于双安全系数的边坡整体安全储备,Xue et al[38](2016)提出了一种以抗剪强度参数对抗滑力的贡献为权重的综合安全系数。Zhang et al [39](2018)提出了一种基于局部强度折减法思想的并行局部强度折减法。针对非均质边坡,Meng et al [40](2019)提出了一种分层多尺度强度折减方法。针对岩质边坡稳定性评价问题,Lu et al [41](2020)提出了一种考虑普遍节理模型的强度折减方法。郑颖人院士[42-47]对有限元强度折减法在地下工程围岩稳定性计算的失稳判据、计算精度、适用范围等诸多方面进行了深入研究。由于其可自动生成破裂面而求得安全系数,可以监测整个破坏过程等诸多优点,强度折减法目前在深基坑稳定性分析中被研究人员采用[48-50]。有限元强度折减法本质上是极限平衡法,主要是力学和强度问题,而不是位移变形问题,只需平衡方程和塑性方程,计算结果与本构方程相关性较小,因此,对岩土体本构关系的要求不必十分严格,一般选用较为简单的理想弹塑性模型,也与当前极限分析中采用的模型一致,但对屈服准则的选择则有严格的要求。Mohr-Coulomb准则较符合岩土体的屈服破坏特征,但Mohr-Coulomb屈服面是一个不规则的六角形截面的角锥体,容易造成计算软件不收敛。对于平面应变问题,采用与平面应变

Mohr-Coulomb 准则相匹配的内切圆 Drucker-Prager-4 准则，即 DP4 准则，其计算误差一般在 1%～3%，因而可采用 DP4 准则近似代替 Mohr-Coulomb 准则。由于上土下岩二元地层地铁深基坑具有高纵横比的特征，可看作平面应变问题，其失效符合 Mohr-Coulomb 准则，见式(3-55)。

$$F=\frac{1}{3}I_1\sin\varphi+\left(\cos\theta_\sigma-\frac{1}{\sqrt{3}}\sin\theta_\sigma\sin\varphi\right)\sqrt{J_2}-c\cos\varphi=0,\quad\left(-\frac{\pi}{6}\leqslant\theta_\sigma\leqslant\frac{\pi}{6}\right)\tag{3-55}$$

式中　I——应力张量的第一不变量；

J——偏应力张量的第二个不变量；

c，φ 和 θ_σ——黏聚力、内摩擦角和洛德角。

强度折减弹塑性有限元数值分析方法是一种将强度折减技术、极限平衡原理与弹塑性有限元计算原理相结合方法。首先计算材料原始参数工况下的受力变形状态。然后，将材料强度参数 c 和 $\tan\varphi$ 按照式(3-56)进行同时折减，得到一组新的强度参数 c' 和 $\tan\varphi'$，并将其作为新的材料强度参数进行计算。最后，通过不断调整折减系数 k 进行计算，直至材料处于极限平衡状态，得到临界破裂面，此时材料的折减系数 k 即为稳定安全系数 K。强度折减弹塑性有限元数值分析方法计算原理如图 3-24 所示。

$$c'=\frac{c}{k}$$

$$\varphi'=\arctan\left(\frac{\tan\varphi}{k}\right)\tag{3-56}$$

式中　k——折减系数。

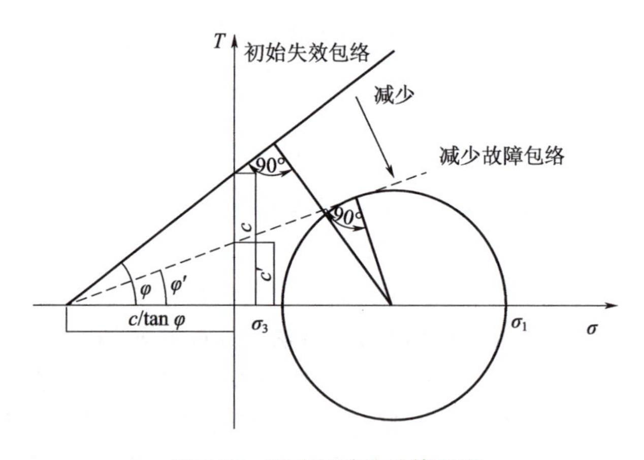

图 3-24　强度折减法计算原理

3.2.3.2　评判标准

安全系数是衡量深基坑侧壁稳定性的重要指标，在岩土工程界被普遍采用。由于基坑自身的复杂性、岩土体特征的不确定性、人类认知水平的局限性等多种因素，深基坑侧壁一般采用具有一定储备的安全系数进行稳定性评价。按照安全系数大小，国家标准《建筑边坡工程技术规范》(GB 50330—2013)将建筑基坑边坡稳定状态分为稳定、基本稳定、欠稳定和不稳定四种状态，见表 3-10。表 3-10 中的建筑边坡稳定安全系数 F_{st} 按表 3-11 确定。

表 3-10　建筑基坑边坡稳定状态划分

安全系数 F_s	$F_s \geqslant F_{st}$	$1.05 \leqslant F_s < F_{st}$	$1.00 \leqslant F_s < 1.05$	$F_s < 1.00$
稳定性状态	稳定	基本稳定	欠稳定	不稳定

表 3-11　建筑基坑边坡稳定安全系数 F_{st}

边　坡　类　型		边坡工程安全等级		
		一级	二级	三级
永久边坡	一般工况	1.35	1.30	1.25
	地震工况	1.15	1.10	1.05
临时边坡		1.25	1.20	1.15

基于上述认识，本章节取安全系数 1.35 作为上土下岩二元地层地铁深基坑直立侧壁自稳临界安全状态的判据。即当基坑直立侧壁安全系数大于等于 1.35 时，为满足自稳要求的基坑直立侧壁；反之，当基坑直立侧壁安全系数小于 1.35 时，为不满足稳定的基坑直立侧壁。同时，本章节将上土下岩二元地层深基坑直立侧壁满足自稳状态时的临界高度称为直立土壁自稳临界高度（H_{sc}），深基坑直立岩侧满足自稳状态时的临界高度称为直立岩壁自稳临界高度（H_{rc}）。

3.2.3.3　计算模型

上土下岩二元地层深基坑自稳特征研究采用基于有限元强度折减数值计算方法进行。数值计算采用 MIDAS-GTS 分析软件按照 3D 实体单元建模。计算模型上边界取至地表，下边界取至基底以下 3 倍开挖深度，左右侧边界长度大于 7 倍开挖深度，厚度取 1 m。施加重力约束、模型边界约束，在模型上端施加 20 kPa 的均布荷载以模拟实际基坑开挖时车辆经过时等效的荷载。基坑开挖部分网格尺寸划分为 0.5 m，其余网格尺寸划分均设定为 2 m。岩土体均采用 Mohr-Coulomb 本构模型，初始应力考虑岩土体自重、均布荷载及边界约束的影响。上土下岩二元地层深基坑自稳特征数值计算模型如图 3-25 所示。

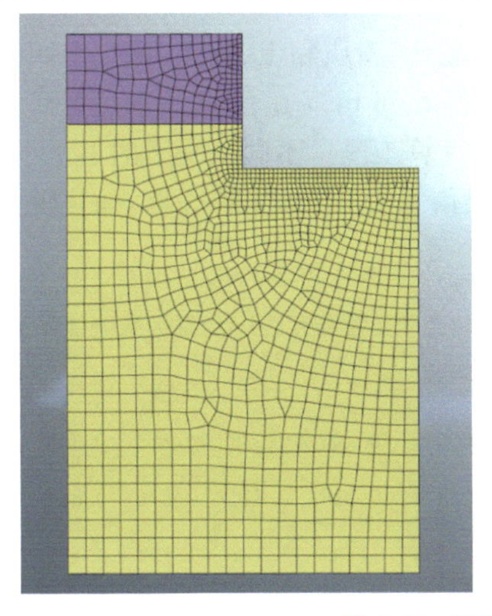
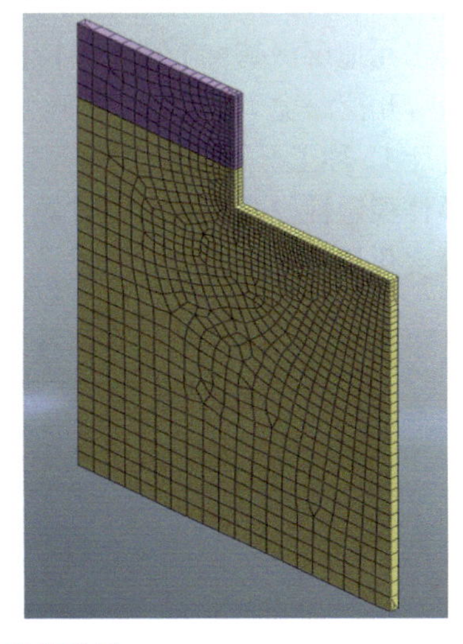

图 3-25　数值计算模型

根据青岛地铁线路沿线岩土体室内试验数据统计分析，结合国内外研究成果，上土下岩二元地层地铁深基坑自稳特征研究岩土体物理力学参数取值见表3-12。

表3-12　上土下岩二元地层物理力学数值计算参数

地层类型		黏聚力(kPa)	内摩擦角(°)	弹性模量(MPa)	泊松比	容重(kN/m³)
上覆土层	粉土	5	25	16	0.25	20.0
	粉质黏土	30	20	20	0.35	19.0
	黏土	50	16	24	0.40	18.5
	风化土	32	20	50	0.38	22.5
下覆岩层		600	35	5 000	0.25	24.5

上土下岩二元地层地铁深基坑侧壁安全系数数值计算实现过程共由六个关键步骤完成。现以粉质黏土地层覆土厚度9 m，开挖深度15 m的上土下岩二元地层地铁深基坑为例进行说明。

第1步：数值计算软件里导入已绘制好的模型，如图3-26(a)所示。

第2步：对模型整体部分进行延y轴正方向扩展1 m，再对基坑位置实体及其余部分进行尺寸控制，其中基坑位置尺寸划分为0.5 m。其余部分采取2 m的尺寸控制，如图3-26(b)所示。

第3步：绘制网格，将网格划分为四部分：开挖土层、开挖岩层、未开挖土层、未开挖岩层，如图3-26(c)所示。

第4步：施加自重、边界约束及20 kPa大小的均布荷载，如图3-26(d)所示。

第5步：进行分析运算，求解类型设置为边坡稳定(SRM)计算，将开挖土层、开挖岩层网格钝化，未开挖土层、未开挖岩层网格及自重、边界约束、均布荷载激活。

第6步：运行计算，得出上土下岩二元地层地铁深基坑上覆直立土壁潜在破裂面及其对应的安全系数k(其值为1.050 11)，如图3-26(e)所示。

3.2.3.4　计算结果及分析

上土下岩二元地层深基坑上覆土层依次取粉土、粉质黏土、黏土、风化土四种类型，土层厚度H_s取9 m，开挖深度H依次取3 m、4 m、5 m、6 m、7 m、8 m、9 m、10 m、11 m、15 m、20 m、30 m合计12种工况，共计12×4=48种计算工况。不同工况下的上土下岩二元地层地铁深基坑整体稳定性安全系数数值计算结果值见表3-13，深基坑直立侧壁稳定性安全系数随开挖深度变化规律如图3-27所示。

表3-13　上土下岩二元地层深基坑直立侧壁上覆土层稳定性安全系数数值计算结果

开挖深度(m)	3	4	5	6	7	8	9	10	11	15	20	30
粉　土	0.489	0.451	0.400	0.374	0.349	0.341	0.325	0.323	0.323	0.323	0.323	0.323
粉质黏土	1.603	1.346	1.221	1.096	0.998	0.904	0.816	0.814	0.814	0.814	0.814	0.814
黏　土	2.365	1.956	1.754	1.511	1.403	1.294	1.199	1.197	1.197	1.197	1.197	1.197
风化土	1.501	1.284	1.136	1.008	0.931	0.849	0.793	0.790	0.790	0.790	0.790	0.790

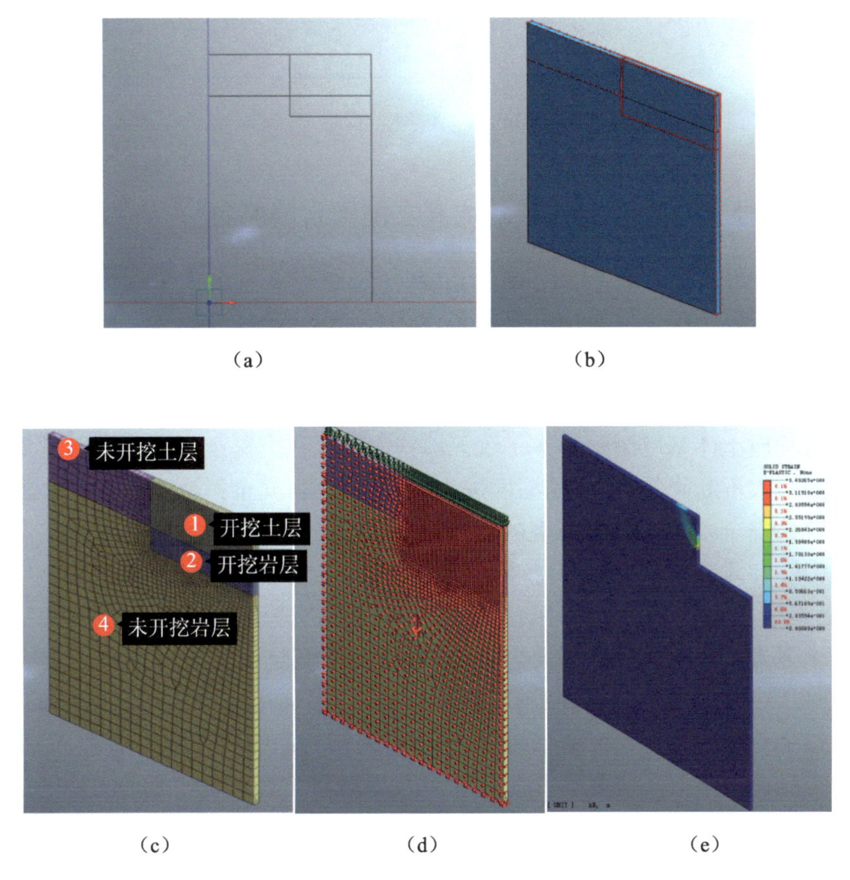

图 3-26　基坑侧壁安全系数数值计算实施过程

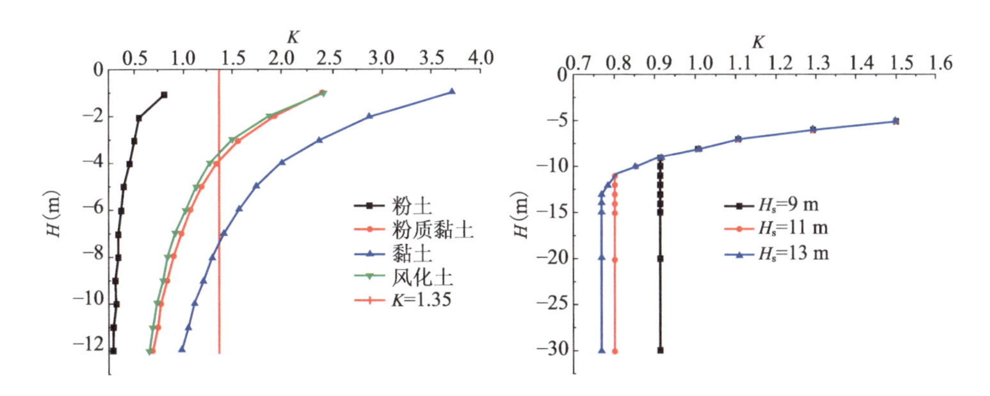

图 3-27　上土下岩二元地层深基坑直立侧壁稳定性安全系数数值计算结果

按照安全系数为 1.35 的判别标准，采用内插法计算原则，可得出上土下岩二元地层地铁深基坑直立侧壁自稳临界安全高度数值计算值。上土下岩二元地层地铁深基坑上覆土层依次为粉质砂土、黏土、风化土时的基坑自稳临界安全高度数值计算结果及其对应的理论计算结果见表 3-14。

表 3-14　上土下岩二元地层深基坑直立侧壁自稳临界安全高度数值计算值

上覆土层	粉质砂土	黏　土	风 化 土
数值计算	3.98 m	7.49 m	3.70 m
理论计算	3.90～4.00 m	7.38～7.74 m	3.66～3.76 m

3.2.4　上土下岩二元地层地铁深基坑直立侧壁自稳特征

对于均值岩土体地层而言，上土下岩二元地层地铁深基坑上覆土层直立土壁整体自稳特征几乎不受基底以下覆土层厚度和基底以上岩体厚度影响，基坑直立侧壁自稳高度与基底以上覆土层性质密切相关。基坑潜在破裂部位均位于上部土层开挖深度范围内，潜在破裂面近似呈圆弧状，并由基坑侧壁顶部外侧贯通至基底或基坑侧壁土岩分界点，基坑直立侧壁破坏机理与均质土体基坑侧壁基本一致。地铁深基坑在上覆土层中开挖时基坑安全系数随开挖深度的增大不断降低；当开挖深度进入下覆岩层后，安全系数几乎不变。深基坑直立侧壁整体稳定性安全系数随土壁高度的增加不断降低；基坑直立侧壁整体稳定性安全系数受土体物理力学性质较大，在相同开挖深度条件下，黏土地层深基坑直立侧壁整体安全系数最大，粉质黏土地层次之，再次之为风化土地层，粉土地层基坑直立侧壁整体稳定性安全系数较小。上土下岩二元地层地铁下覆岩层为均质体时，基坑直立岩壁整体上具有较强的自稳能力，一般可认为其直立岩壁均能满足自稳性要求；然而由于地质形成条件的复杂性，岩体地层不可避免地存在不同程度的结构面，对于带有结构面的岩体地层而言，深基坑直立侧壁自稳特征需做进一步深入研究。开挖深度作为传统意义上深基坑稳定性衡量指标不适应于上土下岩二元地层深基坑，将直立土层侧壁（统称为直立土壁）高度和直立岩体侧壁（统称为直立岩壁）高度作为上土下岩二元地层深基坑的独立评价指标分别进行研究具有重要的理论价值和现实意义。

3.3　上土下岩二元地层地铁深基坑直立岩壁自稳高度研究

3.3.1　上土下岩二元地层地铁深基坑直立岩壁自稳高度理论计算

1. 公式推导

上土下岩二元地层深基坑直立岩壁的整体破坏主要由内倾结构面滑移引起。本章节仅对平面滑移型破坏模型上土下岩二元地层地铁深基坑直立岩壁自稳特征进行研究，并做如下假定：上覆土层和下覆岩层均为水平分布，上覆土层作用简化成等效均布荷载并作用在位于土岩分界面处的下覆岩层上；基坑直立岩壁破裂面为单一平面滑移的岩体结构面且基坑破坏时的破裂岩体为刚体。基于此，构建上土下岩二元地层地铁深基坑直立岩壁自稳特征分析模型如图 3-28 所示。

在图 3-28 中假定深基坑岩体结构面为 AC，其长度为 s，与地层水平面夹角为 α，结构面 AC 黏聚力为 c，内摩擦角为 φ，且不考虑其厚度。假定基坑直立岩壁潜在破裂高度为 AB，其值为 h。假定基坑直立岩壁潜在破裂体为 ABC，且其容重为 γ。假定基坑上覆土层为等

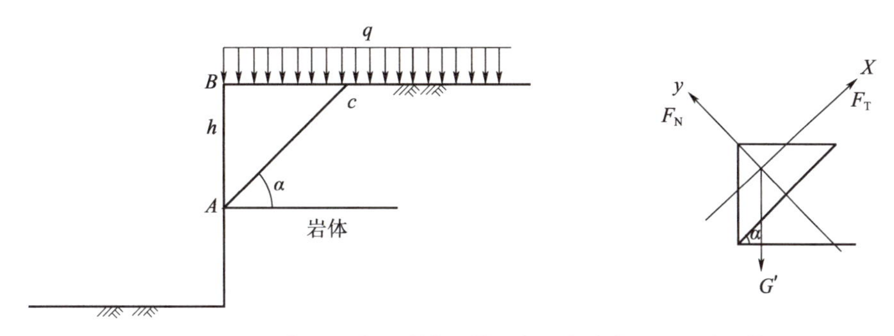

图 3-28 上土下岩二元地层地铁深基坑直立岩壁自稳特征分析模型

效均布荷载，直接作用在土岩分界面，且其值为 q。

为便于叙述，将基坑破裂岩体自重和上覆土层等效合作并称为力 G'，则其表达式见式(3-57)。

$$G'=\left(qh+\frac{1}{2}\gamma h^2\right)\cot\alpha \tag{3-57}$$

由几何条件可得，破裂面长度 AC 与破裂高度 AB 之间的关系见式(3-58)。

$$s=\frac{h}{\sin\alpha} \tag{3-58}$$

对于上土下岩二元地层地铁深基坑直立岩壁潜在滑动体 ABC，设其在岩体结构面 AC 上的法向分量为 F_N，切向分量为 F_T，如图 3-28 所示。

由潜在滑动体 ABC 在岩体结构面 ABC 的 x 和 y 两个方向上的受力平衡关系，可得表达式(3-59)和式(3-60)。

$$\sum F_x=0:\quad F_T=G'\sin\alpha \tag{3-59}$$

$$\sum F_y=0:\quad F_N=G'\cos\alpha \tag{3-60}$$

假设上土下岩二元地层地铁深基坑直立岩壁处于临界自稳安全状态时的安全系数为 K，则当深基坑岩壁处于临界自稳安全状态时，切向应力分量F_T应为滑动体抗剪强度除以安全系数 K，即：

$$F_T=(F_N\tan\varphi+cs)/K \tag{3-61}$$

将式(3-57)～式(3-60)带入式(3-61)，可得

$$\left(qh+\frac{1}{2}\gamma h^2\right)\cot\alpha\sin\alpha=\left[\left(qh+\frac{1}{2}\gamma h^2\right)\cot\alpha\cos\alpha\tan\varphi+c\,\frac{h}{\sin\alpha}\right]/K \tag{3-62}$$

即：$K\times(2q+\gamma h)\cos\alpha\sin\alpha=(2q+\gamma h)\cos^2\alpha\tan\varphi+2c$

由式(3-62)整理可得式(3-63)。

$$h=\frac{2c}{\gamma\cos\alpha(K\sin\alpha-\cos\alpha\tan\varphi)}-\frac{2q}{\gamma} \tag{3-63}$$

式(3-63)即为上土下岩二元地层地铁深基坑直立岩壁沿结构面 AC 滑坡时处于自稳临界安全高度H_{cr}值计算式，即式(3-64)。

$$H_{cr}=\frac{2c}{\gamma\cos\alpha(K\sin\alpha-\cos\alpha\tan\varphi)}-\frac{2q}{\gamma} \tag{3-64}$$

由式(3-64)可以得出如下看出，上土下岩二元地层地铁深基坑直立岩壁自稳临界安全

高度H_{cr}影响因素主要包括岩体结构面倾角α、结构面黏聚力c和内摩擦角φ、上覆土层厚度与地表荷载组合值q、岩体容重γ及深基坑直立岩壁处于自稳临界安全状态安全系数K值六个方面。

2. 计算参数敏感性分析

上土下岩二元地层地铁深基坑直立岩壁自稳高度H_{cr}计算参数敏感性分析，首先以岩体结构面倾角角度α为70°，安全系数K为1.35，结构面黏聚力c为90 kPa，结构面内摩擦角φ为35°，岩层容重γ_r为24.5 kN/m³，上覆土层容重为22.5 kN/m³，厚度H_s为9 m作为地铁深基坑直立岩壁自稳高度H_{cr}计算的基本参数。将上述基本参数值带入式(3-64)，计算可得地铁深基坑直立岩壁自稳临界安全高度H_{cr}值为4.3 m。接着，岩体结构面倾角角度α分别取40°、50°、60°、70°、80°五种工况，安全系数K分别取1.00、1.05、1.20、1.35、1.50五种工况，结构面黏聚力c分别取75 kPa、90 kPa、120 kPa、150 kPa、180 kPa五种工况，结构面内摩擦角φ分别取20°、25°、30°、35°、40°五种工况，岩层容重γ_r分别取21.5 kN/m³、22.5 kN/m³、23.5 kN/m³、24.5 kN/m³、25.5 kN/m³五种工况，上覆土层容重取22.5 kN/m³保持不变厚度H_s分别取0 m、3 m、6 m、9 m、11 m五种工况，以上述30组参数作为上土下岩二元地层地铁深基坑直立岩壁自稳高度H_{cr}敏感性分析的典型计算参数。同时在对某一参数进行敏感性分析时，其他计算参数均取基本参数值且保持不变。典型计算参数下的上土下岩二元地层地铁深基坑直立岩壁自稳临界安全高度H_{cr}计算结果见表3-15。最后，分别对不同岩体结构面倾角α、不同安全系数K、不同结构面黏聚力c、不同结构面内摩擦角φ、不同岩层容重γ、不同上覆土层厚度H_s计算参数下的上土下岩二元地层地铁深基坑直立岩壁自稳临界安全高度H_{cr}进行计算。计算过程中仅对某特定一参数进行敏感性分析时，其他计算参数均取

表3-15　上土下岩二元地层地铁深基坑直立岩壁自稳临界安全高度H_{cr}计算结果

参　数	量　值	H_{cr}	参　数	量　值	H_{cr}
结构面倾角α	40°	12.4 m	安全系数K	1.00	14.1 m
	50°	3.0 m		1.05	12.2 m
	60°	1.4 m		1.20	7.7 m
	70°	4.3 m		1.35	4.3 m
	80°	18.5 m		1.50	1.8 m
结构面黏聚力c	75 kPa	0.9 m	结构面内摩擦角φ	20°	2.2 m
	90 kPa	4.3 m		25°	2.8 m
	120 kPa	11.3 m		30°	3.5 m
	150 kPa	18.2 m		35°	4.3 m
	180 kPa	25.2 m		40°	5.4 m
岩层容重γ	21.5 kN/m³	4.9 m	上覆土层厚度	0 m	20.9 m
	22.5 kN/m³	4.7 m		3 m	15.4 m
	23.5 kN/m³	4.5 m		6 m	9.9 m
	24.5 kN/m³	4.3 m		9 m	4.3 m
	25.5 kN/m³	4.1 m		11 m	0.7 m

基本参数值且保持不变。上土下岩二元地层地铁深基坑直立岩壁自稳临界安全高度H_{cr}随各计算参数变化而变化的关系曲线如图 3-29 所示。

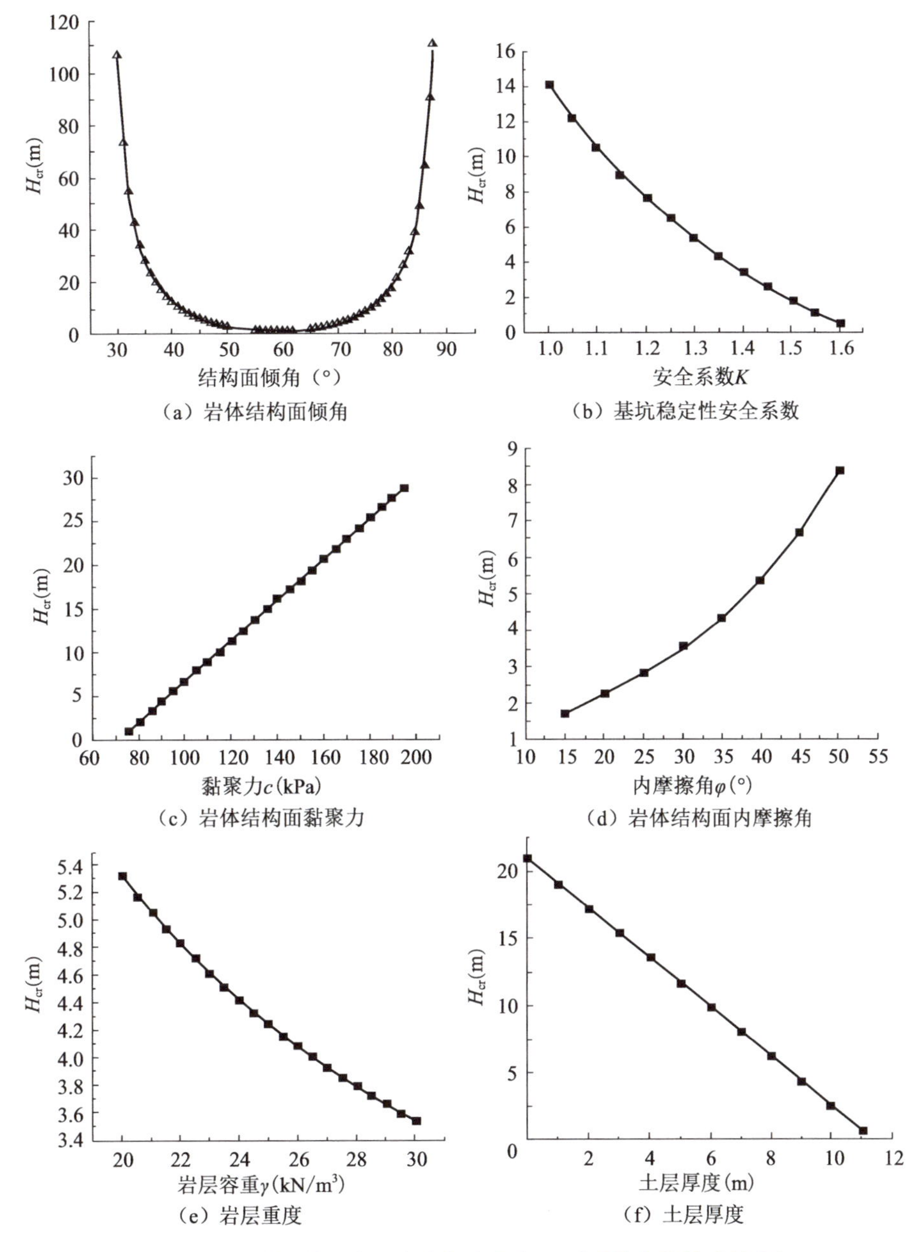

图 3-29　地铁深基坑直立岩壁自稳高度H_{cr}随计算参数敏感性分析

由表 3-15、图 3-29 可得出，上土下岩二元地层地铁深基坑直立岩壁自稳临界安全高度H_{cr}值受岩体结构面倾角 α 影响最为强烈，其次为岩体结构面黏聚力 c，上覆土层厚度 H_s和安全系数 K，受岩体结构面内摩擦角 φ 和岩层容重 γ 影响相对较弱。上土下岩二元地层地铁深基坑直立岩壁自稳临界安全高度H_{cr}随岩体结构面倾角 α 逐渐增大呈现出先急剧减小、后缓慢减小、再缓慢增大、后急剧增大的整体变化趋势，存在最小极限值。

上土下岩二元地层地铁深基坑在基本计算参数条件下，当岩体结构面倾角 α 小于 32°或大于 85°时，基坑直立岩壁自稳临界安全高度H_{cr}高达 50.0 m 以上；当岩体结构面倾角 α 小于 41°或大于 76°时，基坑直立岩壁自稳临界安全高度H_{cr}均大于 10.0 m；当岩体结构面倾角 α 处于 48°～69°范围时，基坑直立岩壁自稳临界安全高度H_{cr}均小于 4.0 m，其中基坑直立岩壁自稳临界安全高度H_{cr}最小值约为 1.4 m，其对应的岩体结构面倾角 α 为 60°。

地铁深基坑直立岩壁自稳临界安全高度H_{cr}随岩体结构面黏聚力 c 逐渐增大呈线性增加。地铁深基坑在基本计算参数条件下，当岩体结构面黏聚力 c 为 70 kPa 时，基坑直立岩壁自稳临界安全高度H_{cr}仅为0.9 m；当岩体结构面黏聚力 c 为 120 kPa 时，基坑直立岩壁自稳临界安全高度H_{cr}为11.3 m；当岩体结构面黏聚力 c 为 180 kPa 时，基坑直立岩壁自稳临界安全高度H_{cr}达25.2 m；基坑直立岩壁自稳临界安全高度H_{cr}与岩体结构面黏聚力 c 两者间的数学拟合关系式见式(3-65)。

$$H_{cr}=0.231\,93c-16.530\,61 \quad (R=1.0) \tag{3-65}$$

地铁深基坑直立岩壁自稳临界安全高度H_{cr}随岩体结构面内摩擦角 φ 逐渐增大而不断增大，且增长幅度不断增大。地铁深基坑在基本计算参数条件下，当岩体结构面内摩擦角 φ 为 20°时，基坑直立岩壁自稳临界安全高度H_{cr}为 2.2 m；当岩体结构面内摩擦角 φ 为 30°时，基坑直立岩壁自稳临界安全高度H_{cr}为 3.5 m；当岩体结构面内摩擦角 φ 为 40°时，基坑直立岩壁自稳临界安全高度H_{cr}为 5.4 m；基坑直立岩壁自稳临界安全高度H_{cr}与岩体结构面黏聚力 φ 两者间的数学拟合关系式见式(3-66)。

$$H_{cr}=2.330\,86\tan^2\varphi+3.824\,06\tan\varphi+0.526\,17 \quad (R=0.999\,9) \tag{3-66}$$

地铁深基坑直立岩壁自稳临界安全高度H_{cr}随上覆土层高度 H_s逐渐增大呈线性降低。地铁深基坑在基本计算参数条件下，当上覆土层厚度 H_s为 0 m 时，基坑直立岩壁自稳临界安全高度H_{cr}为 20.9 m；当上覆土层厚度 H_s为 6 m 时，基坑直立岩壁自稳临界安全高度H_{cr}为 15.43 m；当上覆土层厚度 H_s为 11 m 时，基坑直立岩壁自稳临界安全高度H_{cr}仅为 0.7 m；基坑直立岩壁自稳临界安全高度H_{cr}与上覆土层高度 H_s两者间的数学拟合关系式见式(3-67)。

$$H_{cr}=20.873\,59-1.836\,73H_s \quad (R=1.0) \tag{3-67}$$

地铁深基坑直立岩壁自稳临界安全高度H_{cr}随自稳临界安全状态安全系数 K 逐渐增大而不断降低，但降低幅度不断减小。地铁深基坑在基本计算参数条件下，当基坑稳定性安全系数 K 为 1.00 时，基坑直立岩壁自稳临界安全高度H_{cr}为 14.1 m；当基坑稳定性安全系数 K 为 1.20 时，基坑直立岩壁自稳临界安全高度H_{cr}为 7.7 m；当基坑稳定性安全系数 K 为 1.50 时，基坑直立岩壁自稳临界安全高度H_{cr}仅为 1.8 m；基坑直立岩壁自稳临界安全高度H_{cr}与基坑稳定性安全系数 K 两者间的数学拟合关系式见式(3-68)。

$$H_{cr}=21.777\,24K^2-78.832\,97K+71.002\,53 \quad (R=0.999\,35) \tag{3-68}$$

地铁深基坑直立岩壁自稳临界安全高度H_{cr}随岩体容重 γ 逐渐增大不断降低，但降低幅度小幅降低。地铁深基坑在基本计算参数条件下，当基坑岩体容重 γ 为 21.5 kN/m³ 时，基坑直立岩壁自稳临界安全高度H_{cr}为4.9 m；当基坑岩体容重 γ 为 22.5 kN/m³ 时，基坑直立岩壁自稳临界安全高度H_{cr}为 4.7 m；当基坑岩体容重 γ 为 25.5 kN/m³ 时，基坑直立岩壁自稳临界安全高度H_{cr}为 4.1 m；基坑直立岩壁自稳临界安全高度H_{cr}与岩体容重 γ 两者间的数学拟合关系式见式(3-69)。

$$H_{cr}=0.00707\gamma^2-0.52358\gamma+13.04857 \quad (R=0.99936) \tag{3-69}$$

3. 计算结果及分析

基坑直立岩壁的整体稳定性主要由内倾结构面控制。对于含内倾结构面岩体的上土下岩二元地层地铁深基坑直立岩壁自稳高度主要受结构面倾角 α 及结构面抗剪强度指标结构面黏聚力 c 和结构面内摩擦角 φ 控制。上覆土层相当于附加荷载施加在土岩分界面上，上覆土层的存在降低了深基坑直立岩壁自稳临界安全高度 H_{cr}。为探讨上土下岩二元地层地铁深基坑直立岩壁自稳临界安全高度 H_{cr} 变化特征，按照现行国家标准《建筑边坡工程技术规范》(GB 50330—2013)，将岩体结构面结合程度分为结合良好、结合一般、结合差、结合很差和结合极差五种类型，岩体结构面抗剪强度计算参数依次取五种类型相邻两组分界部位(分别称之为 A、B、C、D)时的抗剪强度指标值作为计算值，见表 3-16。

表 3-16 岩体结构面抗剪强度指标值

结构面形式		A	B	C	D
抗剪强度参数	黏聚力 c(kPa)	130	90	50	20
	内摩擦角 φ(°)	35	27	18	12

深基坑上覆土层厚度 H_s 取 0 m、5 m、10 m 三种类型，土层容重 γ 取 22.5 kN/m³，下覆岩层容重 γ 取 24.5 kN/m³，安全系数 K 取 1.35。不同岩体结构面抗剪强度计算参数下的上土下岩二元地层地铁深基坑直立岩壁自稳临界高度 H_{cr} 随结构面内倾角 α 变化如图 3-30 所示。地铁深基坑结构面结合程度结合良好、结合一般、结合差时，深基坑直立岩壁自稳临界高度 H_{cr} 最小值大小及其内倾角度，以及深基坑直立岩壁自稳临界高度 H_{cr} 分别为 10 m、15 m、20 m 时对应的岩体结构面内倾角 α 值范围，见表 3-17。

表 3-17 深基坑直立岩壁自稳临界安全高度

结构面形式	覆土厚度(m)	H_{cr} 最小值及倾角		结构面内倾角取值范围(°)		
		最小值(m)	倾角(°)	H_{cr} 为 10 m	H_{cr} 为 15 m	H_{cr} 为 20 m
A	0	25.87	59°	—	—	—
	5	16.68	59°	—	—	35°～70°
	10	7.50	59°	50°～67°	45°～73°	41°～76°
B	0	15.74	55°	—	—	40°～71°
	5	5.93	55°	41°～70°	35°～75°	32°～78°
	10	0	—	33°～78°	31°～80°	30°～81°
C	0	7.68	51°	35°～69°	26°～77°	23°～81°
	5	0	—	23°～81°	21°～83°	20°～84°
	10	0	—	20°～83°	19°～84°	18°～85°
D	0	2.83	49°	16°～83°	14°～85°	13°～86°
	5	0	—	13°～86°	12°～87°	11°～88°
	10	0	—	—	—	—

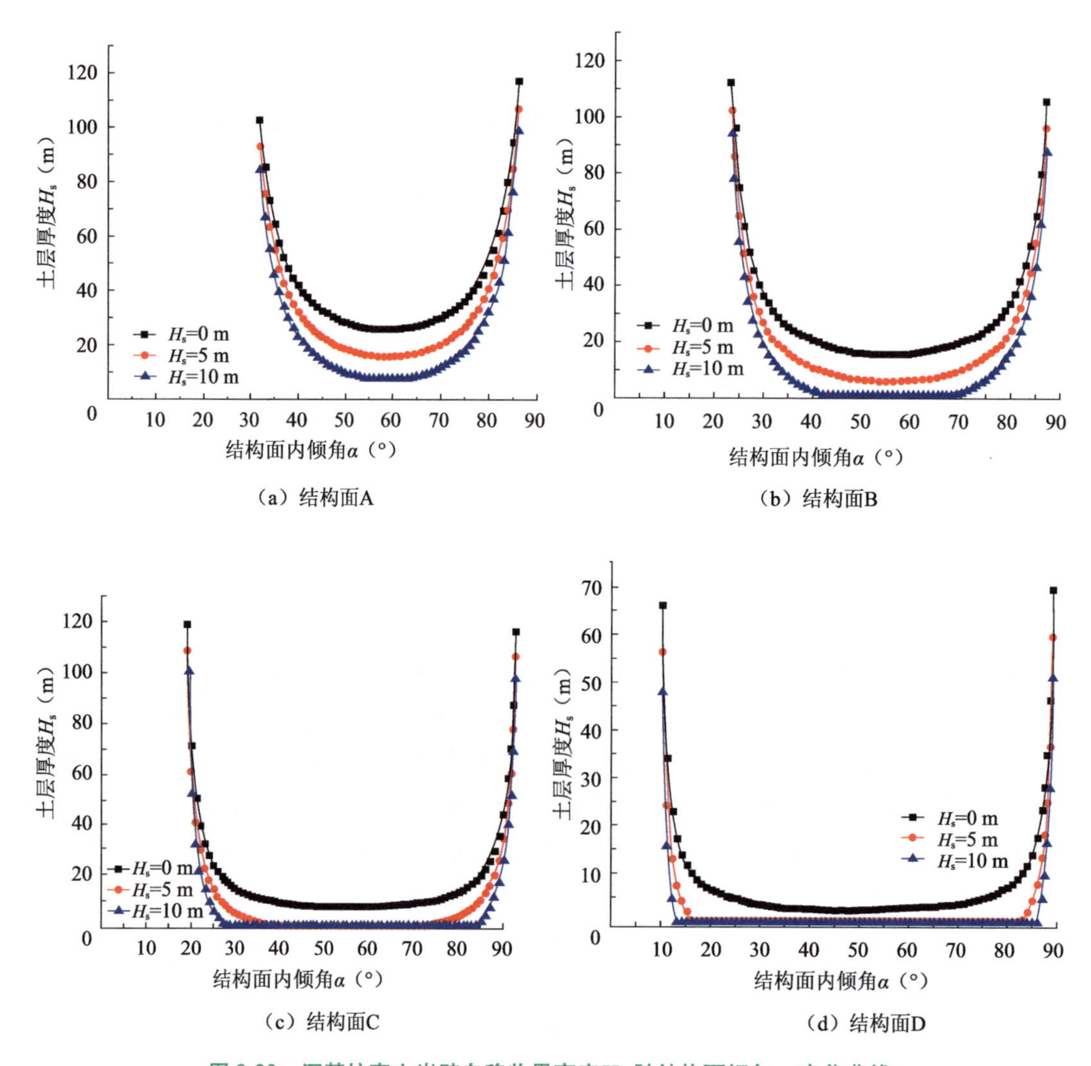

（a）结构面A

（b）结构面B

（c）结构面C

（d）结构面D

图 3-30　深基坑直立岩壁自稳临界高度H_{cr}随结构面倾角 α 变化曲线

由图 3-30、表 3-17 可以得到如下结论：

(1)对于岩体结构面结合程度好的上土下岩二元地层地铁深基坑，当基坑上覆土层厚度为 0 m 时，其直立岩壁自稳临界高度H_{cr}最小值均不小于 25.87 m。当基坑上覆土层厚度为 5 m 时，其直立岩壁自稳临界高度H_{cr}最小值均不小于 16.68 m；且当岩体结构面内倾角度小于 35°或大于 70°时，基坑直立岩壁自稳临界高度 H_{cr}均在 20 m 以上。当基坑上覆土层厚度为 10 m 时，其直立岩壁自稳临界高度H_{cr}最小值均不小于 7.50 m；且当岩体结构面内倾角度小于 50°或大于 67°时，基坑直立岩壁自稳临界高度 H_{cr}均在 10 m 以上；当岩体结构面内倾角度小于 45°或大于 73°时，基坑直立岩壁自稳临界高度 H_{cr}均在 15 m 以上；当岩体结构面内倾角度小于 41°或大于 76°时，基坑直立岩壁自稳临界高度 H_{cr}均在 20 m 以上。

(2)对于岩体结构面结合程度一般的上土下岩二元地层地铁深基坑，当基坑上覆土层厚度为 0 m 时，其直立岩壁自稳临界高度H_{cr}最小值处于 15.74～25.87 m 范围；且当岩体结构面内倾角度小于 40°或大于 71°时，基坑直立岩壁自稳临界高度 H_{cr}均在 20 m 以上。当基坑上覆土层厚度为 5 m 时，其直立岩壁自稳临界高度H_{cr}最小值处于 5.93～16.05 m 范围；且当岩体结构面内倾角度小于 41°或大于 70°时，基坑直立岩壁自稳临界高度 H_{cr}均在 10 m 以上；当岩体结构面内倾角度小于 35°或大于 75°时，基坑直立岩壁自稳临界高度 H_{cr}均在 15 m 以上；当岩体结构面内倾角度小于 32°或大于 78°时，基坑直立岩壁自稳临界高度 H_{cr}均在 20 m 以上。当基坑上覆土层厚度为 10 m 时，其直立岩壁自稳临界高度H_{cr}最小值均处于 0～7.50 m 范围；且当岩体结构面内倾角度小于 33°或大于 69°时，基坑直立岩壁自稳临界高度 H_{cr}均在 10 m 以上；当岩体结构面内倾角度小于 31°或大于 80°时，基坑直立岩壁自稳临界高度 H_{cr}均在 15 m 以上；当岩体结构面内倾角度小于 30°或大于 81°时，基坑直立岩壁自稳临界高度 H_{cr}均在 20 m 以上。

(3)对于岩体结构面结合程度差的上土下岩二元地层地铁深基坑，当基坑上覆土层厚度为 0 m 时，其直立岩壁自稳临界高度H_{cr}最小值处于 7.68～15.74 m 范围；且当岩体结构面内倾角度小于 35°或大于 69°时，基坑直立岩壁自稳临界高度 H_{cr}均在 10 m 以上；当岩体结构面内倾角度小于 26°或大于 77°时，基坑直立岩壁自稳临界高度 H_{cr}均在 15 m 以上；当岩体结构面内倾角度小于 23°或大于 81°时，基坑直立岩壁自稳临界高度 H_{cr}均在 20 m 以上。当基坑上覆土层厚度为 5 m 时，其直立岩壁自稳临界高度H_{cr}最小值处于 0.00～5.93 m 范围；且当岩体结构面内倾角度小于 23°或大于 81°时，基坑直立岩壁自稳临界高度 H_{cr}均在 10 m 以上；当岩体结构面内倾角度小于 21°或大于 83°时，基坑直立岩壁自稳临界高度 H_{cr}均在 15 m 以上；当岩体结构面内倾角度小于 20°或大于 84°时，基坑直立岩壁自稳临界高度 H_{cr}均在 20 m 以上。当基坑上覆土层厚度为 10 m 时，其直立岩壁自稳临界高度 H_{cr}最小值均为 0 m；且当岩体结构面内倾角度小于 33°或大于 69°时，基坑直立岩壁自稳临界高度 H_{cr}均在 10 m 以上；当岩体结构面内倾角度小于 31°或大于 80°时，基坑直立岩壁自稳临界高度 H_{cr}均在 50 m 以上；当岩体结构面内倾角度小于 30°或大于 81°时，基坑直立岩壁自稳临界高度 H_{cr}均在 20 m 以上。

(4)对于岩体结构面结合程度很差和极差的上土下岩二元地层地铁深基坑，一般只在上覆土层厚度较薄或很薄(不超过 5 m)时，其直立岩壁才有一定的自稳高度。当深基坑上覆土层厚度为 0 m 时，岩体结构面结合程度很差和极差的基坑直立岩壁自稳临界高度 H_{cr}最小值分别处于 2.83～7.78 m 和于 0～2.83 m 范围。对于岩体结构面结合程度很差的上土下岩二元地层地铁深基坑，当深基坑上覆土层厚度为 0 m 时，且当岩体结构面内倾角度小于 16°或大于 83°时，基坑直立岩壁自稳临界高度 H_{cr}均在 10 m 以上；当岩体结构面内倾角度小于 14°或大于 85°时，基坑直立岩壁自稳临界高度 H_{cr}均在 15 m 以上；当岩体结构面内倾角度小于 13°或大于 86°时，基坑直立岩壁自稳临界高度 H_{cr}均在 20 m 以上。当基坑上覆土层厚度为 5 m 时，其直立岩壁自稳临界高度 H_{cr}最小值为 0 m；且当岩体结构面内倾角度小于 13°或大于 86°时，基坑直立岩壁自稳临界高度 H_{cr}均在 10 m 以上；当岩体结构面内倾角度小于 12°或大于 87°时，基坑直立岩壁自稳临界高度 H_{cr}均在 15 m 以上；当岩体结构面内倾角度小于 11°或大于 88°时，基坑直立岩壁自稳临界高度 H_{cr}均在 20 m 以上。

3.3.2 上土下岩二元地层地铁深基坑直立岩壁自稳高度数值计算

1. 计算模型及计算参数

上土下岩二元地层地铁深基坑直立岩壁自稳高度数值计算采用基于有限元强度折减法进行。数值计算采用按照 3D 实体单元建模。上覆土层厚度换算成均布荷载施加在土岩接触面上，计算模型上边界取至土岩接触面，下边界取至基底以下 3 倍开挖深度，左右侧边界长度大于 7 倍开挖深度，厚度取 1 m。施加重力约束、模型边界约束，在模型上端施加 20 kPa 的均布荷载。岩体结构面采用厚度 0.1 m 的软弱面。基坑开挖部分网格尺寸划分为 0.5 m，其余网格尺寸划分均设定为 2 m。岩体及对应的结构面均采用摩尔-库仑本构模型，初始应力考虑岩土体自重、均布荷载及边界约束的影响。上土下岩二元地层直立岩壁自稳计算模型如图 3-31 所示。

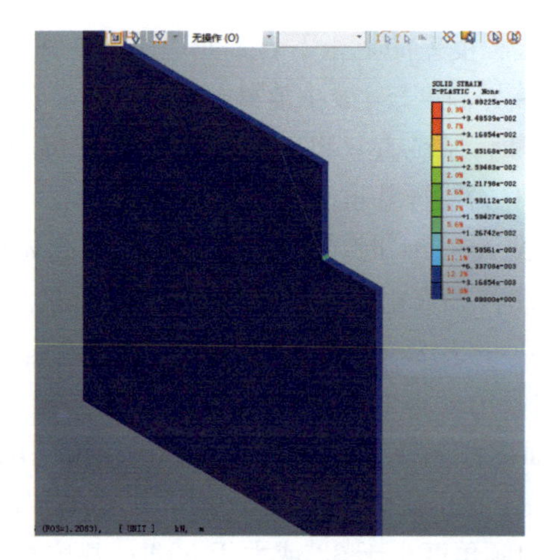

图 3-31 上土下岩二元地层直立岩壁自稳计算模型

上土下岩二元地层地铁深基坑直立岩壁自稳高度 H_{cr} 数值计算，为突出岩体结构面的控制性作用，首先将岩体结构面抗剪强度参数按结合良好、结合一般、结合差三种基本类型进行分别取值（表 3-18），并取基坑稳定性安全系数 1.35 作为基坑直立岩壁自稳临界安全高度 H_{cr} 判别标准；在此基础上，重点探讨基坑直立岩壁自稳临界安全高度 H_{cr} 随岩体结构面倾斜角度 α 的变化特征。

表 3-18 结构面强度参数

结构面结合程度	黏聚力(kPa)	内摩擦角(°)
结合良好	150	35
结合一般	100	30
结合差	50	25

基于有限元强度折减法的上土下岩二元地层深基坑直立岩壁自稳临界安全高度 H_{cr} 数值计算主要过程如下：(1)确定深基坑开挖上覆土层容重 γ_s 和土层厚度 H_s，确定深基坑下覆岩层及其结构面容重 γ_r、黏聚力 c、内摩擦角 φ、弹性模量 E 及泊松比 μ，确定确定岩体结构面倾角角度 α 等基本参数，构建满足深基坑直立岩壁计算工况自稳性分析精度要求的数值

计算分析模型。(2)依据既有研究成果和工程经验拟定深基坑开挖不同的下覆岩层高度 H_r，分别计算深基坑各个开挖下覆岩层高度 H_r 下的安全系数及其对应的潜在破裂面。(3)根据安全系数 K 评判标准，采用不断搜索的方法并结合内插分析，确定深基坑直立岩壁自稳临界安全高度 H_{cr}。

现以上覆土层厚度 H_s 为 5 m，岩体结构面黏聚力 c 为 100 kPa，内摩擦角 φ 为 30°，结构面倾角 α 为 60°时的上土下岩二元地层地铁深基坑为例，对地铁深基坑直立岩壁自稳高度 H_r 数值计算过程进行说明。深基坑开挖下覆岩层高度 H_r 依次取 5 m、10 m、15 m、20 m、25 m、30 m、35 m、40 m 共计八种计算工况。不同下覆岩层高度 H_r 下的上土下岩二元地层深基坑安全系数计算结果见表 3-19，基坑直立岩壁潜在破裂面及安全系数随开挖深度变化规律如图 3-32 所示。按照基坑坑壁稳定安全系数 1.35 的判别标准，采用内插法计算可得，上土下岩二元地层深基坑当上覆土层厚度 5 m 时对应的基坑直立岩壁自稳临界安全高度为 10 m。

表 3-19　不同覆土厚度下的深基坑直立岩壁安全系数

岩壁高度 H_r(m)	5	10	15	20	25	30	35	40
安全系数 K	7.84	1.35	1.25	1.23	1.20	1.16	1.05	1.00

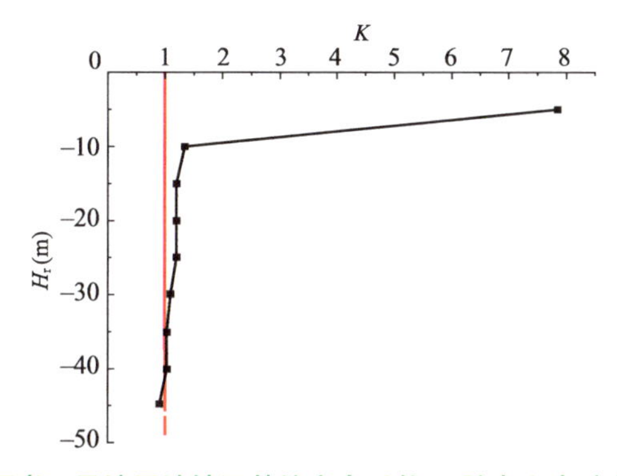

图 3-32　上土下岩二元地层地铁深基坑安全系数 K 随直立岩壁高度 H_r 变化曲线

2. 上土下岩二元地层含内倾岩体结构面深基坑计算结果分析

上土下岩二元地层含内倾结构岩体结构面地铁深基坑直立岩壁自稳临界安全高度 H_{cr} 数值计算上覆土层厚度 H_s 取 5 m，内倾岩体结构面倾角 α 依次取 30°、35°、40°、45°、50°、55°、60°、65°、70°、75°、80°共计十种工况，岩体结构面结合程度分别取结合良好、结合一般、结合差三种工况。不同计算工况下上土下岩二元地层地铁深基坑直立岩壁自稳临界安全高度(H_{cr})数值计算结果见表 3-20。

表 3-20　上土下岩二元地层地铁深基坑直立岩壁自稳临界安全高度(H_{cr})计算结果

倾角(α)	30°	35°	40°	45°	50°	55°	60°	65°	70°	75°	80°
结合良好	167 m	123 m	64 m	44 m	29 m	30 m	33 m	35 m	67 m	96 m	152 m
结合一般	70 m	29 m	18 m	13 m	10 m	8.5 m	10 m	15 m	23 m	50 m	124 m
结合差	10 m	3.5 m	0.9 m	0.8 m	0.7 m	0.8 m	0.9 m	0.95 m	2 m	7.5 m	14 m

岩体结构面结合程度结合良好、结合一般、结合差时，上土下岩二元地层地铁深基坑不同内倾岩层结构面内倾角 α 下的直立岩壁自稳临界安全高度 H_{cr} 值采用式(3-8)进行理论计算。地铁深基坑不同下覆岩层结构面内倾角 α 下的直立岩壁自稳临界安全高度 H_{cr} 数值计算和理论计算结果对比如图 3-33 所示。两者具有相同的变化规律，数值计算结果比理论计算结果整体上稍微偏大。

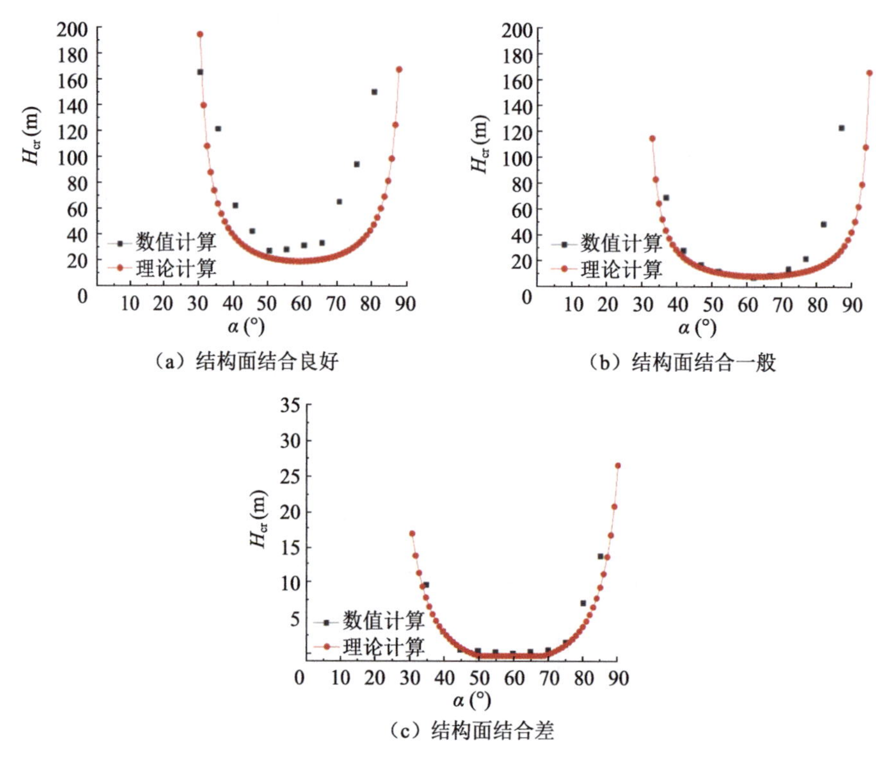

(a) 结构面结合良好

(b) 结构面结合一般

(c) 结构面结合差

图 3-33　上土下岩二元地层深基坑直立岩壁自稳临界高度计算结果

3. 上土下岩二元地层不含结构面岩体深基坑计算结果

上土下岩二元地层不含结构面深基坑直立岩壁自稳临界安全高度 H_{cr} 计算上覆土层厚度 H_s 依次取 0 m、5 m、10 m、15 m、20 m 共计五种地层分布类型，每种地层类型基坑直立岩壁高度 H_r 依次取 5 m、10 m、20 m、30 m、50 m、70 m、90 m、110 m、130 m、150 m、170 m、190 m 共计十二种工况，合计六十种计算工况。计算过程、计算参数等均与第 3 节相同。不同工况下的深基坑直立岩壁安全系数计算结果见表 3-21，深基坑直立岩壁稳定性安全系数随开挖深度变化规律如图 3-34 所示。

表 3-21　上土下岩二元地层深基坑直立岩壁安全系数计算结果

H_r(m)	H_s(m)				
	0 m	5 m	10 m	15 m	20 m
5	17.131 3	10.800 3	7.153 13	5.701 0	5.600 2
10	10.601 1	10.425 4	5.950 00	5.000 78	3.801 1
20	8.118 75	5.106 64	3.951 56	3.700 78	2.853 13

续上表

H_r(m)	H_s(m)				
	0 m	5 m	10 m	15 m	20 m
30	4.450 39	4.250 39	3.337 50	2.903 13	2.712 50
50	3.203 13	2.804 69	2.525 39	2.126 95	2.126 56
70	2.225 39	2.006 25	1.800 39	1.806 25	1.710 16
90	1.778 52	1.656 25	1.556 25	1.521 88	1.427 34
110	1.456 25	1.404 69	1.401 17	1.306 25	1.275 39
130	1.301 17	1.237 50	1.250 39	1.167 58	1.151 95
150	1.152 34	1.097 27	1.071 87	1.050 39	1.021 88
170	1.031 25	1.003 13	0.989 54	0.976 563	0.950 781
190	0.965 625	0.939 453	0.918 750	0.908 203	0.900 00

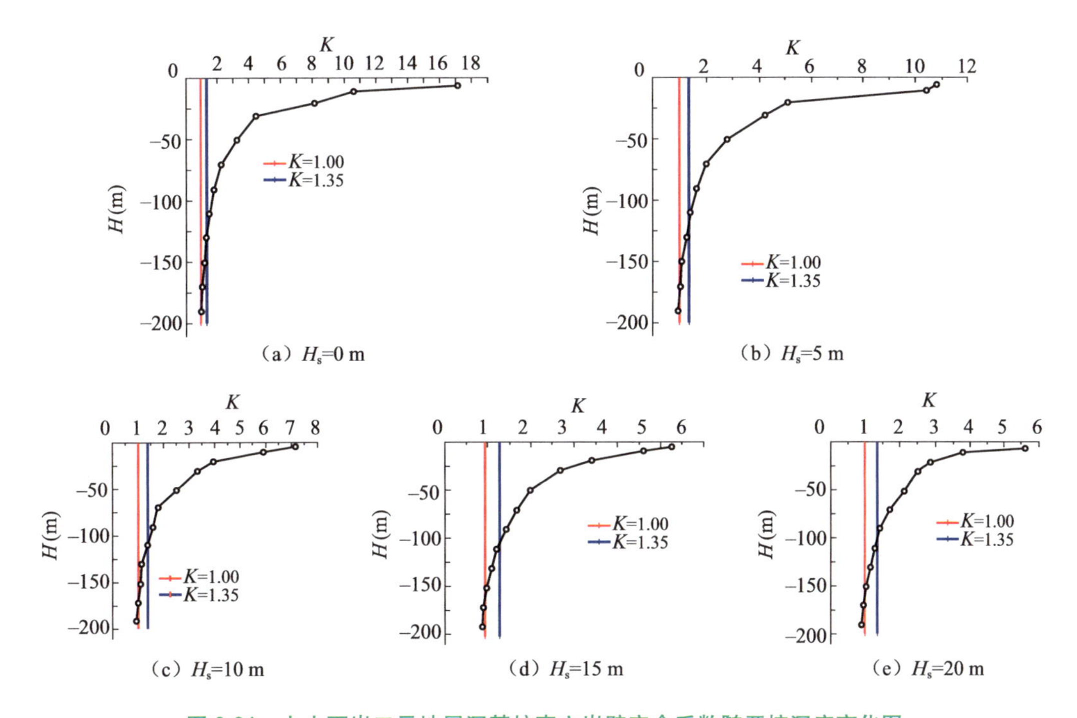

图 3-34　上土下岩二元地层深基坑直立岩壁安全系数随开挖深度变化图

由图 3-34 可以得出如下结论：(1)对于上土下岩二元地层深基坑，相同上覆土层厚度条件下直立岩壁安全系数 K 随岩壁高度 H 增大不断降低，但降幅逐渐减小；相同岩壁高度条件下直立岩壁安全系数随上覆土层厚度增加不断降低。(2)按照基坑边坡稳定安全系数 1.35 的判别标准，采用内插法计算，深基坑不同覆土厚度下的直立岩壁自稳临界高度见表 3-22、图 3-33 所示，自稳临界高度 H_{r0} 与覆土层厚度 H_s 两者间的数学拟合方程见式(3-70)。由图 3-35 可见，上土下岩二元地层深基坑直立岩壁自稳临界高度 H_{r0} 随上覆土层厚度 H_s 增加整体上呈现近似线性降低的发展趋势；深基坑直立岩壁自稳临界高度整体较大，处于 100～125 m 范围。

表 3-22　深基坑直立岩壁自稳临界高度

覆土厚度 H_s(m)	0	5	10	15	20
自稳临界高度 H_{r0}(m)	123.70	116.54	111.06	105.94	100.18

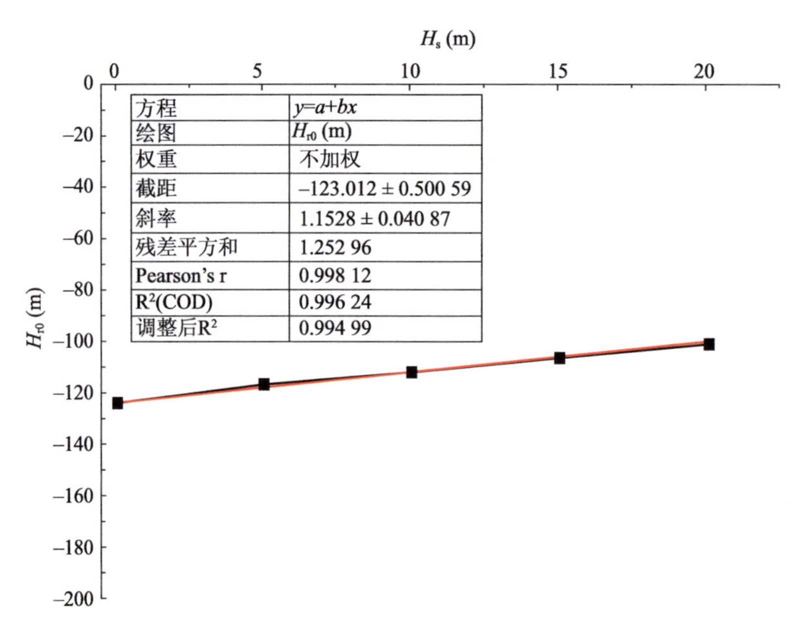

图 3-35　深基坑直立岩壁自稳临界高度随覆土层厚度变化

$$H_{r0}=123.012-1.152\ 8H_s\quad (R\text{-Sqare}\quad 0.994\ 99) \tag{3-70}$$

3.3.3　上土下岩二元地层地铁深基坑直立岩壁自稳特征

上土下岩二元地层地铁深基坑直立岩壁高度一般在 30 m 范围内，总体较小，基坑直立岩壁的整体稳定性主要由内倾结构面控制[51-54]。对于无内倾结构面的岩体，其直立侧壁自稳性能良好，在基坑开挖深度范围内，可以认为其直立岩壁均满足自稳要求。对于含内倾岩体结构面上土下岩二元地层地铁深基坑而言，基坑直立岩壁自稳临界安全高度 H_{cr}值受岩体结构面倾角 α 影响最为强烈，其次为岩体结构面黏聚力 c，上覆土层厚度 H_s和安全系数 K，受岩体结构面内摩擦角 φ 和岩层容重 γ 影响相对较弱。上土下岩二元地层地铁深基坑直立岩壁自稳临界安全高度 H_{cr}随岩体结构面内倾角 α 逐渐增大呈现出先急剧减小、后缓慢减小、再缓慢增大、后急剧增大的整体变化趋势，存在最小极限值。上土下岩二元地层地铁深基坑直立岩壁自稳特征研究的关键是掌握和利用岩体优势结构面产状、发育程度、延展程度、结合程度、充填状况、组合关系等基本特征，特别是岩体优势结构面倾角 α 及黏聚力 c 特征。应查明土岩分界面的形态和坡度；查明岩层分布状况，岩石成因、类型、性状，岩石风化程度和岩体完整程度等；查明基坑建设场地地下水水位、水量、类型、主要含水层分布状况、补给及动态变化状况。上土下岩二元地层地铁深基坑直立岩壁自稳特征是一个以优势面为主控因素的系统。优势面为对深基坑直立岩壁自稳特征起控制作用的结构面。深基坑直立岩壁优势面及其组合形成了岩壁优势分离体，即构成基坑岩壁自稳性地质分析模型，据之可建立相应的深基坑直立岩壁自稳性数学分析模型，进而完成上土下岩二元地层地铁深基坑下覆直立岩壁自稳性分析与评价。上土下岩二元地层地铁深基坑直立岩壁自稳性分析流程如图 3-36 所示。

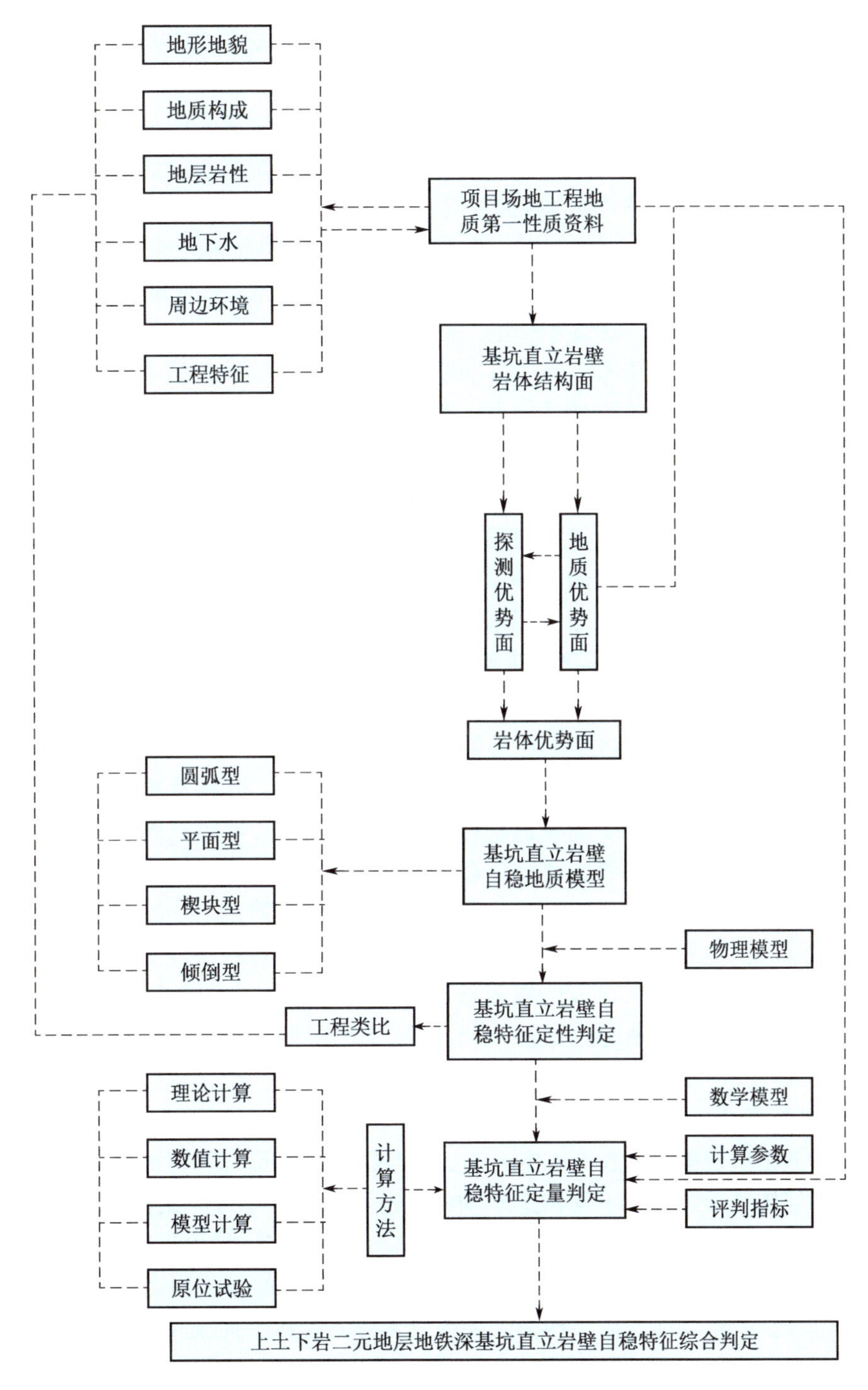

图 3-36　基坑直立岩壁自稳性分析流程图

上土下岩二元地层地铁深基坑直立岩壁自稳特征分析主要分为如下八个步骤完成：

第一步：深基坑场地工程地质第一性资料研究

工程地质第一性资料是指为解决工程地质问题、评价地质体稳定性、进行预测预报、提供工程地质措施、为工程规划、设计、施工提供依据所必需的地质资料[55-72]。深基坑场地工程地质因素对其稳定性的影响是非常重要的。工程地质资料获取的详细程度、准确程度，以及对这些资料分析的认识程度直接影响到基坑直立岩壁自稳分析结果的正确性。如果缺乏对研究对象、行为、过程的正确认识，是不可能得到客观的分析结果的。在深基坑直立岩壁自稳特征分析时，首要的就是要重视对工程地质第一性资料获取与分析的研究。基坑项目场地工程地质第一性资料包括地形地貌、地层及岩性、地质构造、水文地质、构造应力、地震及新构造运动等多个方面，其中地层岩性和地质构造是工程地质第一性资料中最为重要的。基坑场地工程地质第一性资料的获取方法可按照从宏观到微观、从地表到地下、从施工前到施工时及施工后的方式由浅入深逐步推进。从宏观到微观获取深基坑场地工程地质第一性资料方式是指从小区域的地质考察到项目场地的工程地质测绘。工程地质第一性资料研究主要是为了解决基坑场地的工程地质问题。然而由于地质环境的宏观性，项目场地地质现象只是区域地质中的一部分，只有对区域地质环境有了宏观的了解，才能对项目场地的地质现象有正确的认识。区域地质第一性资料的调查工作主要是采用路线考察的方法。路线地质考察的方法和内容有：(1)地形地貌考察。尽可能掌握本地区内的地形、地貌、地层、地质构造等，分析其成因关系，对工程场地环境的影响。(2)地层考察。首先要确定代表本地区地层的典型剖面，并进行实测，充分掌握区域内地层岩性、分布规律、空间展布特点、赋存条件等。(3)地质构造考察。掌握本区域内起控制作用的褶皱、断层等主要构造的规模、性质、延展状况等，重点关注区域构造中的中型和小型构造。(4)水文地质考察。了解本区域内大气降水和地下水的关系、地下水性质、补给条件、含水层特征、地下水流动特征等。在上述各项路线考察中还要注意各类物理地质现象、周边环境条件等。区域地质考调查完成后项目场地大比例尺工程地质测绘。绘制项目场地工程地质平面图、地层剖面图、地层柱状图、水文地质图等工程地质第一性资料实测图。在此基础上，对项目场地工程地质第一性资料进行归类和分析评价。从地表到地下的获取深基坑场地工程地质第一性资料的方式是指对第一性资料的认识除从地表进行考察外，还应采用钻探、物探等各种手段对项目场地内地下空间内的地层岩性、成因、构造状况等地质信息进行考察。此外，工程地质第一性资料还应通过工程项目施工过程中的地质考察，进一步验证施工前项目场地地表和地下第一性资料认识的正确性。

第二步：基坑场地岩体结构面特征分析

岩体结构面是指岩体内部具有一定方向、一定规模、一定形态和特征的缝、面、层和带状的地质界面。岩体经受过各种不同构造运动的改造和风化次生作用的演化，存在着各种不同的地质界面即岩体结构面。岩体结构面是由一定的地质实体抽象出来的学术概念，其在横观延展上具有面的几何特征，在垂直方向上则与几何学中的面不同，常充填一定的物质、具有一定的厚度。基坑场地岩体结构面的物理力学特征受其产状、延续性、形态、张开度、充填与胶结等多种因素影响。不同规模的岩体结构面对深基坑直立岩壁的影响程度不同，小尺度结构面影响和控制深基坑直立岩壁岩块的物理力学性质，大尺度结构面影响和控制深基坑直立岩壁的稳定性，更大尺度的结构面影响和控制基坑场地区域性岩体的稳定性。现行国家标准《建筑边坡工程技术规范》(GB 50330—2013)将深基坑岩体结构面结合程度分为结合良好、结合一般、结合差、结合很差、结合极差 5 种类型，各类岩体结构面基本特征见表 3-23。

表 3-23　深基坑结构面基本特征

结合程度	结合状况	起伏粗糙程度	张开度(mm)	充填状况
结合良好	铁硅钙质胶结	起伏粗糙	≤3	胶结
结合一般	铁硅钙质胶结	起伏粗糙	3～5	胶结
	铁硅钙质胶结	起伏粗糙	≤3	胶结
	分离	起伏粗糙	≤3 (无充填时)	无充填或岩块、岩屑充填
结合差	分离	起伏粗糙	≤3	干净无充填
	分离	平直光滑	≤3 (无充填时)	无充填或岩块、岩屑充填
	分离	平直光滑	—	岩块、岩屑夹泥或附泥膜
结合很差	分离	平直光滑、略有起伏	—	泥质或泥夹岩屑充填
	分离	平直光滑	≤3	无充填
结合极差	结合极差	—	—	泥化夹层

第三步：深基坑直立岩壁岩体优势面判定

上土下岩二元地层深基坑直立岩壁岩体优势面是指对基坑岩壁自稳性能具有控制作用的岩体结构面。优势面为深基坑直立岩壁自稳性能判定提供一种较好的解决方式。优势面的准确判定是基坑直立岩壁自稳特征合理判定的关键。然而合理确定深基坑直立岩壁优势面的确定并非易事，南京大学罗国煜教授提出深基坑岩体优势面可采用优势指标的方法[61-69]，通过对岩体地质优势面和岩体统计优势面两者的综合分析确定岩体优势面，如图 3-37 所示。

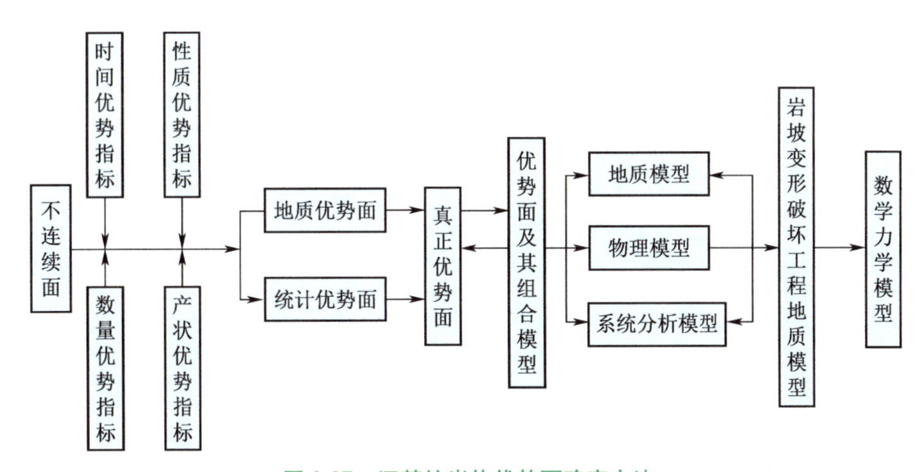

图 3-37　深基坑岩体优势面确定方法

由于地铁基坑具有规模尺度小(开挖长度一般在 200 m 左右、宽度一般在 20 m 左右,深度一般在 30 m 范围)、持续时间短(一般不超过 2 年)等的独特性,实际工程中,采用依据岩体结构面类型按照从大到小的原则判定基坑岩壁岩体优势面不失为一种有效的手段。重点分析与基坑尺度相匹配的贯通性结构面和软弱结构面。

第四步:深基坑直立岩壁优势分离体及所处环境特征分析

深基坑直立岩壁岩体优势面控制直立岩壁变形失稳的边界,优势面及其组合构成基坑直立岩壁岩体变形失稳的优势分离体。深基坑直立岩壁优势分离体特征主要包括其所处的地层岩性及其风化程度等。由深基坑直立岩壁优势分离体所处地层岩性及其风化程度等所决定的各项物理力学参数是基坑直立岩壁自稳特征定性判定及定量计算的重要依据。深基坑直立岩壁优势分离体所处环境特征包括水文地质条件,以及受开挖影响范围内的地表及地下建(构)筑物、外荷载等基坑周边环境。

第五步:深基坑直立岩壁自稳特征地质模型构建

深基坑直立岩壁岩体优势面及优势分离体构成了基坑岩壁自稳特征分析地质模型。深基坑直立岩壁自稳特征分析地质模型通常分为近似圆弧形破坏模式、平面型破坏模式、楔块型破坏模式、倾倒型破坏模式四种形式,如图 3-38 所示。其中圆弧形破坏模式地质模型主要适用于优势面不明显、极破碎或极软弱岩体,其破坏模式与土体类似。平面型破坏模式地质模型主要适用于单一内倾优势面岩体。楔块形破坏模型地质模型主要适用于两组或多组优势面岩体。倾倒型破坏模式地质模型主要适用于外倾优势面岩体。实际上基坑直立岩壁发生破坏时多为复合破坏形式,在复合破坏形式中以上述某种破坏形式为主导,各种破坏形式之间互相影响。

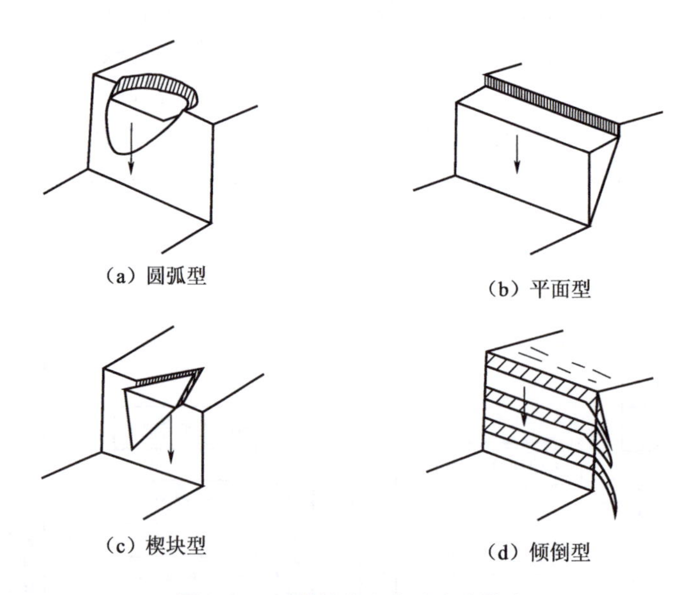

(a) 圆弧型　(b) 平面型　(c) 楔块型　(d) 倾倒型

图 3-38　深基坑直立岩壁失稳模式

第六步:深基坑直立岩壁自稳特征定性判定

深基坑直立岩壁自稳特征定性判定可采用工程类比分析、专家综合评判等方法进行。深基坑直立岩壁定性判定方法的实质是利用既有基坑成熟的工程经验,通过全面分析、对比新开挖基坑与既有基坑两者间规模、优势面、优势分离体、地质环境等因素方面可能存在的相似点和差别点，建立基坑直立岩壁自稳状态与其规模、优势面、优势分离体、地质环境等因素方面之间形式上的相关关系，从而实现新开挖基坑直立岩壁自稳特征的定性判断。

第七步：深基坑直立岩壁自稳特征定量计算

深基坑直立岩壁自稳特征定量计算方法主要有理论计算、数值计算、模型试验和原位试验四种方法。基坑直立岩壁失稳模式和边界条件确定后，优势面、优势体等物理模型计算参数的合理取值是准确判定岩壁自稳特征的关键。对于某一特定的岩土体特征、结构面倾角等确定的基坑，岩体优势面抗剪强度值是计算直立岩壁自稳能力极其重要的参数。然而，岩体优势面抗剪强度值的合理取值并非易事，需综合试验成果、地区经验，并考虑施工期和运营期各种因素合理取值。现行国家标准《建筑边坡工程技术规范》(GB 50330—2013)，有条件时应进行岩体结构面现场剪切试验，岩体结构面抗剪强度值应根据原位试验结果并结合地质条件相似的邻近工程经验确定；当无原位剪切试验资料时，按其所定义的岩体结构面类型给出了各类结构面的抗剪强度指标经验值取值范围，见表 3-24。

表 3-24　岩体结构面抗剪强度指标标准值经验值

结构面类型		结构面结合程度	内摩擦角 φ(°)	黏聚力 c(kPa)
硬性结构面	1	结合好	＞35	＞130
	2	结合一般	35～27	130～90
	3	结合差	27～18	90～50
软弱结构面	4	结合很差	18～12	50～20
	5	结合极差	＜12	＜20

第八步：深基坑直立岩壁自稳特征综合判定

由于岩体特征的极端复杂性，任何单一的理论和方法都不可能较好地解决深基坑直立岩壁自稳特征的具体问题。单纯地偏重与工程地质条件的定性和准定量评价，或偏重于纯力学特性的定量计算，都将导致评价结果的局限性。应建立基坑直立岩壁自稳特征综合集成的概念，将不同学科、不同来源知识的交叉结合，形成对基坑直立岩壁自稳特征的综合评价和决策。具体而言，就是在基坑直立岩壁自稳特征分析和评价中应采取专家判断、机制分析和定量模型相结合的综合分析评价方法，采用定性综合分析与岩体力学定量、半定量计算相结合、确定性分析与随机分析、概率分析相结合，静态分析与动态分析相结合的方法，从多方面分析评价基坑直立岩壁自稳特征现状和变化趋势，进而在对基坑直立岩壁自稳特征诸因素系统优化分析的基础上，对基坑开挖提出合理的工程方案和处理意见。在实际分析中应以基坑直立岩壁自稳特征的地质条件和地质模型为基础，将数值计算方法和广义系统分析原理、非线性理论等有机地结合起来，用动态历史观、机制分析观、仿真模拟观、优化设计观等科学观念，建立完整、系统的基坑直立岩壁自稳特征分析理论和方法。

3.4　上土下岩二元地层地铁深基坑自稳特征

上土下岩二元地层深基坑直立侧壁只有稳定的条件下，建设工作才能顺利开展。确保基坑侧壁稳定，是进行基坑开挖的前提和基础，也是确定基坑合理支护措施的目的和依据。地层岩土体具有一定程度的自稳能力，充分发挥基坑岩土体地层自稳能力，有利于节约建设投资、降低安全风险、缩短建设工期等诸多因素。按照上土下岩二元地层深基坑直立侧壁能否满足自稳性的要求，可将其划分为基坑直立侧壁自稳区域和非自稳区域两种类型，本文分别称之为基坑直立侧壁 SR 区域和基坑直立侧壁 USR 区域。在基坑直立侧壁自稳区域开挖基坑，采用构造措施即可满足基坑安全施工要求。在基坑直立侧非自稳区域开挖基坑，需有针对性地采用支护措施才能满足基坑安全施工要求。

对于物理力学特征差异显著的上土下岩二元地层地铁深基坑，开挖深度作为传统意义上深基坑稳定性衡量指标已不再适应，将直立土壁高度和直立岩壁高度分别作为上土下岩二元地层地铁深基坑独立的评价指标分别进行研究具有重要的理论价值和现实意义。上土下岩二元地层地铁深基坑侧壁自稳特征区域划分可首先按上覆直立土壁自稳特征和下覆直立岩壁自稳特征分别进行划分，然后再综合考虑其上覆直立土壁和下覆直立岩壁于一体的基坑直立侧壁整体性自稳特征区域划分。根据地铁深基坑直立土壁高度 H_s 与其自稳临界高度 H_{s0} 两者间的大小关系，可将其划分为基坑直立土壁自稳高度空间分布区域（称之为 SR-S 区域）和直立土壁非自稳高度空间分布区域（称之为 USR-S 区域）两种类型。根据地铁深基坑下覆直立岩壁高度 H_r 与其自稳临界高度 H_{r0} 两者间的大小关系，可将其划分为基坑直立岩壁自稳高度空间分布区域（称之为 SR-R 区域）和直立岩壁非自稳高度空间分布区域（称之为 USR-R 区域）。因此，理论上上土下岩二元地层地铁深基坑直立侧壁自稳特征区域可划分为土壁非自稳＋岩壁非自稳（USR-S＋USR-R）、土壁非自稳＋岩壁自稳（USR-S＋SR-R）、土壁自稳＋岩壁自稳（SR-S＋SR-R）、土壁自稳＋岩壁非自稳（SR-S＋USR-R）四种类型，如图 3-39 所示。

图 3-39　二元深基坑直立坑壁稳定性特征空间分布图

对于土壁自稳＋岩壁非自稳（SR-S＋USR-R）型上土下岩二元地层地铁深基坑，当下覆直立岩壁不能满足自稳性要求时，必然引起其上覆直立土壁的失稳（亦即直立土壁也不能满足自稳性要求），可将其归类为土壁非自稳＋岩壁非自稳（USR-S＋USR-R）型。因此，上土下岩二元地层地铁深基坑自稳特征空间分布区域可将进一步简化为土壁非自稳＋岩壁非自稳（USR-S＋USR-R）、土壁非自稳＋岩壁自稳（USR-S＋SR-R）、土壁自稳＋岩壁自稳（SR-S＋SR-R）三种类型，如图 3-40 所示。

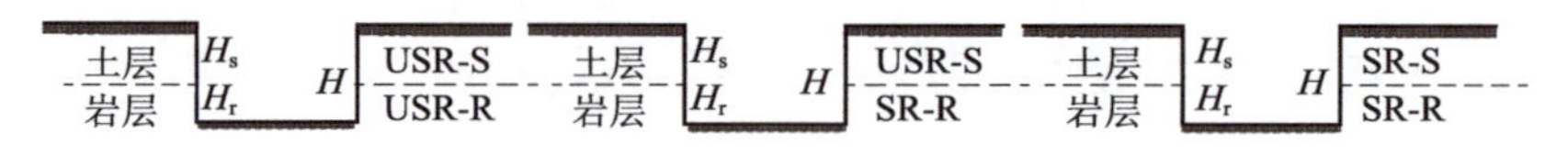

图 3-40　二元深基坑直立坑壁稳定性特征空间分布图

上土下岩二元地层地铁深基坑直立侧壁自稳特征空间分布特征划分的重要意义在于，明确了上土下岩二元地层深基坑独特的自稳区域空间分布特征，进而为有针对性地确定其合理支护措施提供了理论依据。

3.5　工程实例分析

3.5.1　宁夏路车站主体结构深基坑工程

宁夏路地铁车站是青岛地铁 3 号线第 9 座车站、第 5 座明挖法施工车站。车站主体位于青岛市市北区南京路与宁夏路交叉口南侧沿南京路由南往北方向布设的城市繁华地段。车站采用地下双层两跨矩形框架结构形式，明挖顺做法施工。车站起讫里程为 K9＋362.229～K9＋516.979，有效站台中心里程为 K9＋431.479，主体结构外包全长 154.75 m，底板深度 16.50～18.60 m。车站分两期施工，一期施工现状南京路下车站主体，二期施工北端设备用房外挂部分及附属结构。标准段外包宽 18.80 m，北端设备用房外挂 K9＋473.279～K9＋516.979 里程段结构净宽 44.60 m。车站共设置 4 个出入口(含 1 个预留出入口)、1 个紧急出入口、2 组风井风道，如图 3-41 所示。

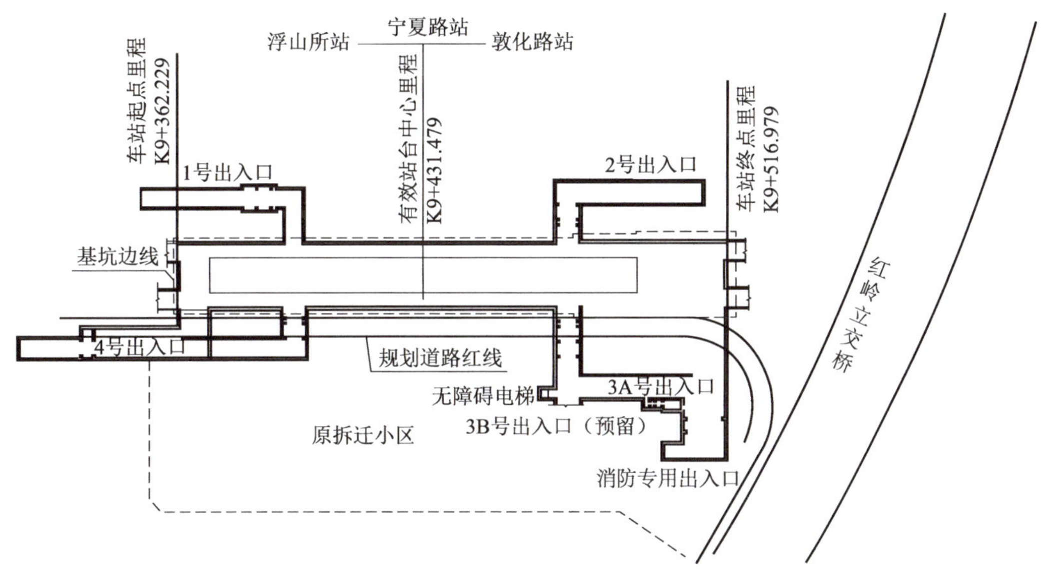

图 3-41　宁夏路地铁车站总平面图

宁夏路地铁车站场地范围南京路为双向 6 车道的城市主干道，道路红线宽 40 m，地面交通繁忙，人流、车流量很大。路面下方地下管线众多，主要包括沟底埋深约 2.5 m 的 2.5 m×1.6 m(宽×高)雨水暗渠；管底埋深 2.0～2.7 m 的 DN100 雨水管；管底埋深 2.1～3.55 m 的 DN300 污水管；管底埋深 1.6 m 的 DN800 给水管；管底埋深 1.5 m 的 DN300 给水管。车站主体结构深基坑开挖前所有地下管线全部改迁。车站北端紧邻横跨南京路的城市立交桥，车站主体结构深基坑北端侧壁距离桥墩最短距离约 5.0 m。车站东侧为已拆除的住宅小区。车站西侧为 6 层商务楼及广场，车站主体结构深基坑西面侧壁距离楼房最近距离约为 10.0 m。

宁夏路地铁车站主体结构深基坑项目场地总体上呈北高南低走向，最大高差 5.26 m，地貌类型为山前侵蚀堆积坡地。场地内第四系地层主要为第四系全新统(Q_4^{ml})人工填土及上更新统冲洪积层(Q_3^{al+pl})粉质黏土。下覆基岩以粗粒花岗岩为主，煌斑岩、花岗斑岩、细粒花岗岩呈脉状穿插其间。在车站主体基坑西侧中心里程位置 K8+509 处存在一条构造断裂带。断裂带走向约为 SE10°，宽度约为 10 m，倾角近直立，贯通性斜穿过车站。受构造断裂带影响，在断裂带两侧节理裂隙发育，岩体破碎，形成岩体节理密集带，地下水相对较丰富。基岩裂隙以风化裂隙为主，多呈闭合型裂隙且多由泥质填充，地下水在基岩中的赋存量较小，径流条件也差，透水性弱。

项目场地地下水主要赋存在第四系松散岩类孔隙中和基岩裂隙中，稳定水位埋深为 0.60～3.80 m，稳定水位为 13.30～19.20 m，地下水位年变化幅度约 1.0～1.5 m。第四系填土层孔隙潜水含水层厚度受地形、地貌影响，差异较大，平均厚度为 5.0 m 左右。基岩裂隙水主要赋存于强～中风化岩层中。强～中风化岩层富水性较差，属弱透水层。岩层的富水性和透水性主要由其裂隙所控制，存在明显的不均匀性。地下水补给来源主要为大气降水。松散岩类孔隙潜水在接受大气降水之后，部分转化为地表径流汇入地表水体，少量被蒸发，部分渗入地下转化为地下水，并在重力作用下，在各自的单元内低洼处汇集，同时上部的地下水向下垂向运动渗入到下部的基岩含水岩组。地下水主流向为自西北流向东南，受含水层透水性制约，地下水径流量不大。

地铁车站主体结构沿线共布设 17 个地质探测孔(图 3-42)，其中控制性钻孔 6 个，一般性钻孔 11 个。控制性钻孔进入基底以下 10 m 左右，若基底下为中～微风化岩层，钻入基底下 3～5 m。一般性钻孔进入基底下 6 m 左右，若基底为中～微风化岩层，钻入基底下 3～5 m。断层处钻孔应将上下盘打通，以揭示出断层的基本情况。地铁车站沿线地层分布特征如图 3-43 所示。地质勘测孔勘测数据统计分析见表 3-25。

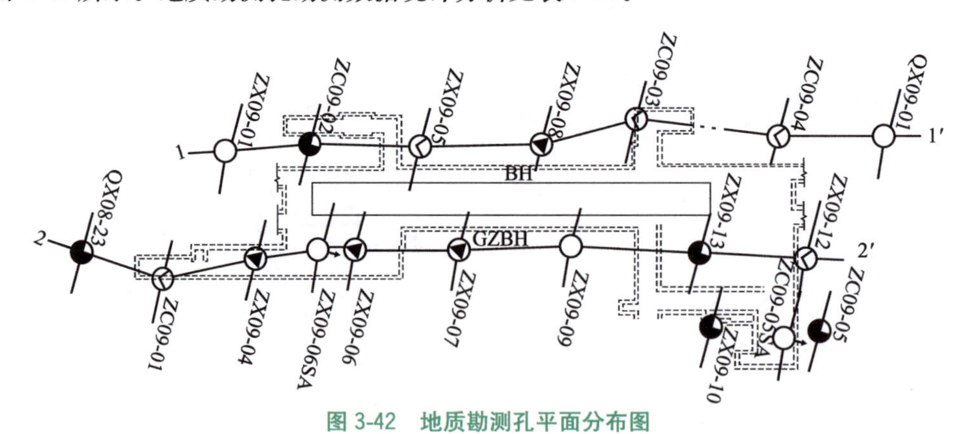

图 3-42　地质勘测孔平面分布图

表 3-25　宁夏路地铁车站沿线地层特征统计分析

序号	里　程	孔口高程(m)	土　层		强风化层		软弱土层厚度(m)	桩孔深度(m)
			底高程(m)	厚度(m)	底高程(m)	厚度(m)		
1	9+399.00	18.00	15.50	2.50	−6.00	21.50	24.00	24.00
2	9+441.00	18.80	15.00	3.80	−4.50	19.50	23.30	23.30

续上表

序号	里　程	孔口高程(m)	土　层		强风化层		软弱土层厚度(m)	桩孔深度(m)
			底高程(m)	厚度(m)	底高程(m)	厚度(m)		
3	9+450.00	19.00	13.60	5.40	−4.00	17.60	23.00	27.00
4	9+470.00	18.54	11.34	7.20	−3.96	15.30	22.50	26.50
5	9+326.00	16.94	11.84	5.10	−5.46	17.30	22.40	27.50
6	9+513.01	20.92	15.72	5.20	−1.48	17.20	22.40	23.20
7	9+354.00	17.40	9.10	8.30	−3.60	12.70	21.00	25.00
8	9+492.00	19.80	14.00	5.80	−1.00	15.00	20.80	21.00
9	9+385.00	17.80	7.90	9.90	−1.70	9.60	19.50	25.00
10	9+416.00	18.50	11.40	7.10	−0.50	11.90	19.00	25.00
11	9+301.00	16.27	10.67	5.60	−2.63	13.30	18.90	23.30
12	9+372.00	17.35	13.65	3.70	0.65	13.00	16.70	31.00
13	9+513.00	20.77	17.97	2.80	8.47	9.50	12.30	22.70
14	9+520.00	20.50	13.50	7.00	8.80	4.70	11.70	22.10
15	9+544.00	22.50	17.80	4.70	12.10	7.40	10.40	21.70
16	9+489.00	20.00	14.00	6.00	12.20	1.80	7.80	14.00
17	9+346.00	16.50	15.00	1.50	9.10	5.90	7.40	21.00

由表3-25统计分析可得，宁夏路地铁车站深基坑工程沿线右侧第四系土质地层最大厚度9.90 m，最小厚度5.10 m，平均厚度6.80 m；强风化岩质地层最大厚度17.60 m，最小厚度1.80 m，平均厚度11.11 m。第四系土质地层和强风化岩层两者之和所构成的软弱土层

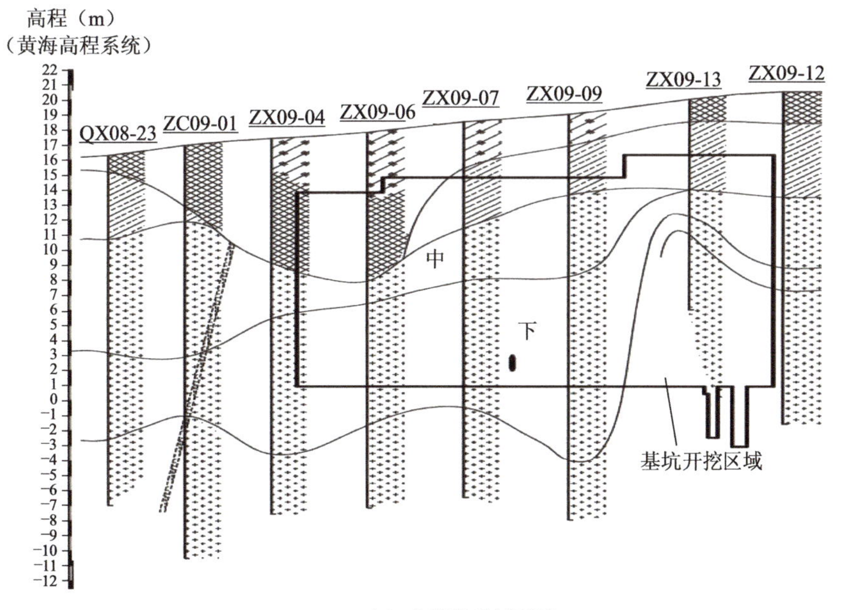

（a）右线地质剖面图

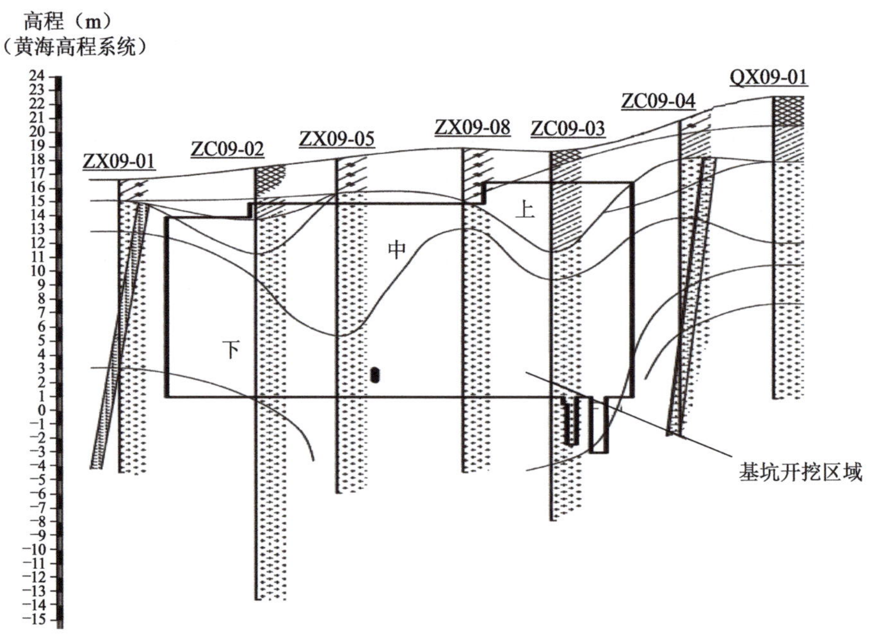

（b）左线地质剖面图

图 3-43　宁夏路地铁车站工程地质剖面图

最大厚度 23.00 m，最小厚度 7.8 m，平均厚度 17.91 m。基坑工程沿线左侧第四系土质地层最大厚度 7.20 m，最小厚度 1.50 m，平均厚度 3.71 m；强风化岩质地层最大厚度19.50 m，最小厚度 5.90 m，平均厚度 12.54 m。第四系土质地层和强风化岩层两者之和所构成的土质地层最大厚度 23.30 m，最小厚度 7.40 m，平均厚度 15.23 m。整个基坑工程项目场地范围内第四系土质地层最大厚度 9.90 m，最小厚度 1.50 m，平均厚度 5.36 m；强风化岩质地层最大厚 19.50 m，最小厚度 1.80 m，平均厚度 11.78 m。第四系土质地层和强风化岩层两者之和所构成的软弱土层最大厚度 23.30 m，最小厚度 7.40 m，平均厚度 17.14 m，见表 3-26。

表 3-26　宁夏路车站项目场地地层厚度统计分析

范　围	土质地层(m)			强风化地层(m)			软弱地层(m)		
	最大值	最小值	平均值	最大值	最小值	平均值	最大值	最小值	平均值
右线	9.90	5.10	6.80	17.60	1.80	11.11	23.00	7.80	17.91
左线	7.20	1.50	3.71	19.50	5.90	12.54	23.30	7.40	15.23
全部	9.90	1.50	5.36	19.50	1.80	11.78	23.30	7.40	17.14

由表 3-26 可以得出，宁夏路地铁车站主体结构深基坑项目场地上覆土质地层按土质较好的粉质黏土参数计算，基坑直立侧壁自稳临界安全高度约为 4.0 m，因此宁夏路地铁车站深基坑直立侧壁不满足自稳高度要求。进一步分析可得，车站场地 K9＋362.229～K9＋473.279 里程段土质地层厚度整体上大于 19.00 m，即在基坑开挖范围内均为土质地层。K9＋473.279～K9＋516.979 里程段土层厚度整体处于 7.80～12.30 m 范围，基坑基底以上覆岩厚度 5.30～10.80 m，如图 3-44 所示。对于上覆土层厚度为 10 m 的地铁深基坑，对

于结构面结合程度结合良好基坑直立岩壁，当岩体结构面倾角大于 67°时，其自稳临界高度为 10 m，当岩体结构面倾角大于 73°时，其自稳临界高度为 15 m，当岩体结构面倾角大于 76°时，其自稳临界高度为 20 m；对于结构面结合程度结合一般的基坑直立岩壁，当岩体结构面倾角大于 78°时，其自稳临界高度为 10 m；当岩体结构面倾角大于 80°时，其自稳临界高度为 15 m；当岩体结构面倾角大于 81°时，其自稳临界高度 H_{cr} 为 20 m。宁夏路地铁车站深基坑岩壁岩体倾角近直立，按倾角为 75°和结构面结合程度一般的保守工况考虑，其直立岩壁自稳高度大于 10 m。因此，宁夏路地铁车站深基坑在 K9＋473.279～K9＋516.979 里程段内其下覆直立岩壁满足自稳性要求。

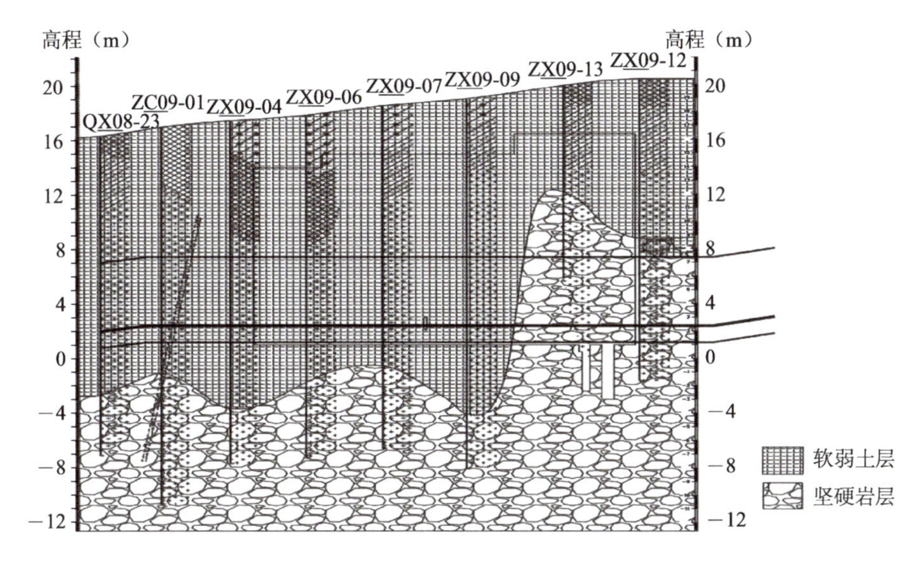

图 3-44　宁夏路地铁车站深基坑工程沿线上土下岩二元地层结构示意图

宁夏路地铁车站主体结构深基坑支护结构采用钻孔灌注桩＋内支撑＋锚杆的形式。钻孔灌注桩采用 ϕ800 mm@1 200 mm 的钢筋混凝土桩，桩间采用厚度为 20 cm 的 C20 网喷混凝土护壁。针对项目场地特有的地层类型及地形分布特征，综合考虑安全性、经济性、环境影响、施工难易程度等多种因素，宁夏路地铁车站主体结构深基坑围护桩采用 A、B、C、D、E、F 五种类型，见表 3-27。宁夏路地铁车站主体结构深基坑不同类型围护桩平面分布如图 3-45 所示。

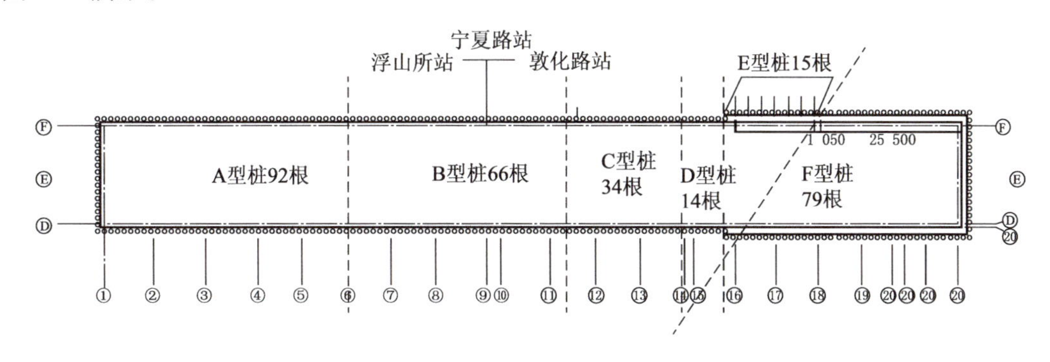

图 3-45　宁夏路地铁车站站主体结构深基坑支护体系平面图

表 3-27　宁夏路地铁车站站主体结构深基坑围护桩类型

序号	类型	桩顶高程(m)	桩底高程(m)	桩长(m)	根　数
1	A	15.90	−2.25	18.15	92
2	B	16.40	−2.25	18.65	66
3	C	17.40	−2.25	19.65	34
4	D	17.40	−2.25	19.65	14
5	E	17.40	−2.25	19.65	15
6	F	17.40	5.50	11.90	79

地铁车站沿线 K9＋362.229～K9＋473.279 里程段，深基坑支护体系 A～D 类型的嵌岩桩，在桩顶以下 0.20 m 和 7.25 m 处中心部位依次设置 2 道外径 ϕ609 mm、壁厚 16 mm 的钢管水平内支撑，内支撑水平间距均为 6.0 m，并在桩顶以下 12.25 m 处中心位置分别设置一道预应力锚索，如图 3-46(a)所示。地铁车站沿线 K9＋473.279～K9＋516.979 里程段下覆直立岩壁满足自稳性要求的区域内主要采用 F 型吊脚桩，部分采用 E 型嵌岩桩。F 型吊脚桩桩底进入中风化岩层深度 2.0 m，桩底预留宽度 1.0 m 的岩肩，在桩脚处设置一道预应力锚索以保障桩体稳定性满足要求。在 F 型吊脚桩桩顶以下 0.20 m 处中心部位设置一道外径 ϕ609 mm、壁厚 16 mm 的钢管水平内支撑，内支撑水平间距 6.0 m。在桩顶以下 3.90 m、6.90 m 和 9.90 m 处中心位置分别设置三道预应力锚索。为保护预留岩肩，基坑岩壁设置间距 1.2 m 外径 ϕ168 mm 壁厚 5 mm 的钢管桩，钢管桩嵌入基底 1.0 m，管内灌注 M30 水泥砂浆，如图 3-46(b)所示。E 型桩顶以下 0.20 m 处中心部位设置一道外径 ϕ609 mm、壁厚 16 mm 的钢管水平内支撑，内支撑水平间距 6.0 m；桩顶以下 6.90 m、9.90 m 和 13.40 m 处中心位置分别设置三道预应力锚索支护体系如图 3-46(c)所示。

宁夏路地铁车站主体深基坑于 2011 年 11 月完成场地围挡并开始施作围护桩，2012 年 5 月车站主体基坑开挖完成。第三方监测单位在基坑施工时对周边地层、周边建筑物、围护桩等进行了全过程现场监测，其中在基坑周边布设 36 个地表沉降监测点，编号依次 DC01～DC36；17 个建筑物沉降，编号依次 JC01～JC17；16 个桩桩顶竖向，编号依次为 QC01～QC16；16 个水平位移监测点，编号依次为 QW01～QW16；8 个桩体水平位移，编号为 CX01～CX08，如图 3-47 所示。

宁夏路地铁车站主体结构深基坑施工全过程监测数据统计分析表明，基坑周边地表沉降最大值为 19.25 mm，最小值 4.16 mm，平均值 12.83 mm；周边建筑物沉降最大值为 30.86 mm，最小值 6.27 mm，平均值 14.62 mm；桩顶竖向位移最大值为 8.72 mm，最小值 1.10 mm，平均值 3.47 mm；桩顶水平位移最大值为 5.72 mm，最小值 0.24 mm，平均值 2.27 mm；桩体最大值为 18.63 mm，最小值 11.25 mm，平均值 14.78 mm，监测点位布设见表 3-28。典型地表沉降、桩顶水平位移、桩体水平位移监测点位的监测数据时程曲线如图 3-48 所示。可见，地铁车站主体结构深基坑开挖引起的周边地层、周边环境及围护桩支护结构等各项变形参数均在允许范围之内，工程实施效果良好。

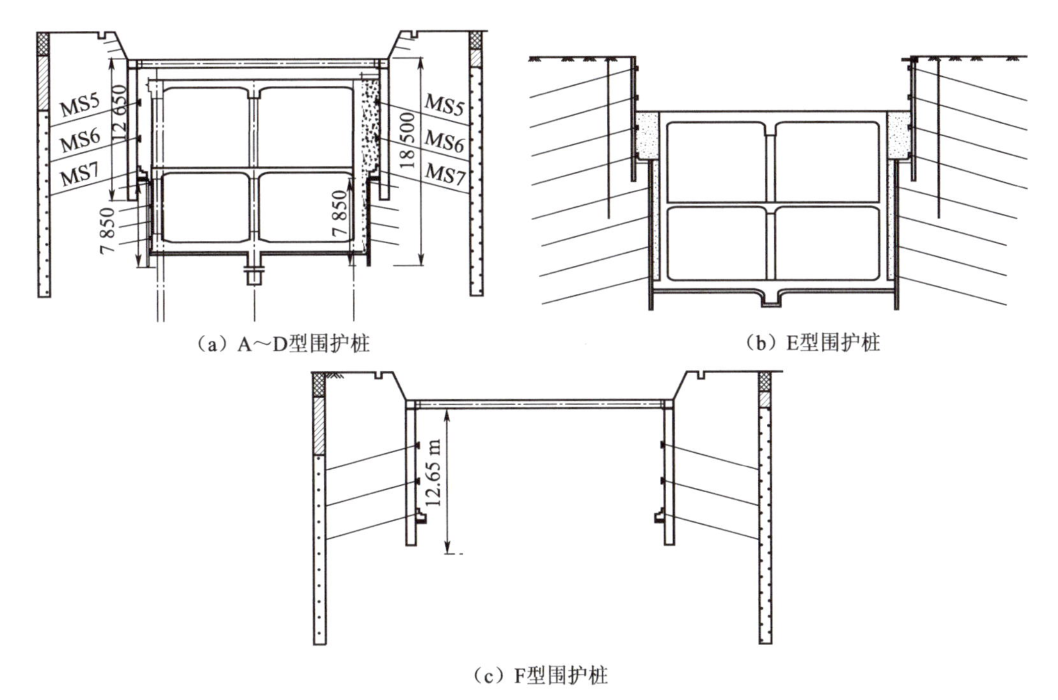

图 3-46　宁夏路地铁车站站主体结构深基坑支护体系剖面图(单位:mm)

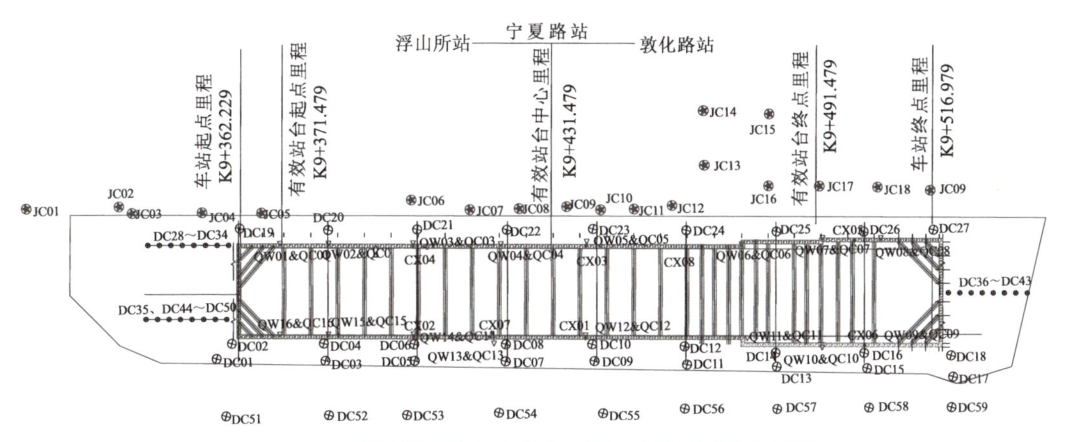

图 3-47　宁夏路地铁车站主体结构深基坑监测点布置图

表 3-28　基坑监测数据累计值(最大值)统计分析表

监测项目	样本(个)	最大值(mm)	最小值(mm)	平均值(mm)
地表沉降	36	19.25	4.16	12.83
建筑物沉降	17	30.86	6.27	14.62
桩顶竖向位移	16	8.72	1.10	3.47
桩顶水平位移	16	5.72	0.24	2.27
桩体水平位移	4	18.63	11.25	14.78

3.5.2　双山路地铁车站主体结构深基坑工程

双山路地铁车站为青岛地铁 3 号线一期工程第 13 座车站、第 7 座明挖法施工车站。车

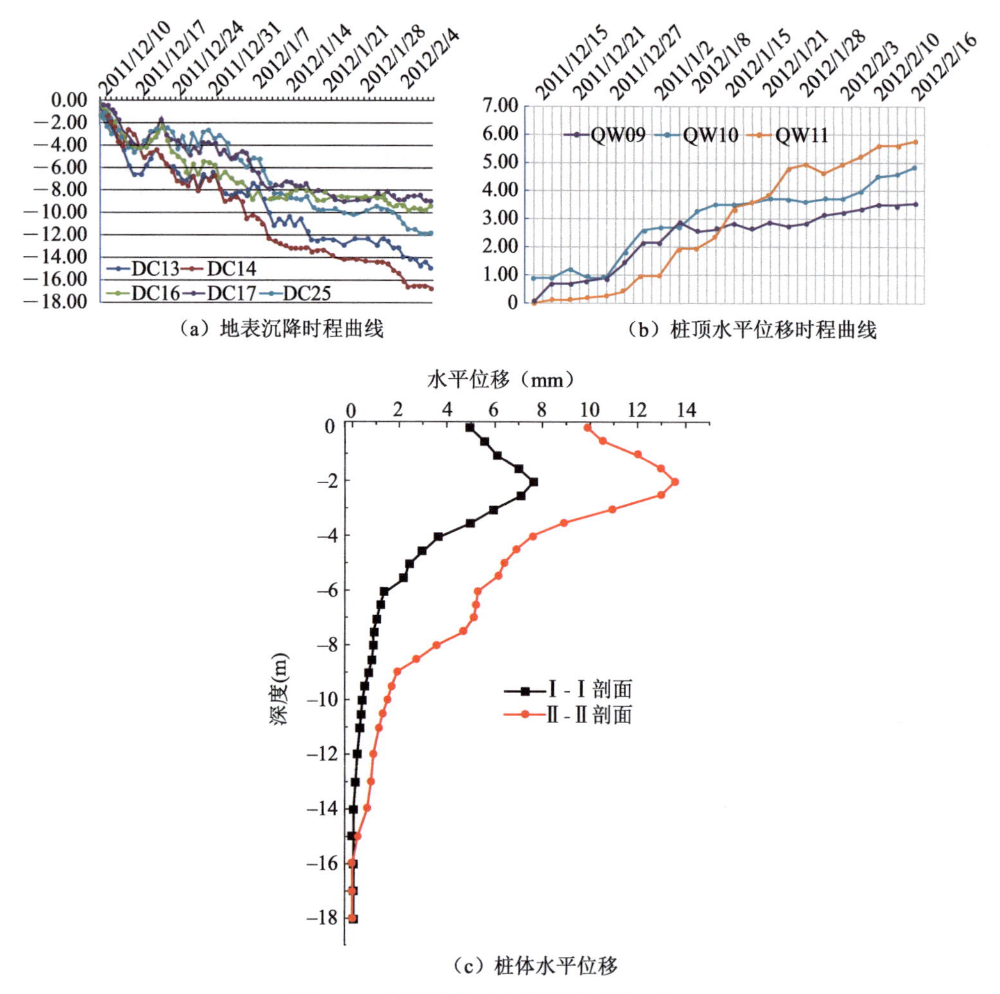

（a）地表沉降时程曲线

（b）桩顶水平位移时程曲线

（c）桩体水平位移

图 3-48　宁夏路车站深基坑典型监测数据

站位于黑龙江路与合肥路的交会处，沿黑龙江路正下方东北～西南走向展布。车站主体采用地下两层岛式结构形式，明挖顺作法施工。车站起讫里程为 K13＋489.796～K13＋748.864，有效站台中心里程为 K13＋650.296，全长 259.07 m，标准段宽 18.70 m，底板深度 15.82～17.46 m。车站共设置四个出入口（含一个预留出入口）、2 个消防专用通道、两组风井及风道，如图 3-49 所示。

双山路地铁车站场地范围黑龙江路为双向 8 车道的城市主干道，道路红线宽 40 m，路面交通繁忙。路面下方上方有电力、电信、给排水等管线，车站施工期间已进行导改。车站西侧约 10 m 范围处有加油站 1 座，车站施工期间需加油站停止运营并清空油品。站址范围内其他均为 3 层以下砖房及临时性建筑物，车站施工期间已进行拆迁。

双山路地铁车站站址区地形较为平坦，最大高差约 2.8 m，地貌类型为山前侵蚀堆积坡地。场地内第四系地层主要由全新统人工填土（Q_4^{ml}）、全新统陆相洪冲积层（Q_4^{al+pl}），全新统海相沼泽化层及沉积层（Q_4^{mh}）及上更新统陆相洪冲积层（Q_3^{al+pl}）组成。下覆基岩以粗粒花岗岩为主，煌斑岩、花岗斑岩、细粒花岗岩呈脉状穿插其间。

双山路地铁车站主体结构沿线共布设 17 个地质探测孔（图 3-50），其中控制性钻孔

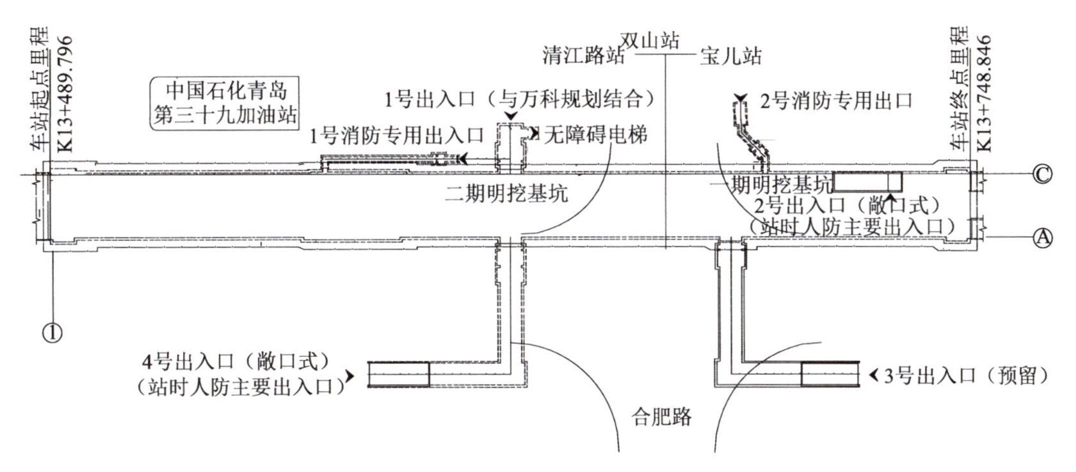

图 3-49　双山路地铁车站总平面图

6 个，一般性钻孔 11 个。地铁车站沿线地层分布特征如图 3-51 所示。地质勘测孔勘测数据统计分析见表 3-29。

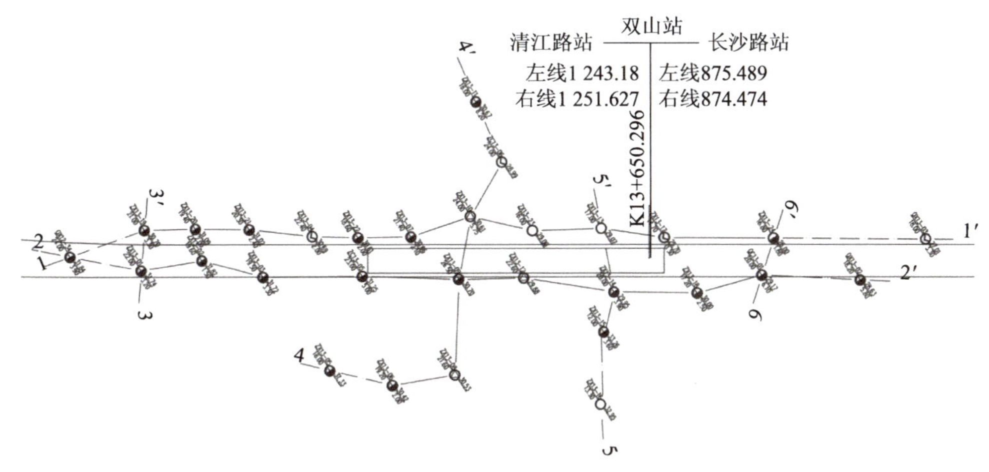

图 3-50　双山路站站址区地质勘测孔平面图

表 3-29　双山路站站址区地层特征统计分析结果

序号	里　　程	孔口高程(m)	土　　层		强风化层		软弱土层厚度(m)	桩孔深度(m)
			底高程(m)	厚度(m)	底高程(m)	厚度(m)		
1	ZX13-19	30.7	20.90	9.80	12.70	8.2	18.00	21
2	ZX13-01	31.74	20.94	10.80	13.24	7.7	18.50	22
3	ZX13-20	31.09	20.79	10.30	19.09	1.7	12.00	19.4
4	ZX13-02	31.82	19.72	12.10	17.52	2.2	14.30	19.6
5	ZX13-03	31.72	17.92	13.80	15.12	2.8	16.60	19.5
6	ZX13-04	30.69	18.59	12.10	14.49	4.1	16.20	22.4
7	ZX13-05	31.33	21.53	9.80	16.83	4.7	14.50	18
8	ZX13-22	30.61	19.51	11.10	12.61	6.9	18.00	18.6

续上表

序号	里　程	孔口高程(m)	土　层		强风化层		软弱土层厚度(m)	桩孔深度(m)
			底高程(m)	厚度(m)	底高程(m)	厚度(m)		
9	ZC13-05	31.25	19.95	11.30	14.75	5.2	16.50	23
10	ZX13-07	30.66	17.66	13.00	12.86	4.8	17.80	21.4
11	ZX13-09	30.7	19.60	11.10	11.00	8.6	19.70	26.5
12	ZX13-10	30.61	20.41	10.20	15.91	4.5	14.70	24
13	ZX13-21	31.02	21.22	9.80	16.72	4.5	14.30	20.3
14	ZX13-12	29.88	17.68	12.20	12.38	5.3	17.50	22.6
15	ZX13-23	29	18.00	11.00	14.50	3.5	14.50	16
16	ZX13-13	29.07	20.67	8.40	16.67	4	12.40	17
17	ZX13-14	29.95	19.75	10.20	11.35	8.4	18.60	20
18	ZX13-17	25.7	19.00	6.70	15.90	3.1	9.80	14.7
19	ZX13-18	30	19.40	10.60	19.00	0.4	11.00	17.2
20	QC13-01	29.17	20.37	8.80	19.27	1.1	9.90	20

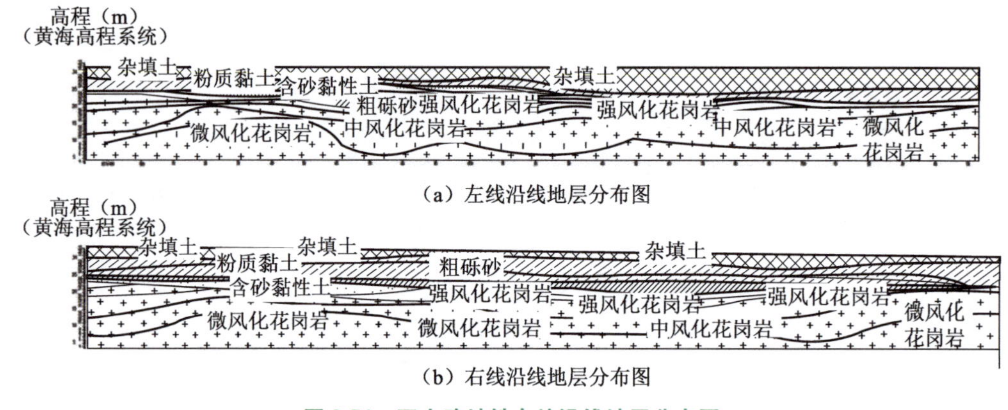

（a）左线沿线地层分布图

（b）右线沿线地层分布图

图 3-51　双山路地铁车站沿线地层分布图

由表 3-29 统计分析可得，双山路地铁车站主体结构深基坑工程沿线右侧第四系土质地层最大厚度 13.80 m，最小厚度 8.80 m，平均厚度 11.07 m；强风化岩质地层最大厚度 8.6 m，最小厚度 0.4 m，平均厚度 4.64 m。第四系土质地层和强风化岩层两者之和所构成的软弱土层最大厚度 19.70 m，最小厚度 9.0 m，平均厚度 15.62 m。基坑工程沿线左侧第四系土质地层最大厚度 13.0 m，最小厚度 6.7 m，平均厚度 10.24 m；强风化岩质地层最大厚度 8.20 m，最小厚度 1.70 m，平均厚度 4.53 m。第四系土质地层和强风化岩层两者之和所构成的软弱土层最大厚度 18.0 m，最小厚度 9.80 m，平均厚度 14.77 m。整个基坑工程项目场地范围内第四系土质地层最大厚度 13.80 m，最小厚度 0.40 m，平均厚度 10.66 m；强风化岩质地层最大厚 8.60 m，最小厚度 1.70 m，平均厚度 4.59 m。第四系土质地层和强风化岩层两者之和所构成的软弱土层最大厚度 19.70 m，最小厚度 9.0 m，平均厚度 15.24 m，见表 3-30。

表 3-30 双山路车站项目场地地层厚度统计分析

范 围	土质地层(m)			强风化地层(m)			软弱地层(m)		
	最大值	最小值	平均值	最大值	最小值	平均值	最大值	最小值	平均值
右线	13.80	8.80	11.70	8.60	0.40	4.64	19.70	9.0	15.62
左线	13.0	6.70	10.24	8.20	1.70	4.53	18.0	9.80	14.77
全部	13.8	0.40	10.66	8.60	1.70	4.59	19.70	9.0	15.24

双山路地铁车站主体结构深基坑采用 ϕ1 000 mm@1 700 mm 钻孔灌注桩＋钢管内支撑或预应力锚索外支撑等构成的混合支护体系。钻孔灌注桩桩间设置 ϕ1 200 mm@1 700 mm 高压旋喷桩，与灌注桩咬合形成止水帷幕。当岩面高度较高时，采用无嵌固桩支护体系，在中风化层顶面放平台，平台宽度 1 000 mm，平台以下基坑采用超前微型钢管桩支护，然后直坡开挖。其中微型桩采用外径 245 mm，壁厚 8 mm 钢管，间距 1 000 mm，钻孔直径 300 mm，嵌入岩层深度 1.5 m，孔内外灌注水灰比 0.5 水泥浆。竖向每 2 m 设置一道混凝土肋梁，预应力锚索水平间距 2 m，竖向间距 2 m。地铁车站主体结构深基坑共打设钻孔灌注桩353 根，根据桩长不同分为 10 种类型，见表 3-31。地铁车站主体结构深基坑支护体系平面分布如图 3-52 所示，深基坑支护体系典型断面如图 3-53 所示。

表 3-31 双山路地铁车站主体结构深基坑钻孔灌注围护桩类型

类 型	ZZ1	ZZ2	ZZ3	ZZ4	ZZ5	ZZ6	ZZ7	ZZ8	ZZ9	ZZ10
长度(m)	18.37	17.37	13.87	16.37	16.77	6.65	9.45	16.62	15.62	10.65
根数(个)	32	95	46	87	3	15	27	9	3	36

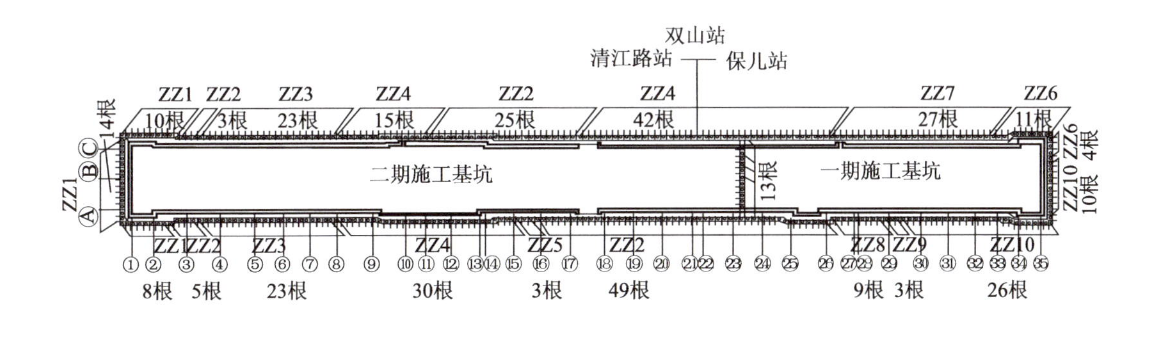

图 3-52 双山路地铁车站主体结构深基坑支护体系平面分布图

双山路地铁车站第三方监测单位在基坑施工时对周边地层、围护桩等进行了全过程现场监测，其中在基坑周边布设 80 个地表沉降监测点，编号依次 DC01～DC80；16 个桩桩顶竖向，编号依次为 QC01～QC16；16 个水平位移监测点，编号依次为 QW01～QW16；8 个桩体水平位移，编号为 CX01～CX08，如图 3-54 所示。

双山路地铁车站主体结构深基坑施工全过程监测数据统计分析表明，基坑周边地表沉降最大值为 9.82 mm，最小值 0.21 mm，平均值 5.68 mm；桩顶竖向位移最大值为 8.02 mm，最小值 0.41 mm，平均值 4.12 mm；桩顶水平位移最大值为 5.95 mm，最小值 0.41 mm，平

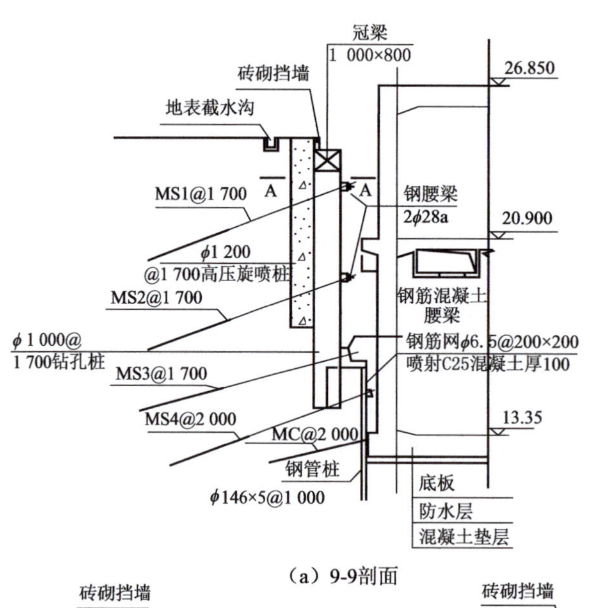

（a）9-9剖面

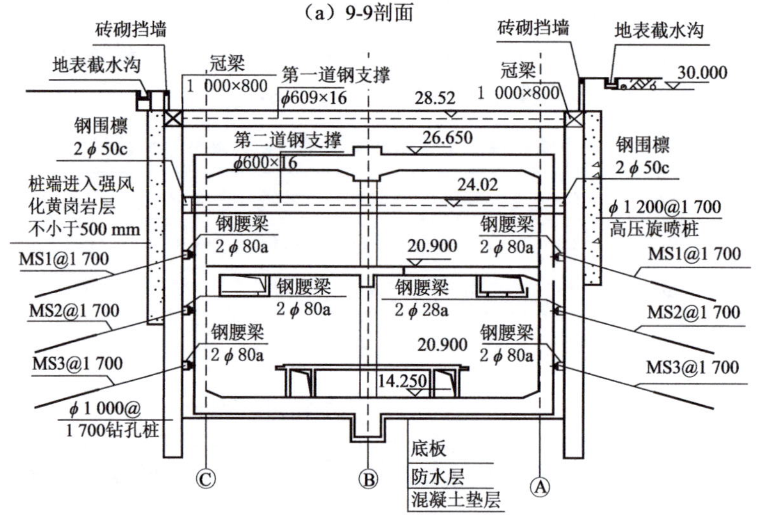

（b）3-3剖面

图 3-53　长沙路地铁车站主体结构深基坑典型剖面图(单位：mm)

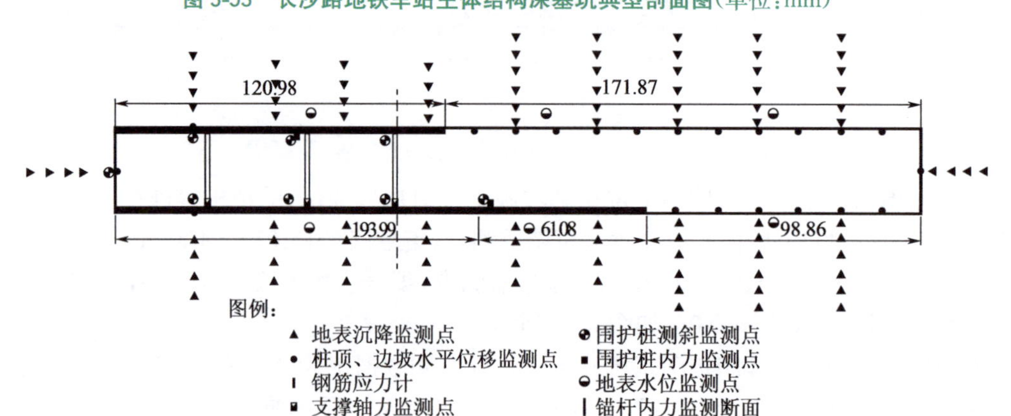

（a）

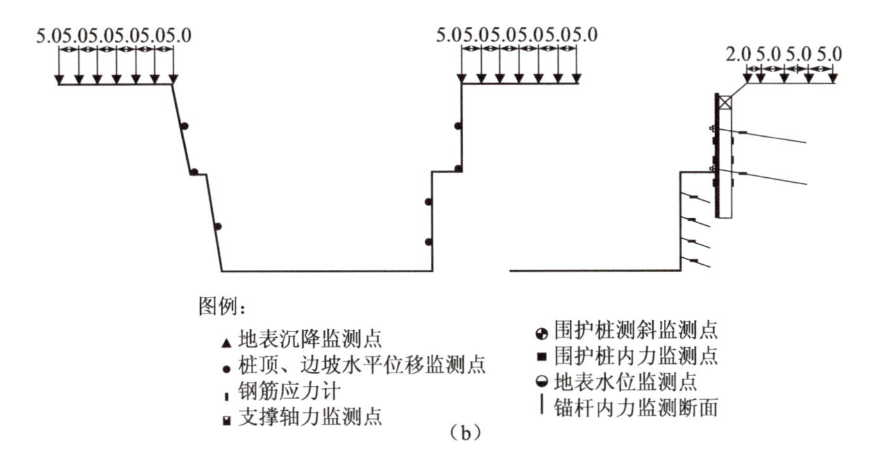

（b）

图 3-54　双山路地铁车站主体结构深基坑工程监测布点图（单位：m）

均值 3.12 mm；桩体最大值为 12.63 mm，最小值 2.25 mm，平均值 8.87 mm，监测点位布设见表 3-32。典型地表沉降、桩顶竖向位移、桩顶水平位移以及桩体水平位移监测点位的监测数据时程曲线如图 3-55 所示。可见，地铁车站主体结构深基坑开挖引起的周边地层、周边环境及围护桩支护结构等各项变形参数均在允许范围之内，工程实施效果良好。

表 3-32　基坑监测数据累计值（最大值）统计分析表

监测项目	样本（个）	最大值（mm）	最小值（mm）	平均值（mm）
地表沉降	60	9.82	0.21	5.68
桩顶竖向位移	16	8.02	0.41	4.12
桩顶水平位移	16	5.95	0.41	3.12
桩体水平位移	8	12.63	2.25	8.87

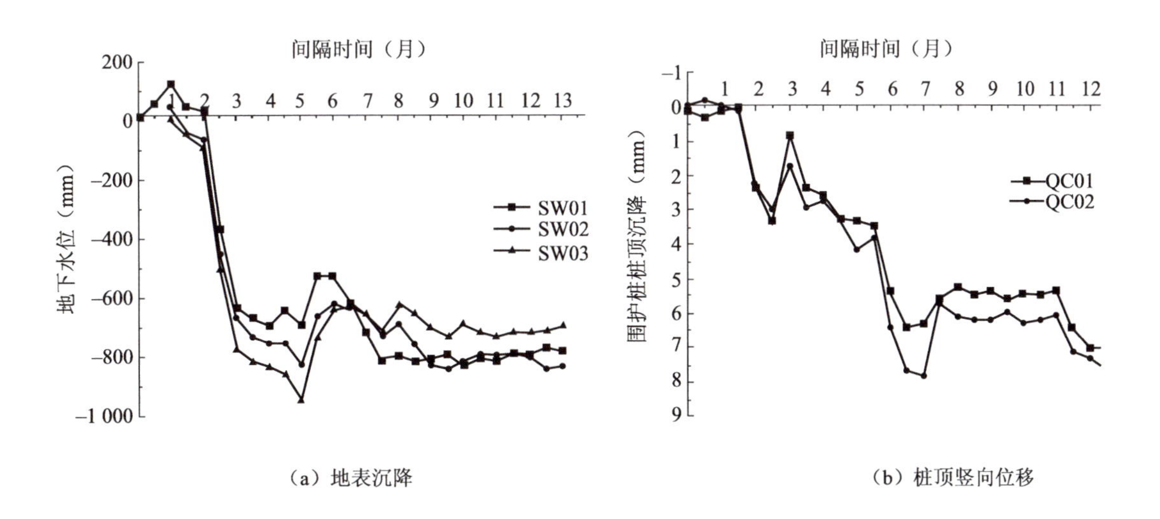

（a）地表沉降　　　　（b）桩顶竖向位移

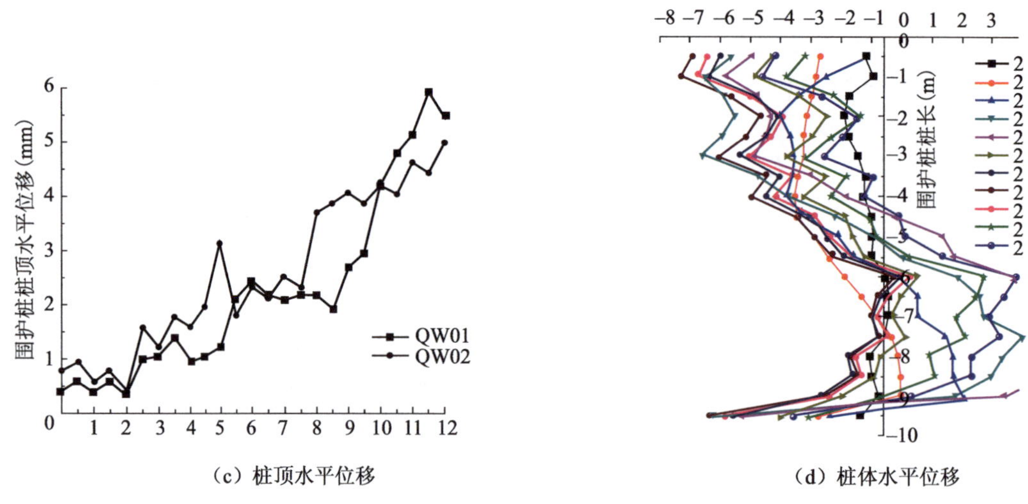

（c）桩顶水平位移　　　　（d）桩体水平位移

图 3-55　双山路地铁车站主体结构深基坑工程监测典型结果

3.5.3　长沙路地铁车站主体结构深基坑工程

长沙路地铁车站为青岛地铁 3 号线一期工程第 14 座车站、第 8 座明挖法施工车站。车站位于黑龙江路与长沙路交叉口北侧，沿黑龙江路正下方南～北向展布。车站主体采用地下两层两跨矩形框架结构形式，明挖顺作法施工。车站起讫里程为 K14＋560.946～K14＋354.446，有效站台中心里程为 K14＋500.946，全长 238.5 m，标准段宽 18.80 m，底板深度 15.70～19.95 m。车站共设置 3 个出入口(其中 1 号出入口预留)、2 组风井及风道、1 个消防专用通道，车站总平面如图 3-56 所示。

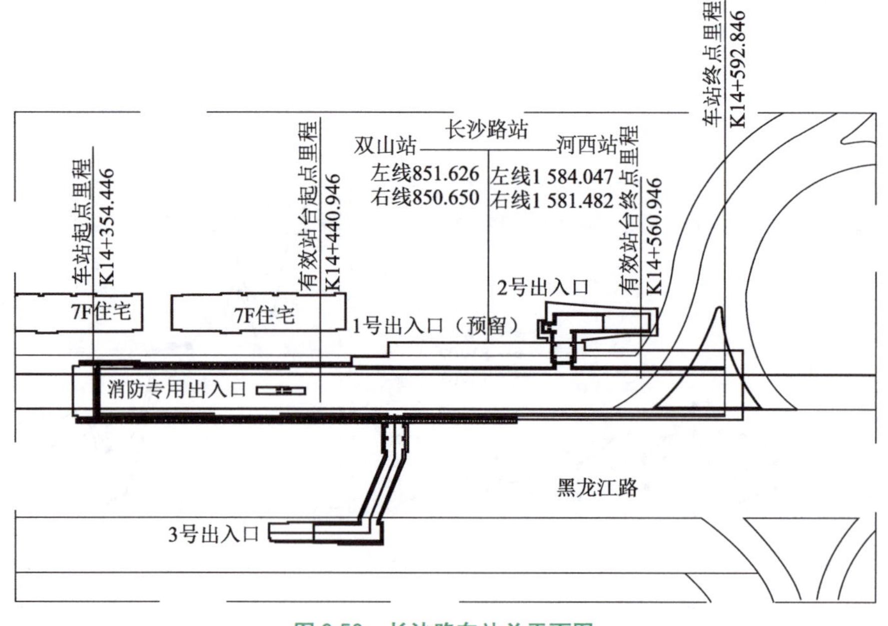

图 3-56　长沙路车站总平面图

长沙路车站场地范围黑龙江路为双向 8 车道的城市主干道，道路红线宽 40 m，路面交通繁忙，道路下方地下管线较多，车站施工期间已进行导改。车站小里程西侧有 2 栋 7 层住宅，距离车站边缘最小距离为 11.5 m。

长沙路地铁车站站址区地形较为平坦，最大高差约 3.25 m，地貌类型为山前侵蚀堆积坡地。场地内第四系地层主要由全新统人工填土（Q_4^{ml}）和上更新统冲洪积层（Q_3^{al+pl}）组成下覆基岩以粗粒花岗岩为主，煌斑岩、花岗斑岩、细粒花岗岩呈脉状穿插其间。场区存在受 F3 断层次生构造断裂影响产生的数条互相贯通的相对软弱带，其余地段场区构造以风化节理、构造裂隙及燕山晚期侵入岩脉为主。节理裂隙受区域性断裂构造控制，不同岩性其节理发育程度差异较大，在中～粗粒花岗岩中，节理走向以 NE-NEE 及 NNW-NW 向为主。节理结构面一般较平直，紧闭～闭合，很少有充填物，多为高角度节理，倾角一般为 75°～85°。节理空间分布上一般在断裂带两侧比较发育，常形成节理密集带，地下水相对较丰富。地下水主要为主要赋存于强、中风化岩层中的基岩裂隙水，稳定水位埋深为 2.30～4.00 m。

长沙路地铁车站主体结构沿线共布设 17 个地质探测孔（图 3-57），其中控制性钻孔 6 个，一般性钻孔 11 个。地铁车站沿线地层分布特征如图 3-58 所示。地质勘测孔勘测数据统计分析见表 3-33。

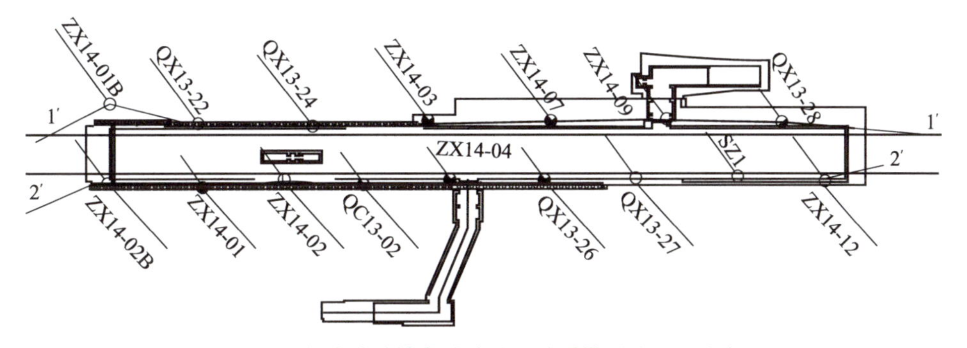

图 3-57 长沙路地铁车站站址区地质勘测孔平面分布图

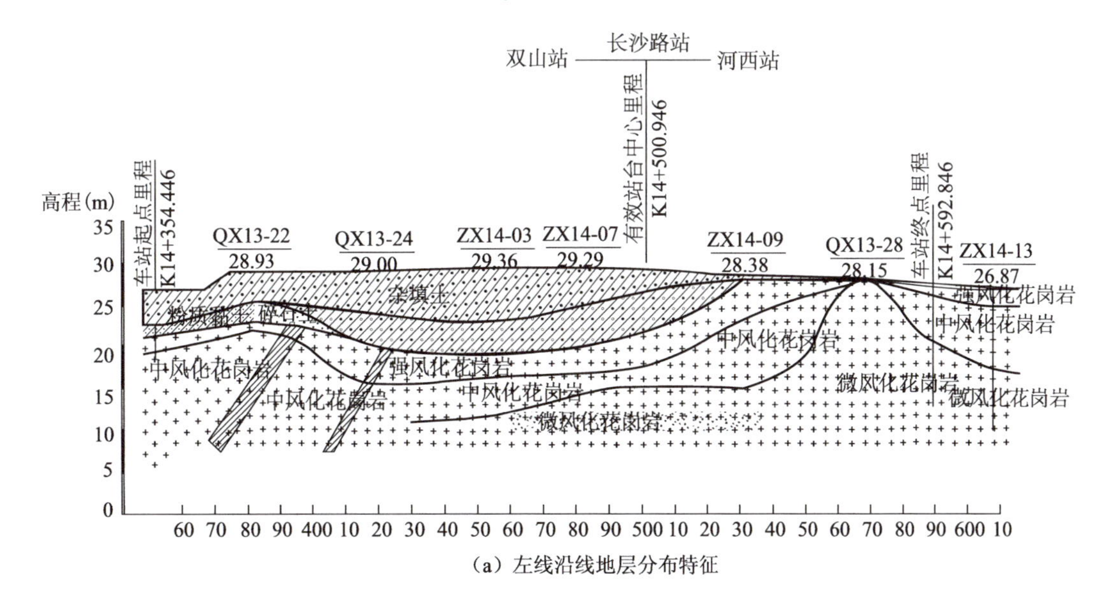

（a）左线沿线地层分布特征

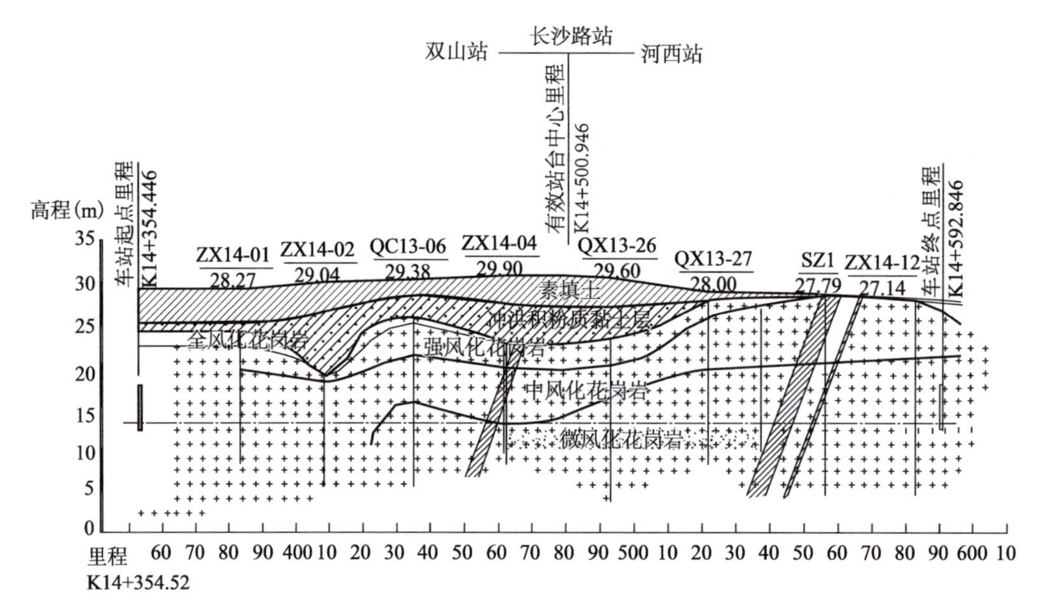

（b）右线沿线地层分布特征

图 3-58　长沙路地铁车站沿线地层分布图

表 3-33　长沙路地铁车站沿线地层厚度特征统计分析

序号	里　　程	孔口高程(m)	土　　层		强风化层		软弱土层厚度(m)	桩孔深度(m)
			底高程(m)	厚度(m)	底高程(m)	厚度(m)		
1	K14＋254	28.27	23.27	5.00	18.97	4.3	9.30	20.2
2	K14＋280	29.04	18.24	10.80	17.54	0.7	11.50	20.5
3	K14＋290	29	20.00	9.00	15.50	4.5	13.50	18.1
4	K14＋306	29.38	24.98	4.40	20.58	4.4	8.80	24
5	K14＋327	29.36	19.06	10.30	16.36	2.7	13.00	21
6	K14＋333	29.9	21.90	8.00	19.10	2.8	10.80	21.8
7	K14＋364	29.6	22.50	7.10	19.30	3.2	10.30	26
8	K14＋366	29.29	20.99	8.30	17.09	3.9	12.20	18
9	K14＋383	28.93	22.93	6.00	21.93	1.0	7.00	18.0
10	K14＋393	28	27.00	1.00	25.00	2.0	3.00	20
11	K14＋403	28.38	27.98	0.40	23.18	4.8	5.20	18
12	K14＋427	27.79	27.49	0.30	27.49	0	0.30	23.5
13	K14＋441	28.15	27.85	0.30	27.85	0	0.30	23.5
14	K14＋454	27.14	26.94	0.20	26.94	0	0.20	10.8
15	K14＋480	26.87	26.67	0.20	24.67	2.0	2.20	17

由表 3-33 统计分析可得，长沙路地铁车站深基坑工程沿线右侧第四系土质地层最大厚度 10.80 m，最小厚度 0.20 m，平均厚度 4.60 m；强风化岩质地层最大厚度 4.4 m，最小厚度

0.0 m，平均厚度 2.18 m。第四系土质地层和强风化岩层两者之和所构成的软弱土层最大厚度 11.50 m，最小厚度 0.20 m，平均厚度 6.78 m。基坑工程沿线左侧第四系土质地层最大厚度 10.3 m，最小厚度 0.20 m，平均厚度 4.93 m；强风化岩质地层最大厚度 4.8 m，最小厚度 0.0 m，平均厚度 2.70 m。第四系土质地层和强风化岩层两者之和所构成的软弱土层最大厚度 13.5 m，最小厚度 0.30 m，平均厚度 7.63 m。整个基坑工程项目场地范围内第四系土质地层最大厚度 10.80 m，最小厚度 0.20 m，平均厚度 4.76 m；强风化岩质地层最大厚 4.80 m，最小厚度 0.00 m，平均厚度 2.42 m。第四系土质地层和强风化岩层两者之和所构成的软弱土层最大厚度 13.50 m，最小厚度 0.30 m，平均厚度 7.18 m，见表 3-34。

表 3-34　长沙路地铁车站沿线土质地层厚度分布特征

范　围	土质地层(m)			强风化地层(m)			软弱地层(m)		
	最大值	最小值	平均值	最大值	最小值	平均值	最大值	最小值	平均值
右线	10.80	0.20	4.60	4.40	0.0	2.18	11.50	0.20	6.78
左线	10.30	0.20	4.93	4.80	0.0	2.70	13.50	0.30	7.63
全部	10.80	0.20	4.76	4.80	0.00	2.42	13.50	0.30	7.18

长沙路地铁车站主体结构深基坑右侧自车站起点至 K14＋514.146 采用 ϕ800 mm@1 500 mm 的钻孔灌注吊脚桩支护形式，桩底进入中风化岩层 1.5 m。基坑周边钻孔灌注桩桩间设置 ϕ1 200 mm@1 500 mm 高压旋喷桩并与灌注桩咬合。基坑左侧自车站起点至 K14＋451.946 采用 ϕ1 200 mm@1 500 mm 的人工挖孔桩＋配锚支护。基坑其余地段采用钢管桩(或放坡)＋土钉墙支护。长沙路地铁车站主体结构深基坑支护体系平面分布如图 3-59 所示，典型断面如图 3-60 所示。对于上覆土层厚度 H_s 为 10 m 的地铁深基坑，对于结构面结合程度结合良好基坑直立岩壁，其自稳临界高度最小值为 10 m。因此，长沙路地铁车站深基坑下覆直立岩壁满足自稳性要求。

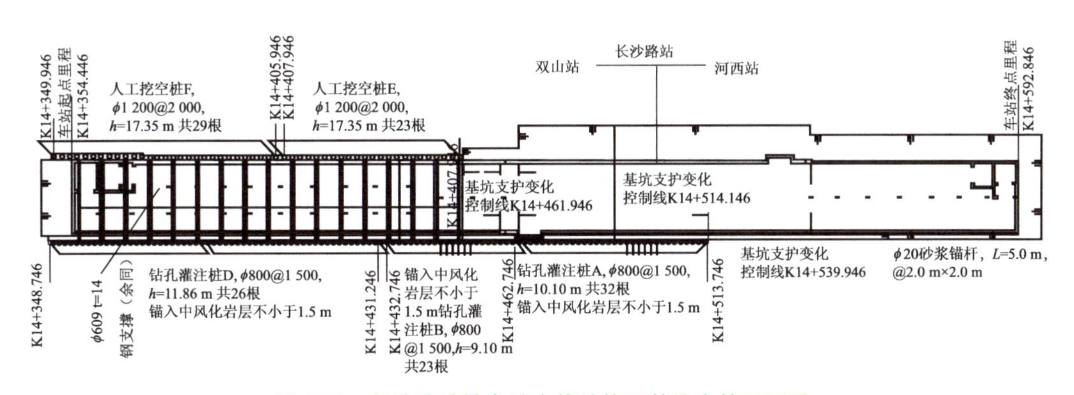

图 3-59　长沙路地铁车站主体结构深基坑支护平面图

长沙路地铁车站的监测单位在基坑施工时对周边地层、围护桩等进行了全过程现场监测，其中在基坑周边布设 88 个地表沉降监测点，10 个桩桩顶竖向，编号依次为 QC01～QC42；10 个水平位移监测点，编号依次为 QW01～QW42；6 个桩体水平位移，编号为 CX01～CX21，如图 3-61 所示。

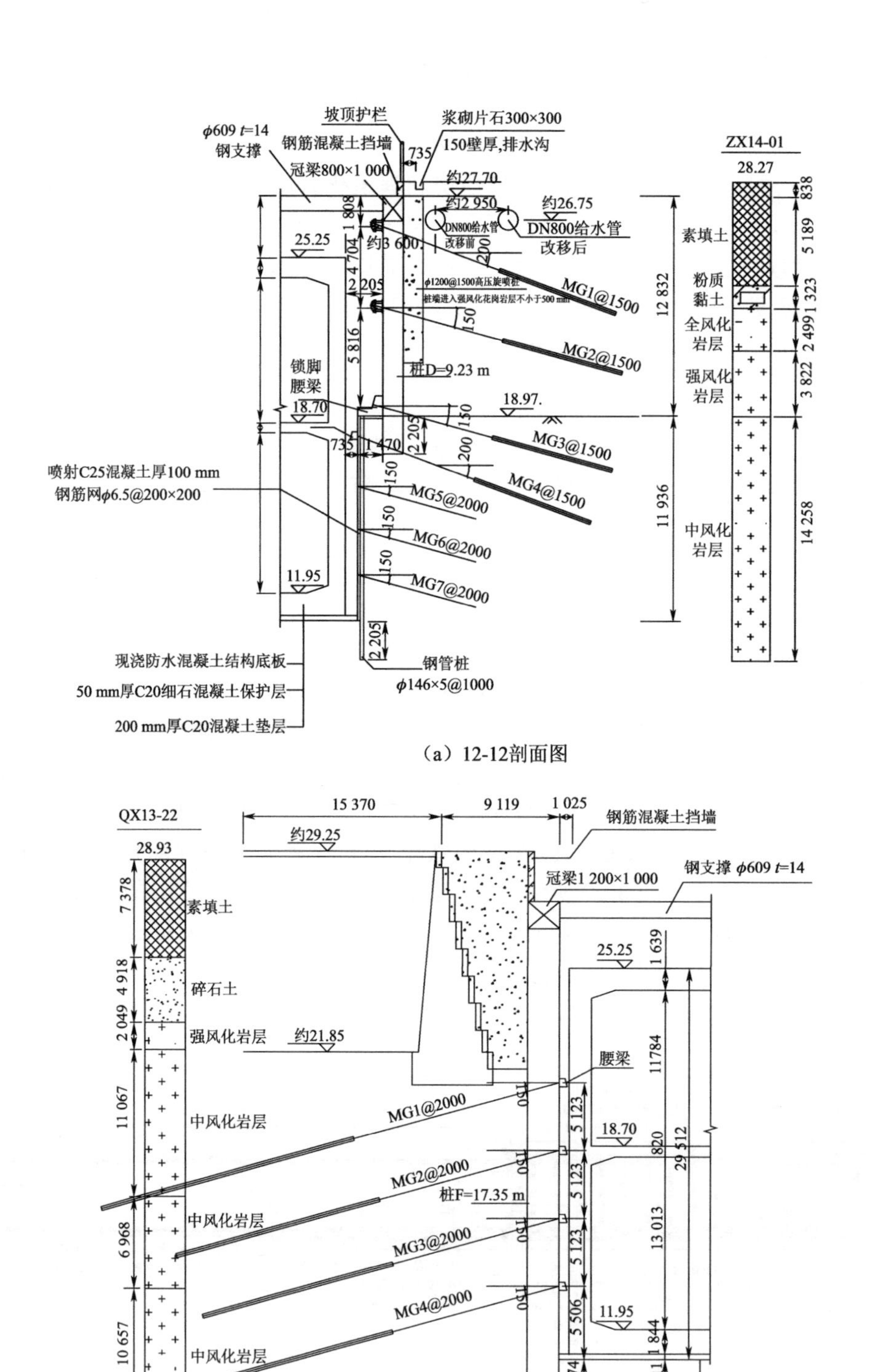

（a）12-12剖面图

（b）11-11剖面图

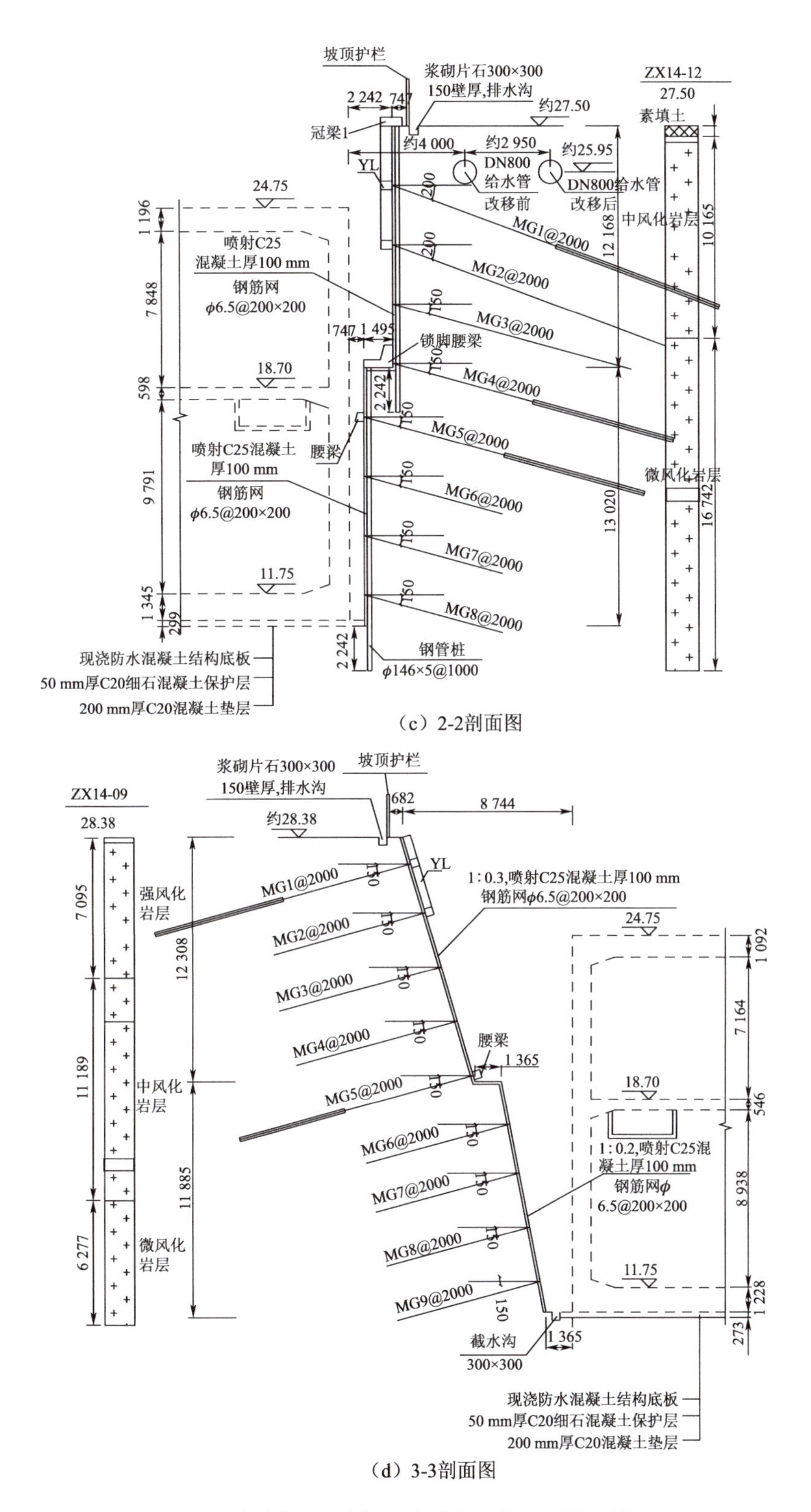

（c）2-2剖面图

（d）3-3剖面图

图 3-60　长沙路地铁车站主体结构深基坑典型剖面图（单位：mm）

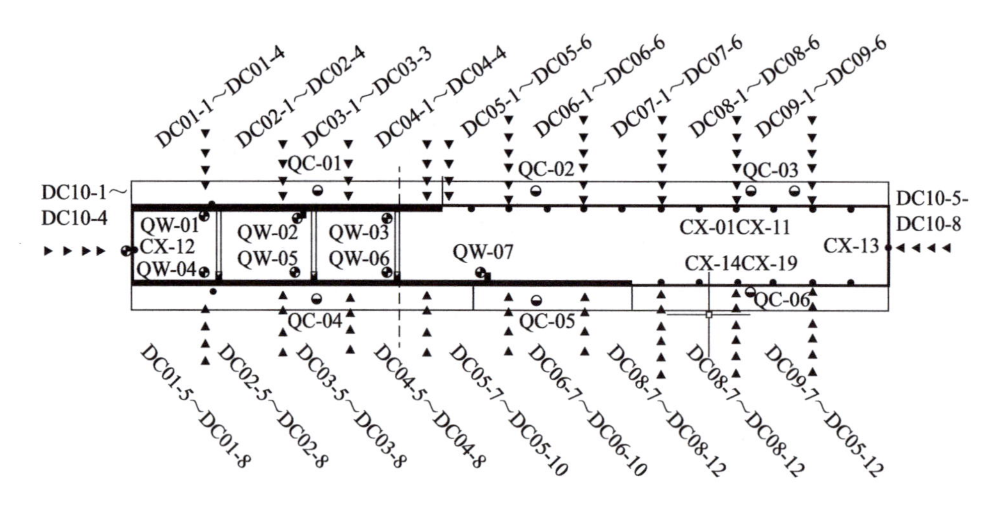

图 3-61 长沙路地铁车站主体结构深基坑工程监测点布置图

长沙路地铁车站主体结构深基坑施工全过程监测数据统计分析表明，基坑周边地表沉降最大值为 9.82 mm，最小值 0.21 mm，平均值 5.68 mm；桩顶竖向位移最大值为 8.72 mm，最小值 1.10 mm，平均值 3.47 mm；桩顶水平位移最大值为 5.72 mm，最小值 0.24 mm，平均值 2.27 mm；桩体最大值为 18.63 mm，最小值 11.25 mm，平均值 14.78 mm，监测点位布设见表 3-35。典型桩体水平位移监测点位的监测数据时程曲线如图 3-62 所示。可见，地铁车站主体结构深基坑开挖引起的周边地层、周边环境及围护桩支护结构等各项变形参数均在允许范围之内，工程实施效果良好。

表 3-35 基坑监测数据累计值(最大值)统计分析表

监测项目	样本(个)	最大值(mm)	最小值(mm)	平均值(mm)
地表沉降	86	10.28	1.2	6.48
桩顶竖向位移	10	9.56	1.57	5.23
桩顶水平位移	10	10.29	2.28	6.56
桩体水平位移	6	16.52	1.25	12.51

3.5.4 海安路地铁车站主体结构深基坑工程

海安路地铁车站为青岛地铁 2 号线一期工程中间站。车站主体位于海安路与香港东路交口南侧，车站沿香港东路路中设置。车站所处地段香港东路路宽约 31.5 m，为双向 8 车道，道路交通繁忙。周边建筑物分布距离车站主体较远。地铁车站主体采用地下两层局部地下三层岛式结构形式，明挖顺做法施工。车站起讫里程为 Y(Z)SK37＋406.581～Y(Z)SK37＋625.781，有效站台中心里程为 Y(Z)SK37＋557.481，全长 219.2 m，标准段宽 19.4 m，基坑深约 19.5～24.7 m，顶板覆土 2.8～4.7 m。车站共设置 2 个出入口、2 组风亭、一个疏散出入口、2 个预留出入口。海安路车站整体平面分布如图 3-63 所示。

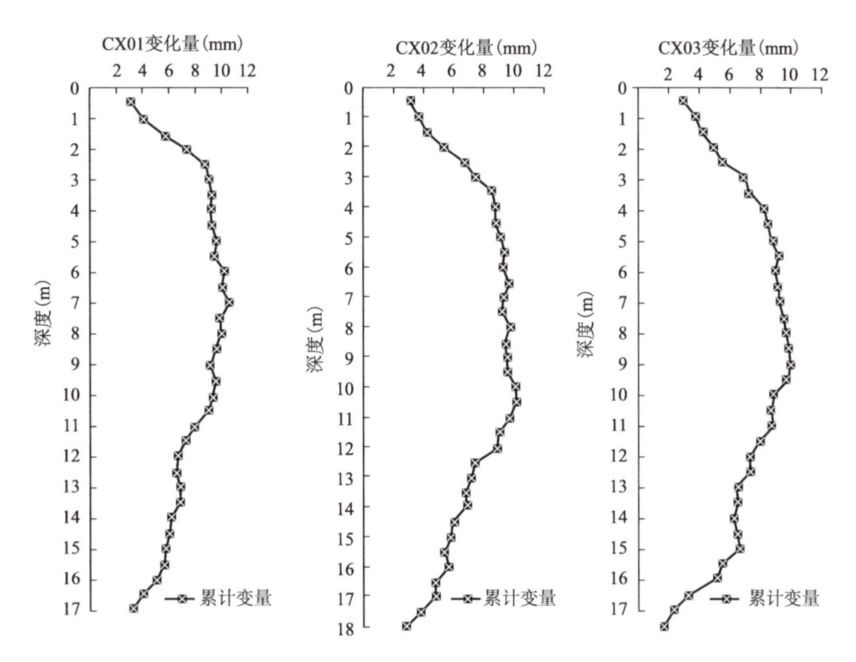

图 3-62　长沙路车站主体结构深基坑工程监测结果

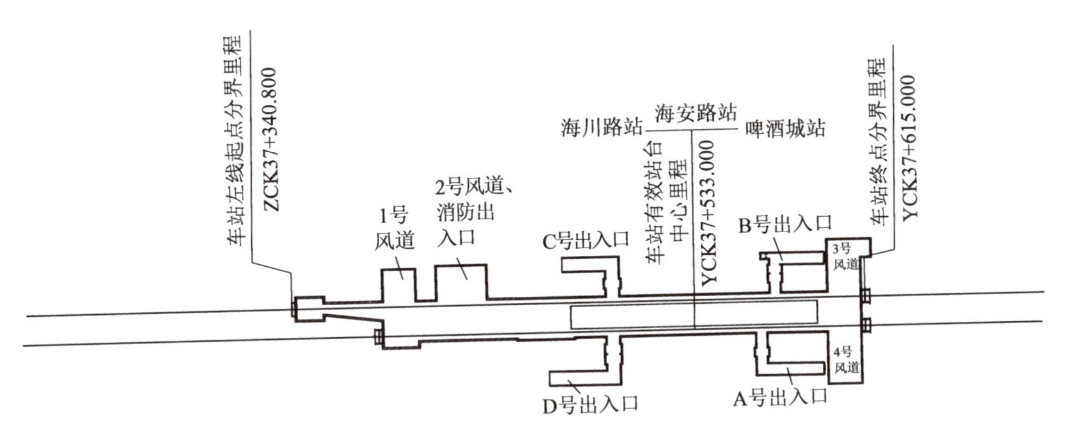

图 3-63　海安路车站总平面图

海安路地铁车站站址区地形整体地形西高东低，最大高差约 8.6 m，地貌类型为剥蚀斜坡～剥蚀堆积斜坡，后经人工回填改造。站址区内第四系厚度 0.60～3.40 m，主要由第四系全新统人工填土(Q_4^{ml})、全新统陆相洪冲积层(Q_4^{al+pl})，全新统海相沼泽化层及沉积层(Q_4^{mh})及上更新统陆相洪冲积层(Q_3^{al+pl})组成。下覆基岩以粗粒花岗岩为主，煌斑岩、花岗斑岩、细粒花岗岩呈脉状穿插其间。站址区内无大断裂带通过或影响，无岩溶等不良地质作用。场地内地下水富水性一般较贫，水量较小，主要赋存在基岩的裂隙中，稳定水位埋深 1.28～6.10 m。

地铁车站主体结构沿线共布设 17 个地质探测孔，其中控制性钻孔 6 个，一般性钻孔 11 个。地铁车站沿线地层分布特征如图 3-64 所示。地质勘测孔勘测数据统计分析见表 3-36。

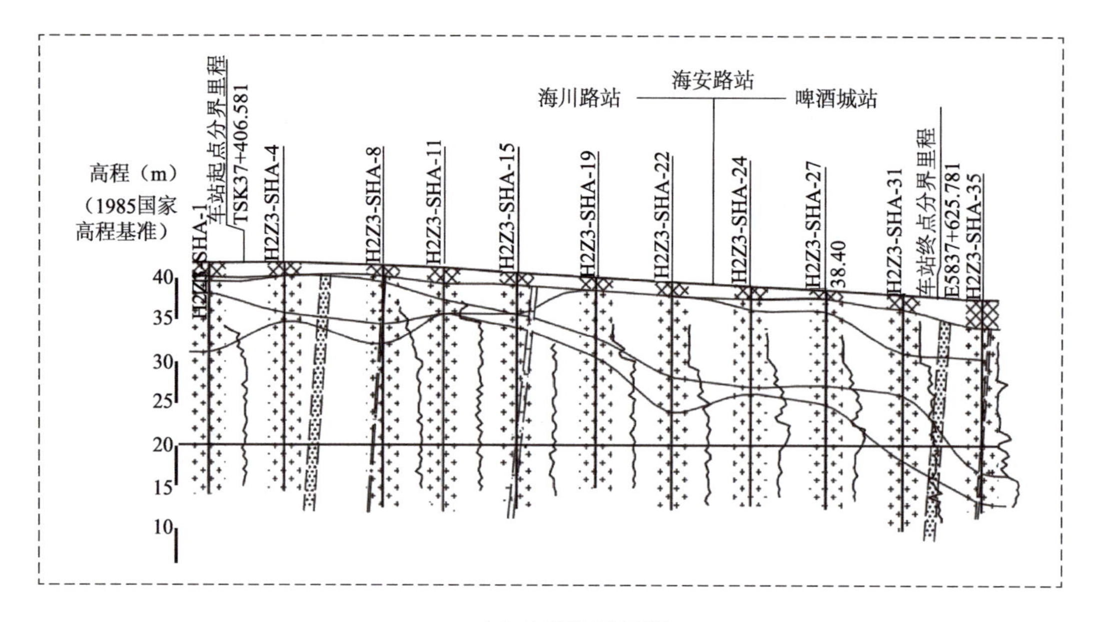

（a）右线地层剖面图

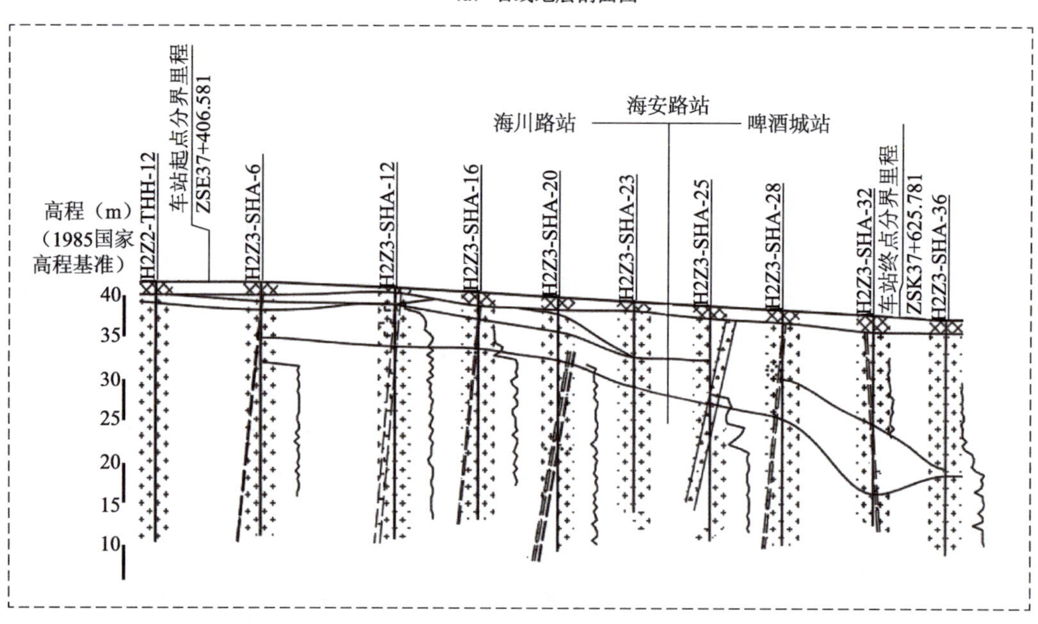

（b）左线地层剖面图

图 3-64　青岛地铁海安路站地层剖面图

表 3-36　青岛地铁海安路站站址区地层特征统计分析结果

序号	里　程	孔口高程（m）	土　层		强风化层		软弱土层	桩孔深度（m）
			底高程(m)	厚度(m)	底高程(m)	厚度(m)	厚度(m)	
1	K37＋498	40.41	39.01	1.4	35.51	3.5	4.9	28
2	K37＋499	40.37	38.77	1.6	37.17	1.6	3.2	27
3	K37＋500	42.14	41.44	0.7	37.14	4.3	5	30.5

续上表

序号	里　　程	孔口高程(m)	土　　层		强风化层		软弱土层厚度(m)	桩孔深度(m)
			底高程(m)	厚度(m)	底高程(m)	厚度(m)		
4	K37+505	39.48	36.38	3.1	31.08	5.3	8.4	26.5
5	K37+506	40.32	39.32	0.998	33.32	6	6.998	27
6	K37+518	41.41	40.61	0.8	37.41	3.2	4	28
7	K37+521	39.88	38.48	1.4	32.68	5.8	7.2	25
8	K37+522	39.79	38.29	1.5	35.69	2.6	4.1	30.2
9	K37+523	38.97	35.97	3	31.97	4	7	27
10	K37+543	41.05	40.65	0.4	37.05	3.6	4	28
11	K37+544	39.36	37.66	1.7	28.06	9.6	11.3	27
12	K37+546	39.27	38.17	1.1	32.67	5.5	6.6	25
13	K37+548	38.86	37.36	1.496	29.86	7.5	8.996	26
14	K37+569	38.84	37.34	1.5	26.84	10.5	12	26
15	K37+569	38.78	37.28	1.5	32.38	4.9	6.4	28
16	K37+591	38.3	36.8	1.5	30.1	6.7	8.2	28
17	K37+592	38.4	37.4	1	27.1	10.3	11.3	26
18	K37+594	37.54	36.14	1.4	17.04	19.1	20.5	26
19	K37+595	38.37	38.17	0.196	25.67	12.5	12.696	27
20	K37+615	37.85	36.05	1.8	25.85	10.2	12	28
21	K37+615	37.96	35.16	2.8	28.46	6.7	9.5	24
22	K37+617	38.29	37.69	0.6	20.79	16.9	17.5	28
23	K37+618	36.9	34.3	2.6	24.9	9.4	12	28
24	K37+619	37.69	35.69	2	24.69	11	13	25
25	K37+630	37.57	36.27	1.3	23.67	12.6	13.9	30.5
26	K37+631	36.75	34.45	2.3	22.75	11.7	14	22
27	K37+639	37.29	33.89	3.4	16.69	17.2	20.6	25.2
28	K37+641	37.19	35.59	1.6	19.39	16.2	17.8	28

由表3-36统计分析可得，海安路地铁车站深基坑工程沿线右侧第四系土质地层最大厚度3.4 m，最小厚度1 m，平均厚度1.69 m；强风化岩质地层最大厚度17.2 m，最小厚度2 m，平均厚度7.52 m。第四系土质地层和强风化岩层两者之和所构成的软弱土层最大厚度20.6 m，最小厚度3.6 m，平均厚度9.21 m。基坑工程沿线左侧第四系土质地层最大厚度2 m，最小厚度0.6 m，平均厚度1.43 m；强风化岩质地层最大厚度16.2 m，最小厚度0.5 m，平均厚度5.6 m。第四系土质地层和强风化岩层两者之和所构成的软弱土层最大厚度17.8 m，最小厚度2 m，平均厚度7.03 m。整个基坑工程项目场地范围内第四系土质地层最大厚度3.4 m，最小厚度0.6 m，平均厚度1.58 m；强风化岩质地层最大厚17.2 m，最小厚度0.5 m，平均厚度6.46 m。第四系土质地层和强风化岩层两者之和所构成的软弱土层最大厚度20.6 m，最小厚度2 m，平均厚度8.01 m，见表3-37。

表 3-37 海安路车站项目场地地层厚度统计分析

范 围	第四系地层(m)			强风化地层(m)			土质地层(m)		
	最大值	最小值	平均值	最大值	最小值	平均值	最大值	最小值	平均值
右线	3.4	1	1.69	17.20	2	7.52	20.60	3.60	9.21
左线	2	0.6	1.43	16.2	0.5	5.6	17.8	2	7.03
全部	3.4	0.6	1.58	17.2	0.5	6.46	20.6	2	8.01

海安路地铁车站主体结构深基坑岩壁岩体倾角近直立,按倾角为75°和结构面结合程度一般的保守工况考虑,其直立岩壁自稳高度大于10 m。海安路地铁车站深基坑下覆直立岩壁均满足自稳性要求。海安路站主体结构深基坑围护结构采用由钢管桩、冠梁、挡土墙、腰梁、锚索等构成的复合支护体系,如图 3-65 所示。其中微型桩采用外径 245 mm,壁厚 8 mm 钢管,间距 1 000 mm,钻孔直径 300 mm,嵌入岩层深度 1.5 m,孔内外灌注水灰比 0.5 水泥浆。竖向每 2 m 设置一道混凝土肋梁,预应力锚索水平间距 2 m,竖向间距 2 m。

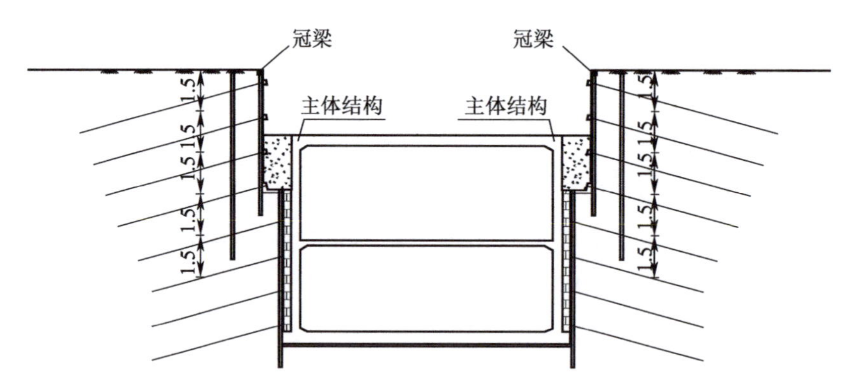

图 3-65 海安路车站主体深基坑复合支护体系示意(单位:m)

海安路地铁车站的监测单位在基坑施工时对周边地层、围护桩等进行了全过程现场监测,其中在基坑周边布设 64 个地表沉降监测点,16 个桩桩顶竖向,编号依次为 QC01～QC16;16 个水平位移监测点,编号依次为 QW01～QW16;6 个桩体水平位移,编号为 CX01～CX21,如图 3-66 所示。

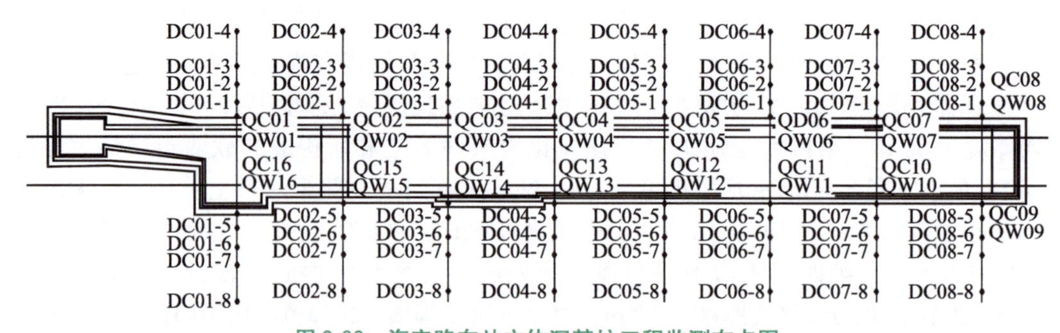

图 3-66 海安路车站主体深基坑工程监测布点图

海安路地铁车站主体结构深基坑施工全过程监测数据统计分析表明,基坑周边地表沉降最大值为 12.41 mm,最小值 1.01 mm,平均值 5.32 mm;桩顶竖向位移最大值为 9.32 mm,

最小值 0.87 mm,平均值 3.217 mm;桩顶水平位移最大值为 6.29 mm,最小值 0.48 mm,平均值 2.32 mm;桩体最大值为 11.52 mm,最小值 2.16 mm,平均值 8.51 mm,监测点位布设见表 3-38。可见,地铁车站主体结构深基坑开挖引起的周边地层、周边环境及围护桩支护结构等各项变形参数均在允许范围之内,工程实施效果良好。

表 3-38　基坑监测数据累计值(最大值)统计分析表

监测项目	样本(个)	最大值(mm)	最小值(mm)	平均值(mm)
地表沉降	64	12.41	1.01	5.32
桩顶竖向位移	12	9.32	0.87	3.21
桩顶水平位移	12	6.29	0.48	2.32
桩体水平位移	6	11.52	2.16	8.51

小　　结

本章针对地层参数差异显著的上土下岩二元地层地铁深基坑工程基本特征,基于充分发挥地层自稳特征的先进工程理念,从工程实践出发,综合采用理论分析、数值计算等手段,提出了直立岩壁自稳高度及自稳临界的概念,对不同土层厚度不同开挖深度下的上土下岩二元地层深基坑直立岩壁自稳临界高度的分布特征和变化规律进行了系统研究,并对上土下岩二元地层深基坑合理入岩深度问题进行了深入研究。本章得到如下主要研究成果:

(1)系统阐述了地铁深基坑主要类型、基本特征、基坑侧壁自稳性影响因素及失稳模式;构建了上土下岩二元地层地铁深基坑直立侧壁自稳特征通用分析模型。

(2)揭示了上土下岩二元地层地铁深基坑直立侧壁自稳特征影响规律;提出了直立土壁高度和直立岩壁高度分别作为上土下岩二元地层深基坑自稳特征的独立评价指标。上土下岩二元地层均质岩土体地铁深基坑直立侧壁整体自稳特征几乎不受基底以下覆土层厚度和基底以上岩体厚度影响;基坑潜在破裂部位均位于上部土层开挖深度范围内,潜在破裂面近似呈圆弧状,并由基坑侧壁顶部外侧贯通至基底或基坑侧壁土岩分界点,基坑直立侧壁破坏机理与均质土体基坑侧壁基本一致;基坑在上覆土层中开挖时基坑安全系数随开挖深度的增大不断降低,当开挖深度进入下覆岩层安全系数几乎不变;开挖深度不适合作为上土下岩二元地层深基坑稳定土质的衡量指标。

(3)揭示了内倾岩体结构面倾角是影响上土下岩二元地层地铁深基坑直立岩壁自稳临界安全高度最强烈的控制因素。上土下岩二元地层地铁深基坑坑直立岩壁的整体稳定性主要由内倾结构面控制,深基坑直立岩壁自稳临界安全高度随岩体结构面内倾角逐渐增大呈现出先急剧减小后缓慢减小再缓慢增大最后再急剧增大的整体变化趋势,存在最小极限值;上土下岩二元地层无内倾结构面的地铁深基坑坑直立岩壁自稳性能良好,在基坑开挖深度范围内一般可认为其直立岩壁均满足自稳要求。

(4)明确了上土下岩二元地层地铁深基坑独特的自稳区域空间分布类型及分布特征。根据基坑侧壁岩土体地层能否满足自稳性的要求,将上土下岩二元地层地铁深基坑侧壁自稳特征分布区域归纳为土壁非自稳+岩壁非自稳(USR-S+USR-R)、土壁非自稳+岩壁自稳(USR-S+SR-R)、土壁自稳+岩壁自稳(SR-S+SR-R)三种类型,并明确了上土下岩二元地层地铁深基坑独特的自稳区域空间分布特征,进而为有针对性地确定其合理支护措施提供了理论依据。

(5)结合典型案例工程实践,详细阐述了上土下岩二元地层地铁车站主体工程深基坑工程场地地层分布特征、支护结构特征、施工过程监测及工程实施效果分析等,为上土下岩二元地层地铁深基坑设计施工提供了参考依据和案例支持。

参考文献

[1] 王国富,路林海,王婉婷,等. 济南地区典型基坑工程信息统计分析[J]. 城市轨道交通研究,2019,22(8):72-76.

[2] 付文光,杨志银. 基坑深度分级及不同深级支护技术适用性的探讨[J]. 岩土工程学报,2010,32(增刊1):99-103.

[3] 范士凯. 论不同地质条件下深基坑的变形破坏类型、主要岩土工程问题及其支护设计对策[J]. 资源环境与工程,2006(增刊1):645-655.

[4] 罗小杰,张恒,沈建,等. 武汉地铁基坑岩土地质结构类型、支护和地下水治理措施[J]. 江汉大学学报(自然科学版),2018,46(4):337-351.

[5] 宋明健,丁晓波,李铁,等. 带坑中坑基坑的研究现状及其平面分布类型[J]. 四川建筑,2012,32(6):69-70.

[6] 姜晨光,贺勇,朱烨昕. 基坑形状与基坑稳定性关系的实测与分析[J]. 岩土工程技术,2007,21(5):246-249.

[7] 王洪新. 考虑基坑形状和平面尺寸的抗隆起稳定安全系数及异形基坑的稳定性分析[J]. 岩石力学与工程学报,2015,34(12):2559-2571.

[8] 龚晓南,侯伟生. 深基坑工程设计手册[M]. 北京:中国建筑工业出版社, 2018.

[9] 中华人民共和国住房和城乡建设部. 建筑边坡工程技术规范:GB 50330—2013[S]. 北京:中国建筑工业出版社, 2014.

[10] 中华人民共和国住房和城乡建设部. 建筑基坑支护技术规程:JGJ 120—2012[S]. 北京:中国建筑工业出版社, 2012.

[11] 郑颖人,方玉树.《建筑边坡工程技术规范》中有关侧向岩石压力计算的思路[J]. 岩土工程界,2002(12):13-15.

[12] 郑生庆,郑颖人,陈希昌.《建筑边坡工程技术规范》主要技术特点[J]. 岩土工程界,2003(6):29-33.

[13] 郑生庆,陈希昌.《建筑边坡工程技术规范》编制背景及技术特点[J]. 重庆建筑,2003(1):17-21.

[14] 刘明维,何平,钱志雄,等. 岩质边坡结构面实用分类方法研究[J]. 地下空间与工程学报,2007,20(5):811-817.

[15] 刘明维,郑颖人. 边坡岩体结构面抗剪强度参数确定方法探讨[J]. 重庆交通大学学报(自然科学版),2007,26(5):97-102.

[16] 付文光,罗小满,孙春阳. 浅议建筑边坡工程技术规范中的若干规定[J]. 岩土力学,2012,33(增刊1):156-160.

[17] 付文光,吴胤,黄思光. 议《建筑边坡工程技术规范》中的岩体分类[J]. 地下空间与工程学报,2016,12(增刊2):800-804.

[18] 湛铠瑜,高晓军. 对《建筑边坡工程技术规范》的讨论:以岩体等效内摩擦角法计算侧向岩石压力[J]. 地下空间与工程学报,2013,9(增刊2):2072-2075.

[19] 方玉树.《建筑边坡工程技术规范》(GB 50330—2013)修改建议[M]. 重庆:重庆出版社, 2019.

[20] 张天友. 大幅提升边坡工程技术标准质量既必要又可行:读方玉树《(GB 50330—2013)修改建议》[J]. 重庆建筑,2020,19(4):61-62.
[21] 朱大勇,李焯芬,黄茂松,等. 对3种著名边坡稳定性计算方法的改进[J]. 岩石力学与工程学报,2005(2):183-194.
[22] 赵婷,王畅. 边坡稳定性分析方法及工程应用研究进展[J]. 水利水电技术,2019,50(5):196-203.
[23] 沈良峰,廖继原,张月龙. 边坡稳定性分析评价方法综述[J]. 矿业研究与开发,2005(1):24-27.
[24] 孙敏. 边坡稳定分析中瑞典条分法的改进[J]. 吉林大学学报(地球科学版),2007(增刊1):225-227.
[25] 方玉树. 边坡稳定性分析条分法最小解研究[J]. 岩土工程学报,2008,30(3):331-335.
[26] 卢玉林,薄景山,陈晓冉. 瑞典圆弧法水平条分模型的误差分析[J]. 地震工程学报,2017,39(3):496-501.
[27] 邓东平,李亮,赵炼恒. 基于Janbu法的边坡整体稳定性滑动面搜索新方法[J]. 岩土力学,2011,32(3):891-898.
[28] 李志刚,曹磊. 严格Janbu法不收敛原因及其改进的探讨[J]. 岩土力学,2008,29(4):1053-1056.
[29] 闫澍旺. 土坡稳定分析的完整方法:严布法[J]. 港口工程,1993(5):33-37.
[30] 朱大勇,邓建辉,台佳佳. 简化Bishop法严格性的论证[J]. 岩石力学与工程学报,2007,26(3):455-458.
[31] 赵立鹏,孙万禾. 边坡稳定简化Bishop法与Fellenius法的对比分析[J]. 水运工程,2008(6):38-41.
[32] 黄彬彬,陈征宙,王双,等. Bishop法的简化计算假设对边坡安全系数的影响[J]. 防灾减灾工程学报,2013,33(4):418-423.
[33] ZIENKIEWICZ O C,HUMPHESON C,LEWIS R W. Associated and non-associated visco-plasticity and plasticity in soil mechanics[J]. Géotechnique,1975,25(4): 671-689.
[34] UGAI K. A method of calculation of total FOS of slope by Elasto-plastic FEM[J]. Soils and Foundations,1989,29(2):190-195.
[35] MATSUI T,SAN K. Finite element slope stability analysis by shear strength reduction technique[J]. Soils and Foundations,1992,32(1): 59-70.
[36] GRIFFITHS D V,LANE P A. Slope stability analysis by finite elements[J]. Geotechnique,1999,49(3): 387-403.
[37] DAWSON E M,ROTH W H,DRESCHE A. Slope stability analysis by strength reduction[J]. Geotechnique,1999,49(6):835-840.
[38] XUE H B,DANG F N,YIN X T,et al. Nonproportional Correlative Reduction Finite Element Method for Slope Strength Parameters[J]. Mathematical Problems in Engineering, 2016:2325354.
[39] ZHANG Z P,BO J S,QI W H. Briefing: A new method for determining the slope reduction range[J]. Proceedings of the Institution of Civil Engineers-Gecthchnical Engineering,2018,171(2):97-103.
[40] MENG Q X,WANG H L,XU W Y,et al. Multiscale strength reduction method for heterogeneous slope using hierarchical FEM/DEM modeling[J]. Computers and Geotechnics, 2019,115:103164.
[41] LU R L,WEI W,SHANG K W,et al. Stability Analysis of jointed rock slope by strength reduction technique considering ubiquitous joint model[J]. Advances in Civil Engineering, 2020:8862243.
[42] 郑颖人,朱合华,方正昌,等. 地下工程围岩稳定性分析与设计理论[M]. 北京:人民交通出版社, 2012.
[43] 郑颖人. 岩土数值极限分析方法的发展与应用[J]. 岩石力学与工程学报,2012,31(7):1297-1316.
[44] 赵尚毅,郑颖人,时卫民,等. 用有限元强度折减法求边坡稳定安全系数[J]. 岩土工程学报,2002(3):343-346.
[45] 赵尚毅,郑颖人,邓卫东. 用有限元强度折减法进行节理岩质边坡稳定性分析[J]. 岩石力学与工程学报,2003(2):254-260.
[46] 郑颖人,赵尚毅,宋雅坤. 有限元强度折减法研究进展[J]. 后勤工程学院学报,2005(3):1-6.

[47] 赵尚毅,郑颖人,张玉芳. 极限分析有限元法讲座:Ⅱ有限元强度折减法中边坡失稳的判据探讨[J]. 岩土力学,2005(2):332-336.
[48] 代雪,张家明. 某场地边坡稳定分析方法的比较研究[J]. 中国安全生产科学技术,2021,17(11):119-124.
[49] 李栋,王虎,秦建新. 二元岩土基坑支护中强度折减法的研究及应用[J]. 建筑科学,2020,36(增刊1):8-13.
[50] 杨华伟,李亮,赵炼恒. 基于强度折减法的深基坑周边环境安全性评价[J]. 地下空间与工程学报,2012,8(1):217-222.
[51] 宋胜武. 基于稳定性评价的坡体结构统一分类研究[J]. 岩石力学与工程学报,2022,41(1):1-9.
[52] 穆成林,裴向军,裴钻,等. 基于岩体结构特征和未确知测度评价模型的岩质开挖边坡稳定性研究[J]. 水文地质工程地质,2019,46(4):150-158.
[53] 郝立新,陈伟明,马宁. 岩质边坡坡体结构分类及其工程意义[J]. 公路工程,2014,39(3):19-24.
[54] 宋胜武,严明. 一种基于稳定性评价的岩质边坡坡体结构分类方法[J]. 工程地质学报,2011,19(1):6-10.
[55] 孙玉科. 工程地质学发展与创新思路探讨之一:工程地质第一性资料的提出与含义[J]. 岩土工程界,2002(5):20-22.
[56] 孙玉科. 工程地质学发展与创新思路探讨之二:工程地质第一性资料的认识论[J]. 岩土工程界,2002(7):11-12.
[57] 孙玉科. 工程地质学发展与创新思路探讨之三:工程地质第一性资料的最佳表述方式:工程地质图[J]. 岩土工程界,2002(10):15-16.
[58] 孙玉科. 工程地质学发展与创新思路探讨之四:工程地质岩组划分的学术思路[J]. 岩土工程界,2002(11):15-16.
[59] 孙玉科. 工程地质学发展与创新思路探讨之五:岩体结构的发现及其理论意义[J]. 岩土工程界,2003(1):30-31.
[60] 孙玉科. 工程地质学发展与创新思路探讨之六:《工程地质模型》初论[J]. 岩土工程界,2003(2):27-28,34.
[61] 罗国煜,阎长虹,陈征宙. 优势面分析理论与方法的初步研究[C]//中国地质学会工程地质专业委员会. 全国第三次工程地质大会论文选集(下卷),成都:成都科技大学出版社,1988.
[62] 罗国煜,吴浩,王培清. 岩坡优势面分析理论与方法[J]. 水文地质工程地质,1989(2):1-5.
[63] 罗国煜,吴浩,闫长虹. 优势面理论及其实践[C]//江苏省岩石力学与工程学会,扬子石化公司. 第一届华东岩土工程学术大会论文集,1990.
[64] 罗国煜. 地质灾害优势面分析理论与方法[J]. 自然灾害学报,1992(3):45-55.
[65] 罗国煜,阎长虹,陈兆乾,等. 岩坡优势面分析及其专家系统研究[J]. 科学通报,1993(21):1979-1982.
[66] 蒋建平,章杨松,罗国煜,等. 优势结构面理论在岩土工程中的应用[J]. 水利学报,2001(8):90-96.
[67] 蒋建平,汪明武,罗国煜. 地下工程中岩土结构面的影响分析[J]. 工程地质学报,2003(4):349-353.
[68] 罗国煜. 工程地质优势面理论观点概要与认识[J]. 江苏地质,2008,120(1):1-4.
[69] 罗国煜,李晓昭,阎长虹. 地下工程环境岩土工程问题研究与认识[J]. 地质学刊,2009,33(1):1-7.
[70] 何云勇,李蜀南,向波,等. 结构面特征对顺层边坡开挖卸荷影响分析[J]. 公路,2022(6):1-7.
[71] 刘汉东,赵亚文. 边坡失稳岩体结构控制论[J]. 华北水利水电大学学报(自然科学版),2022,43(6):51-59.
[72] 李子隆,白鹏,刘泽潇. 基坑支护设计中结构面对岩体参数的影响研究[J]. 甘肃水利水电技术,2023,59(1):39-41,45.

4 上土下岩二元地层地铁隧道围岩自稳特征研究

在物理力学特征差异显著的上土下岩二元地层条件下修建地铁隧道，采用暗挖法施工将隧道洞室置于下覆岩质地层中并保持合理的覆岩厚度，有利于灵活选择隧道开挖方式、减少隧道支护措施、节约建设成本、降低工程风险和施工难度、减小周边环境影响和社会影响、提高乘客便捷性和舒适性等诸多优势。然而上土下岩二元地层地铁隧道拱顶以上究竟保持何种程度的覆岩厚度较为合理，目前国内外工程界和学术界尚未统一的认识和标准。深入系统地开展上土下岩二元地层地铁暗挖隧道围岩自稳特征研究，有利于丰富和完善地铁线路规划设计理论，有利于提高地铁隧道工程科技水平，有利于实现地铁工程又好又快的建设目标，具有重要的科学研究价值和工程现实意义。

4.1 上土下岩二元地层地铁隧道围岩基本特征及力学机理

隧道是指以某种用途，按照规定的形状和尺寸，在有一定应力履历和应力场的地面以下岩土体中，以任何方式修建的内部净空断面在 2 m^2以上的地下空间结构体。隧道围岩是指受隧道开挖影响范围而在其周围产生应力重分布的地质体，或指隧道开挖对其稳定性产生影响的隧道周边地质体。隧道围岩自稳性是指隧道开挖后，无支护地段的围岩在一定时间内能保持不发生有害变异(如坍塌、掉块、挤入、大变形等)的自支护能力。在力学特征差异显著的上土下岩二元地层下覆岩质地层中开挖地铁隧道，隧道开挖引起的应力释放和应力转移主要发生在下覆岩质地层范围内，对上覆土质地层的影响较小。上覆土质地层作为荷载的成分较多，而下覆岩质地层作为结构的成分较多。覆盖层厚度作为衡量隧道合理埋深问题的一般参数不能很好地适用于上土下岩二元地层结构隧道工程，覆岩厚度对围岩自稳程度起控制作用。上土下岩二元地层地铁隧道拱顶以上覆岩厚度较小时，隧道围岩一般不能自稳。当覆岩厚度的增加到某一量值时，隧道围岩可能处于临界稳定状态。继续增加覆岩厚度，隧道围岩能够满足自稳要求并且自稳程度随覆岩厚度的增加的不断增大直至某一极限值。此后继续增加覆岩厚度，围岩自稳能力逐渐降低直至不能自稳。基于此，构建如图 4-1 所示的上土下岩二元地层地铁隧道围岩自稳分析模型，图中 H 为隧道埋深，D 为隧道开挖跨度，h 为隧道开挖高度，H_s和 H_r分别为软弱土层厚度和岩层厚度。

4.1.1 隧道基本特征

隧道本质上就是在地面以下的地层中开掘一个空间，以满足不同的功能需求，由此使长期处于平衡状态的地层因开挖扰动而发生应力调整及变形，并试图尽快形成新的平衡状态[1]。然而由于地层条件的差异性使得隧道围岩出现不同的稳定状态，有些围岩通过应力

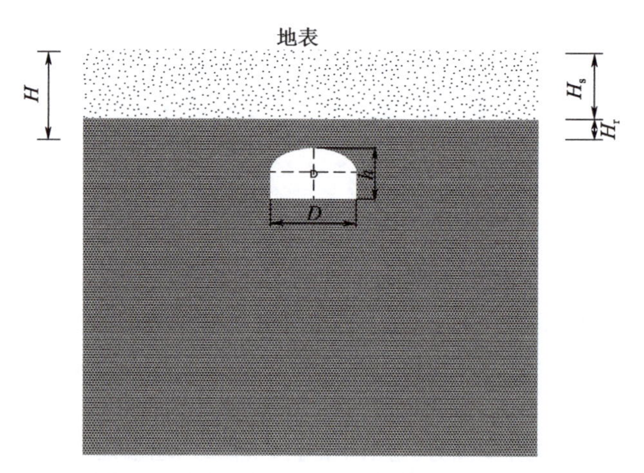

图 4-1　上土下岩二元地层地铁隧道分析模型

调整自身达到了新的平衡状态，而有些围岩则难以实现自行平衡，随着围岩变形的不断发展引起围岩破坏失稳。隧道工程所要解决的关键问题就是促使围岩尽快形成新的平衡状态。隧道作为一种特殊的地下结构物，具有建设环境复杂、结构体系复杂、承受荷载复杂、失稳机理复杂等重要特征[2-4]。

1. 隧道建设环境的复杂性

隧道修建在地表以下的地层岩土体中，四周均与地层岩土体紧密接触。地层及其所处的地质环境是隧道赋存的物质基础，隧道工程所发生的一切力学现象几乎均与其所处的地层及其所处的地质环境密切相关。然而，地层及其所处的地质环境是在漫长的地质历史时期天然形成的，类型千变万化且各种地层及其所处的地质环境自身特征亦极其复杂。对隧道建设产生重大影响的地质环境包括地质体形成历史、地质体物质组成和结构特征、初始应力场、地下水等诸多方面。对于纵向长度较大的隧道而言，在隧道开挖前完全搞清楚其所处地质环境是极其困难的，甚至是不可能的，同时也是不经济不合理的。也就是说，隧道一般是在一种“灰箱”的环境条件下修建的。工程建设孕险环境复杂，致险因子多，风险性高。此外，对于地铁、管廊等城市浅埋隧道，隧道工程还可能受到地表建筑物、道路、桥梁、地下管线、地下暗河等诸多周边环境的影响，使得隧道工程建设环境更加复杂。

2. 隧道结构体系的复杂性

隧道工程建设的根本目的是在各种地质体(围岩)中修筑为各种目的服务的、长期稳定的洞室结构体系。隧道洞室结构体系由隧道围岩和(或)各种支护结构组成的复合体。通常情况下围岩是隧道结构体系的主体，充分发挥围岩自稳能力是目前隧道工程支护结构原理的一个基本观点。支护结构通过围岩发挥作用。各类地层在隧道洞室开挖之后，隧道围岩都有不同程度的自稳能力。当隧道围岩自稳能力较强时，隧道支护结构将不受或少受地层压力的荷载作用，隧道围岩通过自身调节即可形成稳定的洞室。反之，当隧道围岩自稳能力不足时，支护结构将承受较大的荷载甚至必须独立承受全部荷载作用，才能形成隧道稳定的洞室。理论上，无支护条件下隧道承受的荷载是隧道开挖后的重分布应力与变形自我协调的结果，有支护条件下隧道所承受的荷载是围岩与支护相互作用协调的结果。隧道结构体系通过一定的力学过程来实现，如图 4-2 所示。因此，应从围岩和支护两个方面综合考虑隧道支护体系结构，正确认识和掌握隧道形成至其破坏整个过程中的力学动态，以及开挖方式方法、支护类型及支护时机等在整个过程中的作用及影响。

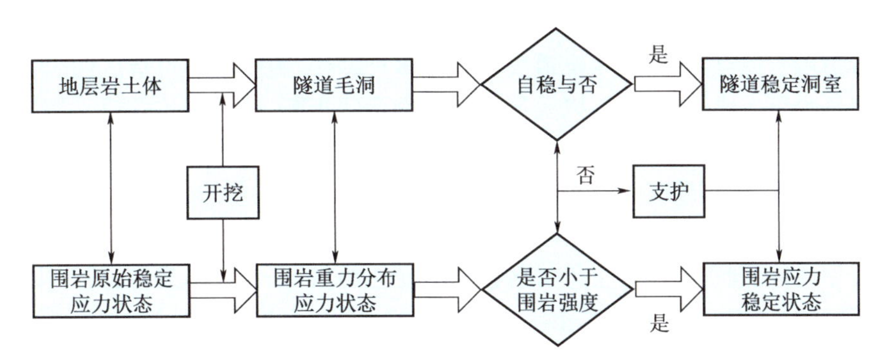

图 4-2　隧道力学演化特征

3. 隧道承受荷载的复杂性

隧道作为一种结构体系，合理确定其所承受的荷载是合理确定其结构体系的基础和依据。只有十分明确的荷载，才能设计出安全又经济的合理隧道结构方案。然而，合理确定隧道所承受的荷载却十分不易。其中的原因，首先在于隧道荷载来源不明确。一般认为隧道所承受的荷载主要来自隧道围岩的形变和塌落所产生的力，即形变荷载和塌落荷载。然而，形变荷载何时产生作用？塌落荷载何时产生作用？形变荷载和塌落荷载量值各是多少？两者各占多大比例？等等诸多问题目前尚无统一的认识和判定标准。此外，隧道支护结构在荷载作用下发生的变形受到围岩给予的约束，反过来影响围岩特征，进而影响隧道所承受的荷载。然而隧道支护结构对荷载如何影响以及影响程度如何等等诸多问题要达成统一的认识和判定标准还需要做深入探讨。此外，隧道荷载还随洞室开挖过程不断变化。隧道所承受的最大荷载不是洞室完工后的最后阶段，而是在隧道洞室开挖施工的中间阶段，洞室开挖方式方法、支护类型及支护时机等对隧道洞室开挖荷载有较大影响，进一步加剧了合理确定隧道所承受荷载的复杂性。

4. 隧道失稳机理的复杂性

隧道失稳主要包括隧道围岩失稳和隧道支护结构失稳两个方面。一般认为隧道支护结构自身不会失稳，隧道支护结构失稳主要是由围岩造成的被动失稳。因此，隧道失稳的重点在于隧道围岩失稳。

隧道围岩失稳主要指围岩局部失稳造成的各类坍塌和不能满足使用要求的有害变形，局部掉块一般不属于围岩失稳问题的研究范畴。隧道失稳机理复杂性的根源在于隧道围岩的复杂性。隧道围岩即隧道洞周周边一定范围内的地质体，它是在漫长的地质历史时期历过反复的地质作用天然形成的，经受过变形，遭受过破坏，类型千差万别，一般具有显著的结构特征。不同地区的地质体性质差异极大，即使同一地区不同深度的地质体其性质也有显著差异。隧道围岩的失稳特征很大程度上受控于其结构特征，使得其力学效应显著区别于一般均质连续体材料的力学效应，具有显著的不连续性和有条件转化的特征。隧道开挖使本原已经经受过变形、遭受过破坏的围岩再次遭受变形和破坏，在此过程中，使其物理力学特征发生显著变化，使得围岩力学效应特征更加复杂。

隧道失稳机理的复杂性首先体现在隧道失稳形式及失稳原因的复杂多样性，进而导致隧道失稳模型不易确定。隧道失稳从部位来说有拱顶悬垂与塌落失稳、侧壁突出与滑移失稳、底拱鼓胀与隆起失稳等。破坏形式从块度来说，有楔体失稳、有层状剥离以及松散体失稳。由于隧道围岩的复杂性，使得隧道失稳原因多种多样，脆性破裂可造成的岩体失稳，块体滑动与塌落也可造成岩体失稳，以及层状岩体的弯曲折断、碎裂岩体的松动解脱、塑性变形和膨胀都能造成岩体失稳。隧道失稳有可能是其中的一种原因造成的，也有可能是多种原因造成的，其中有的与地应力有关，有的与地下水有关，有的与岩体结构面有关。从发生的快慢来说，有瞬间发生的，如岩爆等，也有发生较长时间的，如流变破坏、围岩的膨胀等。在开挖过程中，隧道洞室周边岩土体材料性质是变化的，各点岩土体的弹、塑性质也是变化的，不同的开挖时间内，弹性模量是不一样的。开挖过程中既有能量耗散，也有能量的积累。实际上，这种稳定是一种动态稳定状态，它的突变干扰在一定的时间内和空间的其他因素组合，即频率是时常变化的，只要开挖工程在进行，就避免不了诸多空间之间众多因素的相互干扰，即使是微小的，都有可能引起隧道围岩的失稳破坏。由于隧道工程相互作用复杂，影响因素众多，在目前的条件下，人类对深度失稳机理的理解可以说正在不断深入探究中。隧道失稳过程的数学描述还处在简单的描述阶段，有的力学过程根本不能描述，更糟的是，没有任何可以被广泛接受的概念模型。所以，人们在理论分析和数值模拟隧道力学问题时，经常不得不在特定条件下进行各种假设，套用已有的理论和定理进行处理，致使分析结果常常与实际不合。如果认为输入参数、边界条件、几何方程和平衡方程是基本符合的，那么在对计算结果影响很大的隧道围岩本构模型的给定上却有困难。对真实围岩本模型的研究还不完善，何况还涉及对目前各种假定条件下得到的本构模型的选择。

隧道失稳机理的复杂性还体现在隧道工程是复杂的巨系统。隧道失稳问题涉及隧道力学、工程地质学、岩石力学等诸多的方面。涉及的因素很多，有内在的，也有外来的。例如，地应力、岩体结构与强度、岩体变形及破坏机制、不连续面（断层、节理、裂隙等）的几何特性与力学特性，岩体的渗透性等，都是隧道内在的因素；而地下水的活动、试件的尺寸效应、工作面开挖形状与尺寸，以及开挖和支护方法等，则是影响隧道围岩性质改变的外来因素。这些因素不是孤立地起作用的，如地应力就与地质条件、破裂与水等因素有关。岩体中的各个岩块体相互作用，处于平衡状态。由于各块体的几何因素、物理力学因素众多，相互关系十分复杂，一般只能通过简单的力学模型来描述岩体的受力状态。隧道围岩虽然处于平衡状态，但受力模式和大小在不断地发生变化，根本无法描述其具体的过程和变化。如在施工中的各种人为因素与各主要地质因素间的相互耦合与动态作用过程；地下水与岩体结构的相互作用机理；隧道洞室开挖后，原有的节理裂隙扩张，同时产生新的大量裂隙，这必然引起地下水渗流条件与岩体强度的变化；节理裂隙充填物的流失或析出，又将改变地下水的流量；这一系列相互耦合、动态变化，在今天是没法彻底弄清楚的。多因素间相互作用关系的分析和预测（如根据岩体构造变形形迹分析地应力的方向和大小，岩体的不连续性如何决定地下水的渗透性，通过地层反映曲线确定最小支护抗力等），在相当长的一段时间内，只能是定性的，有的可能达到半定量水平，还没有任何一种能够达到可供设计应用的精确定量的水平。隧道失稳由纷繁多变、难以定量描述、多层次的子系统组成。其一级子系统有岩性、岩体结构、地应力场、地下水、工程结构、施工条件与过程等。以岩体结构子系统为例，可分为结构体与结构面两类二级子系统。结构面子系统又可依其规模和对岩体稳定和失稳所起作用的不同,划分为更低层次的子系统。对某一隧道围岩的某一部分,在岩性不变的条件下,节理的产状、形态、粗糙度、张开度、充填物成分和水理性质等,从表征围岩整体稳定性的角度,可以略去细节,用统计方法加以统计,但是从围岩每一个部分的局部稳定性观察,不仅不存在完全相同的两条节理,而且每一条节理的每一个小段,以上各个因素都是变化的。因此可以说,每一条节理裂隙都是一个复杂的子系统。由此还可得出,每一条隐微裂隙又是一个更次一级的复杂的子系统。岩体的其他各个物理量如岩块数、各段各点地下水参数(流向、流速、流量等)、各点的地应力场参数(空间地应力矢量各分量的大小和方向)等都有类似于结构面的子系统分类。

对于复杂巨系统,从熟悉的某种"力学数学方法"出发来定量地解决隧道工程中的问题的观点是行不通的,从岩石力学或系统科学等经典著作中加以引证的老办法也是行不通的。"重定量,轻定性""崇尚数学推演,轻视工程应用"的观点,都是理论脱离实际的表现。必须将岩石力学、工程地质、系统科学等有关科学理论结合隧道工程实际加以融会贯通,综合运用系统的方法加以研究,只有从整体上观察问题的系统科学,才有可能从专业思维的习惯定势中解脱出来,总揽全局,举要治繁,才能解决实际问题。原因在于:系统思想是进行分析与综合的辩证思维的工具,系统科学是从普遍存在于客观世界的各种系统的结构、层次、功能、性质等侧面,去研究整个客观世界的。隧道失稳机理的复杂性同时体现在隧道工程"数据有限",进而导致隧道工程处于"灰箱"操作之中。

隧道工程设计面临的最大难题是,地质条件复杂多变,难以获取定量力学分析所需参数。隧道工程是受材料属性的内在随机性影响最大的工程学科之一。围岩材料参数的变化通常表现为一个随机过程,因此其变异性属于内在随机的。从地质历史上看,岩土体的形成和连续变化过程会导致不同空间位置上其性质在微观和宏观尺度上的差异(即空间变异性)以及在同一个空间位置上围岩属性随时间而发生变化(即时间变异性)或二者兼而有之。虽然特定点上的围岩属性可能不是随机的,但可以合理地假设特定区域内围岩属性的变化符合某一随机过程。由于该变异性是围岩自身所固有的,因此持续的试验并不能消除该不确定性,但在与数学简化模型相结合时,可提供对其更加全面的认识和理解。与此相反,认识不确定性的存在是由于缺乏数据、有限的事件和过程信息或对物理定律缺乏理解,从而限制了人们对客观世界的建模能力。在隧道工程中,认识不确定性主要分为以下三类:(1)地点表征不确定性。其指工程地点的表征会受地勘数据不确定性的影响,如测量误差、数据处理及转录误差和数据覆盖不足等。(2)围岩参数不确定性。其指通过实验室试验所得的围岩参数不准确。该不确定性主要包括估计偏差和转换偏差,如将完整岩石参数转换为岩体参数等。但这两种偏差都会随观测次数的增加而减小。(3)模型不确定性。其指物理模型或数值模型不能充分模拟客观现实。该不确定性源于无法找到最佳模型,或者模型无法表示系统的真实物理行为。

隧道失稳机理的复杂性最后体现在大量的不确定性。地层岩土体是一种不确定性系统,岩土体力学与工程中既存在客观上的非确定性,也存在主观上的非确定性。这种非确定性包括随机性、模糊性、信息的不完全性和信息处理的不确切性。对于客观上的非确定性,主要有荷载环境的初始应力场、介质地质环境的岩性参数、不同施工环境与条件等。客观上的这些不确定性，加上岩体变形破坏机理认识不清，导致了对岩土力学分析和模拟的主观上的非确定性，如计算模型、计算参数的选取、计算的假定、计算的简化等。既然岩体工程问题都有非确定性(随机性、模糊性、信息不完全和未确定性等)，对许多全局性、综合性的问题的决定在很大程度上是根据个人的经验，或者说是一种主观臆断。而个人的经验有很大的随意性，因而造成了对失稳的判断不准确，有时甚至与实际情况相差甚远。

4.1.2 隧道围岩基本特征及稳定性影响因素

4.1.2.1 隧道围岩基本特征

隧道围岩是隧道赋存直接的物质基础，隧道工程建设过程中所发生的一切力学现象几乎均与围岩性质密切相关。隧道开挖使得地层原始平衡被破坏，通过应力调整和变形传递，围岩试图达到新的平衡状态。然而由于地层条件的差异性，在有些条件下隧道围岩通过应力重分布后能自行稳定，而当地质条件较差时隧道围岩无法自行平衡，常表现为隧道失稳和破坏。在不同地层条件下进行隧道施工时，围岩稳定性差异极大。事实上，隧道围岩差异性的核心问题在于其失稳模式和破坏机理不同，这显然与隧道围岩的结构性是显著相关的。因此，对隧道围岩稳定性的分析，首先应明确隧道围岩结构性，进而针对其稳定性特点进行控制。隧道围岩的失稳总体上可分为应力控制型和结构控制型两种基本模式。其中应力控制型围岩失稳破坏模式主要为开挖后的围岩受力大于其强度，宏观上表现为挤压大变形、片帮等，并可能发生较大范围的垮塌失稳。结构控制型隧道围岩失稳破坏模式主要受岩体结构面发育特征控制，宏观上表现为局部的块体失稳。

隧道洞室周边围岩既是承载结构的一部分，又是造成荷载的主要来源，同时还是构成隧道主体结构的材料，具有“荷载、结构、材料”三位一体的特性。隧道工程建设应坚持“围岩为本”的基本理念，充分认识和了解围岩，充分发挥围岩的自稳能力，尽可能减少对围岩的损伤。

通常情况下围岩是隧道结构的主体。各类地层在隧道洞室开挖之后，隧道围岩都有不同程度的自稳能力。隧道围岩自稳能力较强时，隧道支护结构将不受或少受地层压力的荷载作用；反之，支护结构将承受较大的荷载甚至必须独立承受全部荷载作用。隧道围岩与支护结构一起承受荷载，共同组成隧道结构承载体系。隧道支护结构的安全度首先取决于洞室周边围岩能否保持持续稳定，并且应充分利用和更好地发挥围岩良好的承载能力；在需要设置支护结构时，支护结构要能够阻止围岩的过大变形，使其到达稳定。隧道所承受的荷载主要来自隧道围岩的变形和坍塌所产生的力。理论上，无支护条件下隧道承受的荷载是隧道开挖后的重分布应力与变形自我协调的结果，有支护条件下隧道所承受的荷载是围岩与支护相互作用协调的结果。

隧道荷载与围岩特征、开挖方法、支护类型及支护时机等密切相关，其中围岩是隧道荷载产生的总根源。隧道荷载是可变的，也是可以控制的，具有可大可小的特征。隧道工程建设应充分认识和发挥隧道荷载所特有的这一特征，通过改造围岩、优化开挖技术和支护技术等各种手段，将隧道围岩可能产生的变形荷载和(或)坍塌荷载控制在最小限度内。

围岩作为隧道承载结构的同时，也是构成隧道承载结构的基本建筑材料。与混凝土等人工材料相比，作为建筑材料的隧道围岩，其首先具有潜在不确定性，主要表现为构成围岩的岩土体地层是天然形成的。地层在漫长的地质历史时期，经过多次的反复的地质动力作用,形成断层、节理等不连续面等多种不良地质作用。其次,围岩材料具有受施工过程影响更加显著的特性,主要表现为不同开挖方法(如全断面法与分部开挖法,爆破开挖与非爆破开挖等)、不同的支护方法(如超前支护、初期支护等)和支护类型(如刚性支护和柔性支护等)对围岩材料的影响差异较大。同时,围岩材料具有可改造性,主要表现为可以通过注浆、超前锚杆和超前大管棚等各种方法和手段把差的围岩“变”成好的围岩,也可能因为不当的施工方法把好的围岩“变”成差的围岩。最后,围岩材料还具有随时间和环境改变而变化的特性。随着时间和环境的变化,可能诱发隧道荷载、材料特征及自稳能力的变化。

4.1.2.2 隧道围岩稳定性影响因素

隧道开挖只有在其洞室周边围岩稳定或暂时稳定的状态下才能进行,隧道周边围岩不稳定则无法施工。以稳定和利用隧道洞室周边围岩为重点,来规划隧道的设计和施工是隧道工隧道工作者追求的永恒目标。隧道稳定性主要取决于隧道围岩的稳定性,隧道围岩稳定性又取决于围岩自身的工程特征及施工技术水平。隧道围岩自稳特征影响因素,整体上可分为地质因素和工程因素两类。其中,地质因素是隧道毛洞围岩稳定性的本质性、决定性因素,主要包括地层岩性地质构造、地应力、地下水等;工程因素是通过地质因素的影响而起作用的,主要包括洞室方位、形状、规模、开挖方式、支护类型及支护时机等方面。

1. 地质影响因素

(1)岩性及地质结构

岩石是由矿物在各种地质作用下形成的,是岩体构成的基础。作为地质体的一部分,岩体受到构造作用、风化作用等的影响,在岩体内部,会形成一系列的构造形迹,如断层、褶曲,以及小的构造性节理、裂隙等。同时还会形成很多大小各异的结构面,如片理、劈理、层理等,并且在结构面之间还可能存在着各种填充物。整个岩体,便是由岩石块体,结构面及其填充物等组成的。在某种初始的应力状态下处于平衡状态。存在于岩体中的各种形态的结构面正是岩体的薄弱环节,甚至在应力较小或围岩母岩本身强度较大时,岩体中分布的各种结构面以及裂隙等的分布情况往往会成为控制地铁隧道围岩稳定性的关键因素。

(2)岩体力学性质

隧道围岩稳定性的研究主要就是综合分析围岩自身的强度和变形特性,并将其与开挖扰动后经过重分布的围岩应力相互作用的结果进行比较。图 4-3 所示为岩体的应力状态和岩体强度包络线直接的关系。对于节理比较发育的岩体,围岩的稳定性往往取决于岩体中软弱结构面的强度,反之,则岩体本身的强度对围岩稳定性起着决定性的作用。此外,岩体的各向异性、脆性、塑性、扩容性、膨胀性、流变性等力学性质,都会对围岩稳定性产生重要的影响作用。

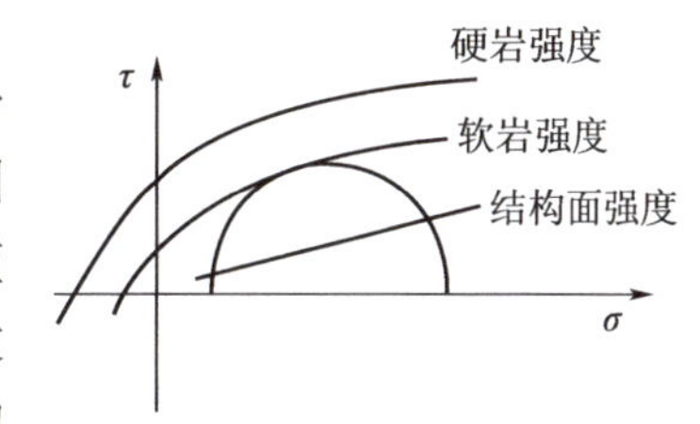

图 4-3 岩体应力状态与岩体强度包络线

(3)地应力

正是由于隧道开挖引起的重分布应力超出了围岩本身的强度或者是开挖引起的变形过大,才会导致隧道围岩的失稳现象发生。而重分布应力究竟会不会引发危险的发生,则主要是根据初始应力的大小、方向等性质来判断的。地应力的状态和性质会对隧道及地下工程围岩稳定性产生重要的影响。在利用数值分析方法进行地下工程围岩稳定性分析时,也常常会由于地应力参数的缺失导致分析结果失去参考价值。

(4)地下水

地下水的存在及其活动状态,会对地下洞室围岩中的应力状态和岩体的强度产生影响。在干燥条件下,即使隧道工程通过含软弱或破碎带的岩层,围岩也仍然能保持较好的稳定性,地下水对围岩稳定性的危害相对很微弱。然而,当围岩含水量较多或者透水性较好时,隧道围岩表现为渗水或者潮湿现象,此时地下水对围岩稳定性的影响就比较显著,这种作用主要表现为静水压力作用、动水压力作用、软化作用和溶解作用、溶蚀作用及润滑作用等。所以在进行隧道衬砌设计时,需要充分考虑静水压力的作用以确定合适的衬砌厚度和强度。同时,由于静水压力作用会使岩体的结构面张开,这样就减少了岩块之间的摩擦力,大大增加了围岩塌落的概率。而在动水压力的作用下,岩块会发生沿着水流方向的位移,并且存在于裂隙中的矿物颗粒也会因流水的冲刷而流失,这在很大程度上降低了围岩的强度。此外,在地下水的溶解和软化作用下,岩体的强度也会降低。

2. 工程影响因素

大多数城市隧道施工主要采用浅埋暗挖法和盾构法两种施工方法。对于一定埋深的隧道,地层位移的主要原因是开挖引起的应力释放和重分布。对于埋深较浅的隧道,地层变形规律与施工方法密切相关,尤其是钻爆法施工采用分部开挖时,隧道的位移与开挖方法的选择密切相关,如双侧壁导坑法施工产生的变形小于中隔壁法,中隔壁法产生的位移小于台阶法,台阶法产生的位移小于全断面法。在施工方法选用时应综合考虑施工进度及施工时对周围环境的影响,在前述各施工方法中,越靠后者,施工越简单,有利于加快施工进度,但会造成较大的地层变形,对周围已有建筑及管线等的影响相对较大。当城市隧道在穿越各种建(构)筑物时,如下穿隧道、下穿桥梁、下穿楼房或在隧道开挖影响区域内有密集建筑或高层建筑时,一方面已有建筑的特点将会影响隧道开挖后地层的变形;另一方面隧道施工要考虑对既有建(构)筑物的影响,以避免既有建(构)筑物的破坏。由于在原始应力场中,建筑物的自重等应力已经与原始地层紧密结合,形成了一个新的平衡应力场,当隧道开挖时,这种新的平衡将破坏,从而导致建筑物应力的重新分布,而建筑物应力的重分布必将影响到隧道开挖过程中地层位移的变化。如在隧道两侧或顶部有建筑时,导致地表沉降的增大,当两侧建筑物分布不均匀时,在高层建筑物重力的影响下,靠近楼房一侧的地层位移较大,造成沉降槽的偏移等,在已有隧道附近施工时,靠近隧道一侧的地层变形较大等,因此在隧道施工时应详细了解周围建筑物的布置及建筑物的特征。此外,施工控制及管理水平是在隧道工程中的一个关键因素,但又是最难研究的一个因素,因为这主要受到人为因素影响。

综上所述,隧道围岩稳定性受多种因素的综合作用。在某种条件下,有可能会使得各个因素的作用从次要的变化为主要的其决定性的。而只是由于上述各个因素的综合作用,才最终会引起隧道围岩的失稳,造成各种惨重的损失。鉴于城区地下洞室稳定性受到上述多种因素的制约,在具体分析中不可能面面俱到。本研究主要是针对城市地铁隧道埋深及开挖断面对隧道稳定性的影响进行研究,并没有具体对岩体节理、地下水等的影响做细致的讨论,只是在分析过程中对相关模型的材料参数等进行取值时,考虑了这些因素的影响。

4.1.3 隧道围岩受力机理

隧道开挖前，预开挖隧道洞室周边围岩处于相对平衡和稳定的三维静止应力状态。这种形式的应力状态是地层自重和地质构造作用在漫长的地质历史时期逐步形成的。通常把隧道开挖前洞室周边围岩的这种已经存在着的处于相对平衡和稳定的应力状态称为原始应力状态。

隧道开挖前的洞室周边围岩在漫长的地质历史时期曾经历过反复的地质作用，经受过变形，遭受过破坏。隧道开挖，使得洞室周边围岩再次遭受变形和破坏。隧道开挖形成的地下洞室为储存在围岩中的应变能提供了自由释放的空间，伴随着能量的释放，隧道洞室周边一定范围内的围岩发生应力调整，导致洞室周边围岩各点发生位移，进而引起隧道围岩应力重分布，并出现应力集中现象，以达到新的平衡。通常把隧道围岩发生重分布后的应力状态称为围岩应力状态。在重分布应力的作用下，洞室周边一定范围内的围岩向洞室临空面发生松胀变形，与此同时也会使得围岩的物理力学性质恶化。

隧道围岩变形破坏程度，一方面取决于围岩应力状态，另一方面取决于围岩自身状态及其力学特性。当围岩强度高，完整性好，断面形状、尺寸、位置等有利时，围岩应力处处不超过原岩应力，则围岩处于弹性状态，隧道开挖后的围岩可以满足自稳性要求。反之，若围岩应力局部区域超过原岩应力强度，则围岩物性状态发生改变，围岩进入塑性状态，发生塑性变形或破坏状态。弹脆性岩土体构成的围岩，变形小，发展速度快，不易由肉眼觉察，而一旦破坏，失稳很快发生，其失稳的规模和影响都比较显著。弹塑性岩土体构成的围岩，变形大，但其发展速度比较缓慢，其变形与失稳很难区分。当岩体强度主要由结构面控制时，其塑性变形十分显著，表现为围岩分离体的相互错动，破裂松动，发生过大的变形而使围岩遭到破坏和失稳。

由上述分析可知，隧道开挖使得隧道围岩发生一系列复杂的物理力学现象，如围岩应力重分布、围岩物性变化、洞室断面变形等。隧道围岩自稳就是隧道开挖后无支护地段洞室周边的围岩在暴露状态下，在一定时间内不发生破坏、滑移，并且变形量不超过允许值的能力。隧道围岩自稳状态受地层初始地应力、地层岩土体特征、洞室尺寸和形状、洞室埋深等众多因素影响。要找出一种统一的隧道围岩自稳特征分析模型并能够把比较符合实际状况的隧道围岩应力和位移状态计算出来是非常困难的，或者是不可能的。合理的要求应该是使抽象的力学分析模型能够反映出特定工程条件下的主要因素[5-7]。

目前采用经典力学理论解析方法确定使得围岩应力和位移状态时，多以如下 4 条假定为前提：(1)围岩为各向同性的均质连续体；(2)只考虑自重构成的初始应力场；(3)隧道洞室形状以圆形为主；(4)隧道洞室埋深处于 10 倍洞室跨度以下的地层中，并将实际的隧道洞室三维空间问题简化为无限平面体中的孔洞问题。

通过对上述假定的进一步分析可以得出，在隧道开挖所影响的范围内，围岩自重应力的变化量比其绝对值小得多，可将隧道围岩初始应力场简化为常量场，即可将隧道围岩原始应力假定为在垂直方向和水平方向分别是大小相等、方向相反的均布荷载。取隧道中心点处的自重应力作为隧道围岩初始应力，构建隧道围岩应力状态分析模型如图 4-4 所示。

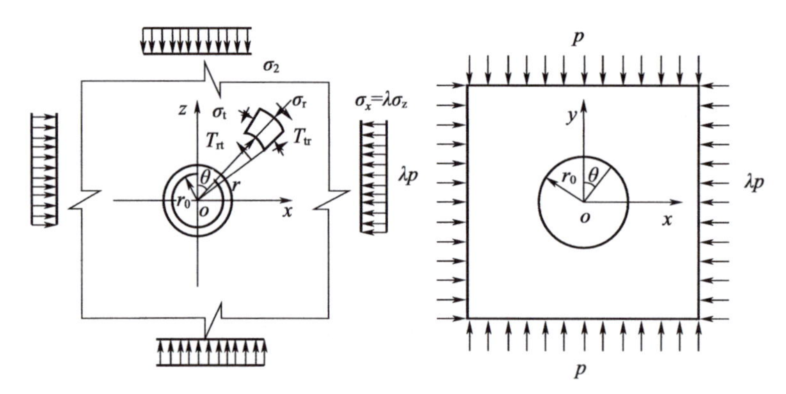

图 4-4 隧道围岩应力分析模型

$$\sigma_z=\gamma H_c,\quad \sigma_x=\lambda\gamma H_c \tag{4-1}$$

式中 σ_z——隧道围岩自重应力场中的垂直应力(kPa);

σ_x——隧道围岩自重应力场中的水平应力(kPa);

H_c——隧道中心点处的埋深(m);

λ——隧道围岩侧压力系数;

θ——隧道洞周围岩内任一点的极坐标角度(°);

r——隧道洞周围岩内任一点的极坐标半径(m)。

根据弹性力学原理,在围岩中开挖半径为 r 的圆形隧道后,其隧道周边围岩中任一点的二次应力状态如式(4-2)所示。

$$\begin{aligned}
\sigma_r&=(\sigma_y/2)\left[(1-\alpha^2)(1+\lambda)+(1-4\alpha^2+3\alpha^4)(1-\lambda)\cos 2\varphi\right]\\
\sigma_t&=(\sigma_y/2)\left[(1+\alpha^2)(1+\lambda)-(1+3\alpha^4)(1-\lambda)\cos 2\varphi\right]\\
\tau_{rt}&=(\sigma_y/2)(1-\lambda)(1+2\alpha^2-3\alpha^4)\sin 2\varphi
\end{aligned} \tag{4-2}$$

$$\begin{aligned}
u&=\frac{\mathrm{Pr}_0^2}{4Gr}\left\{(1+\lambda)+(1-\lambda)\left[(\kappa+1)-\frac{r_0^2}{r^2}\right]\cos 2\theta\right\}\\
\upsilon&=-\frac{\mathrm{Pr}_0^2}{4Gr}(1-\lambda)\left[(\kappa-1)+\frac{r_0^2}{r^2}\right]\sin 2\theta
\end{aligned} \tag{4-3}$$

式中 $\sigma_r,\sigma_t,\tau_{rt}$——隧道洞周围岩内任一点的径向应力、切向应力和剪应力;

α——隧道围岩半径系数,$\alpha=r_0/r$。

由式(4-2)可见,隧道洞室周边围岩应力状态与其所处位置密切相关。对于隧道洞室周边的应力,即将 $\alpha=r_0/r=1$ 带入式(4-1),可得隧道洞室周边应力状态如见(4-4)所示。

$$\begin{aligned}
\sigma_r&=0\\
\sigma_t&=\sigma_z\left[(1+\lambda)-2(1-\lambda)\cos 2\theta\right]\\
\tau_{rt}&=0
\end{aligned} \tag{4-4}$$

式(4-4)表明,隧道开挖引起的洞室周边应力从二向应力状态变为单向应力状态,洞室周边径向应力和剪应力均为零,只存在切向应力。在隧道洞室周边水平直径处,即 $\theta=90°$ 时,$\sigma_t=(3-\lambda)\times\sigma_z$,说明该处围岩切向应力较原岩应力提高了$(3-\lambda)$倍,表现出应力集中现象,且围岩应力集中程度随着围岩侧压力系数的增加不断降低,当围岩侧压力系数 λ 在

(0～1)范围变化时,洞室周边水平轴处的切向应力由 3σ 减小为 2σ。在隧道拱顶处,即 $\theta=0°$时,$\sigma_t=(3\lambda-1)\times\sigma_z$。进一步分析可得,当 $\lambda<1/3$ 时,隧道拱顶处围岩切向应力小于零,即隧道拱顶处围岩出现拉应力,其范围为 $-x=-\frac{1}{2}\arccos\left[\frac{H\lambda}{2(1-\lambda)}\right]<\theta<x=\frac{1}{2}\arccos\left[\frac{1+\lambda}{2(1-\lambda)}\right]$;当 $\lambda=0$ 时,隧道拱顶拉应力最大,其值为 $-\sigma_z$,拉应力区出现在与垂直轴成 $\pm30°$ 的范围,且向围岩内部延伸至 $0.58r_0$ 的范围,如图 4-5 所示;当 $\lambda\geqslant1/3$ 时,隧道拱顶切向应力全部为压应力。

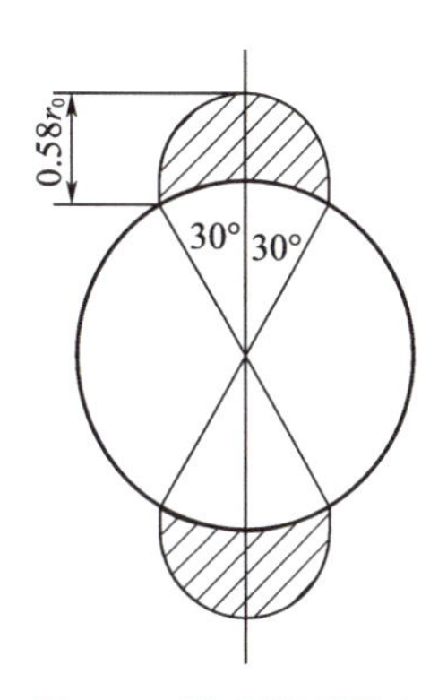

图 4-5　隧道拱顶围岩拉应力分布区

由式(4-3)同时可以得出,隧道洞室周边围岩应力状态与围岩侧压力系数 λ 密切相关。当围岩侧压力系数 λ 分别取 0 和 1 时,隧道洞室周边围岩应力沿洞室水平轴断面和垂直轴断面的应力分布状态如图 4-6 所示。

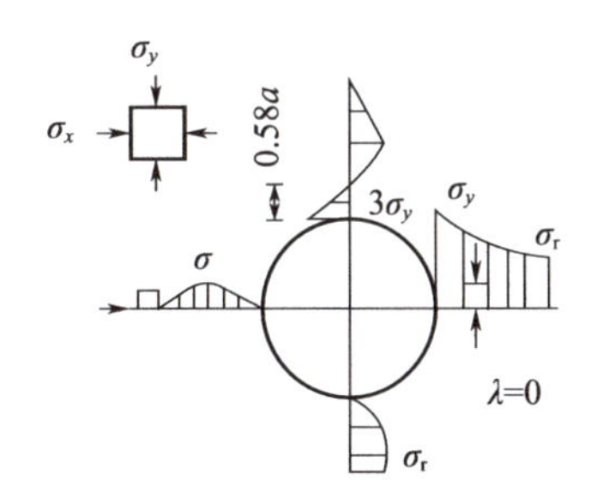

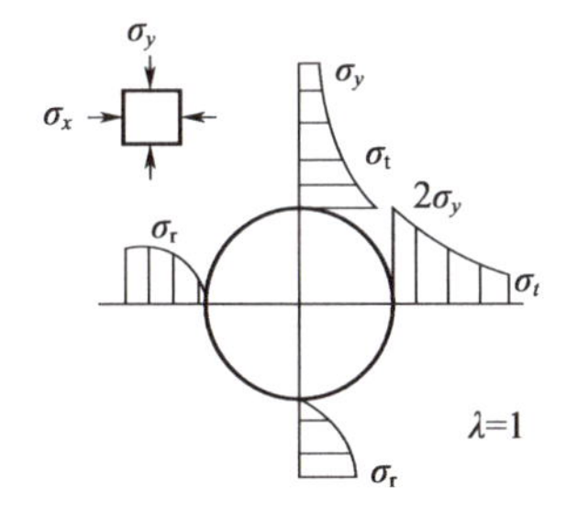

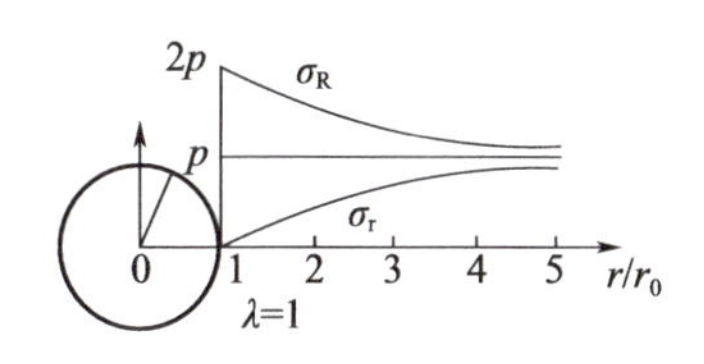

图 4-6　圆形隧道应力分布图

由图 4-6 可见,弹性应力状态下,在洞室周边,隧道围岩切向应力 σ_t升高至最大值,而径向应力 σ_r下降为零。在一定范围内,随着与开挖面距离的不断增大,即 r 值不断增加,围岩切向应力 σ_t逐渐减小,径向应力 σ_r逐渐增大;当 r/r_0 大于 5 时,隧道围岩径向应力 σ_t和切向应力 σ_r均接近初始应力状态,相差在 5%范围内。

当隧道开挖后重分布后的围岩应力达到原岩强度时,围岩便进入塑性状态。在弹塑性应力状态下,在洞室周边,隧道围岩径向应力 σ_r和切向应力 σ_t有一个比较小的值,在塑性区范围内二者都逐渐增大,以切向应力 σ_t增大的幅度最大,在塑性区与弹性区的交界处,切向应力 σ_t达最大值。仍以侧压力系数 λ 为 1 时的圆形隧道为例,进入弹塑性状态后重分布后的围岩应力分布如图 4-7 所示。

由图 4-7 可见,与开挖前的初始应力相比,围岩中的塑性区应力分为内圈和外圈。塑性区内圈应力低于初始应力的区域称为松动区。围岩松动区内应力和强度都有明显下降,裂隙扩张增多,容积扩大,出现明显塑性滑移,若没有足够的支护抗力则不能维持围岩受力平衡。塑性区外圈是高于初始应力的区域,与围岩弹性区中应力升高部分合在一起称为围岩承载区。围岩进入塑性状态时,当局部区域的剪应力达到岩体抗剪强度,从而使得这部分围岩进入塑性状态,但其余部分仍处于弹性状态。隧道洞室周边围岩内塑性区的出现,一方面使应力不断地向围岩深部转移,另一方面又不断地向隧道临空面方向变形并逐渐解除塑性区的应力。

隧道围岩岩土体类材料是天然形成的,由颗粒组成的多相体摩擦型材料。就其本质而

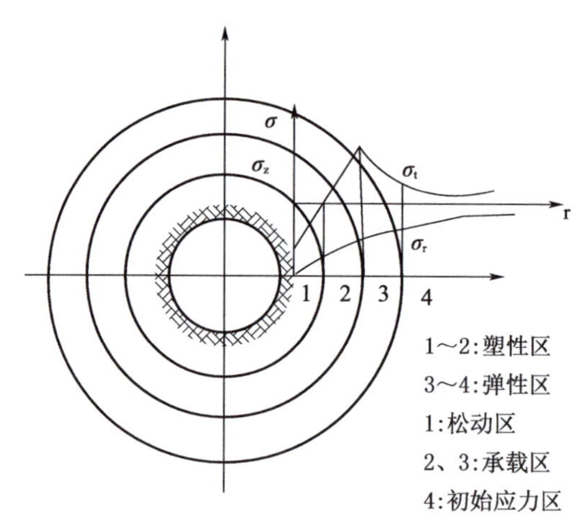

图 4-7　弹塑性围岩应力状态图

言，岩土体材料力学特征属于固体力学范畴。岩土类材料从受力到破坏一般要经历弹性、塑性、破坏三个阶段。岩土类材料随着受力的增大，一般是先进入弹性状态，随后材料中某个点达到弹性极限，即这部分材料屈服进入塑性状态，然后由塑性发展直到塑性极限，进入破坏。屈服的本质就是材料中某点的应力达到屈服强度。岩土类材料初始屈服时，材料中只有个别点达到屈服，但由于受到周围未屈服材料的抑制作用，不会出现破坏。所以屈服并不等于破坏，但屈服使材料进入塑性，并造成材料损伤。当塑性发展到一定程度后，就会在应力集中的地方出现局部裂隙，可称为材料的点破坏。继续加载后，材料的局部裂隙就会贯通，直至材料中破坏面形成，发生整体面破坏失稳。

虽然目前还没有公认的岩土类材料整体面破坏准则，但传统极限分析实质上已经提供了岩土类材料的整体破坏条件。理想塑性状态下初始屈服面与破坏面是一致的，如图 4-8 所示，图中 ε_y 为材料的初始屈服应变，ε_f 为材料后继屈服中的塑性极限应变。它们的应力相同，不过初始屈服与破坏状态的应变是不同的，前者的应变对应着材料刚进入屈服状态，而后者的应变对应着材料从塑性状态进入破坏状态。硬化及软化材料从初始屈服起经过塑性阶段才能达到破坏，相应的屈服面逐渐发展直至达到破坏面为止。传统的塑性力学中破坏的定义是指塑性无限发展，即应力不变、应变无限增大。但这一定义只适用于硬、软化材料；而对理想塑性材料并不完全适用，会导致屈服与破坏相同，无法区分屈服与破坏。由此可见，材料确切破坏的定义应是材料的应变达到塑性极限状态，它对硬化、软化材料及理想塑性材料都适用。

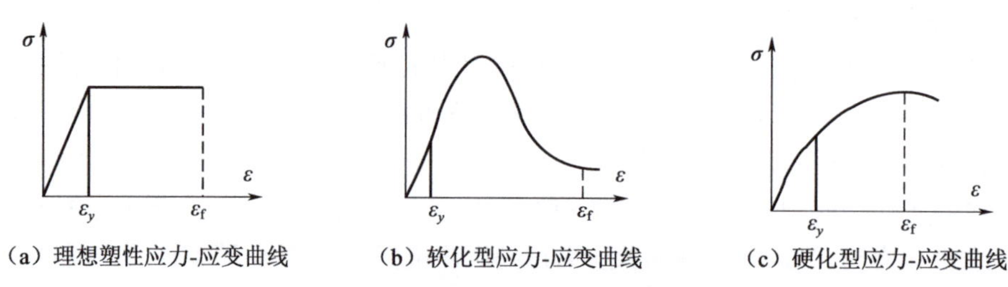

图 4-8　岩土体典型应力-应变关系曲线

岩土类材料的剪破坏可分为材料中的点破坏和材料的整体面破坏。对于岩土类材料的点破坏条件，至今还没有成熟的理论，不同的岩土塑性本构模型都有各自的破坏条件。在著名的剑桥土体模型中，土体的破坏条件常用英国著名土力学家罗斯科提出的土的临界状态来确定，但至今仍没有具体确定极限应变的方法。罗斯科指出临界状态就是破坏状态，它与应力历史和应力路径无关，不管采用何种试验、何种路径，只要达到临界状态就会破坏，因此可以采用理想塑性来研究岩土的破坏。

由于隧道工程的特殊性，从保守角度出发，对于未施作支护措施的隧道围岩而言，一般可以将隧道围岩是否进入塑性状态作为隧道围岩能否满足自稳要求的判定依据。隧道围岩受到荷载作用后，随着荷载的增加，由弹性状态过渡到塑性状态。屈服准则是弹塑性的分界点，即屈服准则既是材料处于弹性状态的最大极值点，也是材料进入塑性状态的最小极值点。因此，可以应用弹性力学理论推导屈服准则。也就是说屈服准则不管是采用应力、应变、能量等各种形式表达，均可采用弹性力学基本理论完成。理想弹塑性材料常用的屈服准则有十多种。其中，目前在隧道围岩岩土体材料领域被普遍认可和广泛采用的屈服准则依然是摩尔-库伦准则。该准则认为，当隧道围岩某截面上作用的法向应力和切向应力所绘制的反应该点应力状态的应力圆与破坏包络线相切时，隧道围岩进入塑性状态。现仍以满足上述假定的压力系数 λ 为 1 时的隧道为例，采用摩尔-库仑屈服准则，对隧道围岩屈服准则数学表达式进行推导。设隧道围岩的内聚力和内摩擦角分别为 c 和 φ，围岩单轴饱和抗压强度为 R_c，隧道洞周围岩切向应力和径向应力分别为 σ_{tp} 和 σ_{rp}。由于荷载及隧道洞室形状均是对称性的，其洞室周边剪应力均为零，隧道洞室周边围岩切向应力 σ_{tp} 和径向应力 σ_{rp} 即为其最大主应力 σ_1 和最小主应力 σ_3，如图 4-9 所示。

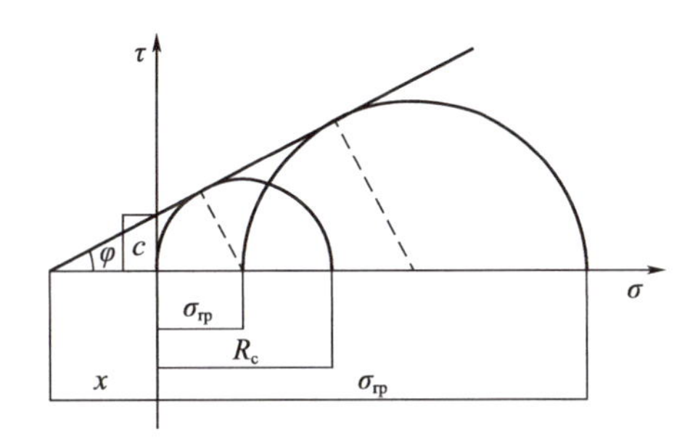

图 4-9　隧道洞室周边围岩应力强度包络线即应力圆

由图 4-9 几何关系可得式(4-5)和式(4-6)。

$$R_c=\frac{2\cos\varphi}{1-\sin\varphi}c \tag{4-5}$$

$$\sin\varphi=\frac{\sigma_{tp}-\sigma_{rp}}{\sigma_{tp}+\sigma_{rp}+2x} \tag{4-6}$$

式(4-6)又可写成式(4-7)。

$$\sin\varphi=\frac{R_c}{2x+R_c} \tag{4-7}$$

由式(4-7)整理可得式(4-8)。

$$x=\frac{R_c}{2}\frac{1-\sin\varphi}{\sin\varphi}=\cot\varphi\cdot c \tag{4-8}$$

将式(4-8)代入式(4-6)，整理可得式(4-9)。

$$\sigma_{tp}(1-\sin\varphi)-\sigma_{rp}(1+\sin\varphi)-2c\cos\varphi=0 \tag{4-9}$$

式(4-9)即为基于满足摩尔-库伦准则的隧道洞室周边围岩屈服准则数学表达式。

由式(4-9)可以看出，隧道洞室周边围岩是否进入塑性状态仅取决于隧道开挖围岩内应力重分布后的切向应力 σ_{tp}和径向应力 σ_{rp}，围岩自身的抗剪强度参数黏聚力 c 和内摩擦角 φ 四个参数及其组合关系。也就是说，只要确定出来上述四个参数，即可判断出隧道围岩能否满足自稳性要求。就理论上而言，隧道围岩自稳特征研究实质上就是对上述四个关键参数的研究。需要注意的是，实际工程中，在隧道开挖时洞室周边附近围岩受应力重分布、开挖扰动等多重因素影响，隧道洞室周边围岩黏聚力 c 和内摩擦角 φ 与原岩黏聚力 c 和内摩擦 φ 较相比均有不同程度地改变。隧道洞周围岩塑性屈服准则的理论解析表达式中采用围岩残余黏聚力 c_r和残余内摩擦角 φ_r作为代替原岩黏聚力 c 和内摩擦角 φ 更为合理，见式(4-10)。

$$\sigma_t^r(1-\sin\varphi_r)-\sigma_r^r(1+\sin\varphi_r)-2c_r\cos\varphi_r=0 \tag{4-10}$$

城市地铁隧道埋深往往较浅，因此城市地铁隧道开挖属于浅埋隧道的力学问题。对深埋隧道而言，由于隧道埋深较大，则隧道开挖引起的土体应力与位移对地表影响较小，故在理论计算中可将深埋隧道开挖的力学问题简化为弹性力学中的无限空间内开孔问题。并且由于隧道埋深远远大于隧道半径，隧道开挖的应力分布受重力梯度的影响较小，可忽略重力梯度变化的影响，最终可将深埋隧道开挖的力学计算模型简化为无限远处受均布荷载作用下的无限平面内开孔问题，这极大地简化了隧道围岩应力与位移的求解。与深埋隧道不同，在分析浅埋隧道开挖引起的力学效应时，必须考虑地表边界条件的改变对隧道围岩应力和变形的影响，因此浅埋隧道的围岩应力和变形求解计算不同于深埋隧道的计算[8-16]。由弹性力学理论可知，浅埋隧道的围岩应力与位移的求解可视为带孔洞半无限平面的弹性力学基本问题。

为分析城市地铁浅埋隧道围岩应力场，将浅埋圆形隧道力学模型简化为弹性问题进行求解，如图 4-10 所示。图 4-10 中以水平地表线作为 x 轴，以垂直于水平地表线且过隧道中心的直线作为 y 轴，O 为坐标原点，R 为隧道半径，h 为隧道中心点 D 到坐标原点 O 的距离，A 为隧道内边界顶点，C 为隧道内边界最低点。L 为 A、O 两点的距离。为分析城市地铁浅埋隧道开挖引起的围岩力学效应，现给出如下基本假设：

①隧道在纵向上无限长，满足平面应变条件；

②围岩为各向同性均质弹性体，容重为 Y，弹性模量为 E，泊松比为 μ；

③隧道开挖后不施作衬砌，即隧道洞周为自由边界。

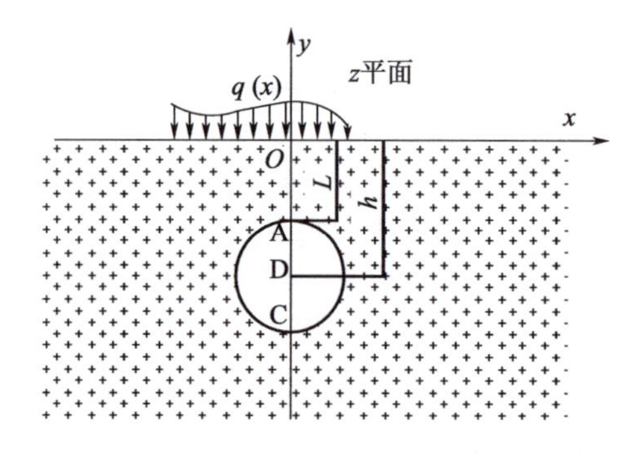

图 4-10　城市浅埋隧道力学分析模型

根据 Muskhelishvili 平面问题的复变函数解法，上土下岩二元地层浅埋地铁隧道各应力分量可以通过在 S 区域(图 4-10 中除去孔洞的半平面 $y<0$ 的区域)内处处解析的复势函数 $\phi(z)$和 $\phi(z)$表达出来，见式(4-11)。

$$\begin{aligned}\sigma_x+\sigma_y&=4\mathrm{Re}[\phi'(z)]\\ \sigma_y-\sigma_x+2i\tau_{xy}&=2[\bar{z}\phi''(z)+\varphi'(z)]\end{aligned} \tag{4-11}$$

由分式线性映射具有保角性和保对称性，经过共形映射可将半无限平面内除隧道边线以外的 S 区域(图 4-10 中除去孔洞的半平面 $y<0$ 的区域)转化为 ζ 平面中单位圆环域，如图 4-11 所示。共形映射公式见式(4-12)。

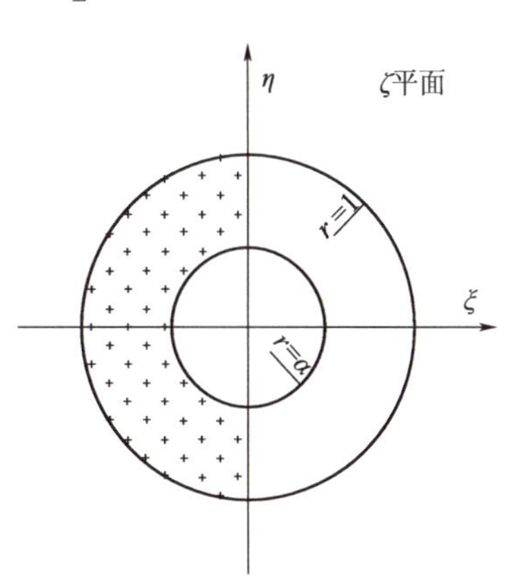

图 4-11　映射区域隧道示意图

$$z=\omega(\zeta)=-ih\,\frac{1-\alpha^2}{1+\alpha^2}\frac{1+\zeta}{1-\zeta} \tag{4-12}$$

式中　$\alpha=(h-\sqrt{h^2-R^2})/R$；

R——隧道半径(m)；

h——隧道埋深(m)。

由式(4-12)容易验证，地表边界线(直线 $y=0$)经映射后对应与外圆周$|\zeta|=1$，而隧道边界转换为内圆周$|\zeta|=\alpha$。若 $\alpha\to0$，则 $R/h\to0$，即隧道半径较小，对应与深埋隧道。

$\phi(z)$和 $\varphi(z)$在 S 区域(图 4-10 中除去孔洞的半平面 $y<0$ 的区域)内是解析函数，因此由复变函数理论得出，$\phi(\zeta)$和 $\varphi(\zeta)$在 γ 区域内(图 4-11 中的单位圆环域)内都是解析函数。由此可将 $\phi(\zeta)$和 $\varphi(\zeta)$在 γ 区域中展成 Laurent 级数的形式：

$$\phi(z)=\phi[\omega(\zeta)]=\phi(\zeta)=a_0+\sum_{k=1}^{\infty}a_k\zeta^k+\sum_{k=1}^{\infty}b_k\zeta^{-k} \tag{4-13}$$

$$\varphi(z)=\varphi[\omega(\zeta)]=\varphi(\zeta)=c_0+\sum_{k=1}^{\infty}c_k\zeta^k+\sum_{k=1}^{\infty}d_k\zeta^{-k} \tag{4-14}$$

式中　系数 a_k,b_k,c_k,d_k 由边界条件确定。

在 z 平面的边界条件为

$$z=\bar{z}:\phi(z)+z\,\overline{\phi'(z)}+\varphi(z)=F_0(z)=0 \tag{4-15}$$

$$|z=ih|=r_0:\phi(z)+z\,\overline{\phi'(z)}+\varphi(z)=0 \tag{4-16}$$

由式(4-13)、式(4-14)及复合函数求导法则可得

$$z\phi'(z)=\frac{\mathrm{d}\phi}{\mathrm{d}\zeta}\frac{\mathrm{d}\zeta}{\mathrm{d}z}=\frac{\omega(\zeta)}{\omega'(\zeta)}\phi'(\zeta) \tag{4-17}$$

将式(4-13)、式(4-14)、式(4-17)带入边界条件式(4-15)、式(4-16)则得在 ζ 平面上的边界条件：

$$|\zeta|=1:\phi(\zeta)+\frac{\omega(\zeta)}{\omega'(\zeta)}\overline{\phi'(\zeta)}+\overline{\varphi(\zeta)}=F_1(\zeta)=0 \tag{4-18}$$

$$|\zeta|=\alpha:\phi(\zeta)+\frac{\omega(\zeta)}{\omega'(\zeta)}\overline{\phi'(\zeta)}+\overline{\varphi(\zeta)}=0 \tag{4-19}$$

其中：
$$z\overline{\phi'(z)}=\omega(\zeta)\frac{\overline{\phi'(\zeta)}}{\omega'(\zeta)};\tag{4-20}$$

若令 $\zeta=\rho\sigma$ 且 $\sigma=\exp(i\theta)$ 得：
$$\frac{\omega(\zeta)}{\omega'(\zeta)}=-\frac{1}{2}\frac{(1+\rho\sigma)(\sigma-\rho)^2}{\sigma^2(1-\rho\sigma)}\tag{4-21}$$

$$|\zeta|=1\text{ 时，}\quad \frac{\omega(\zeta)}{\omega'(\zeta)}=\frac{1}{2}(1-\sigma^{-2})\tag{4-22}$$

$$|\zeta|=\alpha\text{ 时，}\quad \frac{\omega(\zeta)}{\omega'(\zeta)}=-\frac{1}{2}\frac{(1+\alpha\sigma)(\sigma-\alpha)^2}{\sigma^2(1-\alpha\sigma)}\tag{4-23}$$

将式(4-16)、式(4-17)、式(4-20)代入式(4-13)，得到一个关于 a_k，b_k，c_k，d_k 系数的方程组，再利用式(4-18)，就能整理出系数 a_k，b_k 的迭代方程组：

$$\begin{cases}(1-\alpha^2)\alpha^{2k}(k+1)a_{k+1}+(1-\alpha^{2k+2})\overline{b_{k+1}}=(1-\alpha^2)\alpha^{2k}ka_k+(1-\alpha^{2k})\overline{b_k},(k=1,2,3\cdots)\\(1-\alpha^{2k+2})a_{k+1}+(1-\alpha^2)(k+1)\overline{b_{k+1}}=\alpha^2(1-\alpha^{2k})a_k+(1-\alpha^2)k\overline{b_k},(k=1,2,3\cdots)\end{cases}\tag{4-24}$$

由式(4-24)可知，若系数 a_k、b_k 的值已知，即可求得系数 a_{k+1}、b_{k+1}。

其中式(4-24)的初始值 a_1、b_1 可通过式(4-25)联立求得。

$$\begin{cases}(\alpha^2-1)(a_1+\overline{b_1})+\overline{C}=\alpha^2A_1-A_0\\(\alpha^2-1)(a_1+\overline{b_1})-\alpha^2\overline{C}=\alpha^2A_0-A_1-\alpha^2a_0\end{cases}\tag{4-25}$$

由式(4-25)可得 a_1 与 b_1 可两者间的满足式(4-26)。

$$a_1+\overline{b_1}=\frac{c}{\alpha^2-1}\tag{4-26}$$

首先，假定 $a_1=0$，由式(4-26)可求得 b_1。接着，利用式(4-24)反复迭代可求得各项系数 a_k 和 b_k。由解析函数 $\phi(\zeta)$ 和 $\phi(\zeta)$ 在 ζ 平面上的收敛性可得，随着迭代次数的增加，a_k 和 b_k 将趋于某一常数 Δ。然后，将求得的所有系数 a_k 和 b_k 均减去常数 Δ，可得到系数 a_k 和 b_k 均真实值。将系数 a_k 和 b_k 代入式(4-13)，即可得确定复变函数 $\phi(\zeta)$ 具体表达形式。

把式(4-13)、式(4-14)、式(4-22)代入式(4-18)，整理并令等号两边的 σ 同次幂相等，可得式(4-27)。

$$\begin{cases}c_0=\overline{A_0}-\frac{1}{2}a_1-\frac{1}{2}b_1+\overline{C}\\c_k=A_k-\overline{b_k}+\frac{1}{2}(k-1)a_{k-1}-\frac{1}{2}(k+1)a_{k+1},k=1,2,3\cdots\\d_k=\overline{A_k}-\overline{a_k}+\frac{1}{2}(k-1)b_{k-1}-\frac{1}{2}(k+1)b_{k+1},k=1,2,3\cdots\end{cases}\tag{4-27}$$

将系数 a_k 和 b_k 代入由式(4-27)，可确定系数 c_k 和 d_k。将系数 c_k 和 d_k 代入式(4-14)，即可得确定复变函数 $\phi(\zeta)$ 具体表达形式。

利用映射函数式(4-12)和式(4-11)，可求得城市地铁浅埋隧道围岩应力。最后，根据式(4-10)，即可判定是否满足城市地铁浅埋隧道围岩自稳性要求。

4.1.4　上土下岩二元地层地铁隧道基本特征

4.1.4.1　上土下岩二元地层地铁隧道基本特征

地铁隧道是现代城市中一种规模浩大的快速轨道交通类公共建筑。一条地铁线路的长度一般不宜小于 10 km，也不宜大于 35 km，具有典型的线状分布特征。根据其使用功能、设置位置等的不同，划分为车站和区间两个主要组成部分，此外还包括渡线、折返线、停车线、存车线、安全线、出入线、联络线等配线和车辆段等组成部分。地铁车站主要由车站主体、出入口通道和风亭风道组成，是供地铁乘客上下、集散、换乘，地铁列车运行及临时停放的场所，是地铁系统中与乘客关系最密切、建筑结构最复杂、工程技术难度最高的部分，其土建工程建造约占地铁系统总投资的 13%。地铁区间隧道是连接两相邻地铁车站之间供地铁列车运行的通道。在城市中心人口密集地段，地铁区间长度一般控制在 1.0 km 左右，在市区边缘或城市组群之间一般处于 1.5～2.0 km，特殊情况下也可增大到 4.0 km 以上。地铁隧道主要由地铁正线区间隧道（简称地铁区间隧道）和车站主体结构隧道（简称地铁车站隧道）构成，还包括断面尺寸不同、长度各异的渡线、折返线、停车线、联络线等地铁配线隧道。

地铁隧道平面位置布设一般与城市现有及规划道路相结合，以减少对城市现有及规划地块的分隔，穿越街坊地带应考虑与城市改造和城市地下空间综合开发相结合。地铁区间隧道一般位于城市道路红线范围的下方，在力学特征差异显著的上土下岩二元地层的有利地质条件下，也可将区间隧道设置于道路红线范围之外，可达到缩短地铁线路长度、减少拆迁、降低工程造价等目的。地铁区间隧道平面分布应在尽量满足线路走向、路由功能需求，以及满足列车运营安全、乘客舒适度等要求前提下力求顺直，尽量减少曲线数量并采用较大的曲线半径。地铁车站隧道一般沿直线布设。当因工程地质条件限制而必须设置在曲线上时，其有效范围的曲线最小半径应满足相关规范要求。地铁车站隧道长度一般处于 150～230 m 范围，主要受地铁列车编组数控制，隧道宽度因车站类型不同差异较大。地铁隧道纵断面埋置深度是地铁工程建设中的一项重要技术指标。地铁隧道埋深主要以地铁车站埋深作为控制条件，兼顾地铁区间埋深、纵坡坡度及其他影响因素。地铁隧道合理埋深的确定受施工方法、结构形式、断面大小、工程地质、水文地质及环境条件等多种因素的影响和制约，需综合考虑工程安全、建设成本、地铁功能、施工风险及施工难易程度等多方面因素。世界各地城市地铁隧道埋深差异较大，埋深较大的有几十米至上百米，最大超过 200 m，埋深较小的几米，尚无统一的认识和标准。地铁隧道埋深小，可减少开挖工程量，方便乘客出入，降低车站出入口提升高度，减少车站自动扶梯设置数量、提升高度及通风竖井深度。地铁埋深大，使地铁地下结构置于较好的围岩中，可大幅减少支护措施、灵活选择开挖方式、降低施工安全风险和施工难度、减少对周边环境影响等。在力学特征差异明显的上软下硬地层分布条件下，立足于充分发挥围岩自稳能力，适当增加地铁埋深，地铁采用暗挖法施工将隧道置于下覆坚硬岩层在并保证合理的较小覆岩厚度，不存在发生整体坍塌或有害变形的风险，只要防止局部岩块几何失稳，即可确保隧道施工过程安全，可大幅减少工程辅助措施，节约建设成本，降低施工安全风险和施工难度，减少对周边环境的影响，较好地实现安全、经济、功能、环境等综合效益最大化。

4.1.4.2 上土下岩二元地层地铁隧道力学机理

对上土下岩二元地层地铁隧道围岩力学机理进行研究。现以开挖宽度 20.8 m、开挖高度 18.37 m，上覆土层厚度 H_s取 12 m 的单拱大跨地铁车站隧道为例进行，隧道围岩岩土体物理力学参数、计算模型及计算方法等参见 4.2.2 节。覆岩厚度 H_r处于 2～80 m 时隧道开挖后的水平和竖直应力分布云图如图 4-12 所示，隧道拱顶至其正上方地表路径应力位移随覆岩厚度 H_r变化特征如图 4-13 所示(图中以压应力为正，拉应力为负)。

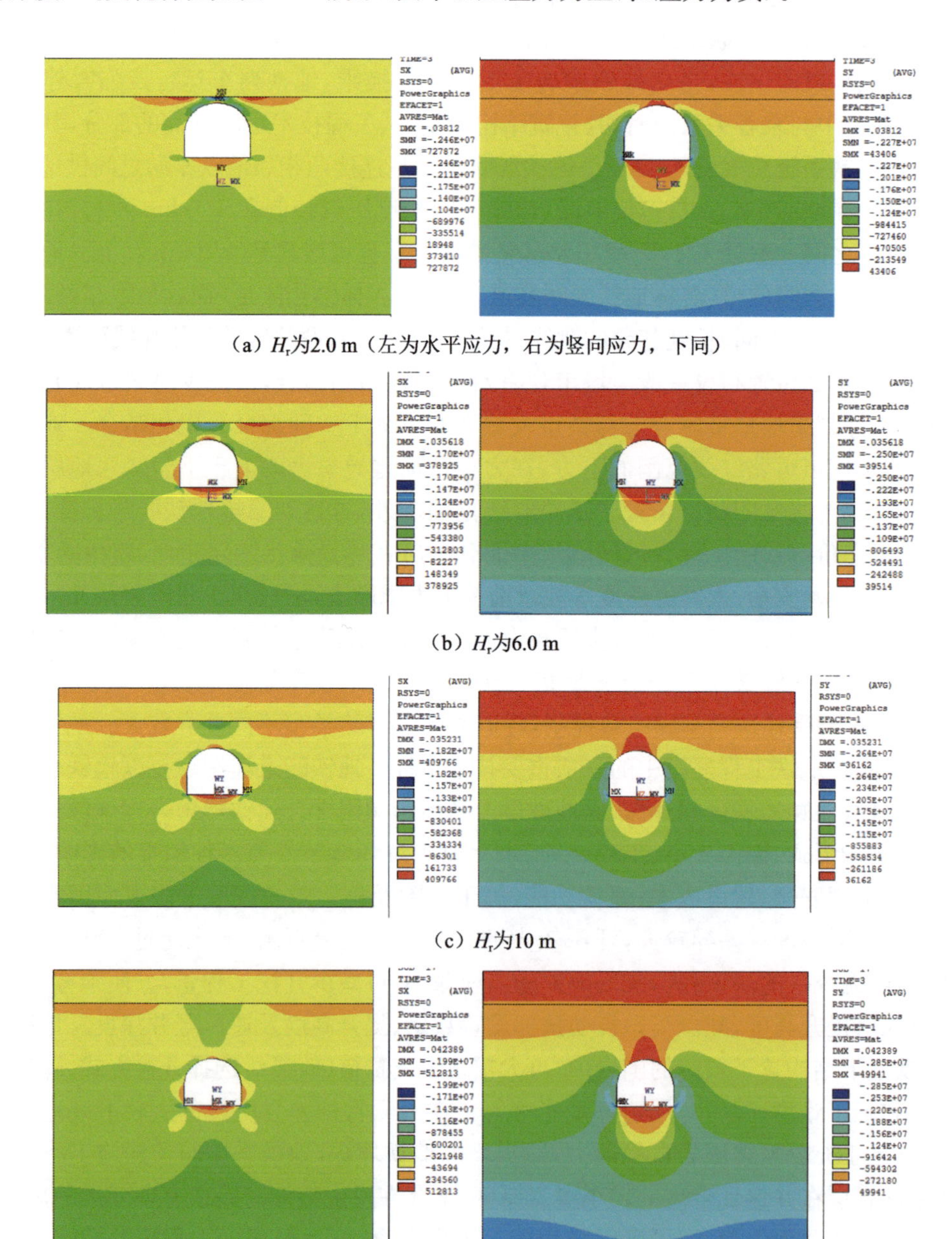

(a) H_r为2.0 m（左为水平应力，右为竖向应力，下同）

(b) H_r为6.0 m

(c) H_r为10 m

(d) H_r为20 m

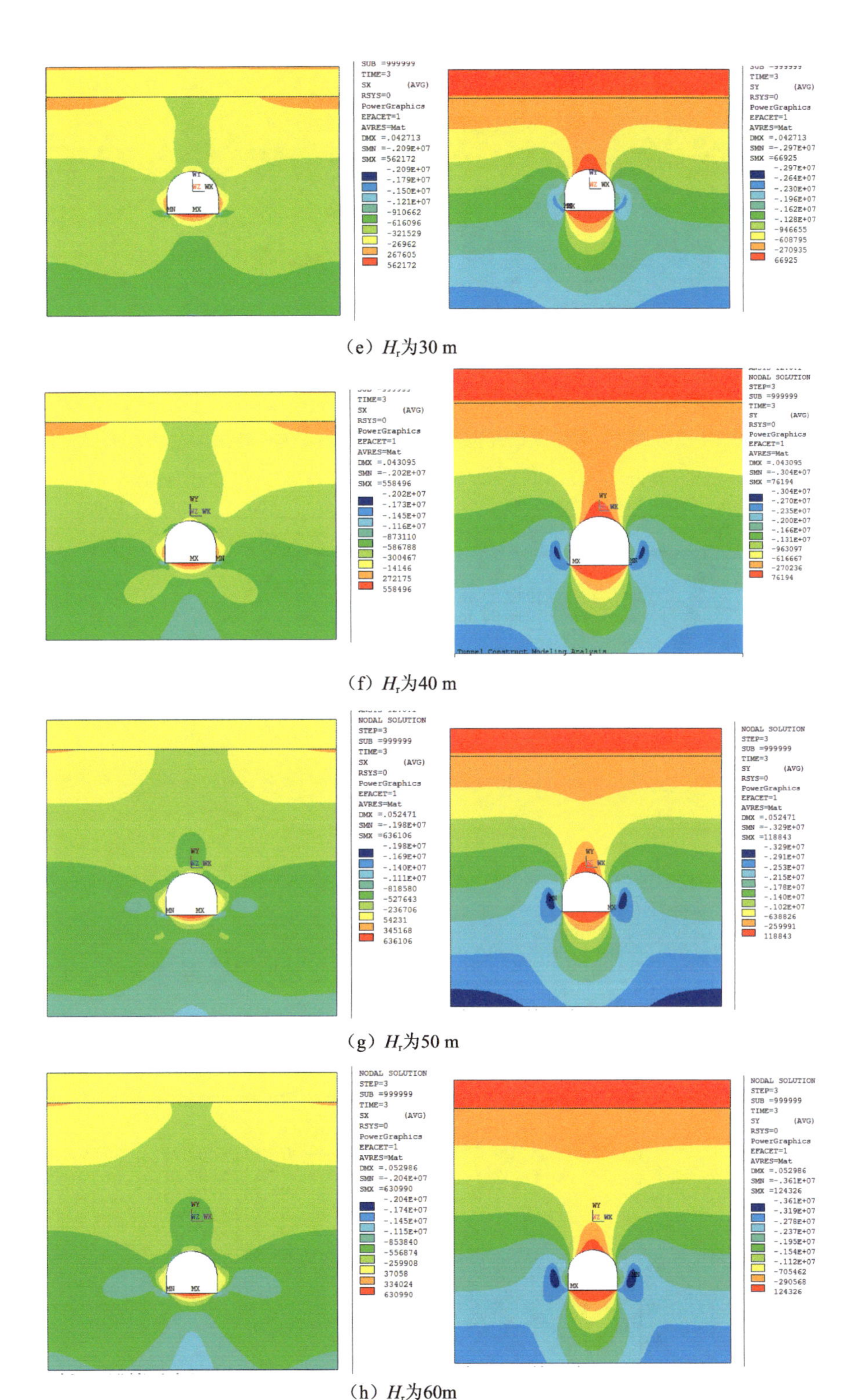

（e）H_r为30 m

（f）H_r为40 m

（g）H_r为50 m

（h）H_r为60m

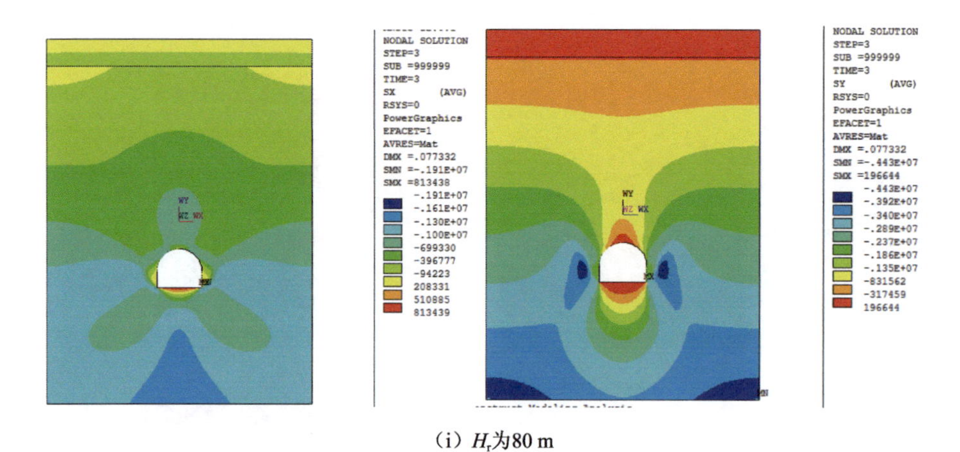

（i）H_r为80 m

图 4-12 土岩二元地层地铁隧道开挖应力分布图

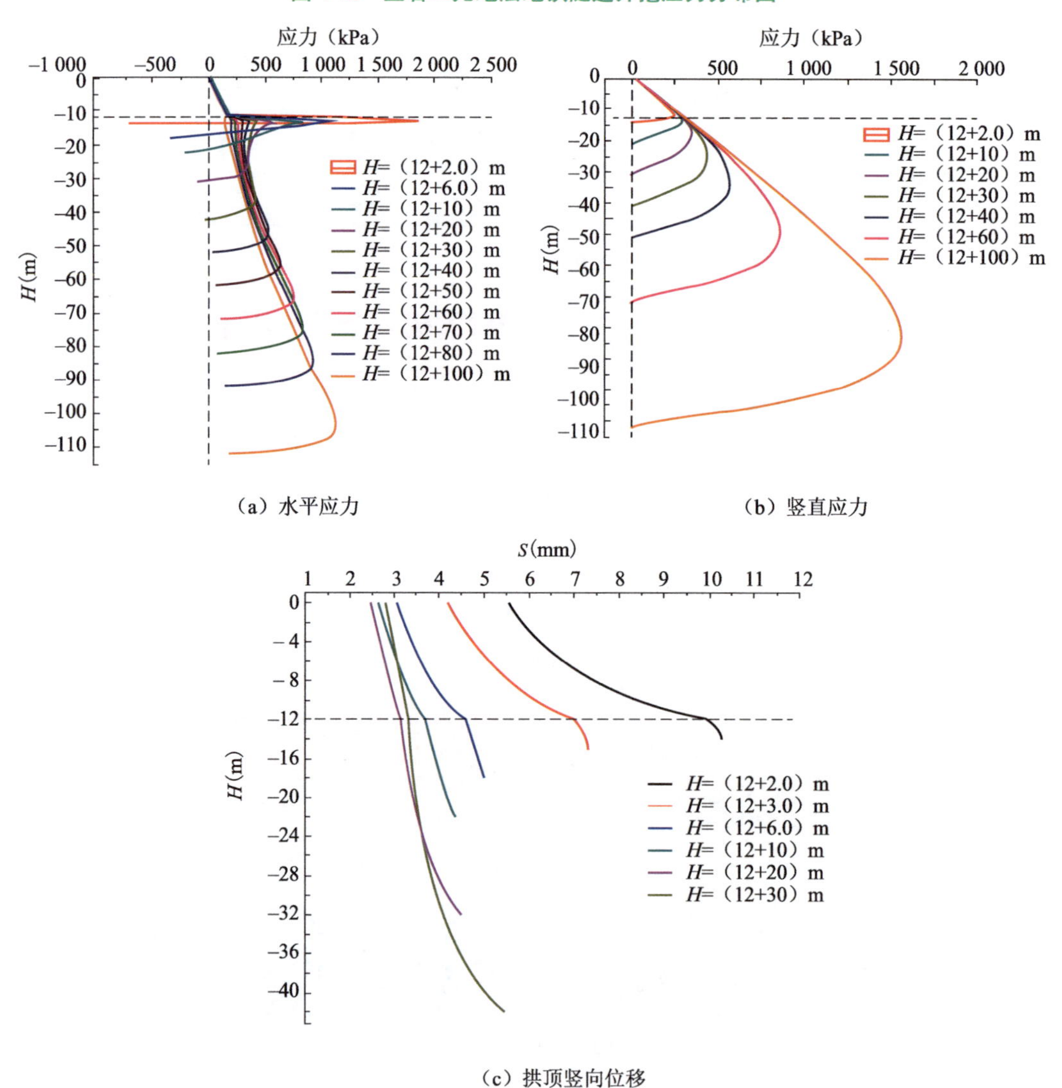

（a）水平应力

（b）竖直应力

（c）拱顶竖向位移

图 4-13 隧道拱顶至地表路径应力及变形随覆岩厚度 H_r变化特征

由图 4-12 和图 4-13 可见，在力学特征差异显著的上土下岩二元地层下覆岩质地层中开挖隧道引起的应力重分布使得隧道拱顶上方水平应力增加，竖向应力减小；覆岩厚度越小，应力重分布特征越显著。隧道开挖引起的应力释放和应力转移主要发生在下覆岩质地层中，对上覆土质地层影响较小，说明下覆岩质地层作为结构的成分多，上覆土质地层作为荷载的成分多。隧道拱顶上覆岩层是决定围岩能否自稳的核心和关键因素。覆盖层厚度作为衡量上土下岩二元地层隧道合理埋深问题的一般参数已不再适用，进而将目光转移到覆岩厚度及岩跨比对围岩稳定性的影响。产生上述现象的原因是由于土岩地层力学参数差异较大，地铁隧道在下覆坚硬岩中开挖引起的位移在地层分界面存在差异。为满足连续介质条件，在土岩地层接触面产生变形协调问题，进而引起应力由力学性质较差的软弱土层转移至力学性质较好的坚硬地层，使得地层接触面处的应力增大。洞周围岩最终受力状态主要由土岩地层变形协调所引起的应力转移和由洞室开挖引起的洞周应力集中两部分所决定。覆岩厚度越小，位移差异越明显，洞周围岩应力状态由软硬地层变形协调所引起的应力转移主导。随着覆岩厚度增加，位移差异逐渐减弱，应力转移不断减弱。覆岩厚度达一定程度后，位移差异几乎消除，洞周围岩应力状态主要由隧道开挖引起的应力集中所主导，类似于均质地层隧道开挖工况受力模式。

上土下岩二元地层地铁隧道上覆土质地层厚度 H_s 依次为 0 m、12 m、24 m 时，不同覆岩厚度 H_r 下隧道拱顶至其正上方地表路径最大应力 $\sigma_{\theta max}$ 计算结果见表 4-1，隧道拱顶至其正上方地表路径最大应力 $\sigma_{\theta max}$ 随覆岩厚度 H_r 变化规律如图 4-14 所示，隧道拱顶下沉见表 4-2～表 4-4。

表 4-1　地铁隧道拱顶至地表路径最大应力 $\sigma_{\theta max}$ 计算结果

H_r(m)		2	10	15	20	25	30	35	40	50	60	70	80	100
$\sigma_{\theta max}$(kPa)	H_s=0 m	797	460	392	343	303	309	—	417	520	630	738	843	1 026
	H_s=12 m	1 872	855	677	572	517	455	486	543	642	761	841	937	1 145
	H_s=24 m	3 297	1 373	1 045	868	—	664	602	649	766	843	941	1 045	1 232

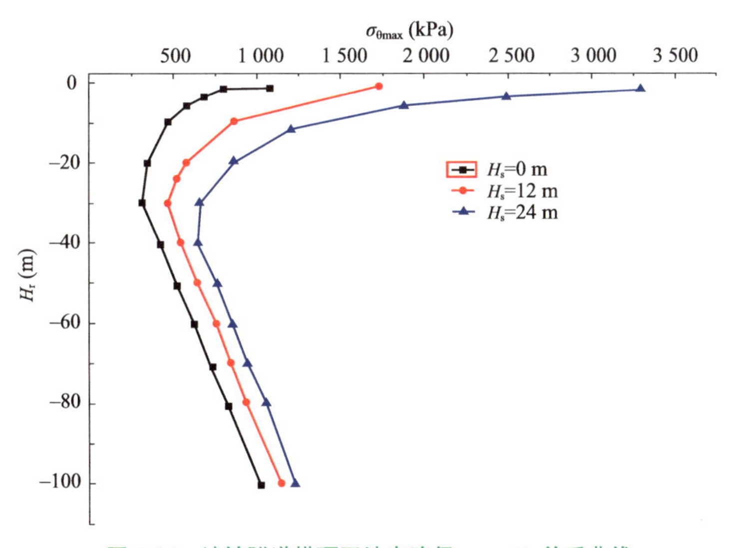

图 4-14　地铁隧道拱顶至地表路径 $\sigma_{\theta max}$-H_r 关系曲线

表 4-2　软弱地层厚度 H_s 为 0 m 隧道拱顶下沉计算结果

H_r(m)	0.2	0.4	1.0	5.0	10	20	30	50	80	100
S(mm)	23.16	4.056	2.551	1.808	1.885	2.787	3.835	5.203	10.928	15.049

表 4-3　软弱地层厚度 H_s 为 12 m 隧道拱顶下沉计算结果

H_r(m)	0.5	1.0	1.6	3.0	6.0	9.0	12	15
S(mm)	63.416	24.388	13.560	7.303	5.024	4.451	4.326	4.393
H_r(m)	18	20	24	30	50	80	100	24
S(mm)	4.454	4.503	4.855	5.070	7.935	13.139	15.585	4.855

表 4-4　软弱地层厚度 H_s 为 24 m 隧道拱顶下沉计算结果

H_r(m)	2.5	3.0	6.0	12	20	30	50	80	100
S(mm)	21.872	16.112	8.741	6.679	6.611	7.237	9.810	14.040	20.937

可见，上土下岩二元地层地铁隧道随着覆岩厚度 H_r 增大，围岩主应力最大值 $\sigma_{\theta\max}$ 和拱顶下沉 S 先迅速减小后逐渐增大，均存在极小值。上覆土质地层厚度对应力和位移极小值所对应的覆岩厚度 H_r 影响较大，土质地层厚度 H_s 越大，极小值随对应的覆岩厚度 H_r 越大。由本书 4.2 节不同覆岩厚度下的地铁隧道围岩稳定性安全系数 K 计算结果可知，地铁隧道围岩安全系数 K 随覆岩厚度 H_r 的增加先迅速减小后逐渐增加，存在极大值。三者具有内在统一性，说明理论上存在满足围岩自稳程度最佳的覆岩厚度。

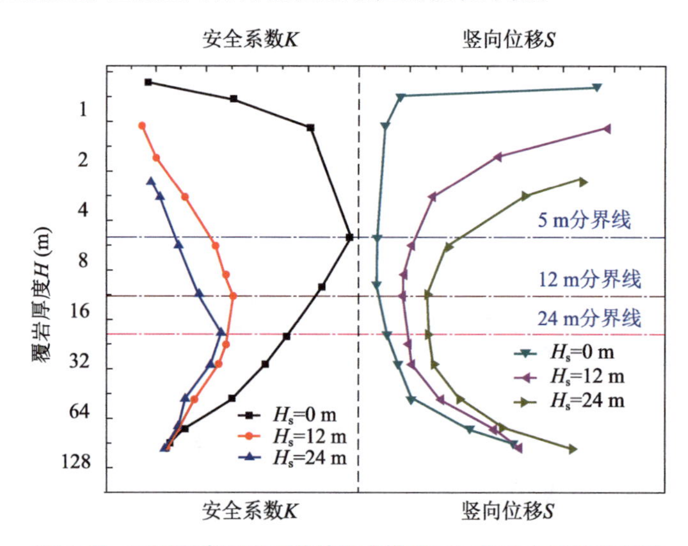

图 4-15　不同覆岩厚度下地铁隧道拱顶下沉与安全系数分布图

隧道拱顶下沉与安全系数所对应的最佳覆岩厚度具有良好的对应关系，如图 4-15 所示。而隧道拱顶下沉、安全系数与隧道拱顶至其正上方地表路径最大应力所对应的量值并不一致，见表 4-5，这是因为有限元强度折减法实质上是极限状态法，洞室围岩安全系数实质上是对洞周围岩应力状态的一种定量描述，是洞周某分部岩体应力总水平的体现，类似于岩体的抗剪强度与剪应力的比值。洞室周边具有无数条路径，不同路径上的最大应力最小值对应的覆岩厚度大小不一。隧道洞室拱顶至其正上方地表路径只是其中一条，因此该路径上的应力最大值与安全系数对应的覆岩厚度 H_r 两者上不一致。准确判断对安全系数对应的应力路径并不容易，确切地研究所有点的应力变化规律费时费力。下一步的研究目标主要转移至与围岩安全系数具有良好对应关系的隧道拱顶竖向位移进行深入研究。

表 4-5 隧道应力、位移及安全系数对应的最佳覆岩厚度 H_r

软弱地层厚度(m)	最佳覆岩厚度 H_r(m)		
	最大应力	拱顶位移	安全系数
0	25	5	5
12	30	12	12
24	35	20	20

4.2 上土下岩二元地层地铁隧道围岩自稳特征区域划分研究

4.2.1 研究方法

1. 有限元强度折减法

隧道围岩失稳主要是由于施工开挖引起的应力重分布超过围岩强度或引起过大围岩过大的变形所致。传统评价隧道围岩稳定性的标准主要通过洞周特征点位移及洞室周边塑性区的大小来进行判断，无法实现对围岩稳定程度进行定量评价，可靠度较低。有限元强度折减法实质上是在外荷载一定的条件下，通过人为不断地折减岩土体材料强度参数直至隧道围岩处于极限状态，从而使其显示破坏面，并求得安全系数，具有严格的力学依据及可视、动态、定量计算的优点，目前在隧道围岩稳定性分析中被广泛采用[17-37]。有限元强度折减法隧洞围岩失稳主要有洞室周边特征点位移突变、塑性区贯通和数值软件计算不收敛三种判据。特征点位移突变判据是指在隧道围岩达到极限破坏状态以后，某些特征点的位移将处于一种流动状态，各特征点的位移也会突然增加。通过对隧道特征点处位移的监控量测，并通过数据拟合等手段得到折减系数和特征点位移之间的曲线关系，并从中确定突变点，从而根据突变点的位置来得到安全系数，进而可实现对隧道围岩的稳定性做出分析。通过对特征点位移的监控，根据位移发生突变这一判据进行安全系数的求解，在分析中易于提取数据且结果简洁明了。本研究进行强度折减法安全系数分析时，均统一采用“特征点位移突变”这一判据确定安全系数。

2. 计算模型及计算参数

上土下岩二元地层地铁隧道围岩自稳通知研究借助有限元数值计算软件完成。数值计算按照平面应变问题处理，采用 PLANE82 平面 8 节点实体单元建模。计算模型左右边界长 7 倍洞跨，施加水平位移约束，下边界取至地下洞室开挖断面地面以下 3.5 倍开挖高度，施加竖直位移约束，上表面自由，外围单元网格纵横向均设定为 1.0 m，隧道周边网格为 0.5 m，如图 4-16 所示。计算采用 DP4 屈服准则。初始应力仅考虑岩土体自重，地表面施加 20 kPa 均布荷载。仅考虑隧道毛洞一次性全断面开挖，应力释放系数 100%，不考虑爆破振动、地下水及其他施工过程因素影响。

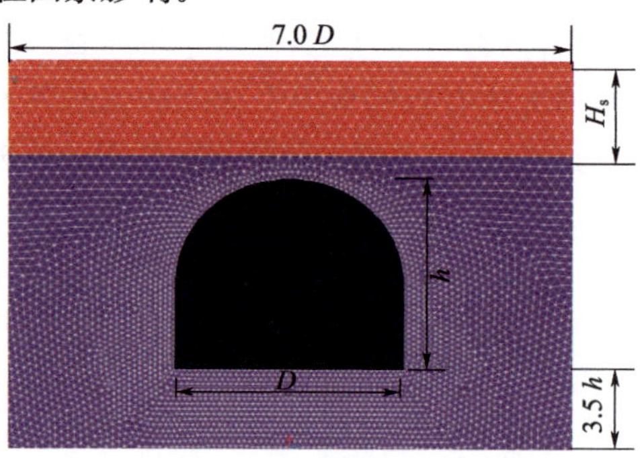

图 4-16　数值计算模型

岩体实质是不连续体，然而当岩体结构面间距远小于隧道洞室开挖尺寸时，不连续面对隧道开挖的影响较小，不连续岩体可以认为是连续的。根据青岛地铁沿线地层岩土体力学参数统计分析，同时考虑到软弱结构面、地下水等因素的影响，采用等代岩体强度的方法把岩土体视为均质体。地层岩土体数值计算参数取值见表 4-6。

表 4-6　岩土体物理力学计算参数

地层类型	容重(kN/m³)	弹性模量(GPa)	泊松比	黏聚力(MPa)	内摩擦角(°)
土质地层	22.5	0.05	0.38	0.032	20
中风化岩层	24.5	5.0	0.25	0.60	35
微风化岩层	26.0	22.0	0.20	1.60	53

4.2.2　不同地层类型下的地铁隧道围岩自稳特征研究

结合青岛地铁隧道工程实践，以开挖宽度 20.8 m、开挖高度 18.37 m 的单拱直墙大跨地铁车站暗挖隧道为例(图 4-17)，按照由简入繁的总体思路，依次取土质地层、中风化岩层、微风化岩层三种均质地层类型物理力学参数，对地铁隧道围岩自稳能力随其埋深的变化特征进行研究。

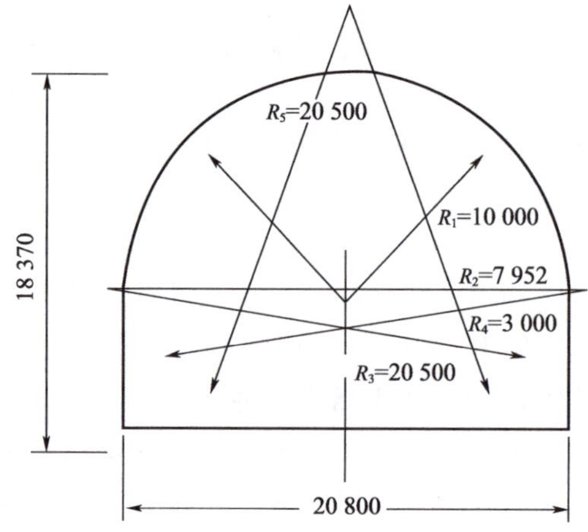

图 4-17　单拱大跨地铁车站隧道断面图(单位：mm)

1. 不同埋深下的土体地层地铁隧道围岩自稳特征研究

在土体地层中开挖跨度为 20.8 m 的单拱直墙大跨地铁车站暗挖隧道，隧道开挖深度依次取 1 m、5 m、10 m、20 m、30 m、50 m 合计六种工况。不同开挖深度下的土体地层地铁隧道围岩拱顶竖向位移 S 随折减系数 $K_{折}$ 变化曲线如图 4-18 所示，隧道围岩稳定性安全系数 $K_{安}$ 计算结果见表 4-7。

表 4-7 土体地层地铁隧道围岩稳定性安全系数计算结果

埋深(m)	1	5	10	20	30	50
安全系数 $K_{安}$	0.39	0.46	0.47	0.42	0.39	0.34

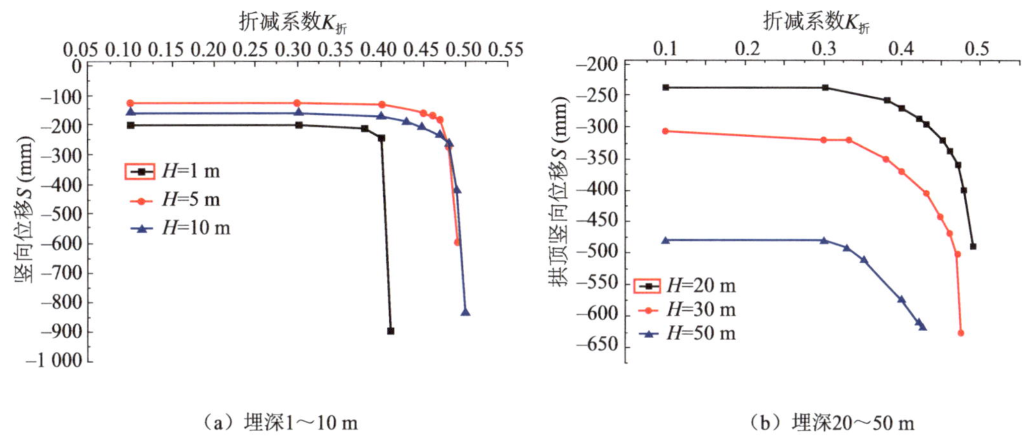

图 4-18 土体地层地铁隧道围岩拱顶竖向位移随折减系数变化曲线

由表 4-7 可知，单拱直墙大跨地铁车站暗挖隧道岩稳定性安全系数随着埋深增加呈现先增大后减小的整体变化趋势。隧道埋深从 1.0 m 开始，隧道围岩稳定性安全系数 $K_{安}$ 从 0.39 先逐渐增大。当隧道埋深为 10.0 m 时，其围岩稳定性安全系数 $K_{安}$ 达最大值 0.47。此后随着隧道埋深的继续增加，隧道围岩稳定性安全系数 $K_{安}$ 从 0.42 逐渐递减至 0.34。以围岩稳定性安全系数 1.00 作为判定隧道围岩处于自稳临界状态的划分标准，可得到在土体地层开挖单拱直墙大跨地铁车站暗挖隧道，围岩均不能满足自稳要求，如图 4-19 所示。

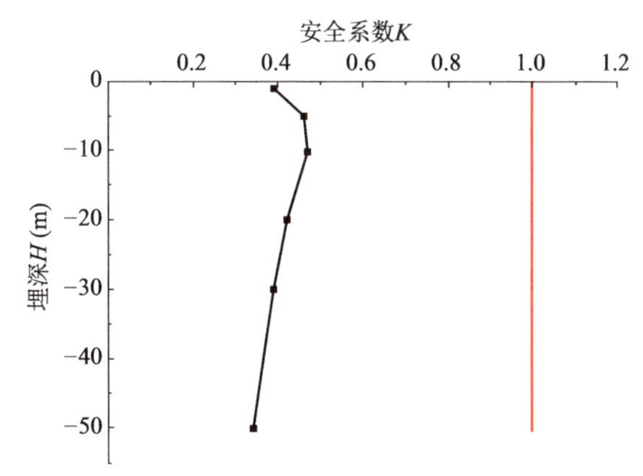

图 4-19 土体地层地铁隧道围岩安全系数随埋深变化曲线

2. 不同埋深下的中风化岩层隧道围岩自稳特征研究

在中风化岩层中开挖跨度为 20.8 m 的单拱直墙大跨地铁车站暗挖隧道，隧道开挖深度依次取 0.1 m、0.4 m、1 m、5 m、10 m、20 m、30 m、50 m、80 m、100 m、150 m 合计 11 种工况。不同开挖深度下的地铁隧道拱顶下沉 S 随围岩强度折减系数 $K_{折}$ 变化曲线如图 4-20 所示，隧道围岩稳定性安全系数 $K_{安}$ 计算结果见表 4-8。

表 4-8　中风化均质岩层地铁隧道安全系数计算结果

埋深(m)	0.1	0.4	1	5	10	20	30	50	80	100	150
安全系数 $K_{安}$	0.93	1.76	2.53	2.92	2.64	2.28	2.08	1.76	1.30	1.15	0.83

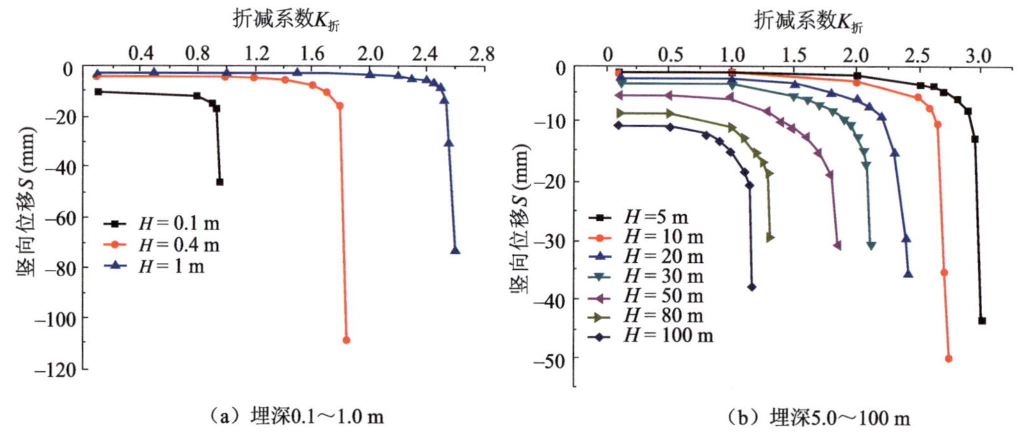

图 4-20　中风化岩层隧道围岩拱顶下沉随折减系数变化曲线

由表 4-8 可知，单拱直墙大跨地铁车站暗挖隧道围岩稳定性安全系数随埋深增加呈现先增大后减小的整体变化趋势。隧道埋深从 0.1 m 开始，隧道围岩稳定性安全系数 $K_{安}$ 从 0.93 先逐渐增大；当隧道埋深为 5.0 m 时，其围岩稳定性安全系数 $K_{安}$ 达最大值 2.92；此后随着隧道埋深的继续增加围岩稳定性安全系数不断减小。以围岩稳定性安全系数 1.00 作为判定隧道围岩处于自稳临界状态的划分呢标准，借助于拟合插值分析技术，可得到在中风化岩层埋深 0.2～134 m 范围内开挖单拱直墙大跨地铁车站大跨隧道，其围岩均可满足自稳要求，如图 4-21 所示。

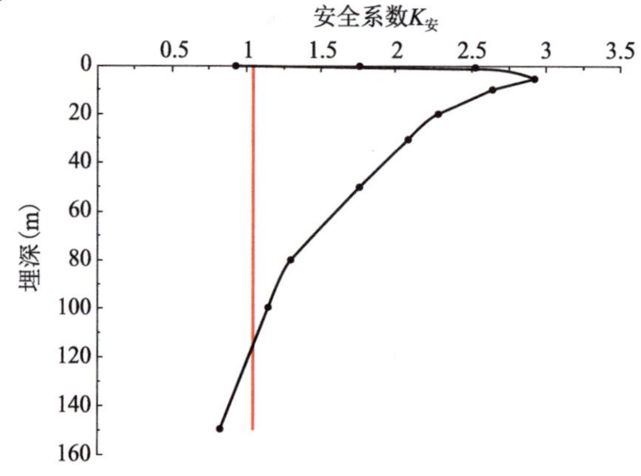

图 4-21　中风化岩层地铁隧道安全系数随埋深变化曲线

3. 不同埋深下的微风化岩层隧道围岩自稳特征研究

在微风化岩层中开挖跨度为 20.8 m 的单拱直墙大跨地铁车站暗挖隧道，隧道开挖深度依次取 0.2 m、1 m、5 m、10 m、20 m、30 m、50 m、80 m、100 m、200 m、250 m、300 m 合计 12 种工况。不同开挖深度下的地铁隧道拱顶下沉 S 随围岩强度折减系数 $K_{折}$ 变化曲线如图 4-22 所示，隧道围岩稳定性安全系数 $K_{安}$ 计算结果见表 4-9。

表 4-9 微风化岩层安全系数计算结果

埋深(m)	0.2	1	5	10	20	30	50	80	100	200	250	300
安全系数	2.35	4.42	5.05	4.45	3.90	3.52	3.05	2.18	2.01	1.70	1.42	0.63

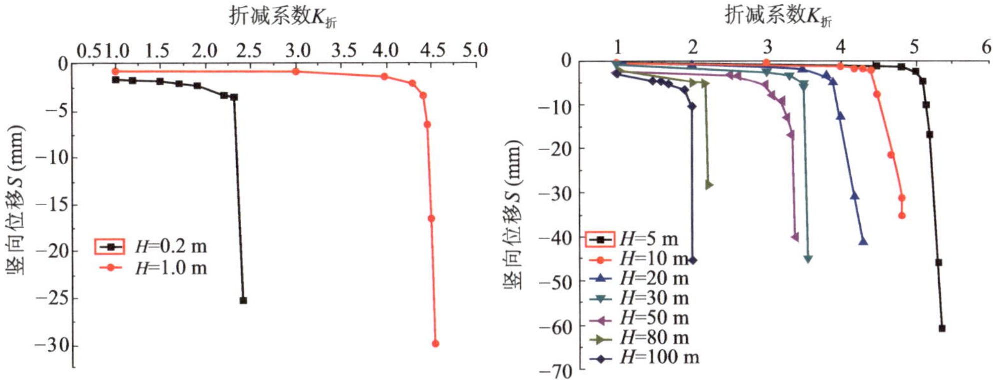

(a) 埋深0.2～1.0 m　　(b) 埋深5.0～100 m

图 4-22 微风化岩层地铁隧道拱顶下沉随折减系数变化曲线

由图 4-23 可以看出，单拱直墙大跨地铁车站暗挖隧道围岩安全系数随埋深增加呈现先增大后减少的整体变化趋势。隧道埋深从 0.2 m 开始，隧道围岩稳定性安全系数 $K_{安}$ 从 2.35 先逐渐增大；当隧道埋深为 5.0 m 时，其围岩稳定性安全系数 $K_{安}$ 达最大值 5.05；此后随着隧道埋深的继续增加围岩稳定性安全系数不断减小。以围岩稳定性安全系数 1.00 作为判定隧道围岩处于自稳临界状态的划分标准，借助于拟合插值分析技术，可得到在微风化均质岩层埋深 0～268 m 范围内开挖单拱直墙大跨地铁车站大跨隧道，其围岩均可满足自稳要求，如图 4-23 所示。

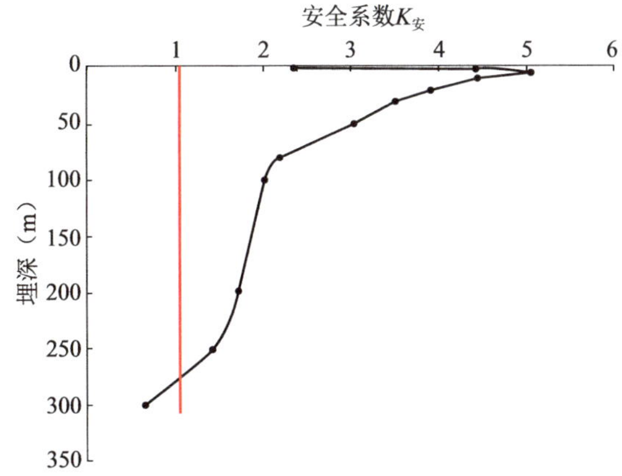

图 4-23 微风化岩层地铁隧道安全系数随埋深变化曲线

4. 地铁隧道围岩自稳特征区域划分研究

在单一的均质地层中开挖宽度 20.8 m、开挖高度 18.37 m 的单拱直墙大跨地铁车站暗挖隧道，隧道围岩稳定性安全系数随埋深变化规律如图 4-24 所示。

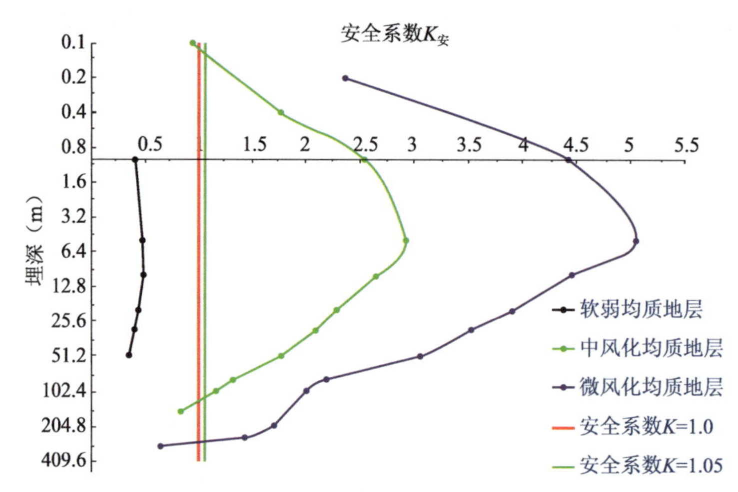

图 4-24 均质地层隧道围岩安全系数随埋深曲线图

由图 4-24 可见，在单一的均质地层条件下开挖断面相同的地铁隧道，隧道围岩自稳特征整体上随着埋深的增加呈现“低自稳区—高自稳区—低自稳区”三个空间梯度的分布特征，相应的可将地铁隧道开发难易程度地层空间划分为“难开发空间Ⅰ区—易开发空间区—难开发空间Ⅱ区”三个区域。以隧道围岩稳定性安全系数 1.00 作为判定地铁隧道开发难易程度地层空间划分标准，在均一的土体地层修建跨度为 20.8 m 的单拱直墙大跨地铁车站暗挖隧道时，隧道均处于难开发空间区。在均一的中风化岩层修建单拱直墙大跨地铁车站暗挖隧道当隧道开挖深度大于 0.2 m 并小于 116 m 时，隧道处于易开发空间区；反之隧道则处于难开发空间区。在均一的微风化岩层修建单拱直墙大跨地铁车站暗挖隧道当隧道开挖深度小于 273 m 时，隧道处于易开发空间区；反之隧道则处于难开发空间区。单拱直墙大跨地铁车站暗挖隧道开发难易程度地层空间分布区域见表 4-10，单拱直墙大跨地铁车站暗挖隧道空间分布区域如图 4-25 所示。

表 4-10 单拱直墙大跨地铁车站暗挖隧道开发难易程度地层空间分布区域

地层类型	隧道围岩自稳空间分布区域(m)		
	难开发空间Ⅰ区	易开发空间区	难开发空间Ⅱ区
土体地层	<∞	0	—
中风化岩层	<0.2	0.2～116	>116
微风化岩层	<0.0	0.0～273	>273

4.2.3 不同覆土厚度下的地铁隧道围岩自稳特征研究

结合青岛地铁隧道工程实践，以开挖宽度 20.8 m、开挖高度 18.37 m 的单拱直墙大跨地铁车站暗挖隧道为例，上覆土层厚度依次取 6 m、9 m、12 m、24 m 合计四种工况，分别取土质地层和中风化岩层两种地层的物理力学参数对上土下岩二元地层不同埋深下的地铁隧道围

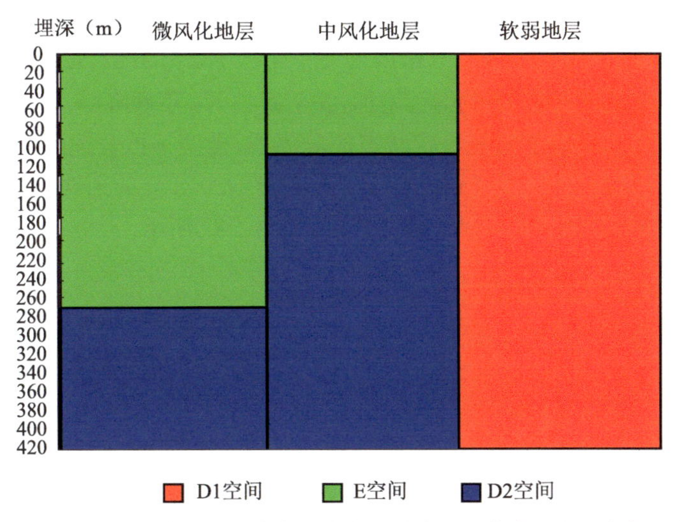

图 4-25　单拱直墙大跨地铁车站暗挖均质地层隧道地层空间分布区域

岩自稳能力随埋深变化特征进行研究。

1. 土层厚度 6 m 时

在土质地层厚度 H_s为 6 m 条件下开挖跨度为 20.8 m 的单拱直墙大跨地铁车站暗挖隧道，不同埋深的隧道拱顶下沉 S 随围岩强度折减系数 $K_折$ 变化曲线如图 4-26 所示，隧道围岩稳定性安全系数 $K_安$ 的计算结果见表 4-11。

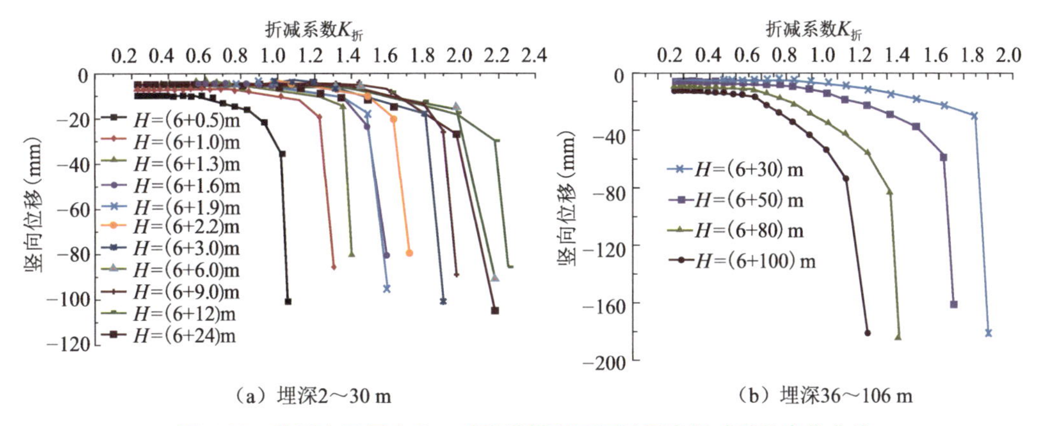

图 4-26　软弱土层厚度 6 m 时隧道拱顶下沉随围岩折减系数变化曲线

表 4-11　软弱土层 6 m 安全系数计算结果

埋深(m)	2	4	6.5	7	7.3	7.6	7.9	8.2	9
安全系数 $K_安$	0.32	0.35	0.92	1.22	1.35	1.42	1.50	1.63	1.79
埋深(m)	12	15	18	30	36	56	86	106	156
安全系数 $K_安$	1.97	2.17	2.17	1.97	1.79	1.63	1.35	1.11	0.84

由图 4-26 可见，上土下岩二元地层上覆土质地层厚度 H_s为 6 m 开挖跨度为 20.8 m 的单拱直墙大跨地铁车站暗挖隧道，隧道埋深 2～4 m 时，隧道围岩稳定性安全系数处于 0.32～0.35。隧道开挖面进入下覆岩质地层，随着覆岩厚度 H_r的增加，隧道围岩稳定性安全系数呈

现先增大后减小的整体变化趋势，与均质岩层工况相似。隧道覆岩厚度 H_r从0.5 m开始，安全系数 $K_安$从 0.92 先逐渐增大，H_r为 1.0 m 时的安全系数 $K_安$为 1.22，H_r为 9.0 m 时安全系数 $K_安$达最大值为 2.17；此后随着 H_r的继续增加，安全系数 $K_安$不断降低。以围岩稳定性安全系数 1.00 作为判定隧道围岩处于极限稳定状态的分界线，借助于拟合插值分析技术，可得到在土岩二元地层上覆土层厚度 H_s为 6 m 条件下开挖跨度为20.8 m 的地铁车站隧道，隧道埋深处于 6.7～123 m 范围时，其围岩均可满足自稳要求，如图 4-27 所示。

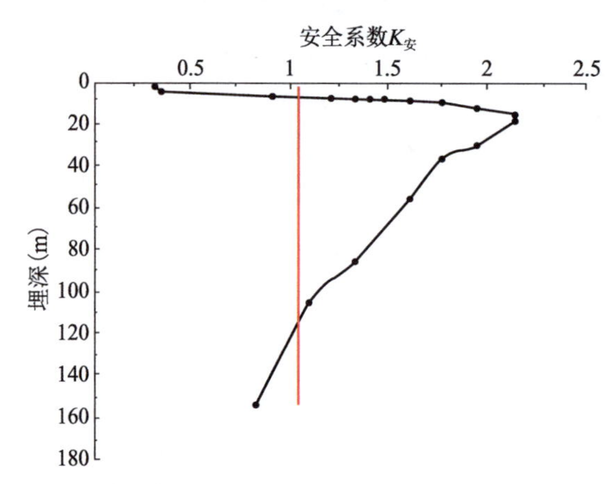

图 4-27　土质地层厚度 6 m 时隧道安全系数随埋深变化曲线

2. 土层厚度 9 m 时

在土质地层厚度 H_s为 9 m 条件下开挖跨度为 20.8 m 的单拱直墙大跨地铁车站隧道，不同埋深的隧道拱顶下沉 S 随围岩强度折减系数 $K_折$ 变化曲线如图 4-28 所示，隧道围岩安全系数 $K_安$ 的计算结果见表 4-12。

表 4-12　土质地层厚 9 m 时隧道围岩稳定性安全系数计算结果

埋深(m)	2	4	6	8	9.5	10	10.3	10.6	10.9	11.2
安全系数 $K_安$	0.29	0.32	0.32	0.35	0.85	1.00	1.11	1.20	1.25	1.31
埋深(m)	12	15	18	21	33	39	59	89	109	159
安全系数 $K_安$	1.48	1.63	1.79	1.97	1.79	1.63	1.48	1.35	1.11	0.84

由图 4-28 可见，上土下岩二元地层上覆土质地层厚度 H_s为 9 m，开挖跨度为 20.8 m 的地铁车站隧道，隧道开挖面跨越土岩二元地层分界线，安全系数均小于 1.0。隧道埋深为 2～8 m 时，安全系数处于 0.29～0.35 范围。隧道开挖面进入下覆岩质地层，随着埋深及覆岩厚度 H_r的增加安全系数呈现先增大后减小的整体变化趋势，与均质岩层工况相似。覆岩厚度从 0.5 m 开始，安全系数 $K_安$ 从 0.85 先逐渐增大，覆岩厚度为 1.0 m 时的安全系数 $K_安$ 为 1.00，覆岩厚度为 12 m 时的安全系数 $K_安$ 达最大值为 1.97；此后随着覆岩厚度的继续增加，隧道围岩稳定性安全系数逐渐降低。以围岩稳定性安全系数 1.00 作为判定隧道围岩处于极限稳定状态的分界线，借助于拟合插值分析技术，可得到在土岩二元地层上覆土层厚度 H_s为 9 m 条件下开挖跨度为 20.8 m 的地铁车站隧道，隧道埋深处于 10～126 m 范围时，其围岩均可满足自稳要求，如图 4-29 所示。

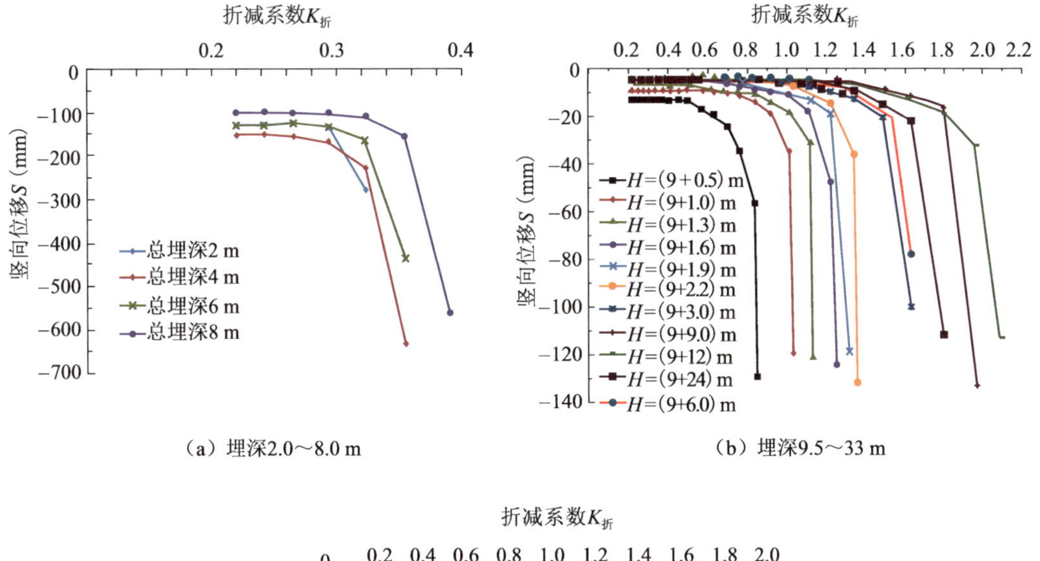

（a）埋深2.0～8.0 m　　（b）埋深9.5～33 m

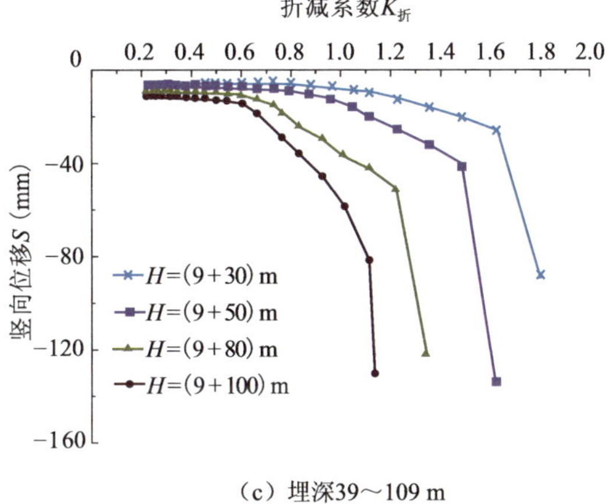

（c）埋深39～109 m

图 4-28　土质地层厚度 9 m 时隧道拱顶下沉随围岩强度折减系数变化曲线

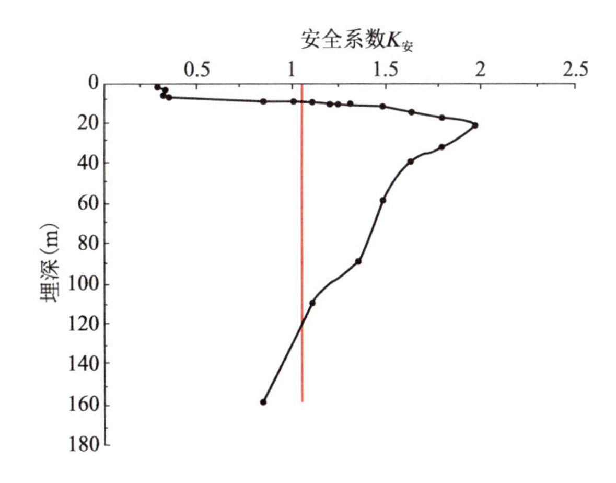

图 4-29　土质地层厚度 9 m 时隧道安全系数随埋深变化曲线

3. 土层厚度 12 m 时

在土质地层厚度 H_s为 12 m 条件下开挖跨度为 20.8 m 的单拱直墙大跨地铁车站隧道，不同埋深的隧道拱顶竖向位移 S 随围岩强度折减系数 $K_{折}$ 变化曲线如图 4-30 所示，隧道围岩安全系数 $K_{安}$ 的计算结果见表 4-13。

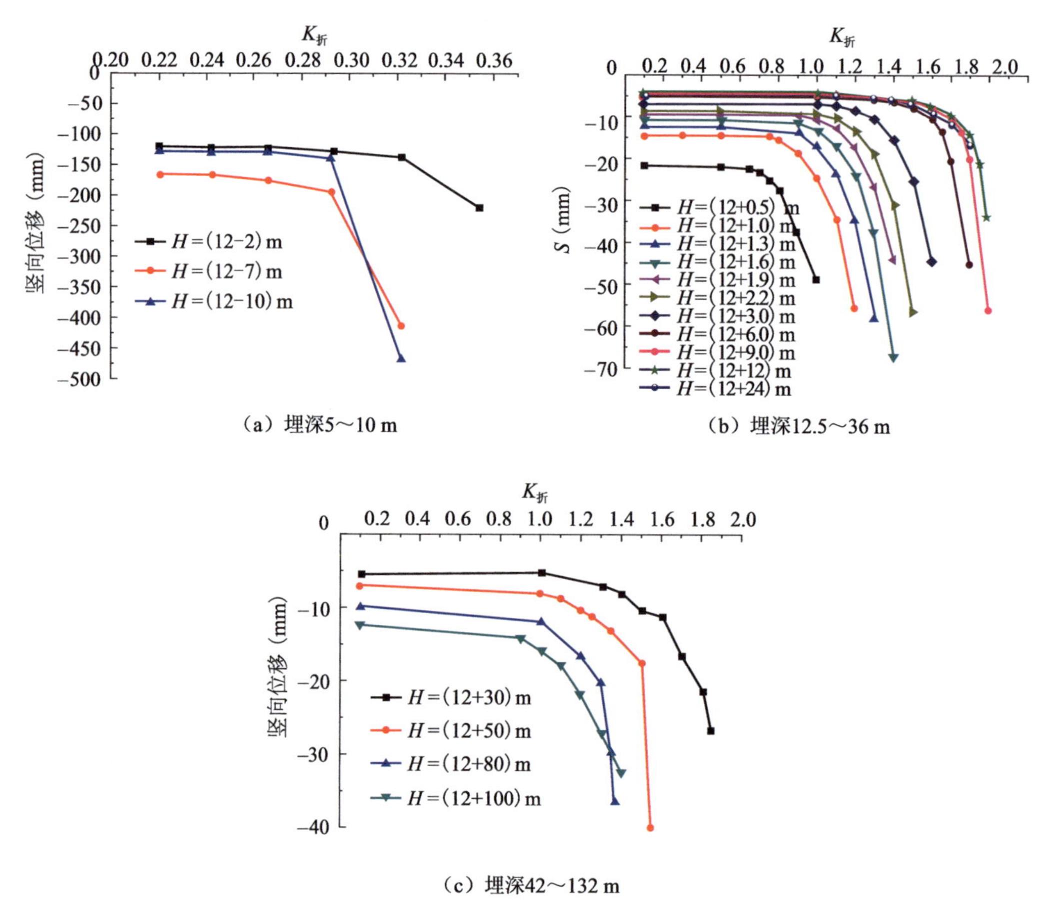

图 4-30 软弱土层厚度 12 m 时隧道折减系数随埋深变化曲线

表 4-13 软弱土层厚度 12 m 时安全系数计算结果

埋深(m)	2	5	10	12.5	13	13.3	13.6	13.9	14.2	15
安全系数 $K_{安}$	0.29	0.29	0.32	0.70	0.85	0.90	1.00	1.10	1.20	1.30
埋深(m)	18	21	24	36	42	62	92	112	132	—
安全系数 $K_{安}$	1.60	1.70	1.75	1.70	1.62	1.39	1.23	1.11	1.00	—

由表 4-13 可见，上土下岩二元地层上覆土质地层厚度 H_s为 12 m，开挖跨度为 20.8 m 的地铁车站隧道，隧道开挖面跨越土岩二元地层分界线时，安全系数均小于 1.0。隧道埋深 2～10 m 时，安全系数处于 0.29～0.32 范围。隧道开挖面进入下覆岩质地层，随着埋深及覆岩厚度 H_r的增加安全系数呈现先增大后减小的整体变化趋势，与均质岩层工况相似。覆

岩厚度从 0.5 m 开始，安全系数 $K_{安}$ 从 0.70 先逐渐增大，覆岩厚度为 1.6 m 时的安全系数 $K_{安}$ 为 1.00，覆岩厚度为 12 m 时的安全系数 $K_{安}$ 达最大值为 1.75；此后随着覆岩厚度的继续增加，安全系数逐渐降低。以围岩稳定性安全系数 1.00 作为判定隧道围岩处于极限稳定状态的分界线，借助于拟合插值分析技术，可得到在土岩二元地层上覆土层厚度 H_s为 12 m 条件下开挖跨度为 20.8 m 的地铁车站隧道，隧道埋深处于 13.6～132 m 范围时，其围岩均可满足自稳要求，如图 4-31 所示。

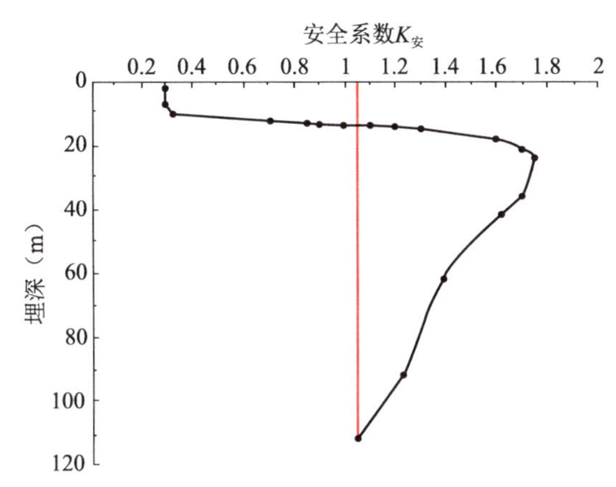

图 4-31　土质地层厚度 12 m 时隧道安全系数随埋深变化曲线

4. 土层厚度 24 m 时

在土质地层厚度 H_s为 24 m 条件下开挖跨度为 20.8 m 的单拱直墙大跨地铁车站隧道，不同埋深的隧道拱顶下沉 S 随围岩强度折减系数 $K_{折}$ 变化曲线如图 4-32 所示，隧道围岩安全系数 K 的计算结果见表 4-14。

表 4-14　软弱土层 24 m 时安全系数计算结果

埋深(m)	5	10	15	20	25	26.5	27	27.5	28
安全系数 $K_{安}$	0.24	0.21	0.21	0.26	0.32	0.95	1.00	1.08	1.16
埋深(m)	30	32	36	44	54	74	104	124	144
安全系数 $K_{安}$	1.25	1.30	1.40	1.64	1.54	1.30	1.23	1.11	1.00

由图 4-14 可见，上土下岩二元地层上覆土质地层厚度 H_s为 24 m，开挖跨度为 20.8 m 的地铁车站隧道，隧道开挖面跨越土岩二元地层分界线，安全系数均小于 1.0。隧道埋深 5～20 m 时，安全系数处于 0.21～0.26 范围。隧道开挖面进入下覆岩质地层，随着埋深及覆岩厚度 H_r的增加安全系数呈现先增大后减小的整体变化趋势，与均质岩层工况相似。覆岩厚度从 1.0 m 开始，安全系数 $K_{安}$ 从 0.32 先逐渐增大，覆岩厚度为 3.0 m 时的安全系数 $K_{安}$ 为 1.00，覆岩厚度为 20 m 时的安全系数 $K_{安}$ 达最大值为 1.64；此后随着覆岩厚度的继续增加，安全系数逐渐降低。以围岩稳定性安全系数 1.00 作为判定隧道围岩处于极限稳定状态的分界线，借助于拟合插值分析技术，可得到在土岩二元地层上覆土层厚度 H_s为 24 m 条件下开挖跨度为 20.8 m 的地铁车站隧道，隧道埋深处于 27～144 m 范围时，其围岩均可满足自稳要求，如图 4-33 所示。

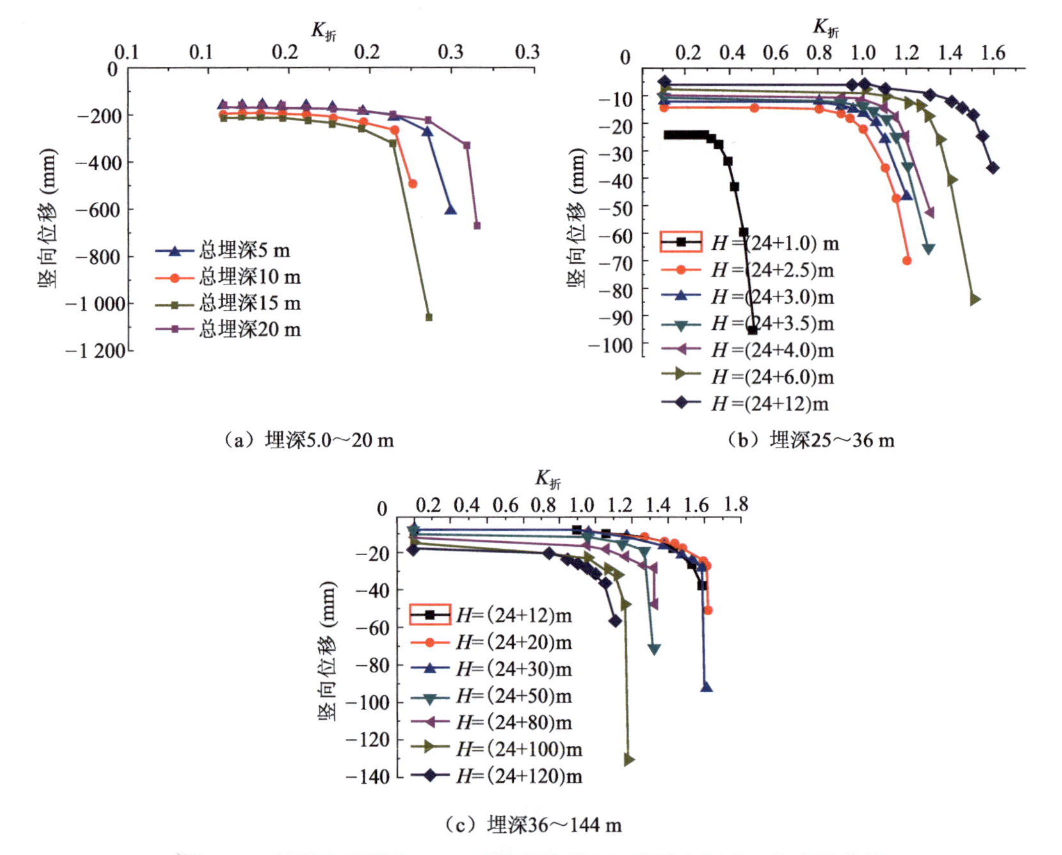

(a) 埋深5.0～20 m　　(b) 埋深25～36 m

(c) 埋深36～144 m

图 4-32　软弱土层厚度 24 m 时隧道拱顶下沉随围岩折减系数变化曲线

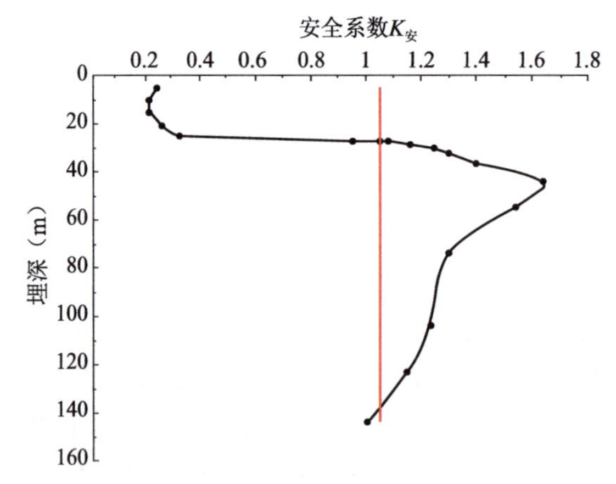

图 4-33　软弱层厚度 24 m 时隧道安全系数随埋深变化曲线

5. 上土下岩二元地层地铁隧道稳定性区域划分研究

以开挖跨度 20.8 m 的地铁暗挖车站大跨隧道为研究对象，土质地层厚度依次取 6 m、9 m、12 m 和 24 m，上土下岩二元地层地铁隧道围岩稳定性安全系数随埋深变化规律如图 4-34 所示。

由图 4-34 可见，上土下岩二元地层条件下，当隧道开挖面穿越软硬地层分界线时，安全

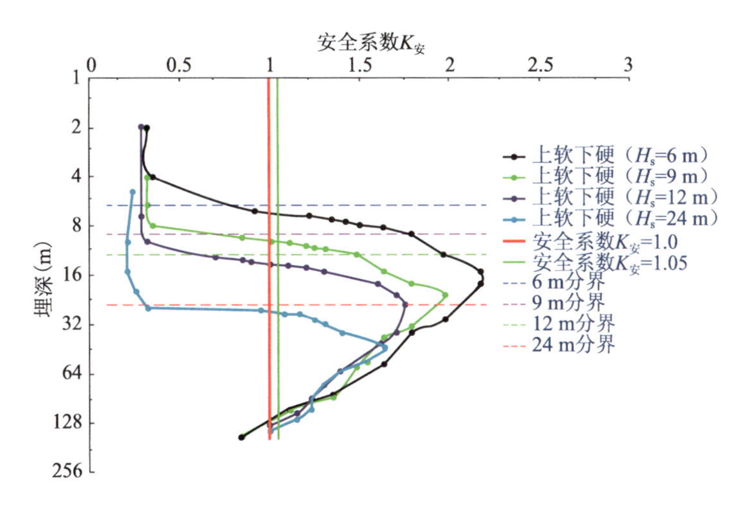

图 4-34　上土下岩二元地层隧道围岩稳定性安全系数随埋深变化曲线

系数均小于 1.0,隧道开挖围岩不能自稳。隧道开挖面全部进入下覆岩层后,随着埋深及覆岩厚度的增加,隧道围岩稳定性安全系数均呈现先增大后减小的整体变化趋势。地铁隧道全部处于岩层中并保持一定的覆岩厚度,安全系数一般均大于 1.0,围岩能够满足自稳要求。产生上述现象的根本原因是由于土岩两种地层刚度差异较大,上覆软弱土层作为荷载的成分较多,作为结构的成分较少,而下覆坚硬岩层作为结构的成分较大,作为荷载的成分较少。

软弱土层荷载作用在下覆坚硬地层中产生的附加应力随岩跨比增加不断减小,坚硬地层自重应力随岩跨比增加不断增大。所以,隧道围岩应力随岩跨比的变化必然存在一个由大到小再到大过程;围岩应力越小对应的摩尔应力圆越靠近坐标原点,半径也较小,对应的安全系数越大,应力越大对应的半径越大,安全系数越小,如图 4-35 所示;因此,安全系数随岩跨比的增加有个先增加后减小的过程。土层厚度 H_s越大,对应的相同覆岩厚度 H_r部位附加应力越大,因而安全系数 $K_安$ 值越小;反之,土层厚度越小,附加应力影响范围有限,对应的安全系数越大。覆岩厚度达一定值后可忽略软弱土层影响,并且洞室周边围岩应力受覆岩自重影响也逐渐降低,因而当覆岩厚度达一定值后安全系数趋于稳定。

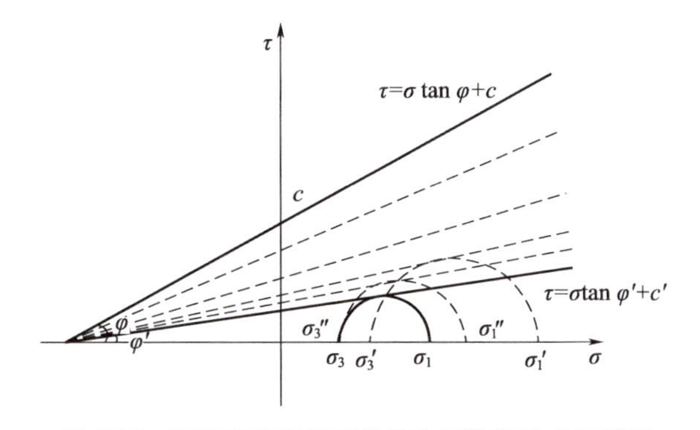

图 4-35　不同应力路径下的安全系数表达式示意图

以隧道围岩稳定性安全系数 1.00 作为判定地铁隧道开发难易程度地层空间划分标准,在上覆土层厚度依次为 6 m、9 m、12 m、24 m 的上土下岩二元地层中修建开挖跨度为

20.8 m 的单拱直墙大跨地铁车站暗挖隧道时，隧道地层处于易开发空间区的分界深度依次为 6.72～117.00 m、10.12～120.10 m、13.75～125.33 m 和 27.00～137.33 m。上土下岩二元地层单拱直墙大跨地铁车站暗挖隧道开发难易程度地层空间分布区域见表 4-15，上土下岩二元地层地铁隧道开发难易程度地层空间分布区域如图 4-36 所示。

表 4-15　上土下岩二元地层地铁隧道开发难易程度地层空间分布区域

地层类型	隧道围岩自稳特征分布区域(m)		
	难开发空间Ⅰ区	易开发空间区	难开发空间Ⅱ区
6 m	<6.72	6.72～117.00	>117
9 m	<10.12	10.12～120.10	>120.1
12 m	<13.75	13.75～125.33	>125.33
24 m	<27.00	27.00～137.33	>137.33

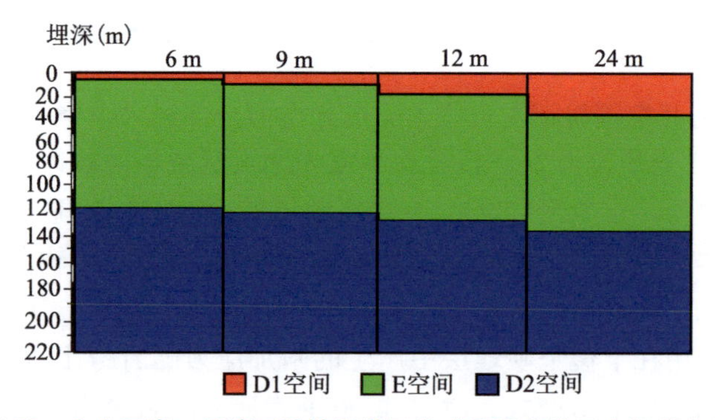

图 4-36　上土下岩二元地层地铁隧道开发难易程度地层空间分布区域

4.2.4　不同开挖跨度下的地铁隧道围岩自稳特征研究

结合青岛地铁隧道工程实践，分别以单洞单线地铁区间隧道、单洞双线地铁区间隧道、单拱大跨地铁车站隧道和超大跨地铁隧道为工程背景开展，上覆土层厚度取 12 m，不同开挖跨度下的上土下岩二元地层地铁隧道围岩自稳特征研究。隧道开挖跨度 D 值依次取 6.2 m、13.0 m、20.8 m、31.2 m 合计四种工况，隧道开挖断面形状及尺寸如图 4-37 所示。地层岩土体参数依次取表 4-6 中的软弱土层和中风化岩层物理力学参数。

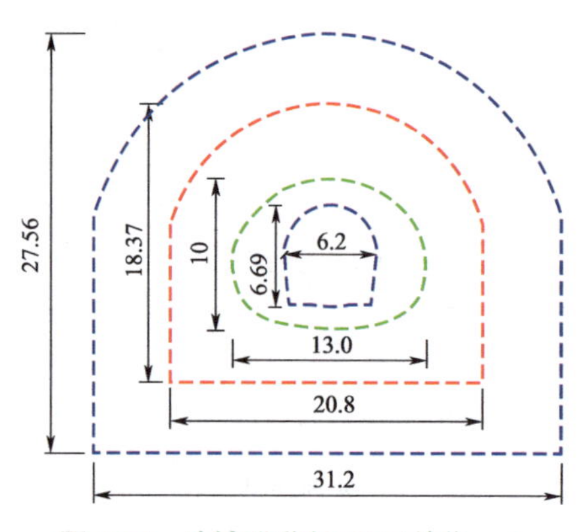

图 4-37　地铁隧道断面图(单位：m)

1. 单洞单线地铁区间暗挖隧道

上覆土层厚度 H_s为 12 m 时，单线单洞地铁区间暗挖隧道在不同埋深的隧道拱顶下沉 S 随围岩强度折减系数 $K_{折}$变化曲线如图 4-38 所示，隧道围岩安全系数 $K_{安}$计算结果见表 4-16。

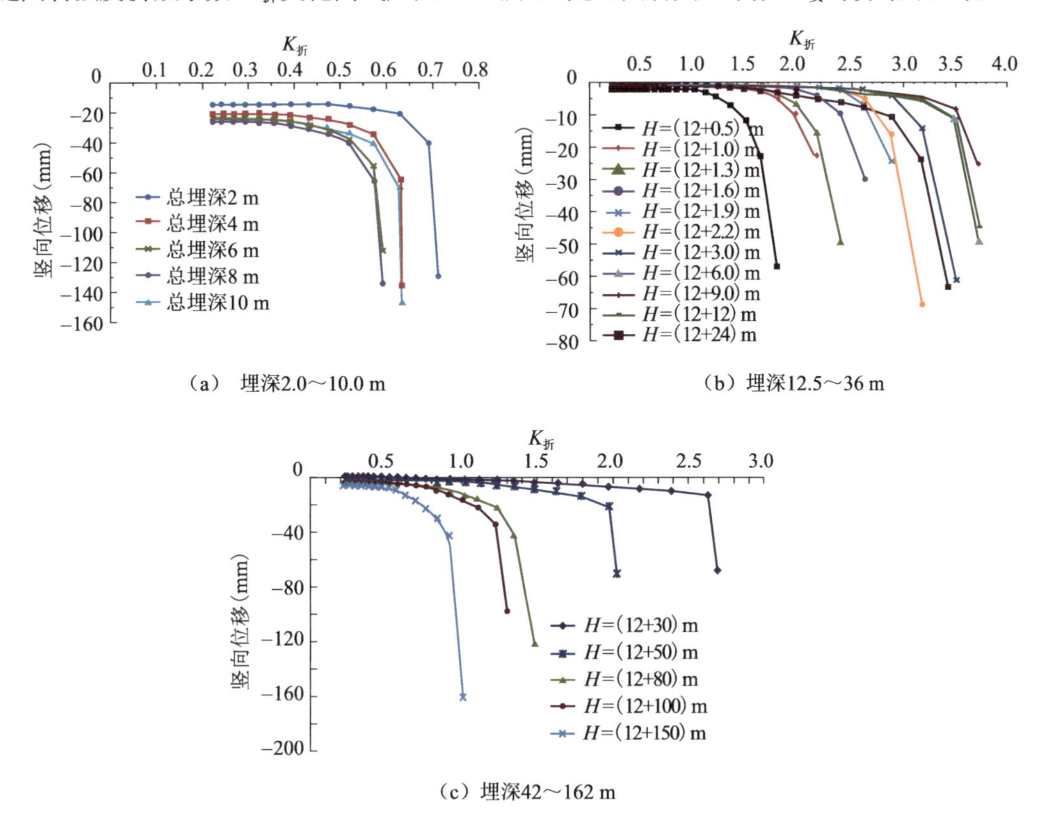

图 4-38　单洞单线地铁区间暗挖区间隧道拱顶下沉随围岩强度折减系数变化曲线图

表 4-16　单洞单线地铁区间暗挖隧道安全系数计算结果

埋深(m)	2	4	6	8	10	12.1	12.5
安全系数 $K_{安}$	0.69	0.63	0.57	0.57	0.63	0.92	1.48
埋深(m)	13	13.3	13.6	14.2	15	18	21
安全系数 $K_{安}$	1.79	1.97	2.17	2.62	2.88	3.17	3.49
埋深(m)	24	36	42	62	92	112	162
安全系数 $K_{安}$	3.17	2.88	2.62	1.97	1.48	1.22	0.92

由表 4-16 可见，上覆软弱土层厚度 H_s为 12 m，开挖跨度为 6.2 m 的单洞单线地铁区间隧道，隧道埋深 2～10 m 时，隧道开挖面跨越土岩二元地层分界线，安全系数均小于 1.0。安全系数处于 0.57～0.69 范围。隧道开挖面进入下覆坚硬岩层中，随着埋深及覆岩厚度 H_r 的增加安全系数呈现先增大后减小的整体变化趋势，与均质岩层工况相似。覆岩厚度从 0.1 m 开始，安全系数 $K_{安}$ 从 0.92 先逐渐增大，覆岩厚度为 9 m 时的安全系数 $K_{安}$ 达最大值为 3.49；此后随着覆岩厚度的继续增加，安全系数逐渐降低。以围岩稳定性安全系数

1.00 作为判定隧道围岩处于极限稳定状态的分界线，借助于拟合插值分析技术，可得到在土岩二元地层 H_s为 12 m 条件下开挖跨度为 6.2 m 的单洞单线地铁区间隧道，隧道埋深处于 12.2～140 m 范围时，其围岩均可满足自稳要求，如图 4-39 所示。

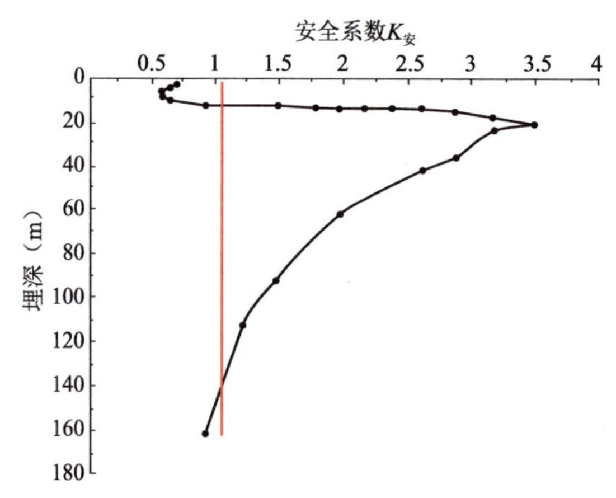

图 4-39　单洞单线地铁区间隧道安全系数随埋深变化曲线

2. 单洞双线地铁区间暗挖隧道

土质地层厚度 H_s为 12 m 时，单线双洞地铁区间暗挖隧道在不同埋深下的隧道拱顶下沉 S 随围岩强度折减系数 $K_{折}$ 变化曲线如图 4-40 所示，隧洞围岩安全系数 K 的计算结果见表 4-17。

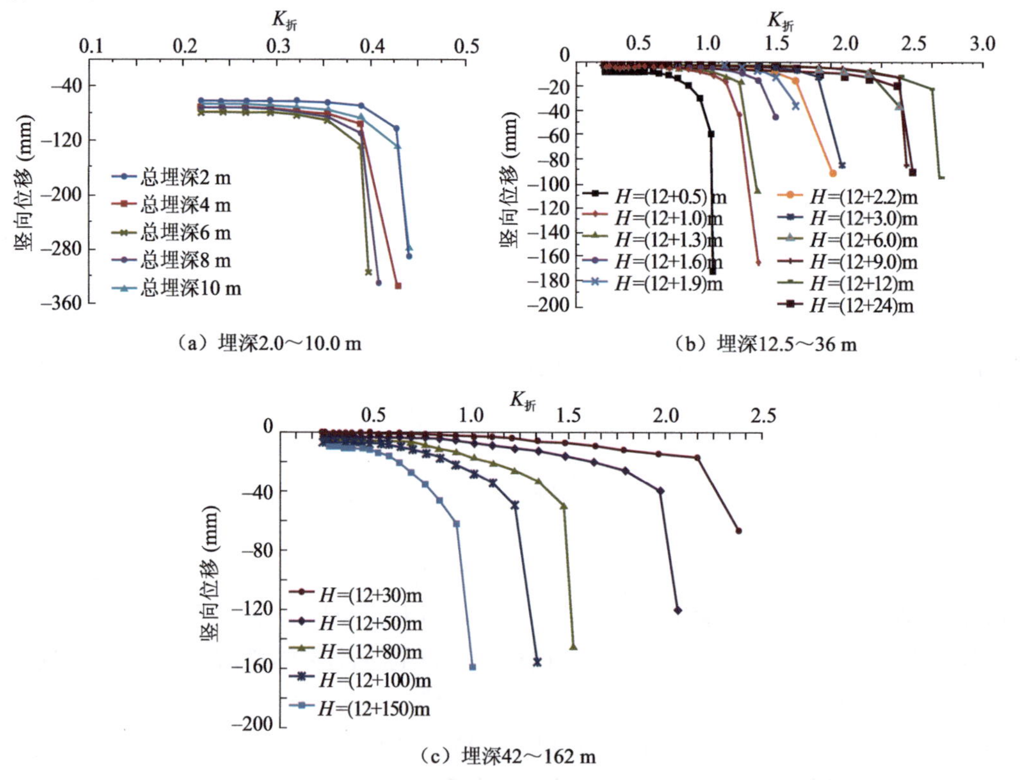

图 4-40　单洞双线地铁区间暗挖隧道拱顶下沉随围岩折减系数变化曲线

表 4-17 单洞双线地铁区间暗挖隧道安全系数计算结果

埋深(m)	2	4	6	8	10	12.5	13
安全系数 $K_{安}$	0.43	0.39	0.39	0.39	0.43	0.92	1.11
埋深(m)	13.3	13.6	13.9	14.2	15	18	21
安全系数 $K_{安}$	1.22	1.35	1.48	1.63	1.79	2.17	2.38
埋深(m)	24	36	42	62	92	112	162
安全系数 $K_{安}$	2.62	2.38	2.17	1.97	1.48	1.18	0.92

由表 4-17 可见，上覆土质地层厚度 H_s为 12 m，开挖跨度为 13 m 的单洞双线地铁区间隧道，隧道开挖面跨越土岩二元地层分界线，安全系数均小于 1.0。隧道埋深 2～10 m 时，安全系数处于 0.39～0.43 范围。隧道开挖面进入下覆岩质地层，随着埋深及覆岩厚度 H_r的增加安全系数呈现先增大后减小的整体变化趋势，与均质岩层工况相似。覆岩厚度从 0.9 m 开始，安全系数 $K_{安}$ 从 0.92 先逐渐增大，覆岩厚度为 12 m 时的安全系数 $K_{安}$ 达最大值为 2.62；此后随着覆岩厚度的继续增加，安全系数逐渐降低。以围岩稳定性安全系数 1.00 作为判定隧道围岩处于极限稳定状态的分界线，借助于拟合插值分析技术，可得到在土岩二元地层上覆土质地层厚度 H_s为 12 m 条件下开挖跨度为 13.0 m 的单洞单线地铁区间隧道，隧道埋深处于 12.8～140 m 范围时，其围岩均可满足自稳要求，如图 4-41 所示。

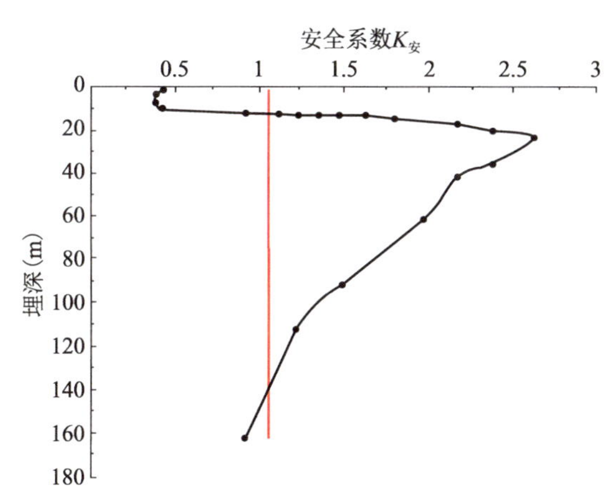

图 4-41 单洞双线区间暗挖隧道安全系数随埋深变化曲线

3. 超大跨度地铁暗挖隧道

土质地层厚度 H_s为 12 m 时，超大断面地铁暗挖隧道在不同埋深的隧道拱顶下沉 S 随围岩强度折减系数 $K_{折}$变化曲线如图 4-42 所示，隧洞围岩安全系数计算结果见表 4-18。

表 4-18 超大跨度地铁暗挖隧道安全系数计算结果

埋深(m)	13	14	15	16	17	22
安全系数 $K_{安}$	0.82	0.91	1.15	1.24	1.32	1.45
埋深(m)	32	42	62	92	112	
安全系数 $K_{安}$	1.52	1.42	1.25	1.10	1.00	

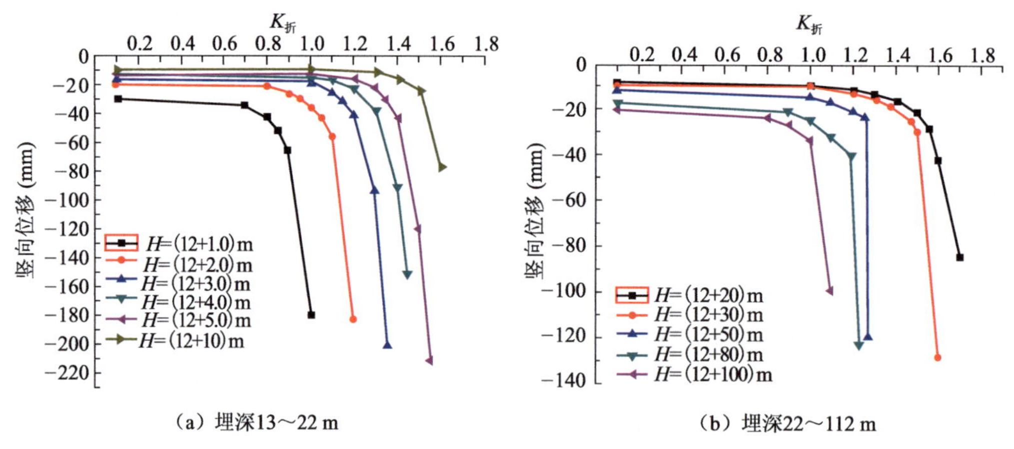

(a) 埋深13～22 m (b) 埋深22～112 m

图 4-42 超大断面地铁暗挖隧道拱顶下沉随围岩折减系数变化曲线图

由表 4-18 可见，上土下岩二元地层开挖跨度为 31.2 m 的超大跨度地铁隧道，覆岩厚度从 1 m 开始，安全系数 $K_安$ 从 0.82 先逐渐增大，覆岩厚度为 20 m 时的安全系数 $K_安$ 达最大值为 1.52；此后随着覆岩厚度的继续增加，安全系数逐渐降低，覆岩厚度为 100 m 时安全系数 $K_安$ 为 1.00。以围岩稳定性安全系数 1.00 作为判定隧道围岩处于极限稳定状态的分界线，借助于拟合插值分析技术，可得到在土岩二元地层上覆土质地层厚度 H_s为 12 m 条件下开挖跨度为 13.0 m 的单洞单线地铁区间隧道，隧道埋深处于 14.3～112 m 范围时，其围岩均可满足自稳要求，如图 4-43 所示。

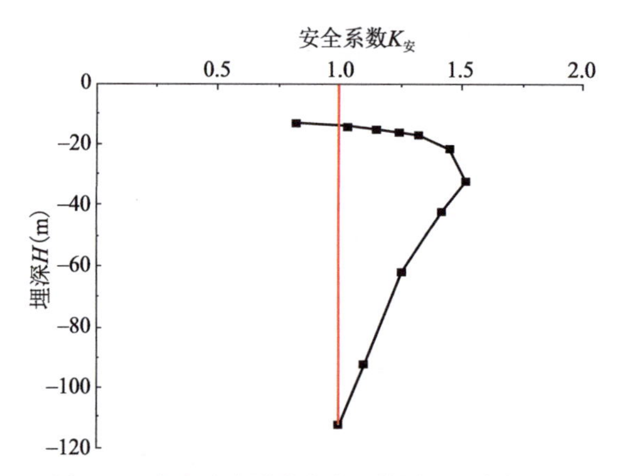

图 4-43 超大跨度隧道安全系数随埋深变化曲线

4. 开挖跨度对地铁隧道稳定性区域划分研究

上土下岩二元地层地铁暗挖隧道上覆土质地层厚度为 12 m，开挖跨度分别为 6.2 m、13.0 m、20.8 m 和 31.2 m 时，不同开挖跨度下的地铁隧道围岩稳定性安全系数随埋深变化特征如图 4-44 所示。

以隧道围岩稳定性安全系数 1.00 作为判定地铁隧道开发难易程度地层空间划分标准，在上覆土层厚度为 12 m 的上土下岩二元地层中修建开挖跨度分别为 6.2 m、13.0 m、20.8 m、31.2 m 的地铁暗挖隧道时，隧道地层处于易开发空间区的分界深度依次为 12.19～140.33 m、12.84～140.33 m、13.75～125.33 m 和 14.17～102.00 m。上土下岩二元地层地

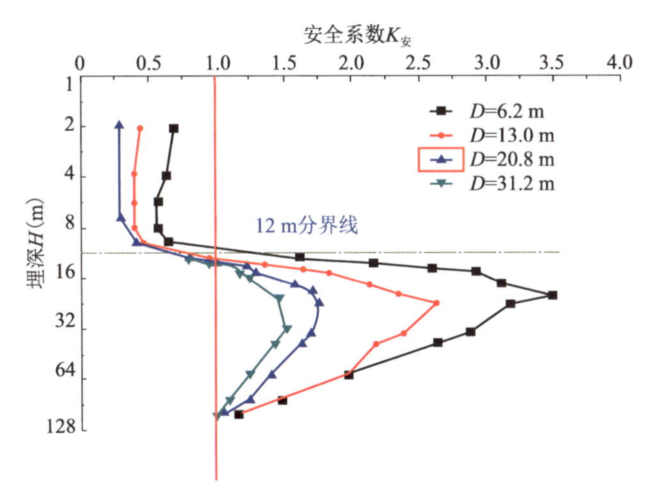

图 4-44 围岩安全系数随隧道埋深变化图

铁隧道开发难易程度地层空间分布区域见表 4-19,如图 4-45 所示。

表 4-19 不同跨度上土下岩二元地层地铁隧道开发难易程度地层空间分布区域

地层类型	隧道围岩自稳特征空间分布区域(m)		
	难开发空间Ⅰ区	易开发空间区	难开发空间Ⅱ区
6.2 m	<12.19	12.19～140.33	>140.33
13.0 m	<12.84	12.84～140.33	>140.33
20.8 m	<13.75	13.75～125.33	>125.33
31.2 m	<14.17	14.17～102.00	>102

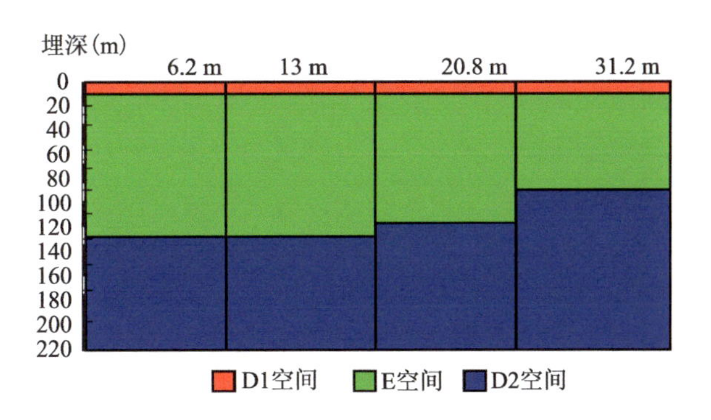

图 4-45 不同跨度上土下岩二元地层地铁隧道开发难易程度地层空间分布区域

4.2.5 上土下岩二元地层地铁沿线隧道围岩自稳区域划分

青岛市整体坐落于燕山晚期硬质花岗岩岩基上,在漫长的地质历史时期内外营力综合作用下,形成了一定厚度的风化带,并在其上沉降了厚薄不均的第四系松散堆积物。无后期沉积夹层、溶洞等不良地质作用,具有建设地铁的优越地质条件基础。在青岛独特的物理力学特征差异显著的上土下岩二元地层条件下修建地铁暗挖隧道,适当设置地铁线路埋置深度可将地铁车站和区间隧道全部置于地质条件良好的易开发空间地层分布区域，有效避开隧道上部或拱顶可能所处的地质条件较差的难开发空间地层分布区域。在地铁沿线易开发空间地层分布区域内中修建地铁暗挖隧道并处于较小的埋置深度，有利于灵活选择隧道开挖方式、大幅度减少隧道支护措施、节约建设成本、降低工程风险和施工难度、减小周边环境影响和社会影响、提高乘客便捷性和舒适性等诸多优势。

以青岛地铁 3 号一期工程和 2 号线一期工程沿线地层类型及其厚度统计分布结果作为基础依托，地铁车站隧道和区间隧道分别按宽度 20.80 m、高度 18.37 m 的单拱直墙大跨暗挖结构形式暗挖隧道和宽度 6.20 m、高度 6.69 m 马蹄形结构形式暗挖隧道考虑，以围岩稳定性安全系数 1.00 作为判定地铁车站和区间暗挖隧道开发难易程度地层空间划分标准，仅考虑 2 条地铁线路中的 16 座暗挖车站并站位平面分布位置保持不变，经计算可得知，当地铁车站和地铁区间隧道埋深均为 6 m 时，地铁隧道处于易开发空间地层分布区域内的比例分别为 49.2%和 26.3%；当地铁车站和地铁区间隧道埋深均为 12 m 时，地铁隧道处于易开发空间地层分布区域内的比例分别为 76.4%和 57.0%；当地铁车站和地铁区间隧道埋深均为 18 m 时，地铁隧道处于易开发空间地层分布区域内的比例分别为 90.7%和 87.5%。不同埋深下的地铁隧道处于易开发地层空间分布区域百分比见表 4-20。地铁车站和区间隧道处于易开发地层空间分布区域百分比随埋深变化图如图 4-46 所示。

表 4-20　不同埋深下的地铁车站和区间隧道处于易开发地层空间分布区域百分比

隧道埋深(m)	6	9	12	15	18	21	24	27	30
车站隧道(%)	49.2	65.0	76.4	84.1	90.7	94.3	98.0	99.0	100.0
区间隧道(%)	26.3	40.5	57.0	71.6	87.5	93.9	96.6	98.5	99.3

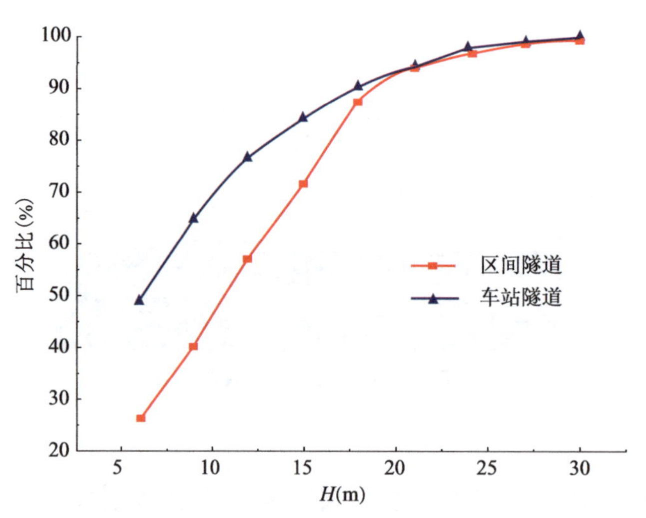

图 4-46　地铁车站和区间隧道处于易开发地层空间分布区域百分比随埋深变化图

两条地铁线路沿线隧道开发难易程度地层空间分布区域分界深度整体较小，平均深度 11.8 m，其中 50%处于 11.7 m 以内，80%处于 17.3 m 以内，95%处于 23.0 m 以内。地铁沿线隧道开发难易程度地层空间分布区域分布特征如图 4-47 所示。

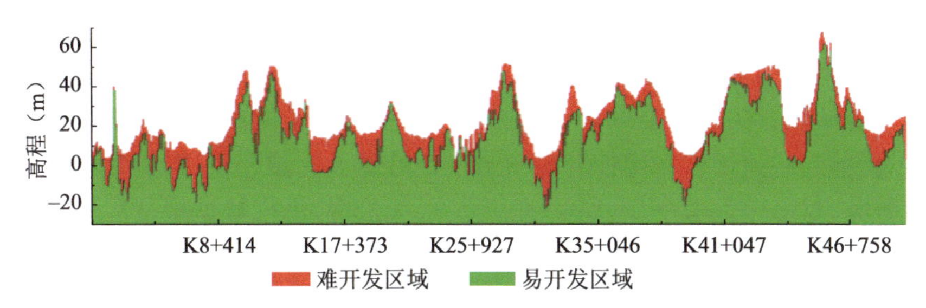

图 4-47　地铁沿线隧道开发难易程度地层空间分布区域

4.3　上土下岩二元地层地铁隧道围岩自稳最小覆岩厚度研究

在力学特征差异显著的上土下岩二元地层中开挖地铁隧道，隧道开挖面处于软弱地层或跨越土岩地层分界面时，围岩一般不能满足自稳性要求。隧道开挖面由土岩分界面进入下覆岩石地层当覆岩厚度较小时，围岩依然不能自稳；当覆岩厚度的增加到某一量值时，围岩处于临界稳定状态；理论上存在满足围岩自稳要求的临界覆岩厚度即隧道围岩自稳最小覆岩厚度。深入研究和探讨地铁隧道围岩自稳最小覆岩厚度，有利于深刻理解地铁隧道围岩作用机理，进而为地铁隧道设计施工提供理论基础和参考依据。

4.3.1　研究方法

位移是隧道围岩稳定程度最直接最明显的反映，通过对洞周围岩位移及其变化趋势建模分析，有助于深入了解及掌握围岩稳定状态、演化规律及发展趋势[38-50]。当围岩处于弹性阶段时，隧道开挖引起的洞周位移量较小；围岩进入塑性阶段，洞周位移迅速增大，造成材料损伤；当围岩塑性发展到一定程度，就会在应力集中处出现局部裂隙，随着塑性状态的进一步发展，洞周位移无限增大，局部裂隙贯通，形成破裂面，隧道围岩失稳。因此，可将洞周围岩特征点位移序列突变作为围岩稳定性研究评判指标[51-59]。地铁隧道围岩失稳破坏过程由弹性、塑性、破坏三个阶段组成，在此过程中隧道洞周位移表现出明显的非线性特征。突变理论是非线性理论的一个分支，可以很好地描述系统参数的连续改变如何导致不连续现象的产生，非常适合描述隧道围岩失稳破坏过程。拱顶是城市地铁浅埋隧道洞室周边围岩挠度最大的特殊特征点，拱顶围岩竖向位移是浅埋隧道围岩稳定性评价的关键指标。对于上覆土层厚度一定的上土下岩二元地层地铁隧道而言，当拱顶上覆岩层厚度较大时，逐渐减小覆岩厚度，隧道拱顶围岩竖向位移缓慢减小；当隧道拱顶围岩竖向位移达最小值后，继续减小隧道覆岩厚度，隧道拱顶围岩位移先逐渐增大，覆岩厚度减小到某一值后，拱顶位移突然增大。本章节基于尖点突变理论并选取隧道拱顶围岩竖向位移作为评定隧道围岩自稳程度的考察对象，将隧道拱顶围岩竖向位移突变时对应的覆岩厚度作为上土下岩二元地层地铁隧道最小覆岩厚度。

突变理论由法国学者 Thom 于 1972 年创立，是一种研究系统状态由连续变化突然转变为非连续变化的非线性理论[60]，其发展的一个重要目的在于对一个光滑系统中可能出现的突然变化做出适当的数学描述。突变理论的分析是基于寻求势函数突变的临界点，该临界点在参数存在小扰动时可利用 Taylor 级数展开的方式求取。为解释各种突变现象，Thom 将初等突变函数概括为七种基本类型。隧道围岩稳定性具有高度非线性特征，其稳定判据至今没有统一的认识。尖点突变理论作为一种判断系统从量变到质变跳跃变化临界点的数学分析手段，目前在隧道围岩稳定性分析中被广泛使用。付成华[61]将突变理论应用于地下洞室稳定性研究，对稳定性考察量(如关键点位移、能量等)进行数据拟合后再转化为尖点突变模型加以分析。华成亚等[62]结合强度折减法，建立隧道失稳尖点突变分析模型。穆成林等[63-64]建立了层状围岩巷道弯折失稳的尖点突变模型及相应的分析方法。Xia[65]借助数值计算手段，根据隧道拱顶竖向位移与强度折减系数之间对应的数学拟合方程，采用突变理论实现了隧道稳定临界状态的评定。Ren 等人[66]在实测围岩变形数据的基础上，应用突变理论建立了隧道围岩尖点突变模型，并推导了围岩失稳判据。Zhang C P 等人[67](2015)、Zhang R 等人[68](2016)、Huang X L 等人[69](2018)采用突变理论对浅埋隧道失稳机理进行了探讨。突变理论可根据少数几个控制变量的变化规律预测系统的定性或定量状态，阐述某些变量如何从连续变化导致系统的突然变化，是判别系统参数的连续变化导致不连续现象发生分界点的有效数学分析手段[70]，目前在国内外隧道围岩稳定性分析中被广泛采用[71-86]。

本章节立足于充分发挥围岩自稳能力先进科学理念，采用基于特征点位移突变的尖点突变理论研究方法，借助数值计算手段，系统探讨了不同软弱地层厚度(H_s)和开挖跨度(D)下的地铁隧道围岩自稳最小覆岩厚度(H_{rmin})分布特征，绘制了 H_{rmin}-H_s-D 三者间的空间分布图，得到了三者间的拟合方程。

尖点突变模型势函数 V 是一个由控制变量 u、v，状态变量 x 构成的三维状态空间(x、u、v)，见式(4-28)。

$$V(x)=x^4+ux^2+v \tag{4-28}$$

式(4-28)对 x 一次求导得出尖点突变模型平衡状态曲面方程，见式(4-29)。

$$V(\dot{x})=4x^3+2ux+v=0 \tag{4-29}$$

尖点突变模型的模态是一个具有三维相空间的连续曲面，平衡曲面内部发生弯折，存在上、中、下三叶，如图 4-48 所示。不同的区域，平衡点的数量不同。在中叶处，平衡点是势函数的极大值，平衡点不稳定；在上叶和下叶，势函数取极小值，平衡点稳定。上、下叶与中叶的分界线是由存在竖向切线的点组成，即突变点集，见式(4-30)。

$$V(\ddot{x})=12x^2+2u=0 \tag{4-30}$$

由式(4-29)和式(4-30)联立可得分叉点集，即平衡曲面上的折痕在 u-v 平面上的投影，见式(4-31)。

$$\Delta=8u^3+27v^2=0 \tag{4-31}$$

在突变理论的应用中 $\Delta=8u^3+27v^2$ 为尖点突变的判断提供了直接判据。

4.3.2 计算模型及计算参数

基于尖点突变理论的上土下岩二元地层地铁隧道最小覆岩厚度研究下覆岩层取中风化岩层，计算模型及计算参数与 4.2.2 节相同。

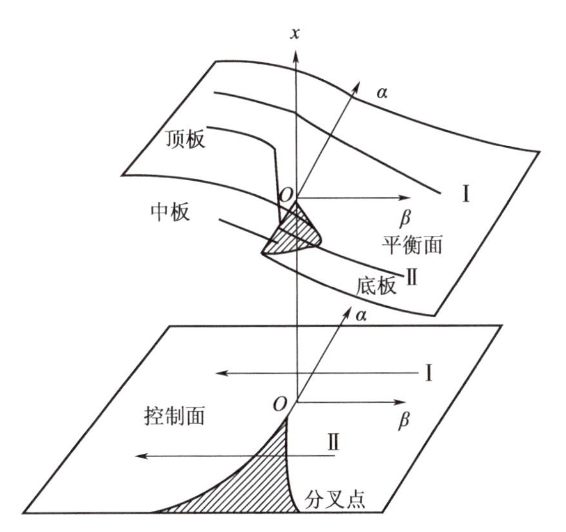

图 4-48 尖点突变模型的平衡曲面和分叉集

4.3.3 实现过程及算例分析

基于隧道拱顶围岩下沉尖点突变理论的上土下岩二元地层地铁隧道最小覆岩厚度的计算实现过程如下：

(1)首先构建上土下岩二元地层地铁隧道数值计算模型，划分单元网格、确定加(卸)载方式等，计算得到地铁隧道拱顶围岩下沉数值 S_1。

(2)通过不断试算方式，找出隧道覆岩厚度由小逐渐变大时隧道拱顶围岩下沉较小值对应的覆岩厚度；然后按特定间隔(如 1.0 m 或 0.5 m)逐渐降低覆岩厚度进行多次计算，同时记录每次计算工况时的隧道拱顶围岩下沉 S_i，得到位移 S_i和覆岩厚度 H_r之间的 S_i-H_r序列曲线，并在 S_i-H_r曲线处于突变部分时，加密计算次数。

(3)从隧道覆岩厚度由小逐渐变大时隧道围岩拱顶下沉较小值对应的覆岩厚度开始计算，采用末端插值法，对围岩拱顶下沉 S 和覆岩厚度 H_r的相关数据进行 4 次多项式拟合，得到两者间的拟合方程，见式(4-32)。

(4)对拟合方程进行标准化转换，得到尖点突变标准势函数 $V=x^4+ux^2+vx$，其中 u 和 v 分别按式(4-33)和式(4-34)进行计算得到。

(5) 根据尖点突变理论，计算分叉集方程 Δ，见式(4-35)。本书取 $\Delta=8u^3+27v^2=0$ 时的覆岩厚度作为地铁隧道围岩自稳最小覆岩厚度。

$$S=a_0+a_1H_r+a_2H_r^2+a_3H_r^3+a_4H_r^4 \tag{4-32}$$

式中 a_0～a_4——待定系数。

$$u=\frac{a_2}{a_4}-\frac{3a_3^2}{8a_4^2} \tag{4-33}$$

$$v=\frac{a_1}{a_4}-\frac{a_2a_3}{2a_4^2}+\frac{a_3^3}{8a_4^3} \tag{4-34}$$

$$\Delta=8u^3+27v^2 \tag{4-35}$$

基于隧道拱顶围岩下沉尖点突变理论的上土下岩二元地层地铁隧道围岩自稳最小覆岩厚度计算流程如图 4-49 所示。

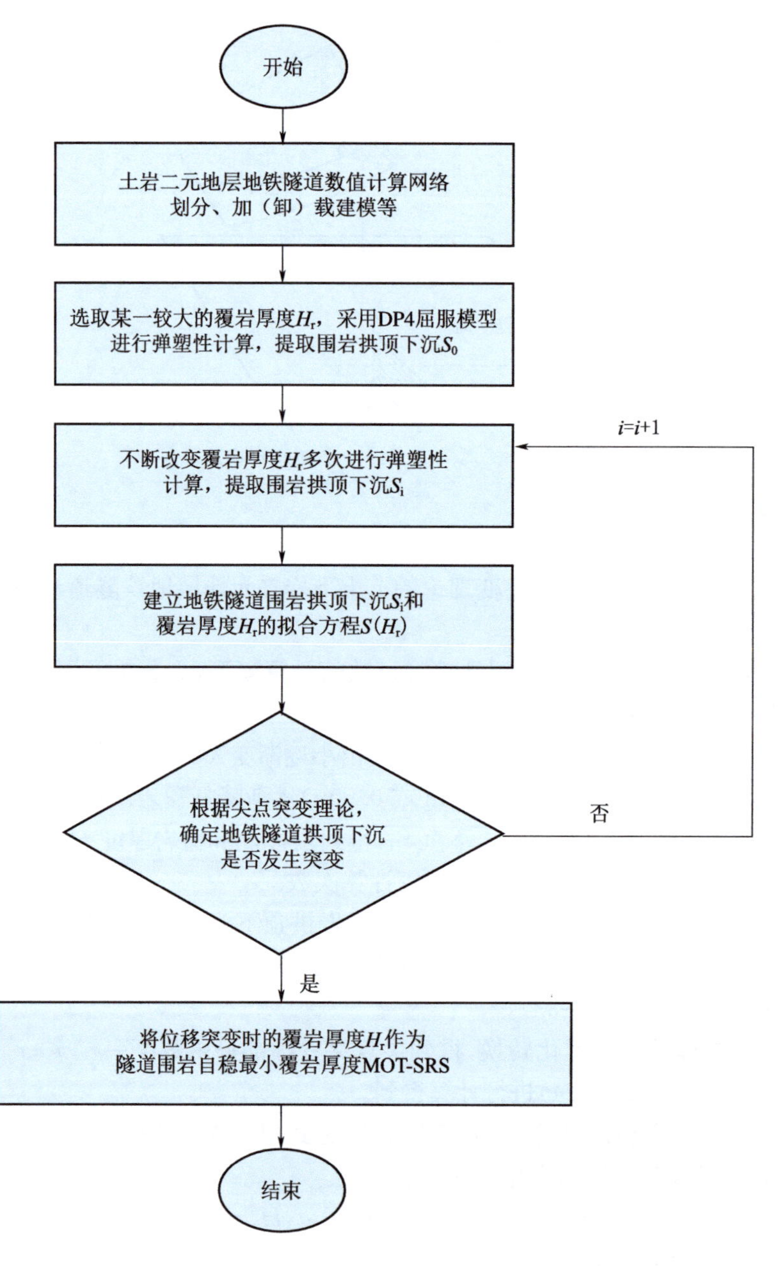

图 4-49　上土下岩二元地层地铁隧道围岩自稳最小覆岩厚度计算流程

现以开挖宽度 20.8 m、开挖高度 18.37 m 的单拱大跨地铁车站隧道为例，上覆土层厚度 H_s取 12 m，详细说明基于隧道拱顶围岩下沉尖点突变理论的上土下岩二元地层地铁隧道围岩自稳最小覆岩厚度计算过程。地铁隧道断面形状及尺寸如图 4-17 所示，地层参数见表 4-4。地铁隧道不同覆岩厚度下的隧道拱顶围岩下沉 S_i 计算结果见表 4-21。

表 4-21 隧道拱顶围岩下沉计算结果

H_r(m)	12	11	10	9	8	7	6
S(mm)	4.325	4.122	4.160	4.249	4.350	4.530	5.018
H_r(m)	5	4	3	2	1.5	1.4	1
S(mm)	5.437	6.107	7.287	10.224	14.660	16.288	26.149

隧道拱顶围岩下沉 S 和覆岩厚度 H_r的相关数据进行多项式拟合从覆岩厚度 11 m 时对应的位移值开始计算(图 4-50)。当覆岩厚度 H_r为 1 m 时,对 11～1 m 共计 11 组数据进行多项式拟合,拟合方程见式(4-36)。

$$S=47.752\ 24+27.488\ 2H_r+6.936\ 73H_r^2+0.727\ 38H_r^3+0.026\ 82H_r^4 \tag{4-36}$$

将式(4-36)中 a_1～a_4 四个参数代入式(4-28)和式(4-31),得到 $u=-17.186\ 6$,$v=11.197\ 22$,$\Delta=-37\ 227.2<0$,说明隧道覆岩厚度不满足围岩自稳最小覆岩厚度要求。

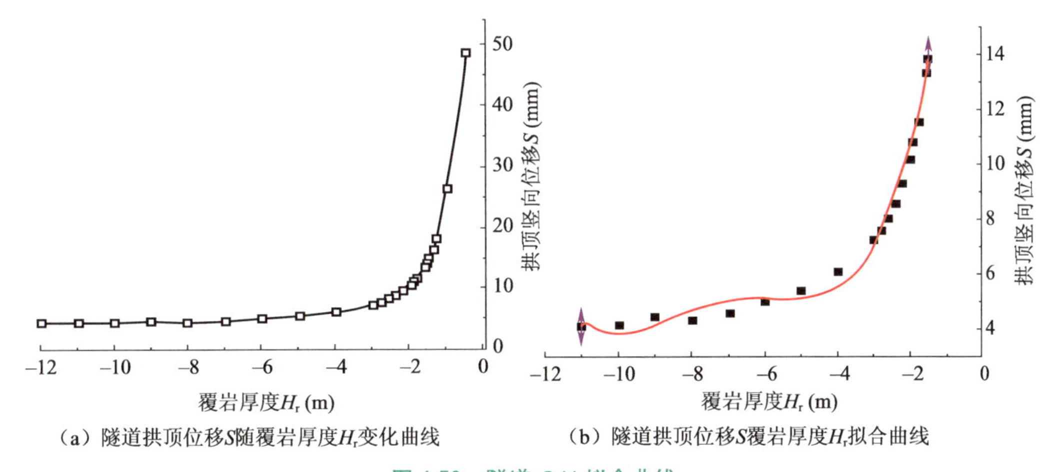

(a) 隧道拱顶位移S随覆岩厚度H_r变化曲线 (b) 隧道拱顶位移S覆岩厚度H_r拟合曲线

图 4-50 隧道 S-H_r拟合曲线

当覆岩厚度 H_r取 2 m 时,采用同样方法可计算得知其 $\Delta=57\ 457.99>0$,说明隧道覆岩厚度满足围岩自稳最小覆岩厚度要求。因此,地铁车站隧道围岩自稳最小覆岩厚度处于 1～2 m 两者之间。为进一步提高隧道围岩自稳最小覆岩厚度的计算精准度,取覆岩厚度 H_r为 1.6 m,计算得知其 $\Delta=8\ 446.14>0$,说明隧道覆岩厚度满足围岩自稳最小覆岩厚度要求;取覆岩厚度 H_r为 1.5 m,其 $\Delta=-6\ 402.9<0$,说明隧道覆岩厚度不满足围岩自稳最小覆岩厚度要求。因此,地铁车站隧道 MOT-SRS 处于 1.5～1.6 m 两者之间。进一步试算得知,当覆岩厚度 H_r取为 1.55 m,其 $\Delta=1\ 557.524>0$,当覆岩厚度 H_r取为 1.54 m,其 $\Delta=-1\ 327.26<0$。基于尖点突变理论的上土下岩二元地层地铁隧道不同覆岩厚度下的计算结果见表 4-22,突变点特征值 Δ 随 H_r 变化曲线如图 4-51 所示。因此,可取 1.55 m 作为软弱地层厚度 12 m 时的地铁车站隧道围岩自稳最小覆岩厚度。

表 4-22 隧道拱顶位移突变特征值计算结果

H_r(m)	a_1	a_2	a_3	a_4	u	v	Δ
2.8	3.579 9	0.491 7	0.030 73	0.000 717	−3.002 78	137.6036	511 021.8
2.6	4.343 85	0.666 74	0.037 52	0.001 29	199.6203	−1 073.48	253 109.0

续上表

H_r(m)	a_1	a_2	a_3	a_4	u	v	Δ
2.4	5.427 68	0.922 92	0.072 66	0.002 17	4.870 15	73.380 61	146 311.4
2.2	6.779 76	1.250 56	0.105 39	0.003 32	−1.205 3	61.991 33	103 745.0
2.0	8.433 13	1.660 36	0.147	0.004 81	−5.058 91	46.54498	57 457.99
1.9	9.620 2	1.958 46	0.177 56	0.005 91	−7.109 86	39.653 00	39 578.5
1.8	10.811 96	2.262 34	0.209 06	0.007 05	−8.858 39	35.187 38	27 869.07
1.6	13.251	2.901 7	0.276 64	0.009 54	−11.168	26.935 75	8 446.14
1.55	14.462 88	3.221 84	0.310 67	0.010 8	−11.981 9	23.819 65	1 557.524
1.54	15.148 09	3.403 23	0.329 98	0.011 51	−12.540 5	23.134 29	−1 327.26
1.53	15.624 26	3.529 61	0.343 46	0.012 01	−12.799 3	22.182 28	−3 489.05
1.5	16.313 69	3.714 27	0.363 29	0.012 75	−13.136	20.843 68	−6 402.9
1.4	17.713 76	4.099 41	0.405 41	0.014 34	−13.851 9	18.809 9	−11 709.6
1.3	19.830 25	4.694 06	0.471 39	0.016 86	−14.727 2	16.058 08	−18 591.2
1	27.488 2	6.936 73	0.727 38	0.026 82	−17.186 6	11.197 22	−37 227.2
0.5	46.359 56	12.718 02	1.408 01	0.053 89	−19.992 4	6.700 12	−62 714.6

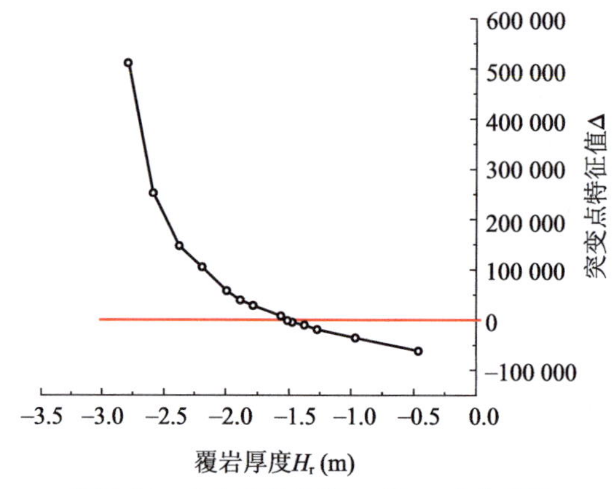

图 4-51　突变点特征值 Δ 随 H_r 变化曲线

为了解和掌握地层主要计算参数值对地铁隧道围岩自稳最小覆岩厚度 H_{rmin} 计算结果的敏感性程度，本章节对下覆岩质地层弹性模量 E、泊松比 μ、黏结力 c、内摩擦角 φ 四个参数对 H_{rmin} 的敏感性进行分析。计算取与上述地层分布及隧道开挖断面尺寸相同工况，各计算参数条件下隧道拱顶竖向位移随覆岩厚度变化的 S-H_r 曲线如图 4-52 所示，H_{rmin} 计算结果见表 4-23。

表 4-23　最小覆岩厚度 H_{rmin} 参数敏感性计算结果

E(GPa)	2.5	5	10	15	20	25	μ	0.20	0.25	0.30	0.40
H_{rmin}(m)	1.59	1.55	1.55	1.55	1.55	1.55	H_{rmin}(m)	1.57	1.55	1.55	1.53
c(MPa)	0.3	0.5	0.6	1.2	1.8	3.6	φ(°)	25	35	45	55
H_{rmin}(m)	3.31	1.80	1.55	0.94	0.80	0.80	H_{rmin}(m)	1.58	1.55	1.55	1.55

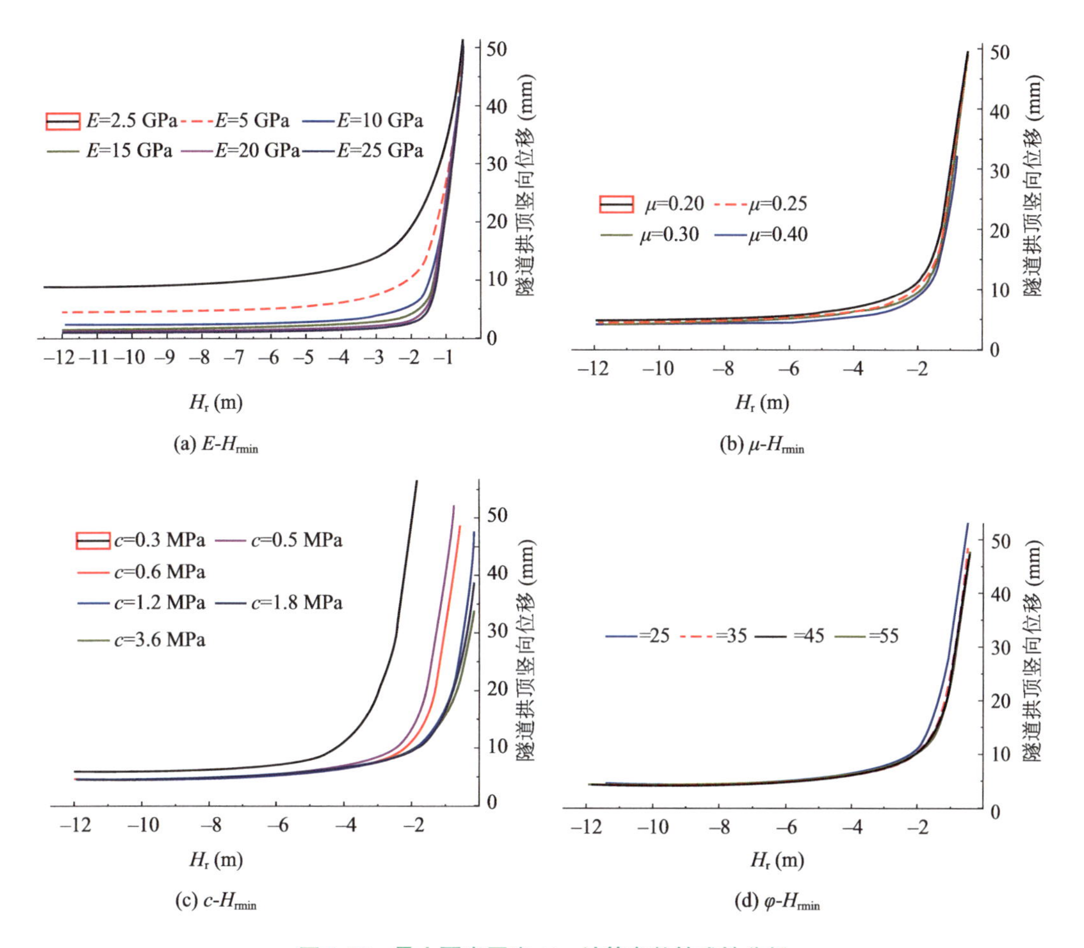

(a) E-H_{rmin}　　(b) μ-H_{rmin}

(c) c-H_{rmin}　　(d) φ-H_{rmin}

图 4-52　最小覆岩厚度 H_{rmin} 计算参数敏感性分析

由图 4-52 可见，上土下岩二元地层地铁隧道下覆岩质地层弹性模量 E、泊松比 μ 和内摩擦角 φ 对 H_{rmin} 的影响较小；H_{rmin} 随黏结力 c 增大先迅速降低后基本不变，如图 4-53 所示。说明本章节计算参数取值略偏保守，计算结果偏于安全。

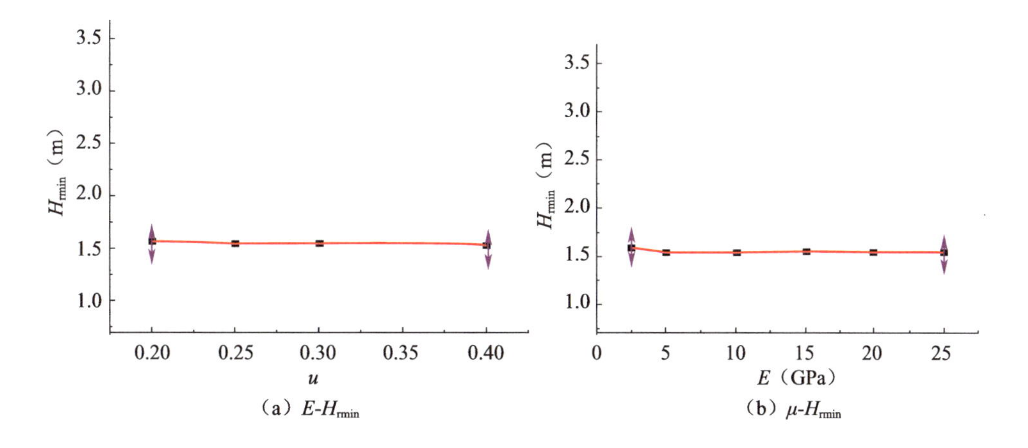

（a）E-H_{rmin}　　（b）μ-H_{rmin}

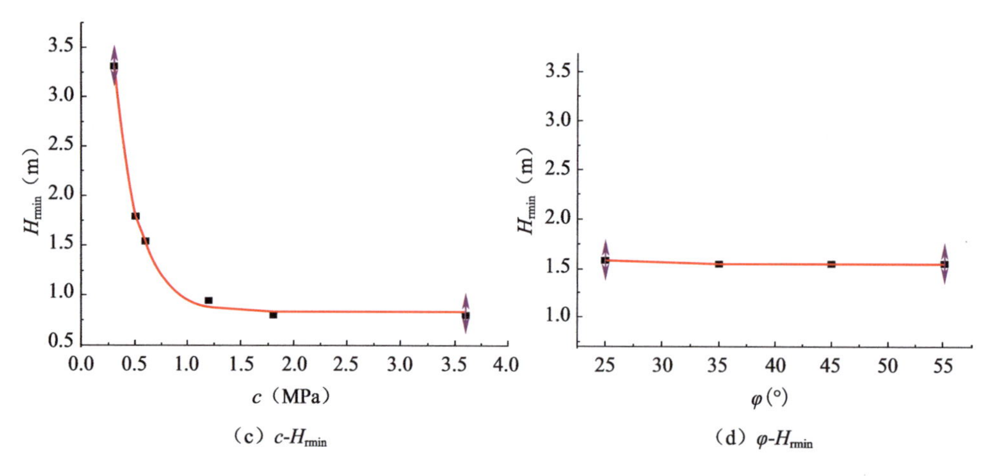

（c）c-H_{rmin}　　（d）φ-H_{rmin}

图 4-53　地铁隧道围岩自稳最小覆岩厚度 H_{rmin} 计算参数敏感性分析

4.3.4　上土下岩二元地层地铁隧道围岩自稳最小覆岩厚度

上土下岩二元地层地铁隧道围岩自稳最小覆岩厚度 H_{rmin} 研究，分别以单洞单线地铁区间隧道、单洞双线地铁区间隧道、单拱大跨地铁车站隧道和超大跨地铁隧道为工程背景开展，隧道开挖跨度 D 值依次为 6.2 m、13.0 m、20.8 m、31.2 m 四种工况进行研究。单洞单线地铁区间隧道和单拱大跨地铁车站隧道上覆土层厚度依次取 0 m、3 m、6 m、9 m、12 m、15 m、18 m、21 m、24 m、27 m、30 m 合计 11 种工况，单洞双线地铁区间隧道和超大跨地铁车站隧道上覆土层厚度依次取 6 m、12 m、18 m、24 m、30 m 合计五种工况。不同计算工况下的地铁隧道拱顶竖向位移随覆岩厚度变化的 S-H_r 曲线如图 4-54 所示。地铁隧道围岩自稳最小覆岩厚度 H_{rmin} 计算结果见表 4-24，地铁隧道围岩自稳最小覆岩厚度 H_{rmin} 随土质地层厚度 H_s 变化曲线如图 4-55 所示。

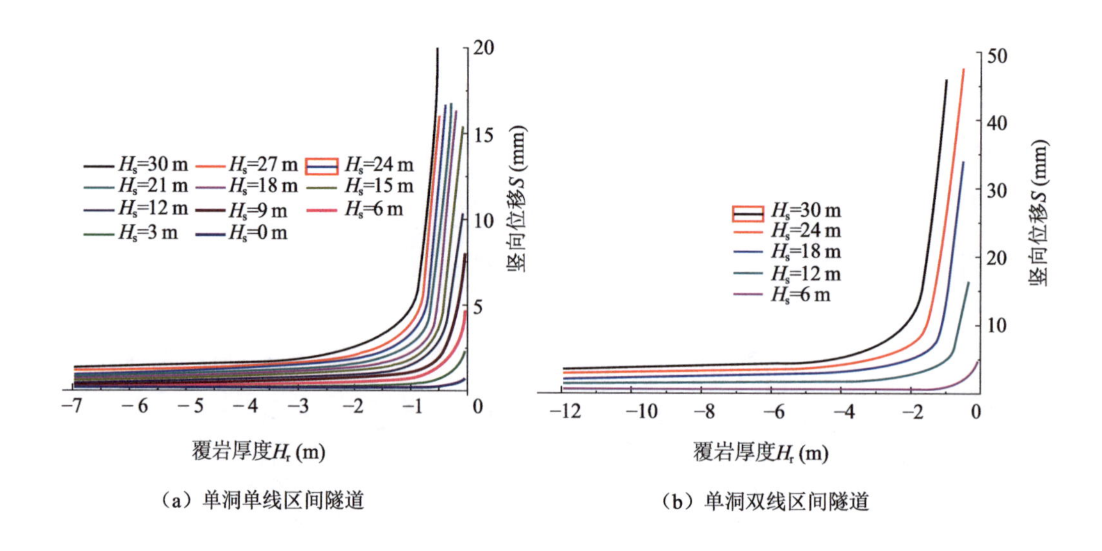

（a）单洞单线区间隧道　　（b）单洞双线区间隧道

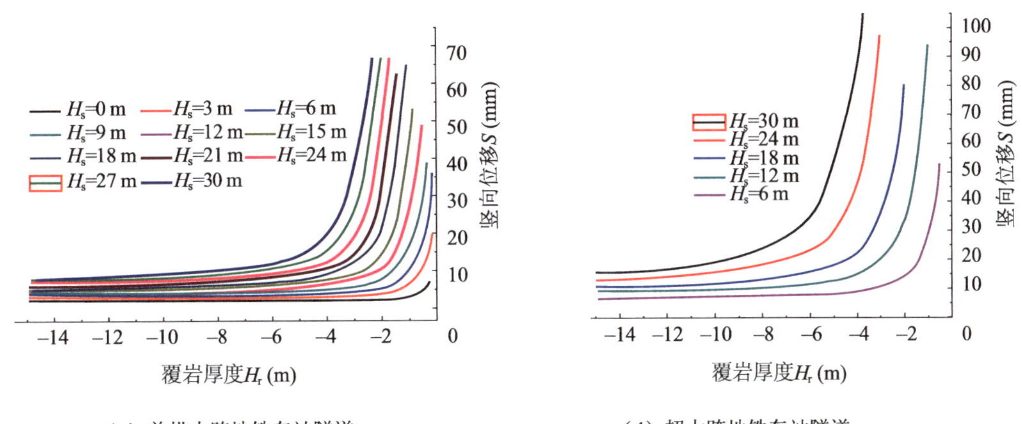

（c）单拱大跨地铁车站隧道　　（d）超大跨地铁车站隧道

图 4-54　地铁隧道拱顶位移随覆岩厚度变化的曲线

表 4-24　地铁区间隧道最小覆岩厚度 H_{rmin} 计算结果

软弱地层厚(m)	0	3	6	9	12	15	18	21	24	27	30
单洞单线区间隧道	0.25	0.36	0.43	0.51	0.59	0.64	0.70	0.76	0.84	0.90	0.97
单洞双线区间隧道	—	—	0.62	—	0.96	—	1.32	—	1.71	—	2.06
大跨车站隧道	0.44	0.62	0.99	1.27	1.55	1.86	2.12	2.38	2.68	3.02	3.22
超大跨车站隧道	—	—	1.23	—	2.24	—	3.06	—	3.77	—	4.42

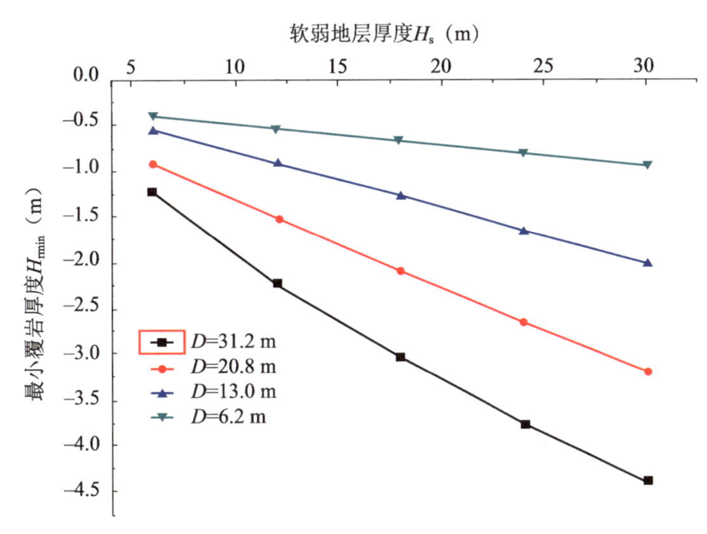

图 4-55　地铁隧道围岩自稳最小覆岩厚度 H_{rmin} 随土质地层厚度 H_s 变化曲线

由图 4-55 可见，上土下岩二元地层地铁隧道上覆土层厚度处于 0～30 m 范围上覆土层厚度 H_s 越大，隧道围岩自稳最小覆岩厚度 H_{rmin} 越大，两者近似呈线性规律变化。单洞单线区间隧道、单洞双线区间隧道、单拱大跨车站隧道、超大跨隧道四种断面形式的地铁隧道围岩自稳最小覆岩厚度 H_s 与上覆土质地层厚度 H_{rmin} 两者间的数学拟合方程分别见式(4-37)～式(4-40)。相同跨度不同上覆土层下的地铁隧道围岩自稳最小覆岩厚度空间分布如图 4-56 所示。

$$H_{rmin单洞单线}=0.02303H_s+0.28636 \quad r=0.99437 \tag{4-37}$$

$$H_{rmin单洞双线}=0.0605H_s+0.245 \quad r=0.99936 \tag{4-38}$$

$$H_{rmin大跨车站}=0.09594H_s+0.38727 \quad r=0.99879 \tag{4-39}$$

$$H_{rmin超大跨车站}=0.13183H_s+0.571 \quad r=0.98942 \tag{4-40}$$

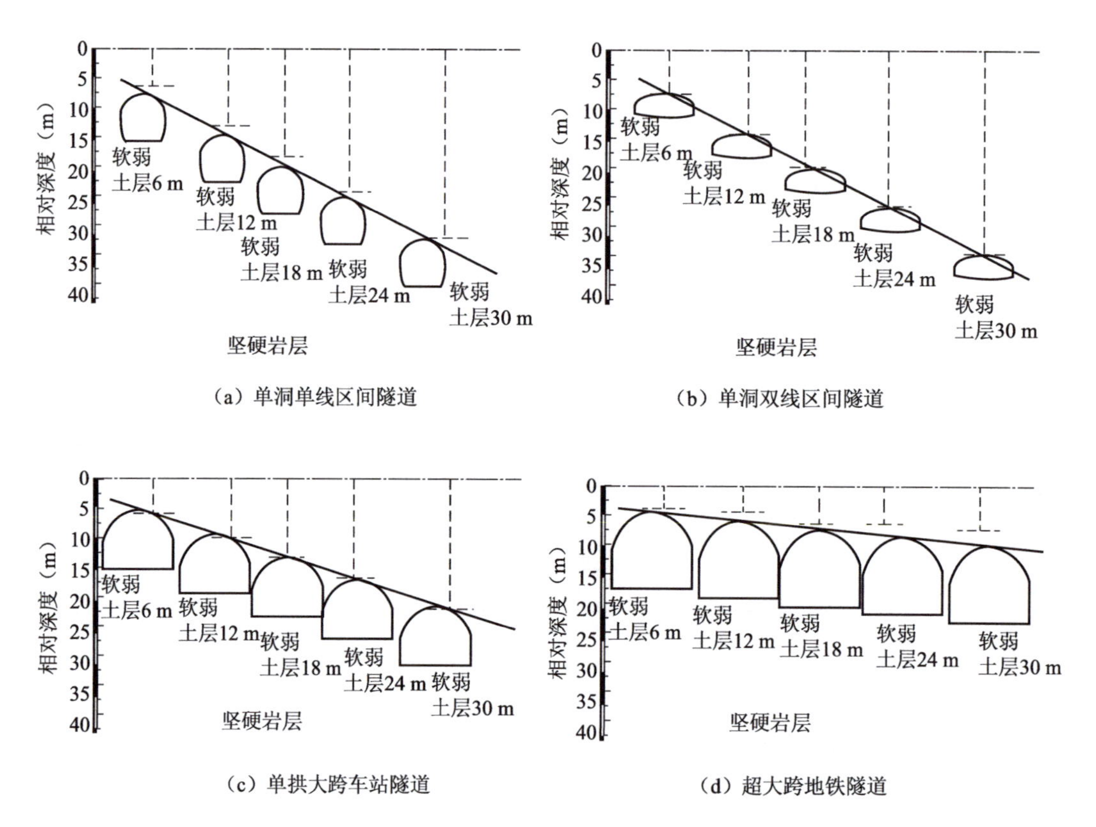

（a）单洞单线区间隧道（b）单洞双线区间隧道

（c）单拱大跨车站隧道（d）超大跨地铁隧道

图 4-56　相同跨度不同土层厚度地铁隧道最小覆岩厚度空间分布图

上土下岩二元地层地铁隧道开挖跨度 D 越大，隧道围岩自稳最小覆岩厚度 H_{rmin} 越大；反之，隧道围岩自稳最小覆岩厚度 H_{rmin} 越小。相同上覆土层厚度不同跨度下的地铁隧道围岩自稳最小覆岩厚度空间分布如图 4-57 所示。

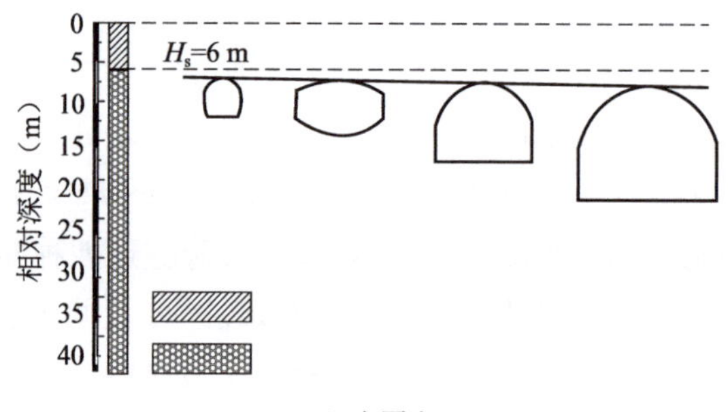

（a）上覆土6 m

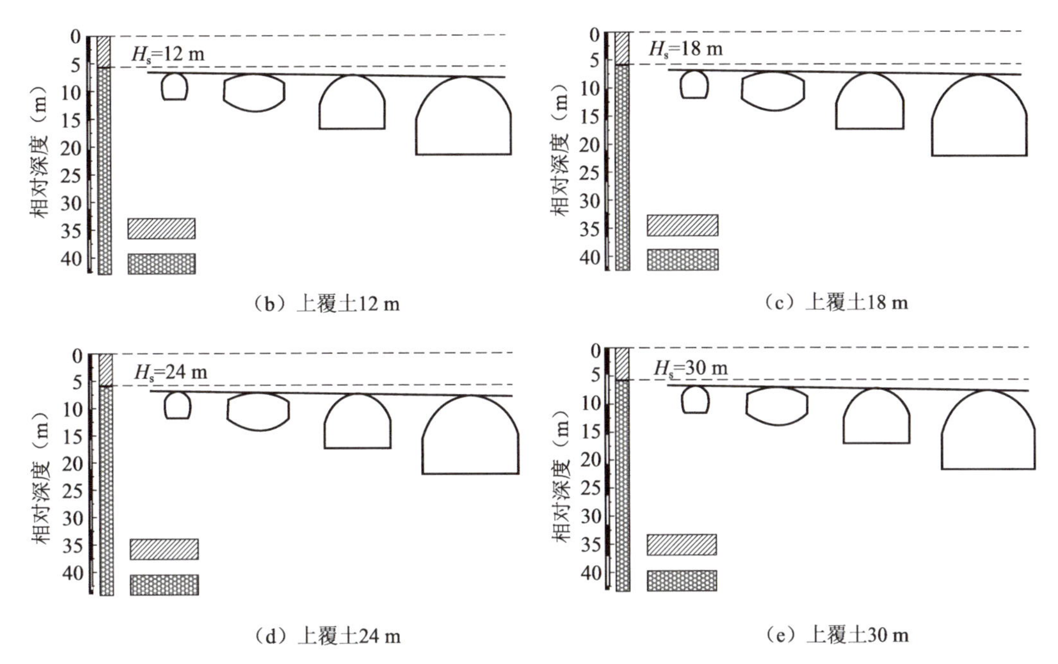

（b）上覆土12 m　　（c）上覆土18 m

（d）上覆土24 m　　（e）上覆土30 m

图 4-57　相同土层厚度不同跨度地铁隧道最小覆岩厚度空间分布图

上土下岩二元地层地铁隧道围岩自稳最小覆岩厚度 H_{rmin}、上覆土质地层厚度 H_s、隧道开挖跨度 D 三者间的 H_{rmin}-H_s-D 三维空间分布如图 4-58 所示。

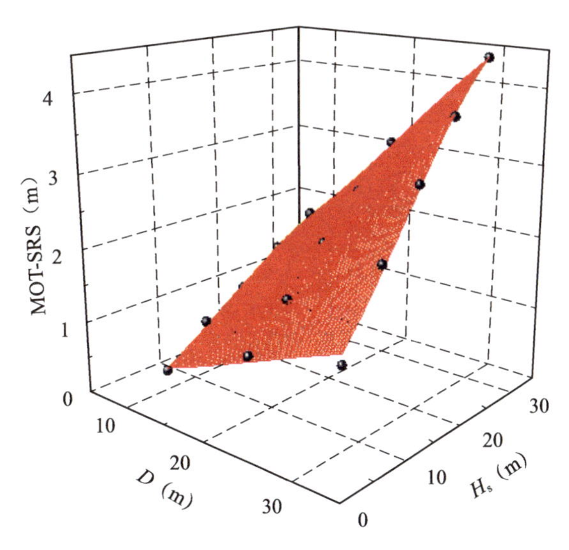

图 4-58　地铁隧道 MOT-SRS 与 H_s 及 D 三维关系图

图 4-58 直观显示了不同土层厚度 H_s 和不同隧道开挖跨度 D 下的地铁隧道围岩自稳最小覆岩厚度的分布特征。根据图 4-58 可对上土下岩二元地层地铁隧道围岩自稳特征做出如下判定：(1)当隧道覆岩厚度 H_r 位于界面图下方时，表示隧道开挖过程中围岩不能满足自稳条件；(2)当隧道覆岩厚度 H_r 位于界面图上时，表示隧道开挖过程中围岩正好满足临界稳定条件；(3)当隧道覆岩厚度 H_r 位于界面图上方时，表示隧道开挖过程中围岩能够满足自稳条件。

上土下岩二元地层地铁隧道围岩自稳最小覆岩厚度 H_{rmin}、上覆土层厚度 H_s、隧道开挖跨度 D 三者间的数学拟合方程见式(4-41)。不同上覆土层厚度 H_s 和隧道开挖跨度 D 下对应的地铁隧道围岩自稳最小覆岩厚度 H_{rmin} 见表 4-25。

$$H_{rmin}=-0.594\ 06+6.844\ 7\exp\left[-\frac{(D-51.836\ 02)^2}{1\ 742.178\ 36}-\frac{(H_s-38.319\ 75)^2}{1\ 037.830\ 38}\right] \tag{4-41}$$

表 4-25　上土下岩二元地层地铁隧道围岩自稳最小覆岩厚度

跨度 D(m)		6	9	12	15	18	21	24	27	30
上覆土层厚度 H_s(m)	1	0.21	0.30	0.37	0.44	0.50	0.55	0.59	0.62	0.64
	2	0.24	0.34	0.43	0.51	0.58	0.64	0.69	0.74	0.77
	3	0.27	0.38	0.48	0.58	0.66	0.74	0.80	0.86	0.90
	4	0.30	0.42	0.54	0.65	0.74	0.83	0.91	0.98	1.03
	5	0.33	0.47	0.60	0.71	0.82	0.92	1.01	1.09	1.16
	6	0.36	0.51	0.65	0.78	0.90	1.02	1.12	1.21	1.30
	7	0.39	0.55	0.71	0.85	0.98	1.11	1.23	1.33	1.43
	8	0.42	0.59	0.76	0.92	1.06	1.20	1.33	1.45	1.56
	9	0.45	0.63	0.81	0.98	1.15	1.30	1.44	1.57	1.69
	10	0.47	0.68	0.87	1.05	1.23	1.39	1.54	1.69	1.82
	11	0.50	0.72	0.92	1.12	1.31	1.48	1.65	1.81	1.95
	12	0.53	0.76	0.98	1.19	1.39	1.57	1.75	1.92	2.08
	13	0.56	0.80	1.03	1.25	1.46	1.67	1.86	2.04	2.21
	14	0.59	0.84	1.09	1.32	1.54	1.76	1.96	2.16	2.35
	15	0.62	0.88	1.14	1.39	1.62	1.85	2.07	2.28	2.48
	16	0.65	0.93	1.19	1.45	1.70	1.94	2.17	2.40	2.61
	17	0.68	0.97	1.25	1.52	1.78	2.04	2.28	2.51	2.74
	18	0.70	1.01	1.30	1.59	1.86	2.13	2.38	2.63	2.87
	19	0.73	1.05	1.36	1.65	1.94	2.22	2.49	2.75	3.00
	20	0.76	1.09	1.41	1.72	2.02	2.31	2.59	2.87	3.13
	21	0.79	1.13	1.46	1.79	2.10	2.40	2.70	2.98	3.26
	22	0.82	1.17	1.52	1.85	2.18	2.50	2.80	3.10	3.39
	23	0.84	1.21	1.57	1.92	2.26	2.59	2.91	3.22	3.52
	24	0.87	1.25	1.62	1.98	2.34	2.68	3.01	3.33	3.65
	25	0.90	1.29	1.68	2.05	2.42	2.77	3.12	3.45	3.78
	26	0.93	1.33	1.73	2.12	2.49	2.86	3.22	3.57	3.91
	27	0.95	1.37	1.78	2.18	2.57	2.95	3.32	3.68	4.04
	28	0.98	1.41	1.84	2.25	2.65	3.04	3.43	3.80	4.17
	29	1.01	1.45	1.89	2.31	2.73	3.13	3.53	3.92	4.30

为消除隧道开挖断面尺寸因素影响，以岩跨比和土跨比两个无量纲量作为分析地铁隧道围岩自稳最小覆岩厚度指标。岩跨比(λ)是指隧道上覆岩质地层厚度与开挖跨度的比值，土跨比(γ)是指隧道上覆土质地层厚度与开挖跨度的比值，见式(4-42)和式(4-43)。

$$\lambda = H_r / D \tag{4-42}$$

$$\gamma = H_s / D \tag{4-43}$$

不同开挖跨度下的地铁隧道围岩自稳最小岩跨比随土跨比变化特征如图 4-59 所示，两者间的拟合方程见式(4-44)。可见，相同开挖跨度条件下，地铁隧道围岩自稳最小岩跨比随土跨比的增加逐渐增大；相同土跨比条件下，地铁隧道围岩自稳最小岩跨比随开挖跨度的增大逐渐增大。

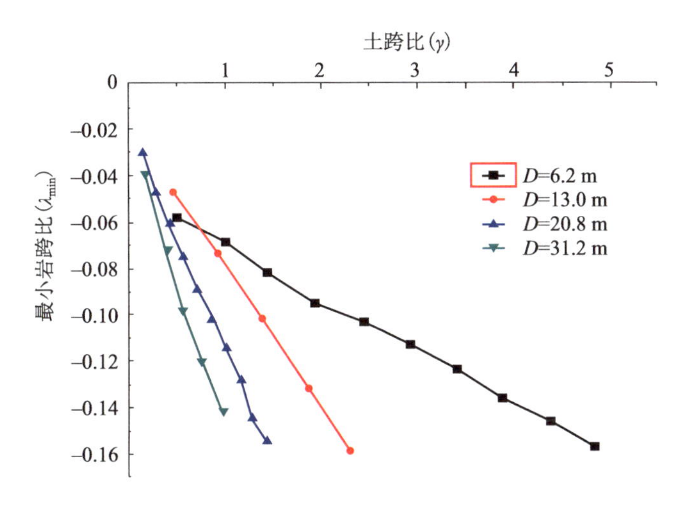

图 4-59　地铁隧道围岩自稳最小岩跨比随土跨比变化特征

$$\begin{cases} \lambda_{rmin-6.2} = 0.022\,22\gamma + 0.048\,93 & r = 0.997\,76 \\ \lambda_{rmin-13.0} = 0.060\,5\gamma + 0.018\,85 & r = 0.999\,36 \\ \lambda_{rmin-20.8} = 0.095\,78\gamma + 0.018\,78 & r = 0.998\,38 \\ \lambda_{rmin-31.2} = 0.131\,84\gamma + 0.018\,3 & r = 0.989\,23 \end{cases} \tag{4-44}$$

为方便工程应用，采用坐标转换方式将不同跨度地铁隧道围岩自稳最小岩跨比(λ_{min})随土跨比(γ)变化拟合曲线转化为斜率相同的曲线。以较大断面的车站隧道为基础，单洞单线区间隧道、单洞双线区间隧道、单拱直墙大跨车站隧道、超大跨地铁隧道四种开挖跨度地铁隧道最小岩跨比(λ_{min})与土跨比(γ)拟合曲线的转化方程见式(4-45)。

$$\begin{cases} \lambda'_{rmin-6.2} = 4.311\lambda_{rmin-6.2} + 0.162 \\ \lambda'_{rmin-13.0} = 1.583\lambda_{rmin-13.0} + 0.011 \\ \lambda'_{rmin-20.8} = \lambda_{rmin-20.8} \\ \lambda'_{rmin-31.2} = 0.726\lambda_{rmin-31.2} - 0.005 \end{cases} \tag{4-45}$$

经过转化后的地铁隧道围岩自稳最小岩跨比(λ_{min})与土跨比(γ)之间的拟合关系如图 4-60 所示，两者间的数学拟合方程见式(4-46)。

$$\lambda_{rmin} = 0.104\,28\gamma + 0.018\,2,\quad r = 0.990\,15 \tag{4-46}$$

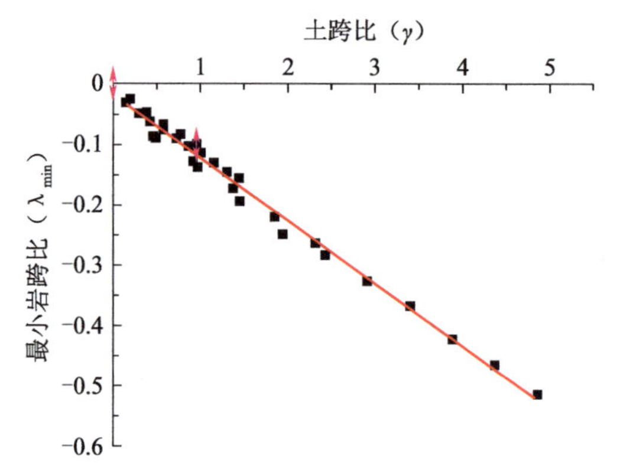

图 4-60　地铁隧道最小岩跨比（λ_{min}）随土跨比（γ）变化曲线

4.4　上土下岩二元地层铁隧道围岩自稳最佳覆岩厚度研究

4.4.1　研究方法

在力学特征差异显著的土岩二元地层下覆坚硬岩层中开挖地铁隧道，隧道开挖引起的应力释放和应力转移主要发生在下覆岩质地层范围内，对上覆土质地层影响较小。上覆土质地层作为荷载的成分较多，而下覆岩质地层作为结构的成分较多，隧道洞周围岩力学行为类似组合梁的受力模式。覆盖层厚度作为衡量隧道合理埋深问题的一般参数已不再适用，进而将目光转移到覆岩厚度对围岩稳定性的影响。随着覆岩厚度的增大，隧道拱顶竖向位移和地表沉降均随覆岩厚度增大先迅速减小后逐渐增大，存在最小值，安全系数随覆岩厚度先迅速最大后逐渐减小，存在最大值，三者具有内在统一性，理论上存在使洞室达到最大安全性的最佳覆岩厚度。基于此，本章节将围岩自稳程度最大时的覆岩厚度定义为围岩自稳最佳覆岩厚度。当覆岩厚度达到围岩自稳最佳覆岩厚度后再继续增大，围岩稳定性逐渐下降，不利于充分发挥围岩自稳能力，同时考虑到乘客便捷舒适等多种因素，应尽量避免将地铁隧道埋深置于围岩自稳最佳覆岩厚度以下。既有研究成果表明，对于特定开挖断面，隧道拱顶围岩位移随覆岩厚度的增加先减小，后增大，存在最小值，如图 4-61 所示。隧道拱顶围

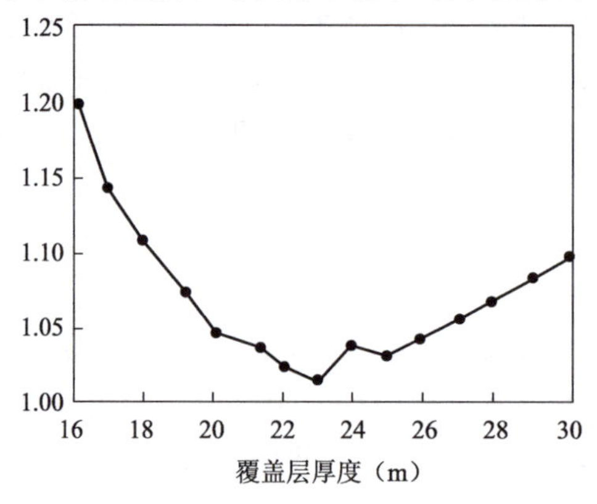

图 4-61　隧道覆岩厚度与拱顶围岩竖向位移关系曲线[30]

岩最小位移所确定的覆岩厚度条件下隧道围岩是稳定的且稳定程度相对最佳，并由此认为最小位移对应的覆岩厚度为技术可行、经济合理的最佳覆岩厚度[87-89]。

4.4.2　计算模型及计算参数

上土下岩二元地层地铁隧道最佳覆岩厚度研究下覆岩层取中风化岩层，计算模型及计算参数与 4.2.2 节相同。

4.4.3　实现过程及算例分析

基于最小位移理论的土岩二元地层地铁隧道最佳覆岩厚度的计算实现过程如下：(1)首先构建土岩二元地层地铁隧道数值计算模型，划分单元网格、确定加(卸)载方式等，计算得到地铁隧道拱顶下沉数值 S_1。(2)通过不断试算的方式，找出隧道覆岩厚度由小逐渐变大时隧道围岩拱顶下沉较小值对应的覆岩厚度；然后按特定间隔(如 1.0 m 或 0.5 m)逐渐降低覆岩厚度进行多次计算，同时记录每次计算工况时的隧道拱顶下沉 S_i，得到位移 S_i 和覆岩厚度 H_r 之间的 S_i-H_r 序列曲线，并在 S_i-H_r 曲线处于突变部分时，加密计算次数。(3)从隧道覆岩厚度由小逐渐变大时隧道围岩拱顶下沉最小值对应的覆岩厚度即为地铁隧道围岩自稳最佳覆岩厚度 H_{ropt}。现以开挖宽度 20.8 m、开挖高度 18.37 m 的单拱大跨地铁车站隧道为例，上覆土质地层厚度取 12 m，详细说明上土下岩二元地层地铁隧道最小覆岩厚度计算过程。地铁隧道不同覆岩厚度下的隧道拱顶下沉 S 计算结果见表 4-26，地铁隧道拱顶下沉 S 随土质地层厚度 H_s 变化曲线图 4-62 所示。

表 4-26　隧道拱顶下沉计算结果

覆岩厚度(m)	5	10	12	12.5	12.75	13	14	15	20
拱顶下沉(mm)	1.330	1.061	1.043 4	1.042 4	1.042 3	1.042 5	1.045 3	1.051	1.107 7

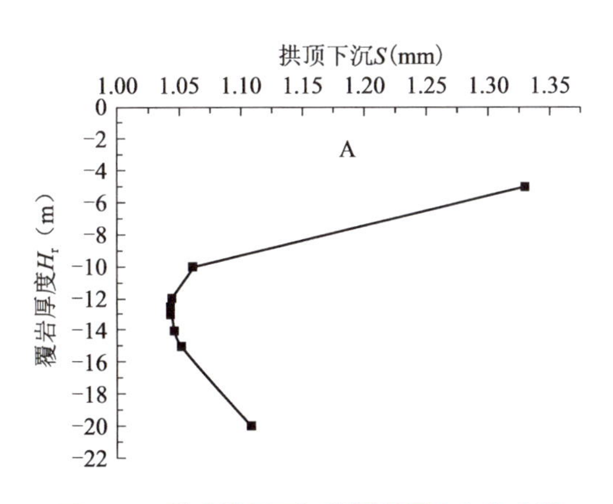

图 4-62　隧道拱顶下沉随覆岩厚度变化曲线

由图 4-62 可见，上土下岩二元地层隧道拱顶围岩下沉随覆岩厚度增加先减小，后逐渐增大，存在最小值。当隧道拱顶以上覆岩厚度为 5m 时，隧道拱顶围岩下沉为 1.330 mm。当覆岩厚度为 10 m 时，隧道拱顶围岩下沉为 1.061 mm，隧道拱顶围岩下沉随着增大覆岩厚度的增加而减小。当覆岩厚度 H_r 为 15 m 时，隧道拱顶围岩下沉为 1.051 mm，隧道拱顶围岩下沉随着覆岩厚度的增大继续减小。当覆岩厚度为 20 m 时，隧道拱顶围岩下沉为 1.107 7 mm，隧道拱顶围岩下沉随着覆岩厚度的增大而增大。因此，隧道拱顶围岩下沉最小值处于覆岩厚度为 10 m 至 15 m 之间。为提高地铁隧道最佳覆岩厚度计算精度，隧道拱顶以上覆岩厚度取 12.5 m 时，计算得知其拱顶围岩下沉为 1.042 4 mm，可见隧道拱顶围岩下沉最小值处于覆岩厚度为 12.5 m 至 15 m 之间。隧道拱顶以上覆岩厚度取 13 m 时，计算得知其拱顶围岩下沉为1.042 5 mm，可见隧道拱顶围岩下沉最小值处于覆岩厚度为 12.5 m 至 13 m 之间。隧道拱顶以上覆岩厚度取 12.75 m 时，计算得知其拱顶围岩下沉为 1.042 3 mm，可见本算例地铁隧道计算覆岩厚度工况条件下的隧道拱顶围岩下沉最小值为 1.042 3 mm。因此，可将覆岩厚度 12.75 m 作为本算例地铁隧道的地铁隧道最佳覆岩厚度 H_{ropt}。

4.4.4 上土下岩二元地层地铁隧道围岩自稳最佳覆岩厚度

上土下岩二元地层地铁隧道围岩自稳最佳覆岩厚度 H_{ropt} 研究分别以单洞单线地铁区间隧道、单洞双线地铁区间隧道、单拱大跨地铁车站隧道和超大跨地铁隧道为工程背景开展，隧道开挖跨度 D 值依次为 6.2 m、13.0 m、20.8 m、31.2 m 四种工况进行研究，隧道开挖断面形状及尺寸如图 4-37 所示。上覆土质地层厚度依次取 6 m、12 m、18 m、24 m、30 m 五种种工况。地铁隧道围岩自稳最佳覆岩厚度 H_{ropt} 计算结果见表 4-27，地铁隧道围岩自稳最佳覆岩厚度 H_{ropt} 随土质地层厚度 H_s 变化曲线如图 4-63 所示。

表 4-27　上土下岩二元地层地铁隧道围岩自稳最佳覆岩厚度计算结果

上覆土层厚度(m)	6	12	18	24	30
单洞单线	4.75	6.50	7.75	8.75	9.75
单洞双线	6.75	9.00	11.00	12.50	14.00
大跨车站	9.50	12.75	15.13	17.25	18.82
超大跨车站	12.35	16.00	18.25	21.00	22.50

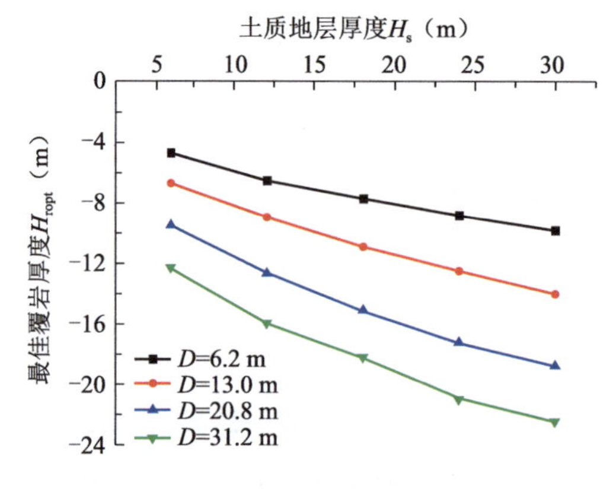

图 4-63　上土下岩二元地层地铁隧道围岩自稳最佳覆岩厚度 H_{ropt} 随覆土厚度 H_s 变化曲线

由图 4-63 可见，上土下岩二元地层地铁隧道围岩自稳最佳覆岩厚度随着上覆土质地层厚度和开挖跨度增加均不断增大。单洞单线区间隧道、单洞双线区间隧道、单拱大跨车站隧道、超大跨隧道四种断面形式的地铁隧道围岩自稳最佳覆岩厚度与上覆土质地层厚度两者间的数学拟合方程分别如式两者间的拟合方程见式(4-47)～式(4-50)。相同跨度不同上覆土质地层条件下的地铁隧道围岩自稳最佳覆岩厚度空间分布如图 4-64 所示，相同上覆土质地层厚度不同跨度下的地铁隧道最佳覆岩厚度空间分布如图 4-65 所示。

$$H_{ropt单洞单线}=0.329\ 17H_s-0.003\ 47H_s^2+2.95 \quad r=0.996\ 72 \tag{4-47}$$

$$H_{ropt单洞双线}=0.442\ 86H_s-0.003\ 97H_s^2+4.25 \quad r=0.999\ 13 \tag{4-48}$$

$$H_{ropt大跨车站}=0.644\ 24H_s-0.000\ 718\ H_s^2+5.938 \quad r=0.999\ 2 \tag{4-49}$$

$$H_{ropt超大跨车站}=0.693\ 1H_s-0.007\ 5H_s^2+8.53 \quad r=0.994\ 1 \tag{4-50}$$

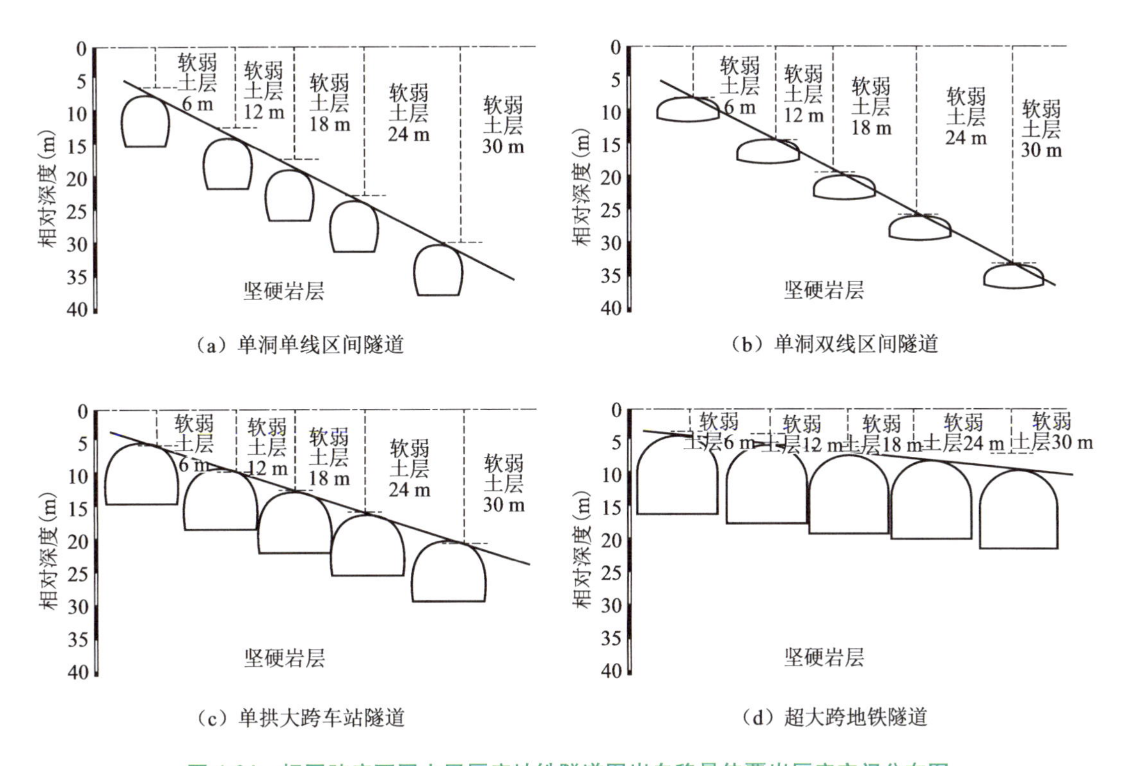

图 4-64 相同跨度不同土层厚度地铁隧道围岩自稳最佳覆岩厚度空间分布图

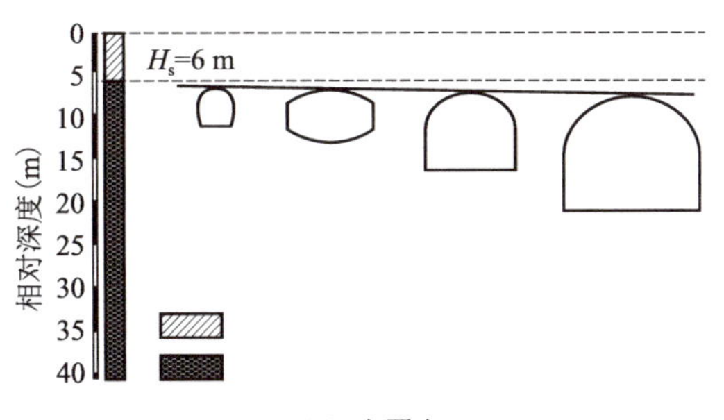

(a) 上覆土6 m

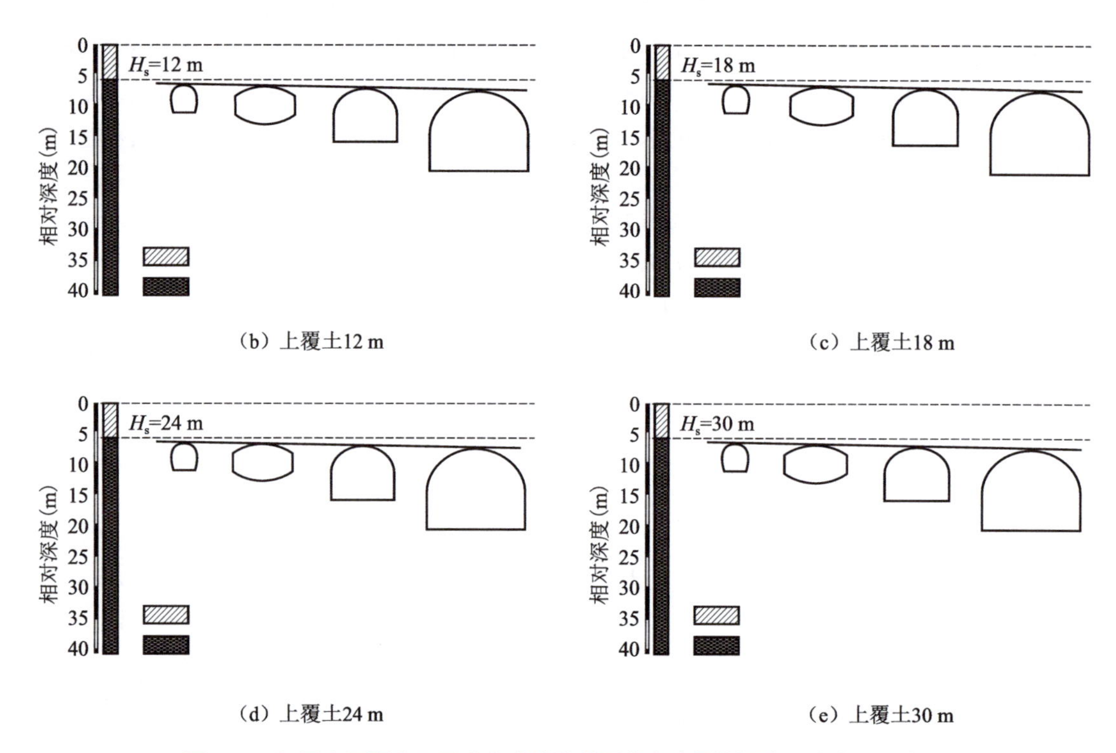

(b) 上覆土12 m　　(c) 上覆土18 m

(d) 上覆土24 m　　(e) 上覆土30 m

图 4-65　相同土层厚度不同跨度地铁隧道围岩自稳最佳覆岩厚度空间分布图

上土下岩二元地层地铁隧道围岩自稳最佳覆岩厚度 H_{ropt}、上覆土质地层厚度 H_s、隧道开挖跨度 D 三者间的 H_{ropt}-H_s-D 三维空间分布如图 4-66 所示。

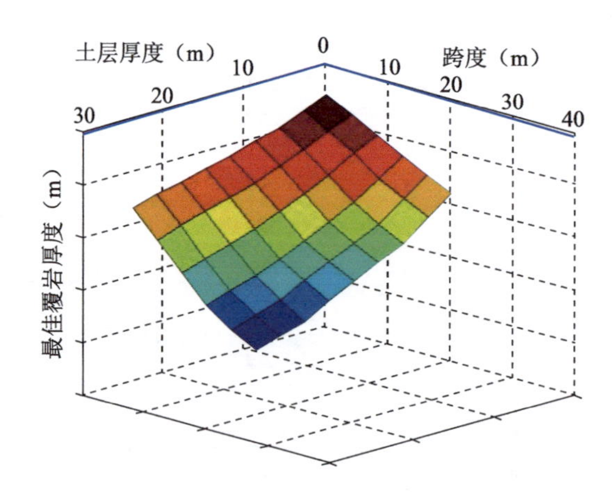

图 4-66　地铁隧道 H_{ropt}与 H_s及 D 三维图

上土下岩二元地层地铁隧道围岩自稳最佳覆岩厚度 H_{ropt}、上覆土层厚度 H_s、隧道开挖跨度 D 三者间的数学拟合方程见式(4-51)。不同上覆土质地层厚度 H_s和隧道开挖跨度 D 下对应的地铁隧道围岩自稳最佳覆岩厚度 H_{ropt}见表 4-28。

$$H_{ropt}=-0.828+0.3731H_s+0.472D-0.005541H_s^2-0.005345D^2+0.008664H_s\times D(r=0.9955) \tag{4-51}$$

表 4-28 上土下岩二元地层地铁隧道围岩自稳最佳覆岩厚度

跨度 D(m)		6	9	12	15	18	21	24	27	30
上覆土层厚度 H_s(m)	1	2.23	3.82	4.54	5.55	6.46	7.27	8.00	8.62	9.15
	2	2.64	4.25	5.00	6.03	6.97	7.81	8.56	9.21	9.77
	3	3.04	4.68	5.45	6.51	7.47	8.34	9.11	9.79	10.37
	4	3.42	5.09	5.89	6.97	7.96	8.85	9.66	10.36	10.96
	5	3.80	5.49	6.31	7.43	8.44	9.36	10.19	10.92	11.55
	6	4.16	5.88	6.73	7.87	8.91	9.85	10.71	11.46	12.12
	7	4.52	6.26	7.13	8.30	9.37	10.34	11.22	12.00	12.68
	8	4.86	6.63	7.53	8.72	9.81	10.81	11.71	12.52	13.23
	9	5.19	6.98	7.91	9.13	10.25	11.27	12.20	13.03	13.77
	10	5.51	7.33	8.28	9.53	10.67	11.72	12.68	13.54	14.30
	11	5.82	7.66	8.64	9.91	11.09	12.16	13.14	14.03	14.81
	12	6.11	7.99	8.99	10.29	11.49	12.59	13.60	14.51	15.32
	13	6.40	8.30	9.33	10.65	11.88	13.00	14.04	14.97	15.81
	14	6.68	8.60	9.66	11.01	12.26	13.41	14.47	15.43	16.30
	15	6.94	8.89	9.98	11.35	12.63	13.80	14.89	15.88	16.77
	16	7.19	9.17	10.28	11.68	12.98	14.19	15.30	16.31	17.23
	17	7.44	9.44	10.58	12.00	13.33	14.56	15.70	16.74	17.68
	18	7.67	9.70	10.86	12.31	13.66	14.92	16.08	17.15	18.12
	19	7.89	9.94	11.13	12.61	13.99	15.27	16.46	17.55	18.55
	20	8.10	10.18	11.39	12.89	14.30	15.61	16.83	17.94	18.97
	21	8.29	10.40	11.64	13.17	14.60	15.94	17.18	18.32	19.37
	22	8.48	10.61	11.88	13.43	14.89	16.25	17.52	18.69	19.77
	23	8.66	10.82	12.11	13.69	15.17	16.56	17.85	19.05	20.15
	24	8.82	11.01	12.32	13.93	15.44	16.85	18.17	19.40	20.52
	25	8.98	11.19	12.53	14.16	15.70	17.14	18.48	19.73	20.88
	26	9.12	11.35	12.72	14.38	15.95	17.41	18.78	20.06	21.23
	27	9.25	11.51	12.91	14.59	16.18	17.67	19.07	20.37	21.57
	28	9.37	11.66	13.08	14.79	16.41	17.92	19.35	20.67	21.90
	29	9.48	11.79	13.24	14.98	16.62	18.16	19.61	20.96	22.22
	30	9.58	11.92	13.39	15.15	16.82	18.39	19.87	21.24	22.53

为消除隧道开挖断面尺寸因素影响，以岩跨比(λ)和土跨比(γ)两个无量纲量作为分析地铁隧道最佳覆岩厚度指标。地铁隧道围岩自稳最佳岩跨比(λ)与土跨比(γ)之间的变化特征如图 4-67 所示。可见，地铁隧道围岩自稳最佳岩跨比与土跨比有良好的对应关系，随着土跨比的增加地铁隧道围岩自稳最佳岩跨比逐渐增加并趋于平缓，两者间的数学拟合方程见式(4-52)。

$$\lambda_{ropt}=0.402\ 69\gamma-0.032\ 65\gamma^2+0.365\ 29 \quad r=0.990\ 92 \tag{4-52}$$

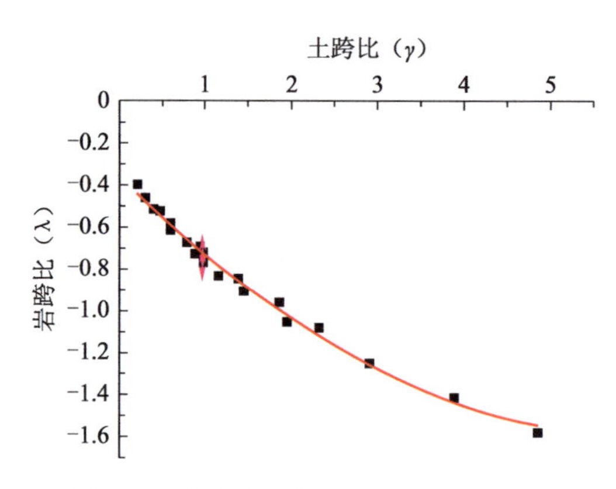

图 4-67 地铁隧道围岩自稳最佳岩跨比(λ)随土跨比(γ)变化特征

4.5 上土下岩二元地层地铁隧道典型工程案例

4.5.1 君峰路站主体结构隧道工程

君峰路地铁车站位于青岛市市北区京口路与君峰路的交会处，沿京口路按西北～东南走向一字型布置，是青岛地铁 3 号线第八座暗挖车站。车站起讫里程 K20＋803.295～K20＋982.795，车站总长度 179.5 m。车站共设 4 个出入口(其中 1 号出入口预留)、4 组风亭、1 个消防专用出入口，如图 4-68 所示。车站主体采用标准暗挖岛式结构形式，标准段宽度 20.8 m，高 18.37 m，岛式站台宽 10 m，有效站台长 120 m，如图 4-69 所示。

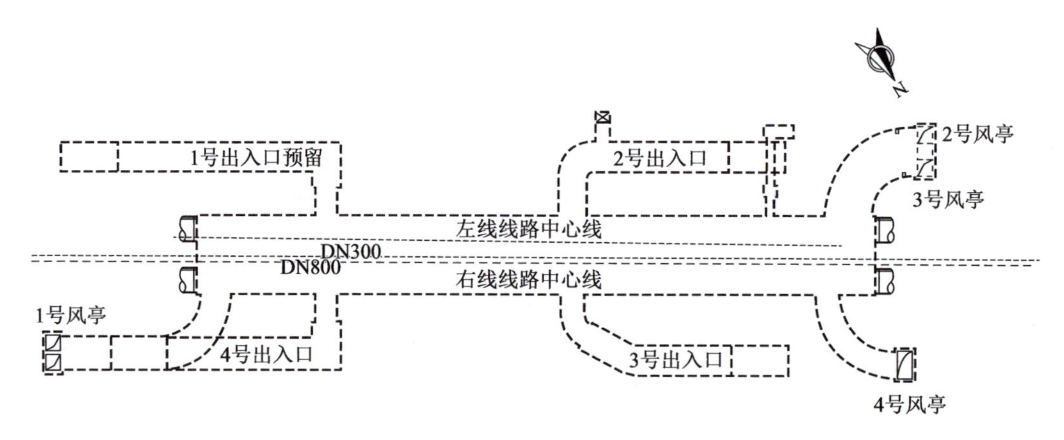

图 4-68 君峰路地铁车站平面图

君峰路地铁车站站址区京口路现状道路宽度 12 m，双向四车道，车流量较大，路面下方管线密集，其中管径 300 mm 的污水管，距车站主体隧道拱顶约 11.15 m，管径 800 mm 的雨水管，距车站主体隧道拱顶约 11.65 m，6 孔电信管，距车站主体隧道拱顶约 13.5 m，其他管线距离车站拱顶相对较远，对车站施工影响较小。车站站址区君峰路现状道路宽度 12 m，

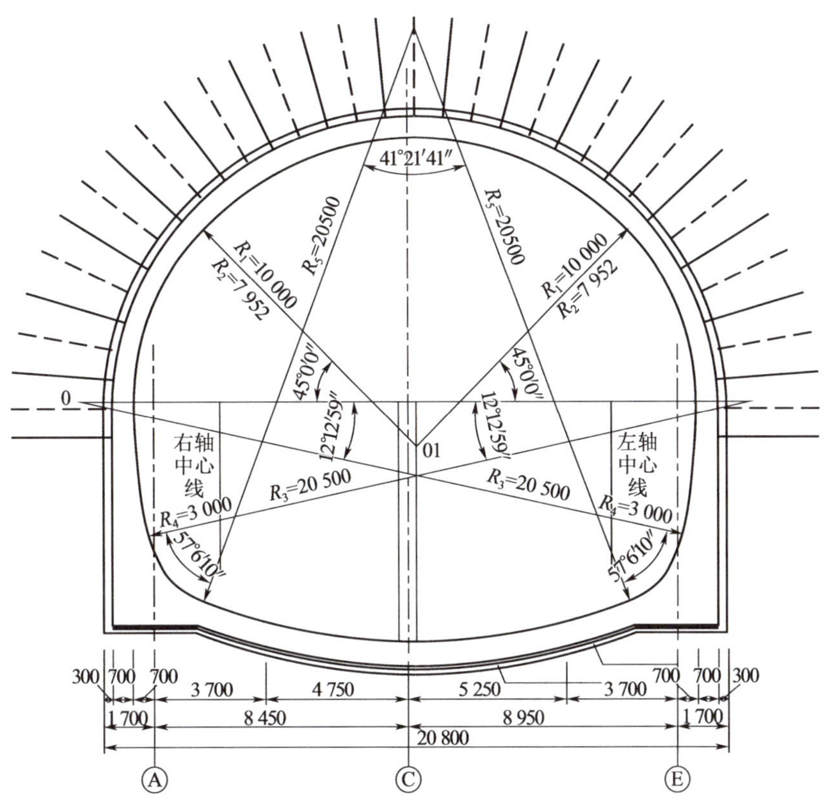

图 4-69　君峰路地铁车站标准断面图(单位:mm)

为双向四车道,车流量一般。车站站址区周边主要是居住用地和商住用地,其中西南侧的清峰雅居住宅小区 2 层砖砌裙房距 2 号风井水平距离约 15.4 m,东南侧 7 层住宅楼与车站主体边墙水平距离约 6.1 m。西北侧废旧厂房、东北侧废弃办公楼及厂房均在车站施工前予以拆除,对施工无影响。

君峰路地铁车站站址区地形总体自东南往西北缓倾,车站范围内地面高程 20.04～30.80 m,最大高差约 10.4 m。车站站址所处地貌类型为侵蚀堆积一级阶地、侵蚀堆积缓坡。第四系不发育,局部可见基岩裸露,地质条件较好,岩面较高。车站站址区地层分布自上而下依次为第四系全新统人工堆积层素填土、上更新统洪冲积黏土,下伏燕山晚期粗粒花岗岩,局部地段穿插有煌斑岩、花岗斑岩等脉岩,糜棱岩、碎裂状花岗岩局部发育,如图 4-70、图 4-71 所示。

车站站址区表覆第四系地层厚 1.90～2.60 m;强风化花岗岩厚 0.40～4.10 m,结构构造已破坏,岩芯手搓呈粗状～角砾状,实测标贯击数 59～100,属极破碎的极软岩,岩体基本质量等级 V 级;中风化花岗岩厚 0.20～16.70 m,岩石单轴饱和抗压强度平均值约 24.0 MPa,岩体完整性指数 K_V一般为 0.3～0.5,属较破碎的较软岩,岩体基本质量等级为Ⅲ～Ⅳ级;微风化花岗岩厚 0.40～38.40 m,岩石单轴饱和抗压强度 78.8～105.6 MPa,岩体完整性指数 K_V一般大于 0.6,属较破碎～较完整坚硬岩,岩体基本质量等级为Ⅱ～Ⅲ级。车站站址区 36 个地质勘测孔勘测数据统计分析结果见表 4-29。

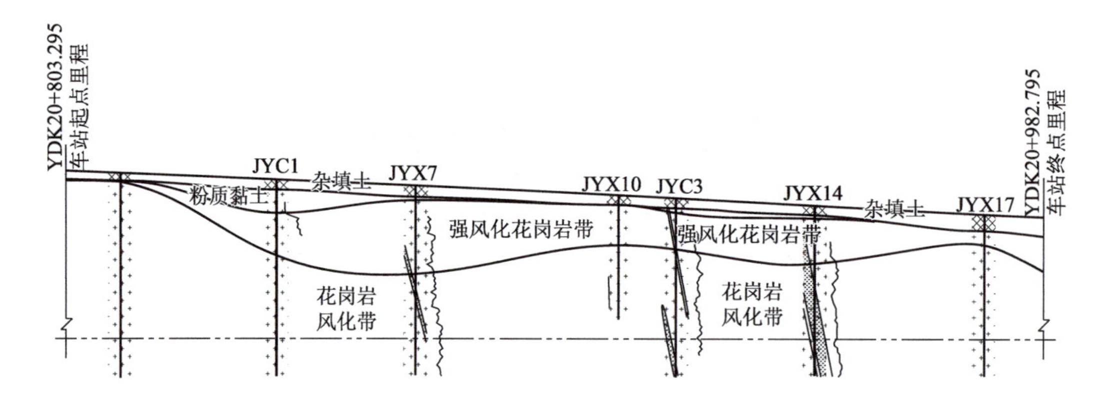

（a）右线地层剖面图

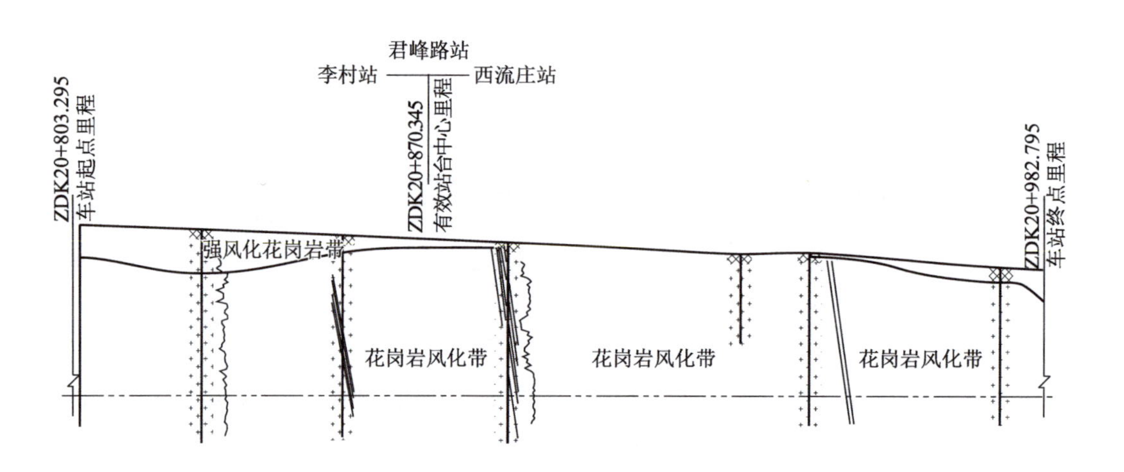

（b）左线地层剖面图

图 4-70　君峰路地铁车站地层剖面图

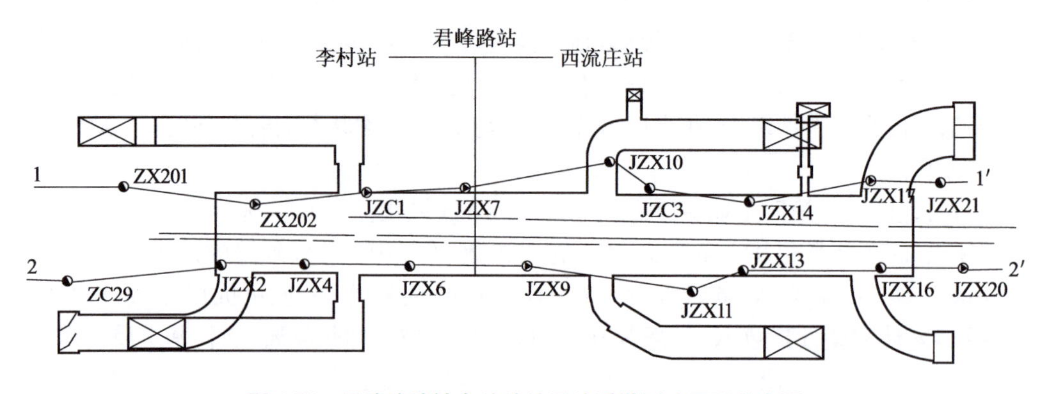

图 4-71　君峰路地铁车站站址区地质勘测孔平面分布图

表 4-29　君峰路地铁车站站址区地层特征统计分析结果

序号	钻孔编号	里　　程	钻孔深度(m)	孔口高程(m)	土质地层(m)		强风化地层(m)		软弱土层厚度(m)
					底高程	厚　度	底高程	厚　度	
1	JZXJ1	K20+772	29.00	29.4	28.80	0.60	27.40	1.40	2.00
2	JZX1	K20+801	38.00	28.65	27.45	1.20	27.40	0.00	1.25
3	JZX2	K20+804	36.30	29.64	28.94	0.70	28.94	0.00	0.70
4	JZX4	K20+827	38.20	28.82	27.02	1.81	27.02	0.00	1.81
5	JZX3	K20+828	36.20	27.99	27.49	0.50	27.49	0.00	0.50
6	JZC1	K20+829	35.40	28.24	26.34	1.90	22.24	4.10	6.00
7	JZX6	K20+853	36.30	27.70	26.10	1.60	26.10	0.00	1.60
8	JZX5	K20+855	38.00	28.13	27.63	0.50	27.63	0.00	0.50
9	JZC2	K20+862	34.00	27.48	26.68	0.81	24.48	2.20	3.01
10	JZX7	K20+868	36.00	27.17	25.17	2.00	24.67	0.50	2.50
11	JZX9	K20+884	36.00	26.47	25.47	1.00	25.47	0.00	1.00
12	JZX8	K20+890	35.00	27.82	23.22	4.60	23.22	0.00	4.60
13	JZX10	K20+904	22.50	25.53	23.73	1.80	23.73	0.00	1.80
14	JZXJ2	K20+909	31.20	25.07	21.37	3.70	21.37	0.00	3.70
15	JZXJ3	K20+911	20.40	27.48	21.78	5.70	21.78	0.00	5.70
16	JZC3	K20+915	32.60	25.02	23.02	2.00	22.52	0.50	2.50
17	JZX11	K20+926	16.20	24.41	22.91	1.50	22.91	0.00	1.50
18	JZXJ4	K20+929	24.80	24.69	21.89	2.80	21.89	0.00	2.80
19	JZX12	K20+939	33.00	23.82	23.32	0.50	23.32	0.00	0.50
20	JZX13	K20+940	31.00	24.71	24.01	0.70	24.01	0.00	0.70
21	JZX14	K20+941	33.99	23.77	21.88	1.90	21.48	0.40	2.30
22	JZX15	K20+949	32.00	24.07	21.07	3.00	20.07	1.00	4.00
23	JZC4	K20+966	28.00	21.48	18.48	3.00	18.48	0.00	3.00
24	JZX17	K20+971	30.00	21.88	19.28	2.60	19.28	0.00	2.60
25	JZX16	K20+974	28.00	21.97	19.47	2.50	19.47	0.00	2.50
26	JZX18	K20+975	32.20	22.29	19.79	2.50	19.79	0.00	2.50
27	JZX21	K20+989	32.20	21.36	17.56	3.80	16.96	0.60	4.40
28	JZX20	K20+995	29.80	20.96	18.96	2.00	17.96	1.00	3.00
29	JZC5	K21+001	27.20	21.22	18.22	3.00	15.52	2.70	5.70
30	JZX22	K21+008	29.60	21.13	17.63	3.50	16.93	0.70	4.20
31	JZX23	K21+019	30.30	20.11	17.61	2.50	17.21	0.40	2.90
32	JZX24	K21+022	28.00	20.85	15.85	5.00	15.35	0.50	5.50
33	JZX25	K21+028	33.70	20.43	13.73	6.70	11.13	2.60	9.30
34	JZX26	K21+035	30.10	20.44	13.84	6.60	13.84	0.00	6.60

续上表

序号	钻孔编号	里　程	钻孔深度(m)	孔口高程(m)	土质地层(m)		强风化地层(m)		软弱土层厚度(m)
					底高程	厚　度	底高程	厚　度	
35	JZX27	K21+044	25.20	20.04	13.24	6.80	13.24	0.00	6.80
36	JZX28	K21+045	28.10	20.23	13.33	6.90	13.33	0.00	6.90

车站站址区影响比较大的断裂为沧口断裂的派生断裂李村断裂。李村断裂为正断层，其走向45°，倾向315°，倾角60°～70°，北起李村，向南延伸黄海，断裂带宽0.5～5.0 m，断裂带内以碎裂岩为主，矿物高岭土化、绿泥石化明显，可见数条煌斑岩、花岗斑岩岩脉充填。断裂构造对本工程的影响主要表现于岩体节理裂隙发育，局部发育有糜棱岩、碎裂状花岗岩等构造岩，煌斑岩、花岗斑岩等脉岩穿插分布于场区，造成花岗岩岩基的差异风化，形成相对不均匀的岩石地基。车站站址区不同岩性节理发育程度差异较大，在中～粗粒花岗岩中，节理走向以NE-NEE及NNW-NW向为主，节理频率为10～20条/m，在正长花岗斑岩、细晶岩等酸性脉岩中，一般节理很发育，频率可达20～30条/m。节理结构面一般较平直，紧闭～闭合，很少有充填物，倾角一般60°～80°，节理空间分布上一般在断裂带两侧比较发育，常形成节理密集带，地下水相对较丰富。车站站址区未见岩溶、滑坡、崩塌、泥石流等不良地质作用。车站站址区地下水按赋存介质及埋藏条件的差异，可划分为第四系上层滞水和基岩裂隙水两种类型。第四系上层滞水主要赋存于填土中，主要接受大气降水补给，钻孔观测的地下水水位埋深为2.16～5.80 m，绝对高程为14.24～23.53 m。基岩裂隙水包括风化裂隙水和构造裂隙水，钻孔观测的地下水水位埋深为1.80～7.10 m，绝对高程为14.11～26.94 m。风化裂隙水主要赋存于基岩花岗岩强风化～中等风化带中，岩石呈砂土状、砂状、角砾状，风化裂隙发育，呈似层状分布于地形相对低洼地带。构造裂隙水主要赋存于构造影响带及花岗斑岩、煌斑岩等后期侵入的脉状岩脉挤压裂隙密集带中，呈脉状、带状产出，地下水径流深度较大，主要接受大气降水、风化裂隙水的补给，无统一水面，具有一定的承压性。整体而言，车站站址区地下水水量较少，主要由降雨及地表水渗入补给，地下水位具有明显的丰、枯水期变化，受季节影响明显，年内变幅1.0～2.0 m。

青岛地铁君峰路车站主体隧道洞身主要穿越微风化花岗岩，场地内地下水富水性贫，水量较小，隧道拱顶以上覆盖层厚度7.38～15.63 m，其中覆岩厚度4.78～9.78 m。车站主体隧道采用马蹄形单拱大跨结构形式，采用双侧直壁CRD法开挖，开挖总宽度20.79 m，总高度18.37 m，钻爆法施工，复合式衬砌。车站主体隧道开挖分上台阶、中台阶上半部分、中台阶下半部分、下台阶四个台阶，各台阶分别按分左、中、右导洞错开同步掘进。车站主洞共分成1～12步开挖支护完成。开挖支护完成后施作13步仰拱及矮边墙二次衬砌，使用整体式衬砌台车浇筑第14步二次衬砌混凝土。青岛地铁君峰路车站主体隧道整体施工步序如图4-72所示。

青岛地铁君峰路车站主体隧道于2010年7月完成场地围挡并开始施作围护桩，2012年9月顺利贯通。隧道开挖全过程进行了现场监测，其中第三方监测单位在隧道上方地表布设的21个地表沉降监测点，编号依次DC1-01～DC4-07，如图4-73所示。统计分析结果见表4-30，地表沉降典型时程曲线分别如图4-74所示。

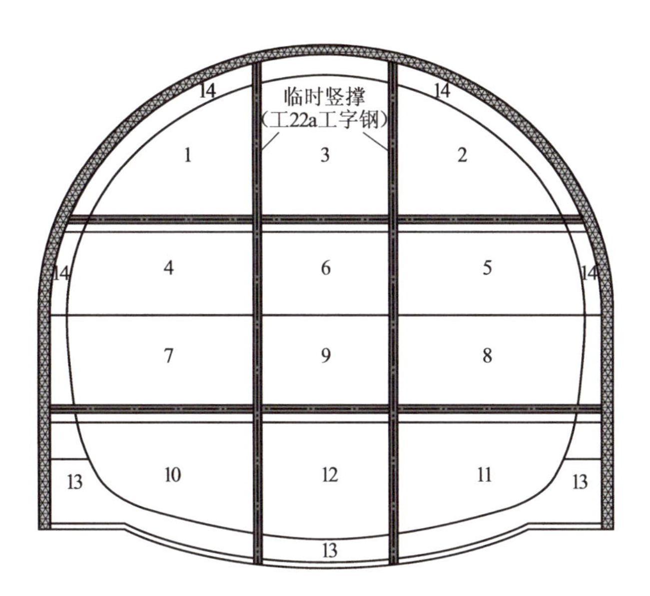

图 4-72　青岛地铁君峰路车站主体隧道施工步序图

表 4-30　青岛地铁君峰路车站主体隧道地表沉降值统计

样本数(个)	最大值(mm)	最小值(mm)	平均值(mm)	标准差(mm)	变异系数
28	12.59	2.03	6.37	3.05	2.09

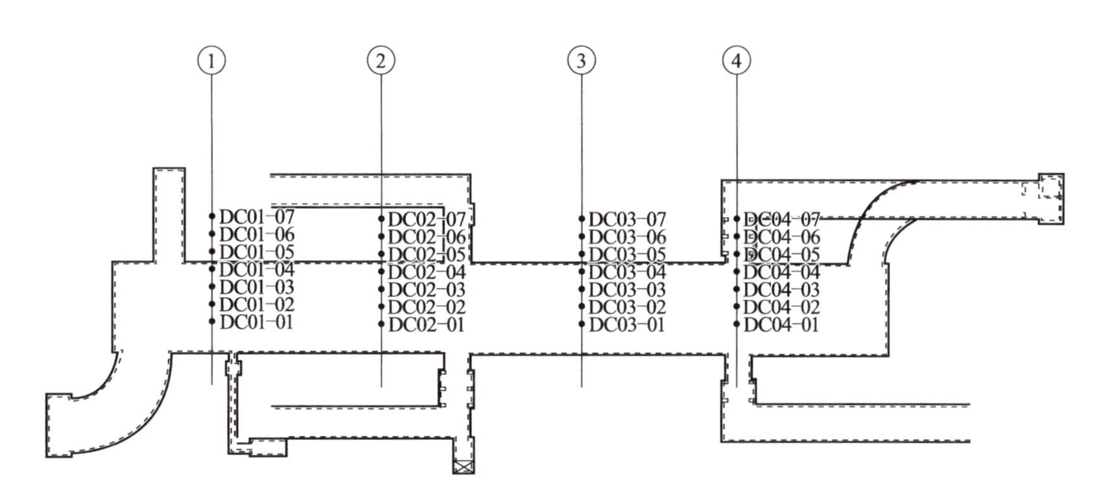

图 4-73　青岛地铁君峰路车站主体隧道监测布点图

由图 4-74 可见，青岛地铁君峰路车站主体隧道开挖引起的地表沉降最大值为12.7 mm，其余监测值均在 11.0 mm 以内，均小于地层变形控制合理范围内。君峰路车站工程实施效果表明，在力学特征差异显著的上土下岩二元地层条件下修建地铁隧道，采用暗挖法施工并将地下隧道洞室置于下覆岩层中并保持合理的覆岩厚度，有利于大大减少工程支护措施、节约工程减少成本、降低工程安全风险和施工难度、缩短建设工期等诸多优点。

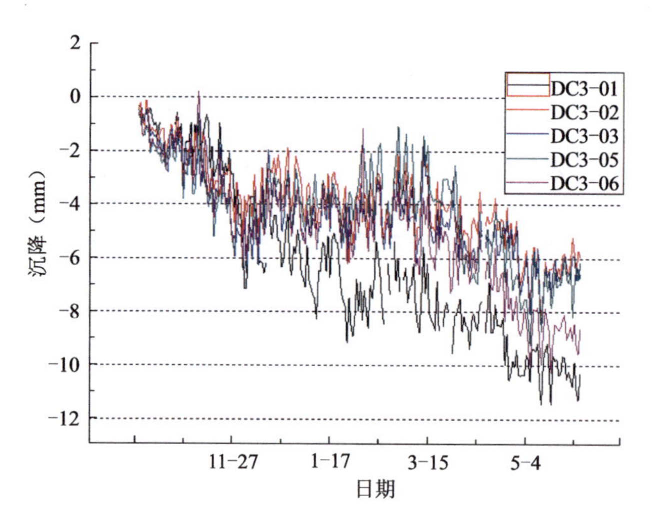

图 4-74 青岛地铁君峰路车站主体隧道地表沉降时程曲线

4.5.2 芝泉路车站主体结构隧道工程

芝泉路地铁车站位于延安三路与镇江南路路口以北，沿延安三路南北向设置，延安三路现状道路宽 15 m，规划道路宽 30 m，平面如图 4-75 所示，标准断面如图 4-76 所示。双向 4 车道，车流量较大。延安三路两侧建筑密集，用地紧张。道路西侧为大型写字楼、医院等，道路东侧为高层住宅楼、商超综合体等。芝泉路车站总长 241.4 m，有效站台长 118 m，总建筑面积 15 885.3 m^2。车站主体位于延安三路下方，结构顶部距路面 16～22 m，车站起讫里程 YSK28＋537.55～YSK28＋778.95，轨顶高程 16.07 m。本站设有 3 个风亭，3 个出入口。芝泉路站车站覆土 16.2 m，标准段宽 21.62 m，高 17.6 m，围岩级别Ⅱ级，采用暗挖式拱盖法施工，其控制管线主要有：影响 A 号出入口的一条 DN300 天然气管线，需永久迁改；影响 B 号出入口的一条 DN200 污水管线、一条 DN300 雨水管线需临时迁改；影响疏散楼梯处一条 DN150 的给水管线需永久迁改。

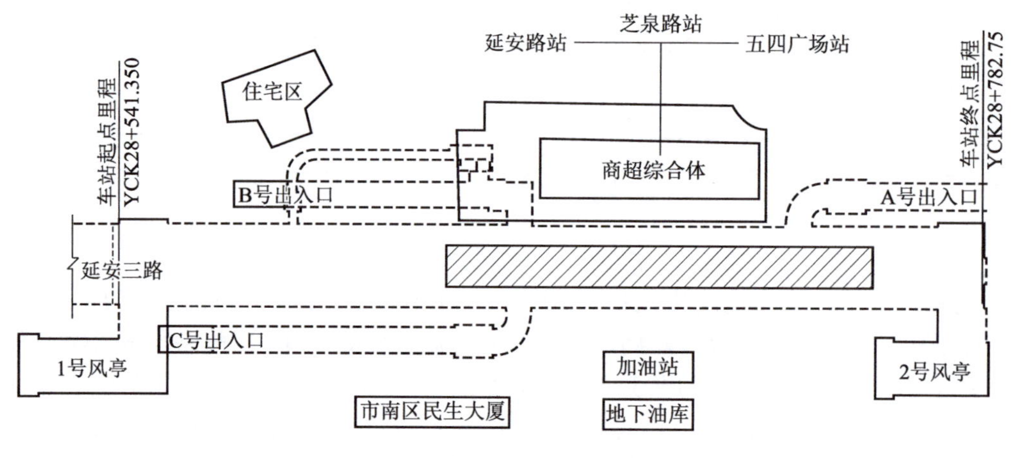

图 4-75 芝泉路地铁车站平面图

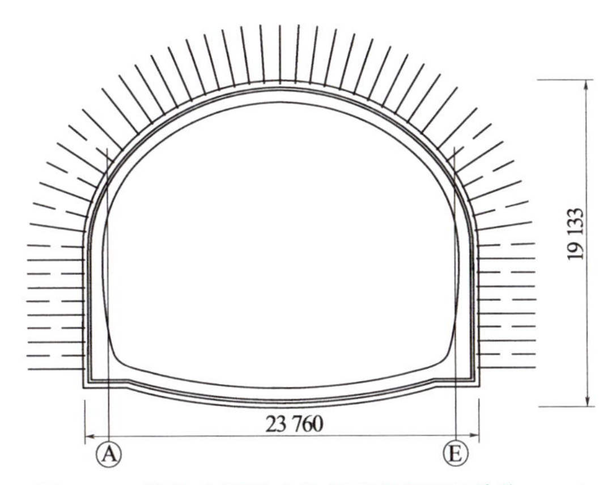

图 4-76 芝泉路地铁车站标准断面图(单位:mm)

车站站址区地层按地质年代由新到老、标准地层层序自上而下分述如下:第四系全新统人工堆积层(Q_4^{ml})、第四系上更新统冲洪积层(Q_3^{al+pl}),地层特征统计分析见表 4-31。下覆基岩主要为燕山晚期(γ_5^3)侵入花岗岩为主,部分燕山晚期(χ_5^3)侵入脉岩,场区内基岩以粗粒花岗岩为主,煌斑岩、花岗斑岩呈脉状穿插其间,地层剖面如图 4-77 所示,地质勘测孔平面分布如图 4-78 所示。

表 4-31 芝泉路地铁车站站址区地层特征统计分析结果

序号	钻孔编号	里　程	钻孔深度(m)	孔口高程(m)	土质地层(m)		强风化地层(m)		软弱土层厚度(m)
					底高程	厚　度	底高程	厚　度	
1	SZQ-01	K28+489	40.0	51.78	46.48	5.3	41.1	10.7	16.0
2	SZQ-02	K28+498	40.0	51.94	51.09	0.8	42.5	9.4	10.3
3	SZQ-03	K28+510	42.0	51.90	45.9	6.0	39.3	12.6	18.6
4	SZQ-04	K28+528	39.0	51.08	43.78	7.3	40.4	10.7	18.0
5	SZQ-05	K28+529	40.0	50.44	49.14	1.3	41.0	9.4	10.7
6	SZQ-06	K28+551	39.0	50.93	47.43	3.5	39.9	11.0	14.5
7	SZQ-07	K28+553	38.0	49.96	49.13	0.8	36.5	13.5	14.3
8	SZQ-08	K28+584	39.0	50.92	49.12	1.8	44.8	6.1	7.9
9	SZQ-09	K28+610	40.8	50.93	50.23	0.7	41.4	9.5	10.2
10	SZQ-10	K28+634	38.5	49.17	48.97	0.2	42.7	6.5	6.7
11	SZQ-11	K28+619	39.0	48.78	48.28	0.5	46.8	2.0	2.5
12	SZQ-12	K28+722	37.0	46.99	46.19	0.8	43.0	4.0	4.8
13	SZQ-13	K28+755	34.5	46.24	45.74	0.5	45.7	0.5	1.0
14	SZQ-14	K28+795	34.0	46.01	45.11	0.9	38.5	7.5	8.4
15	SZQ-15	K28+829	18.0	43.63	43.13	0.5	28.6	15.0	15.5
16	SZQ-16	K28+528	40.0	50.21	45.01	5.2	32.6	17.6	22.8
17	SZQ-17	K28+585	35.5	49.69	44.19	5.5	34.6	15.1	20.6
18	SZQ-18	K28+521	37.2	49.53	40.03	9.5	32.3	17.2	26.7
19	SZQ-19	K28+549	39.6	49.15	38.15	11.0	30.2	19.0	30.0
20	SZQ-20	K28+676	38.0	47.85	43.65	4.2	38.8	9.1	13.3
21	SZQ-21	K28+734	35.0	46.77	45.77	1.0	39.4	7.4	8.4
22	SZQ-22	K28+749	34.0	45.54	43.74	1.8	33.5	12.0	13.8
23	SZQ-23	K28+777	32.0	43.87	41.77	2.1	27.8	16.1	18.2

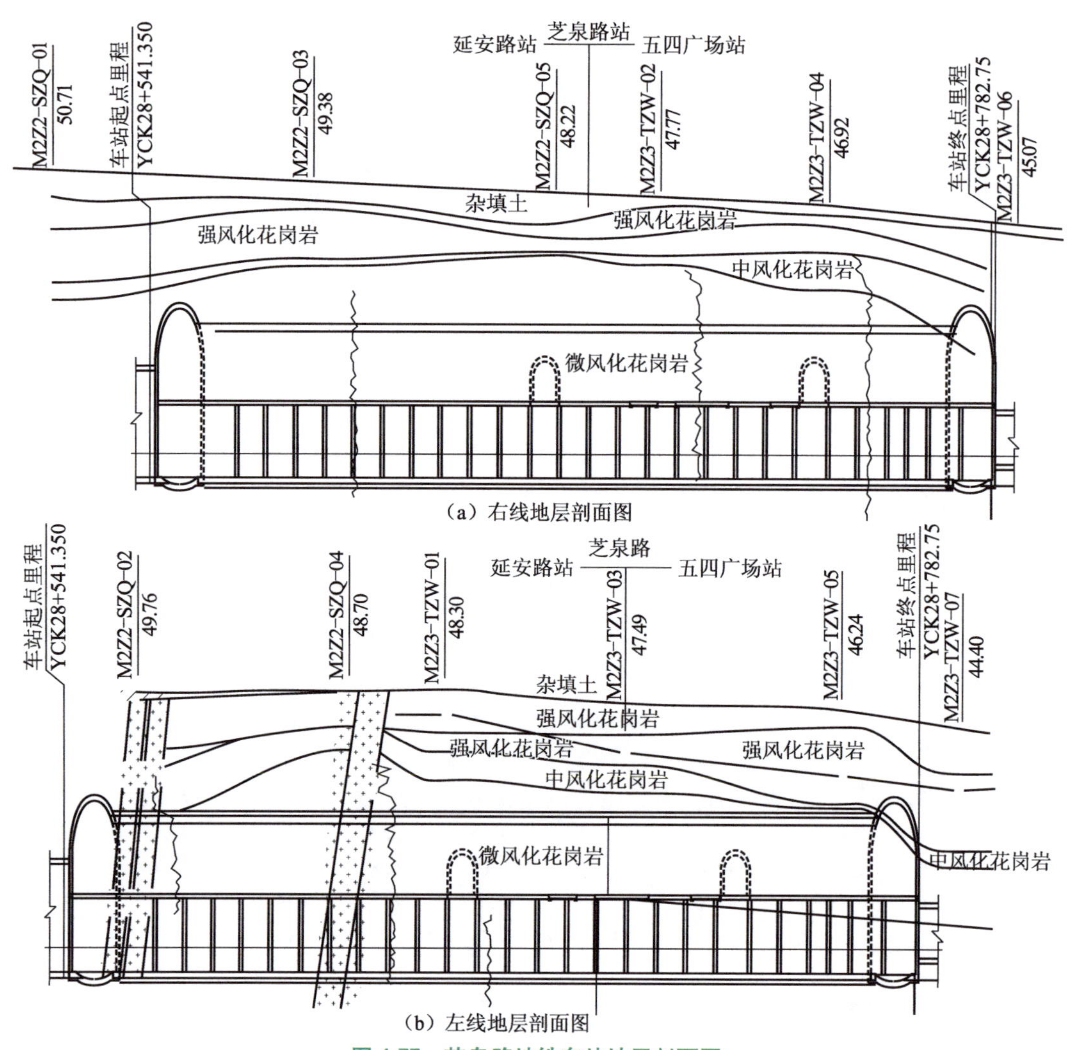

图 4-77 芝泉路地铁车站地层剖面图

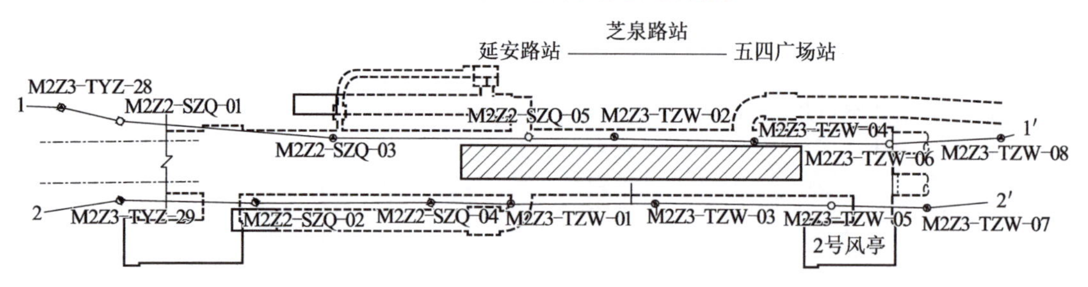

图 4-78 芝泉路地铁车站站址区地质勘测孔平面分布图

芝泉路车站站址区土质地层厚度分布特征见表 4-32。

表 4-32 芝泉路车站站址区土质地层厚度分布特征

样本数(个)	最大值(m)	最小值(m)	平均值(m)	上四分位值(m)	下四分位值(m)
23	11.0	0.2	3.1	0.8	5.3

芝泉路站沿线第四系土质地层最大厚度11.0 m,最小厚度0.2 m,平均厚度3.1 m;上四分位值和下四分位值分别为0.8 m和5.3 m,强风化岩质地层最大厚度19.0 m,最小厚度0.5 m,平均厚度10.52 m。第四系土质地层和强风化岩层两者之和所构成的软弱土层最大厚度30 m,最小厚度1.0 m,平均厚度13.62 m。

场区地下水主要有两种类型:松散土层孔隙水、基岩裂隙水。第四系松散岩类孔隙水主要分布于第四系填土及砂土层中,分布不连续,富水性较好,受季节影响较大,易蒸发。基岩裂隙水分为风化裂隙水及构造裂隙水。风化裂隙水主要赋存于基岩强～中等风化带中,呈层状分布,具统一水面。本车站强风化厚度较大,最厚达12 m,风化裂隙水发育,但水量较小,富水性贫～极贫勘察期间,风化裂隙水稳定水位高程自小里程向大里程为47.84～36.59 m,水位埋深2.40～9.20 m。构造裂隙水主要赋存于节理发育带及后期侵入的脉状岩脉与花岗岩的接触带上,呈脉状、带状产出,无统一水面,具有一定的承压性。整体而言,车站站址区地下水水量较少,主要由降雨及地表水渗入补给,地下水位具有明显的丰、枯水期变化,根据青岛地区经验,地下水水位变幅约1～2 m。

芝泉路车站主体整体位于岩层较好的微风化地层中,综合地质分级为Ⅱ级。车站为两层大跨五心圆结构,三个出入口,一座风井,一个风道。车站开挖宽度为21.62 m,高度为17.6 m,车站中心里程覆土16.6 m,断面开挖面积约341 m²,开挖断面较大,车站主体采用拱盖法施工。拱部拟采用3部双侧壁导坑法开挖,下部采用分层开挖。

芝泉路车站小里程端利用2号风亭作为施工竖井进入2号风道施工,再由2号风道进入车站主体结构施工;在车站大里程端头A出入口暗挖段上方新增一个施工竖井,由此竖井进入连接通道施工,再由连接通道进入车站主体结构施工。芝泉路站主体结构采用拱盖法,施工步骤为开挖左、右上导洞1部分土体,施做初期支护(TBM隧道上方预留1.0 m岩层)。→开挖2部分土体,施做初期支护(锚杆、钢架、喷混凝土、临时仰拱)→拱脚梁施工→拱部二次衬砌施工→开挖3、4部土体,施做初期支护→拆除中部临时支护→架设临时支撑,左、右线TBM过站→施做二次衬砌,封闭成环→施作内部结构。

青岛地铁芝泉路车站标准段开挖宽度为23.76 m,高度为19.133 m,车站覆土约13.2 m。车站总长241.1 m。地质条件较好,岩面较高。站址区第四系地层厚1.0～8.6 m,强风化层厚0.5～2.2 m,中风化层厚3.1～7.0 m。芝泉路站主体隧道监测点布置如图4-79所示,芝泉路地铁车站隧道地表沉降值统计见表4-33。

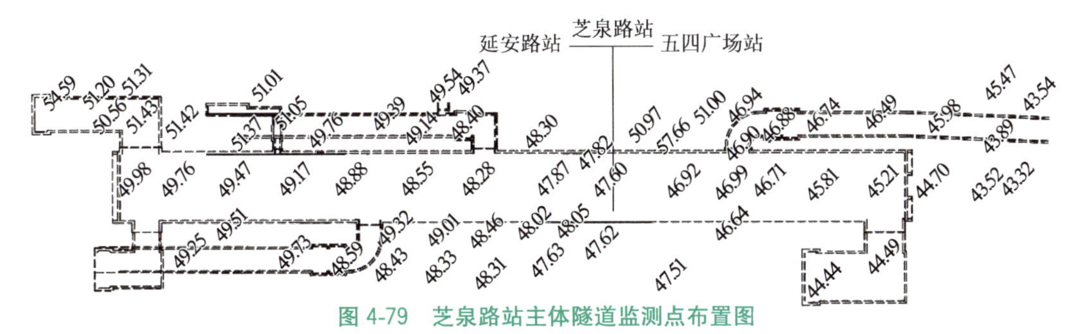

图4-79 芝泉路站主体隧道监测点布置图

芝泉路地铁车站主体隧道开挖引起的地表沉降最大值为6.22 mm,监测平均值为2.29 mm,小于地层变形控制合理范围内。芝泉路车站工程实施效果表明,在力学特征差异

表 4-33 芝泉路地铁车站隧道地表沉降值统计

样本数(个)	最大值(mm)	最小值(mm)	平均值(mm)	标准差	变异系数
19	6.22	1.37	2.29	1.18	0.36

显著的上土下岩二元地层条件下修建地铁隧道，采用暗挖拱盖法施工并将地下隧道洞室置于下覆岩层中并保持合理的覆岩厚度，有利于大大减少工程支护措施、节约工程减少成本、降低工程安全风险和施工难度、缩短建设工期等诸多优点。

4.5.3 海川路车站主体结构隧道工程

海川路地铁车站位于香港东路、海川路交会处西侧，沿香港东路路中呈东西向布置。车站起讫里程 YSK36＋208.338～YSK36＋406.338，车站主体结构外包长度 200 m；设计总长度 203 m。本站为地下两层岛式车站，采用大跨单拱双层结构形式，跨度 19.2～22.1 m，高度 14.5～16.8 m，拱顶埋深 13.3～16.9 m，拟采用独立基础形式。车站主体位于香港东路下方，采用暗挖法施工，共设 2 个出入口和 4 个风亭，如图 4-80 所示。

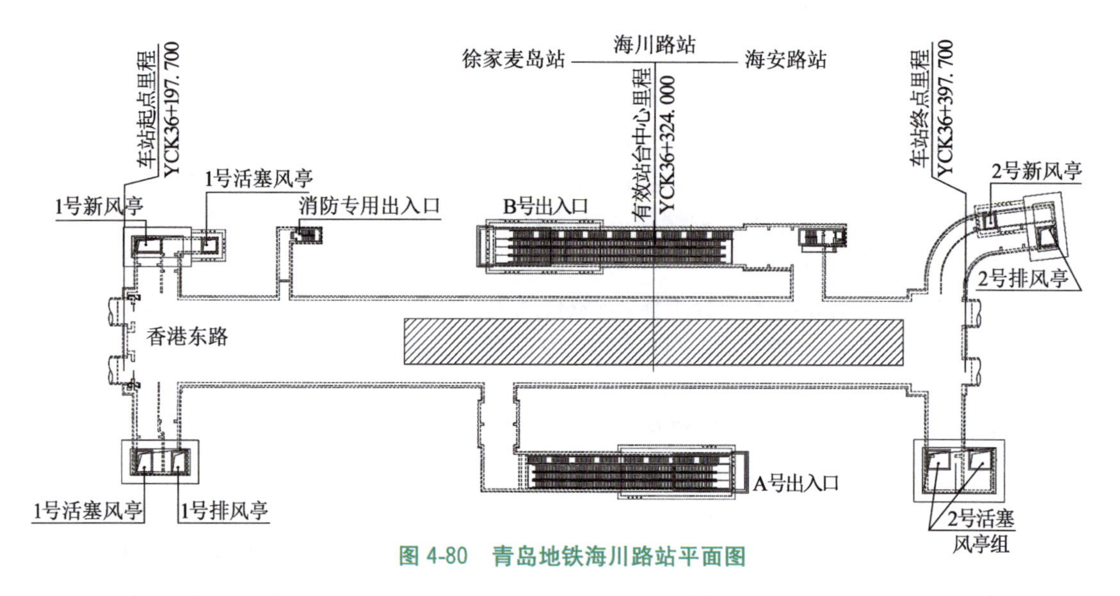

图 4-80 青岛地铁海川路站平面图

青岛地铁海川路站站址区香港东路为双向八车道交通，道路宽度 31.5 m，道路两侧人行道宽度 5 m，绿化带宽约 14 m，车流量较大，地面交通繁忙。车站主体位置上方道路市政管线密集，主要有 DN300 给水管埋深 1.0 m，DN500 雨水管埋深 2.5 m，DN160 燃气管埋深 1.5 m。车站北侧为 G1、G2、A2 号楼地上 3～4 层框架结构，柱下独立基础、墙下条形基础，埋深 1～2 m，距离车站主体结构 30 m，距离车站附属约 11～17 m。车站南侧为临街 5 栋建筑地上 4～6 层多层建筑，柱下独立基础、墙下条形基础，埋深 1～2 m，距离车站主体约 33 m，距离车站附属约 8.6～14 m。

海川路车站主体隧道采用大跨单拱上下双层岛式结构形式，开挖跨度 20.9～24.5 m，高度 18.9～20.5 m，钻爆法暗挖施工，复合式衬砌。根据隧道所处位置及地质情况，隧道开挖断面分为 ZA、ZB、ZC、ZD 四种类型，各种类型的断面形状、尺寸及支护措施如图 4-81 所示，所处里程见表 4-34。

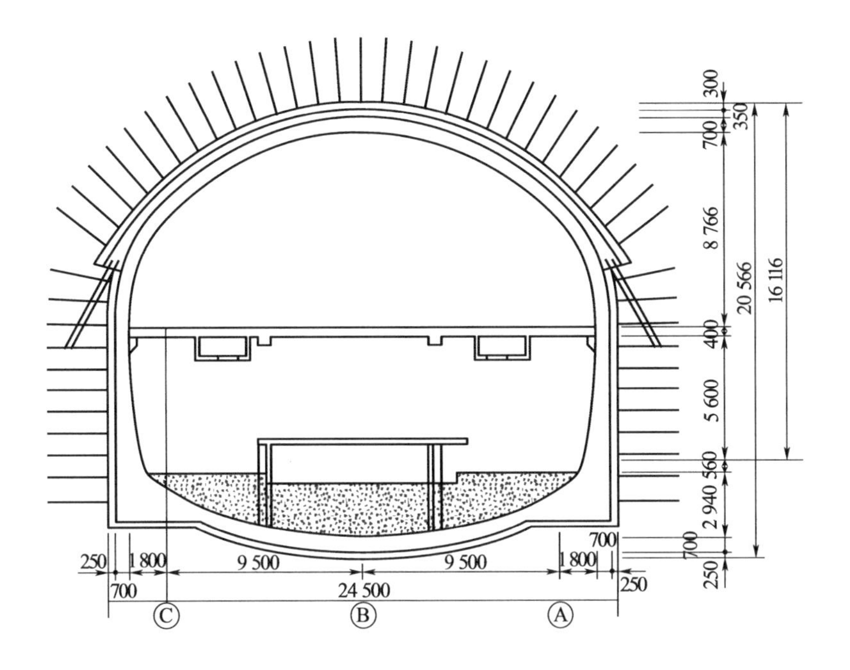

（a）ZA型断面

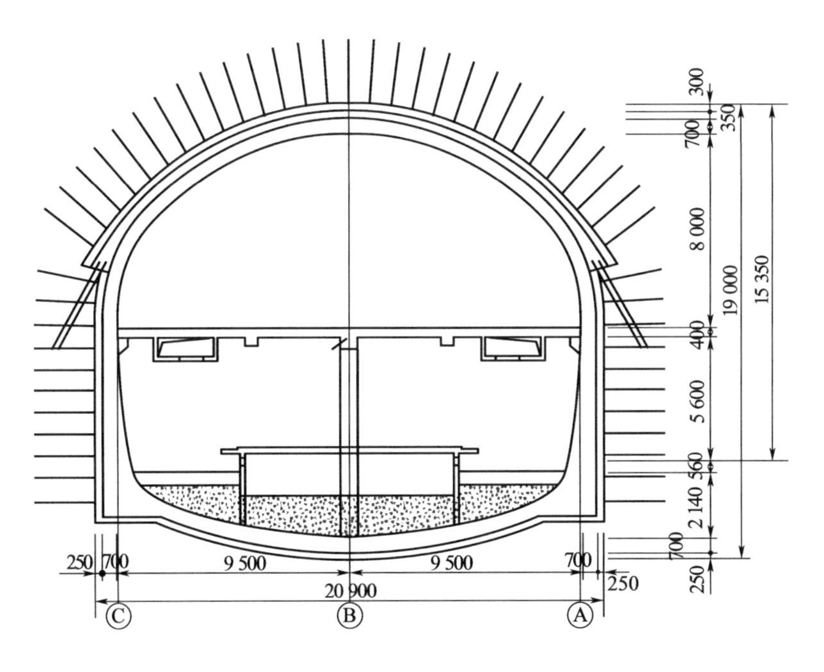

（b）ZB型断面

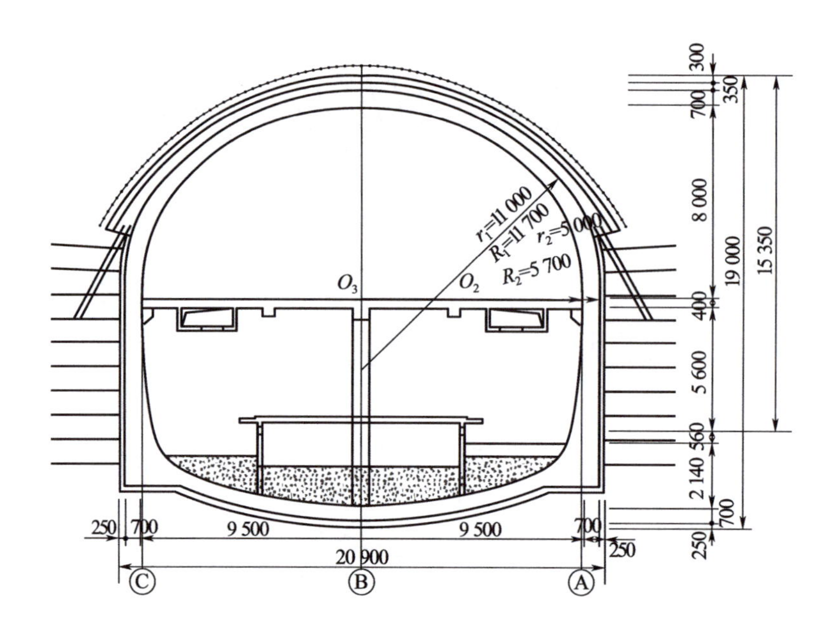

(c) ZC型断面

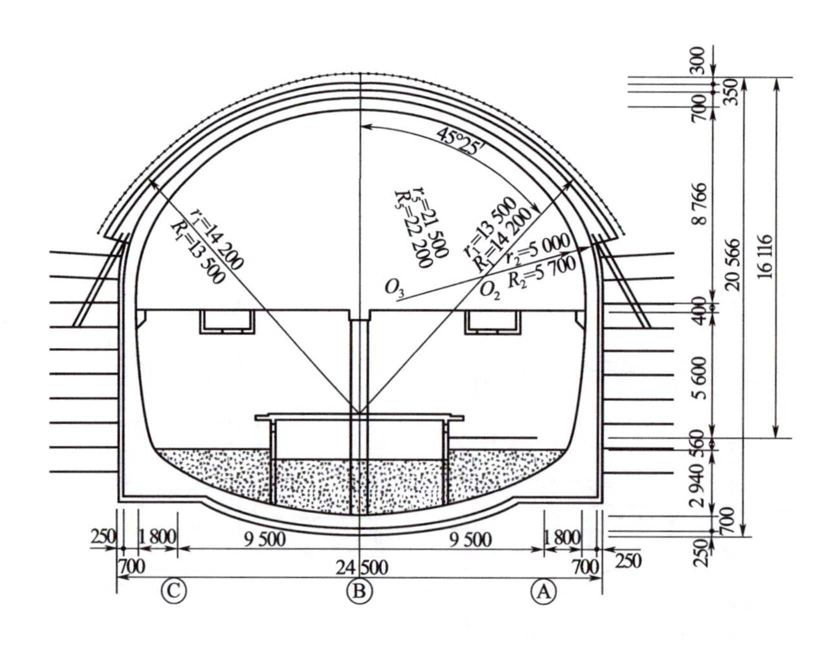

(d) ZD型断面

图 4-81　青岛地铁海川路站标准断面图(单位:mm)

表 4-34 海川路站主体工程各断面类型分布里程及长度

序号	断面类型	里 程
1	ZA-Ⅲ型(扩大段)	YSK36＋208.338～ YSK36＋224.288
2	ZB-Ⅲ型(标准段)	YSK36＋224.288～ YSK36＋250.038
3	ZB-Ⅳ型(标准段)	YSK36＋250.03～ YSK36＋320.038
4	ZB-Ⅲ型(标准段)	YSK36＋320.038～ YSK36＋354.838
5	ZB-Ⅱ型(标准段)	YSK36＋354.838～ YSK36＋369.838
6	ZB-Ⅲ型(标准段)	YSK36＋369.838～ YSK36＋390.388
7	ZA-Ⅲ型(扩大段)	YSK36＋390.388～ YSK36＋406.338

海川路地铁车站站址区自小里程向大里程地势逐渐降低，地面高程 36.50～42.30 m，最大高差 5.80 m，原地貌类型为剥蚀缓坡，局部略有堆积，后经人工回填改造而成现状。站址区第四系厚度较小，且自小里程向大里程逐渐变厚，第四系地层主要由全新统人工填土(Q_4^{ml})和上更新统冲洪积层(Q_3^{al+pl})组成，下覆基岩以中粒花岗岩为主，煌斑岩、花岗斑岩呈脉状穿插其间，如图 4-82 所示。

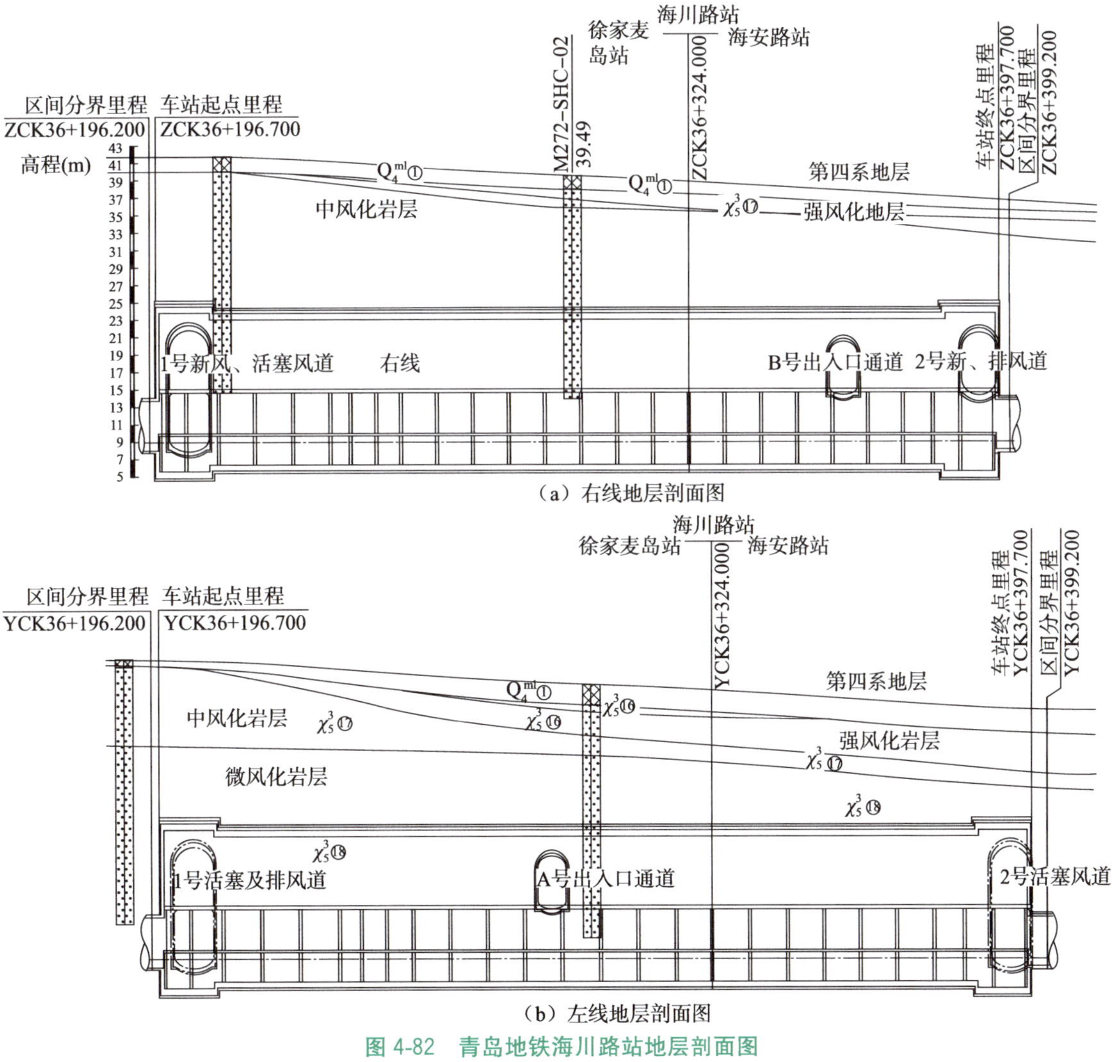

(a) 右线地层剖面图

(b) 左线地层剖面图

图 4-82 青岛地铁海川路站地层剖面图

车站站址区共布设地质勘测孔 55 个(图 4-83),地质勘测孔勘测数据统计分析结果见表 4-35。统计分析结果表明,车站站址区表覆第四系层厚 0.2～4.0 m;强风化花岗岩厚 0～3.5 m,中风化花岗岩厚 0.0～6.3 m,以下为微(未)风化花岗岩。沿线第四系土质地层最大厚度 6.8 m,最小厚度 0.2 m,平均厚度 2.35 m;强风化岩质地层最大厚度 10.1 m,最小厚度 0.2 m,平均厚度 3.83 m。第四系土质地层和强风化岩层两者之和所构成的土质地层最大厚度 15.1 m,最小厚度 0.4 m,平均厚度 6.18 m。

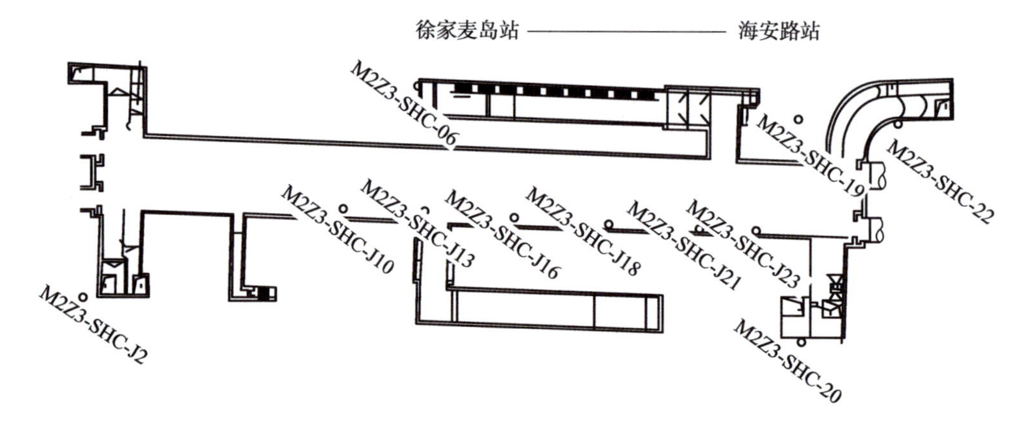

图 4-83　海川路地铁车站站址区地质勘测孔平面分布图

表 4-35　海川路地铁车站站址区地层特征统计分析结果

序号	钻孔编号	里　　程	钻孔深度(m)	孔口高程(m)	土质地层(m)		强风化地层(m)		软弱土层厚度(m)
					底高程	厚　度	底高程	厚　度	
1	M2Z3-SHC-01	K36+272	34.50	41.60	41.10	0.50	41.10	0.50	1.00
2	M2Z3-SHC-02	K36+271	29.00	40.73	39.28	1.45	38.83	1.90	3.35
3	M2Z3-SHC-03	K36+292	25.30	40.17	38.91	1.26	38.91	1.26	2.52
4	M2Z3-SHC-04	K36+286	26.20	40.34	39.24	1.10	36.34	4.00	5.10
5	M2Z3-SHC-05	K36+292	25.10	41.80	40.50	1.30	38.10	3.70	5.00
6	M2Z3-SHC-06	K36+305	27.10	41.17	40.17	1.00	39.17	2.00	3.00
7	M2Z3-SHC-07	K36+308	25.80	39.69	36.99	2.70	34.49	5.20	7.90
8	M2Z3-SHC-09	K36+331	24.90	39.03	37.23	1.80	35.33	3.70	5.50
9	M2Z3-SHC-10	K36+341	24.00	40.20	39.00	1.20	38.20	2.00	3.20
10	M2Z3-SHC-11	K36+355	24.40	38.36	35.76	2.60	32.96	5.40	8.00
11	M2Z3-SHC-12	K36+363	33.00	40.15	38.95	1.20	38.95	1.20	2.40
12	M2Z3-SHC-13	K36+3565	19.30	38.06	32.26	5.80	31.56	6.50	12.30
13	M2Z3-SHC-14	K36+369	20.30	37.12	34.42	2.70	27.02	10.10	12.80
14	M2Z3-SHC-15	K36+374	21.10	38.79	37.59	1.20	37.59	1.20	2.40
15	M2Z3-SHC-16	K36+378	23.60	37.73	30.93	6.80	29.43	8.30	15.10

续上表

序号	钻孔编号	里　　程	钻孔深度(m)	孔口高程(m)	土质地层(m)		强风化地层(m)		软弱土层厚度(m)
					底高程	厚　度	底高程	厚　度	
16	M2Z3-SHC-17	K36+383	22.40	37.56	31.66	5.90	31.66	5.90	11.80
17	M2Z3-SHC-18	K36+393	23.20	37.37	31.07	6.30	29.87	7.50	13.80
18	M2Z3-SHC-19	K36+403	20.40	37.19	36.19	1.00	32.99	4.20	5.20
19	M2Z3-SHC-20	K36+405	20.60	35.19	29.19	6.00	28.99	6.20	12.20
20	M2Z3-SHC-22	K36+428	22.00	36.62	34.92	1.70	32.12	4.50	6.20
21	M2Z3-SHC-23	K36+443	22.30	36.36	35.56	0.80	35.56	0.80	1.60
22	M2Z3-SHC-24	K36+438	21.70	36.31	34.71	1.60	31.60	4.71	6.31
23	M2Z3-SHC-25	K36+454	22.30	36.00	32.40	3.60	32.40	3.60	7.20
24	M2Z3-SHC-26	K36+467	21.90	36.02	33.92	2.10	33.92	2.10	4.20
25	M2Z3-SHC-27	K36+468	21.50	35.67	33.07	2.60	31.67	4.00	6.60
26	M2Z3-SHC-28	K36+464	21.70	35.70	34.10	1.60	34.10	1.60	3.20
27	M2Z3-SHC-30	K36+490	19.50	35.38	34.78	0.60	33.58	1.80	2.40
28	M2Z3-SHC-31	K36+485	21.10	35.26	31.26	4.00	30.56	4.70	8.70
29	M2Z3-SHC-32	K36+491	19.00	35.00	34.00	1.00	33.00	2.00	3.00
30	M2Z3-SHC-33	K36+494	11.00	33.28	31.28	2.00	31.28	2.00	4.00
31	M2Z3-SHC-34	K36+513	21.50	35.13	34.03	1.10	29.92	5.21	6.31
32	M2Z3-SHC-35	K36+512	20.40	34.50	33.20	1.30	31.00	3.50	4.80
33	M2Z3-SHC-J1	K36+220	40.00	42.10	41.10	1.00	41.10	1.00	2.00
34	M2Z3-SHC-J2	K36+219	43.50	42.08	41.58	0.50	40.08	2.00	2.50
35	M2Z3-SHC-J3	K36+224	40.50	42.91	42.71	0.20	42.71	0.20	0.40
36	M2Z3-SHC-J4	K36+224	38.00	42.10	40.30	1.80	40.30	1.80	3.60
37	M2Z3-SHC-J5	K36+236	40.00	41.38	39.97	1.41	38.88	2.50	3.91
38	M2Z3-SHC-J6	K36+256	40.50	40.97	40.67	0.30	39.97	1.00	1.30
39	M2Z3-SHC-J7	K36+256	41.50	40.05	39.35	0.70	39.35	0.70	1.40
40	M2Z3-SHC-J8	K36+255	38.50	41.16	38.16	3.00	38.16	3.00	6.00
41	M2Z3-SHC-J9	K36+284	41.30	39.38	37.08	2.30	36.08	3.30	5.60
42	M2Z3-SHC-J10	K36+286	40.00	40.40	39.30	1.10	36.40	4.00	5.10
43	M2Z3-SHC-J11	K36+309	40.50	39.12	36.42	2.70	33.12	6.00	8.70
44	M2Z3-SHC-J12	K36+311	40.10	39.78	38.98	0.80	36.98	2.80	3.60
45	M2Z3-SHC-J13	K36+307	41.50	39.70	37.00	2.70	34.50	5.20	7.90
46	M2Z3-SHC-J14	K36+343	38.00	38.63	35.63	3.00	32.13	6.50	9.50
47	M2Z3-SHC-J15	K36+341	40.50	38.70	36.40	2.30	34.20	4.50	6.80

续上表

序号	钻孔编号	里　程	钻孔深度(m)	孔口高程(m)	土质地层(m)		强风化地层(m)		软弱土层厚度(m)
					底高程	厚　度	底高程	厚　度	
48	M2Z3-SHC-J16	K36＋330	38.50	39.00	37.20	1.80	35.30	3.70	5.50
49	M2Z3-SHC-J18	K36＋355	38.50	38.40	35.80	2.60	33.00	5.40	8.00
50	M2Z3-SHC-J19	K36＋399	40.00	37.41	35.11	2.30	33.91	3.50	5.80
51	M2Z3-SHC-J20	K36＋402	40.00	37.15	36.15	1.00	32.95	4.20	5.20
52	M2Z3-SHC-J21	K36＋378	37.00	37.70	30.90	6.80	29.40	8.30	15.10
53	M2Z3-SHC-J22	K36＋406	36.00	35.12	29.12	6.00	28.92	6.20	12.20
54	M2Z3-SHC-J23	K36＋393	39.00	37.40	31.10	6.30	29.90	7.50	13.80
55	M2Z3-SHC-J24	K36＋422	37.50	36.99	33.99	3.00	30.99	6.00	9.00

海川路车站站址区土质地层厚度分布特征见表4-36。

表4-36　海川路车站站址区土质地层厚度分布特征

样本数(个)	最大值	最小值	平均值	上四分位值	下四分位值
55	6.8	0.2	2.35	1.1	2.7

车站站址区小里程段Y(Z)SK36＋255～Y(Z)SK36＋315发育有近东北向高倾角构造破碎带。车站站址区内不同岩性其节理发育程度差异较大，在花岗岩中，节理走向以NE-NEE及NNW-NW向为主，在花岗斑岩、煌斑岩等脉岩中，节理通常很发育。节理结构面通常较为平直，紧闭～闭合，较少有充填物，倾角一般为60°～80°。站址区域内无岩溶、滑坡、崩塌等不良地质作用。车站站址区地下水主要为第四系松散土层孔隙水和基岩裂隙水两种类型。第四系孔隙水主要分布于厚度较大的第四系地层中，与其下的基岩裂隙水无隔水层，两者间水力联系密切。第四系孔隙水与基岩裂隙水可按统一水位考虑，钻孔内测得稳定水位埋深0.96～5.60 m，稳定水位高程30.97～40.41 m。基岩裂隙水包括风化裂隙水和构造裂隙水。风化裂隙水主要赋存于基岩强风化带中，主要含水层为花岗岩强风化带，以潜水为主，呈层状分布，具统一水面。整体水量较小，富水性贫～极贫。构造裂隙水主要赋存于构造破碎带、受构造带影响的节理发育带及后期侵入的脉状岩脉与花岗岩的接触带上，呈脉状、带状产出，无统一水面，具有一定的承压性。整体上本区间构造破碎带、岩脉均发育，构造裂隙水发育，但水量不大，富水性贫～中等。地下水位具有明显的丰、枯水期变化，年内变幅1.0～2.0 m。

海川路车站主体隧道开挖施工采用初支拱盖法，首先开挖隧道拱部①部，并及时施作锚杆、架立格栅钢架、铺设钢筋网、喷射混凝土，完成隧道初期支护结构，如图4-84(a)所示。接着，隧道拱部①部开挖支护完成且纵向错开距离大于15 m后，向下开挖②部，如图4-84(b)所示。然后，拱部②开挖完成5 m后，开挖并支护两侧③、④部分，左右导洞纵向错开距离大于5 m，开挖过程中及时施作锚杆支护，架立格栅钢架、铺设钢筋网、喷射混凝土，完成隧道初期支护结构，如图4-84(c)所示。再接着，隧道拱部初期支护全部完成后，沿车站纵向分为若干个施工段，按⑤～⑩顺序开挖下半断面并及时施工边墙锚杆及喷混；为保证拱脚及侧壁围岩完整性及稳定性，在距开挖边界2 m时宜采用弱爆破或非爆破方式开挖，如图4-84(d)所示。

最后，车站整体全部开挖完成后，施作隧道二次衬砌，一次性封闭成环。

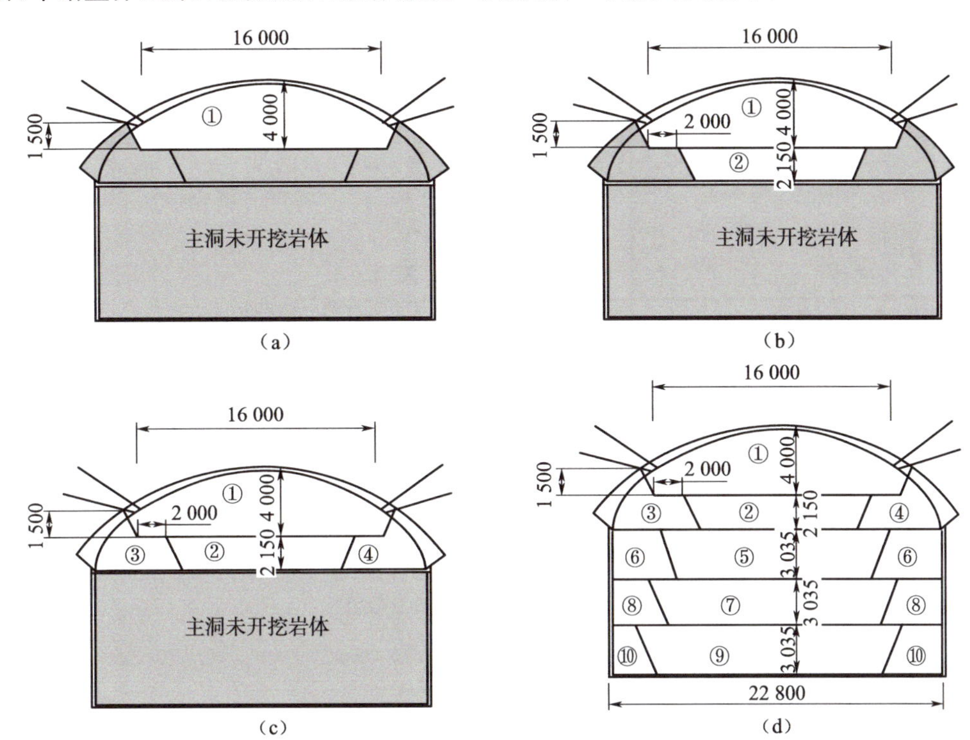

图 4-84　青岛地铁海川路车站主体隧道施工步序图(单位:mm)

青岛地铁海川路车站主体隧道施工全过程进行了现场监测，其中第三方监测单位在隧道上方地表布设的 21 个地表沉降监测点，编号依次 DC1-01～DC4-07，统计分析结果见表 4-37。

表 4-37　海川路地铁车站隧道地表沉降值统计(mm)

样本数(个)	总体概况		分布所占百分比(%)					
	变动范围	平均值	<30	30～40	40～50	50～60	60～70	>70
69	16.79～76.98	46.33	13.24	20.06	17.65	27.94	14.71	4.41

由表 4-37 可见，海川路地铁车站主体隧道开挖引起的地表沉降最大值为 76.98 mm，最小值为 16.79 mm，平均值 46.33 mm 以内。工程实施效果表明，在力学特征差异显著的上土下岩二元地层条件下采用暗挖法修建地铁隧道，相对于隧道拱顶上部处于岩质地层，当隧道拱顶上部处于土质地层时，隧道施工对周边地层影响较大。

4.5.4　敦化路车站主体结构隧道工程

敦化路站位于南京路与延吉路交会处北侧、南京路与敦化路交会处南侧，车站线位为南北向，沿南京路敷设，车站所处地段北高南低，地面高差较大。车站起讫里程 K10＋135.767～K10＋281.367，车站总长度 145.6 m，总宽 33.9 m，中心里程处轨面高程 17.56 m。车站共设出入口 3 座、风亭 2 座，如图 4-85 所示。车站主体采用塔柱式结构形式，钻爆法暗挖施工，单洞开挖跨度 10.35 m，拱高 3.2 m，墙高 6.3 m，双洞内侧边墙净间距 16.0 m，如图 4-86 所示。

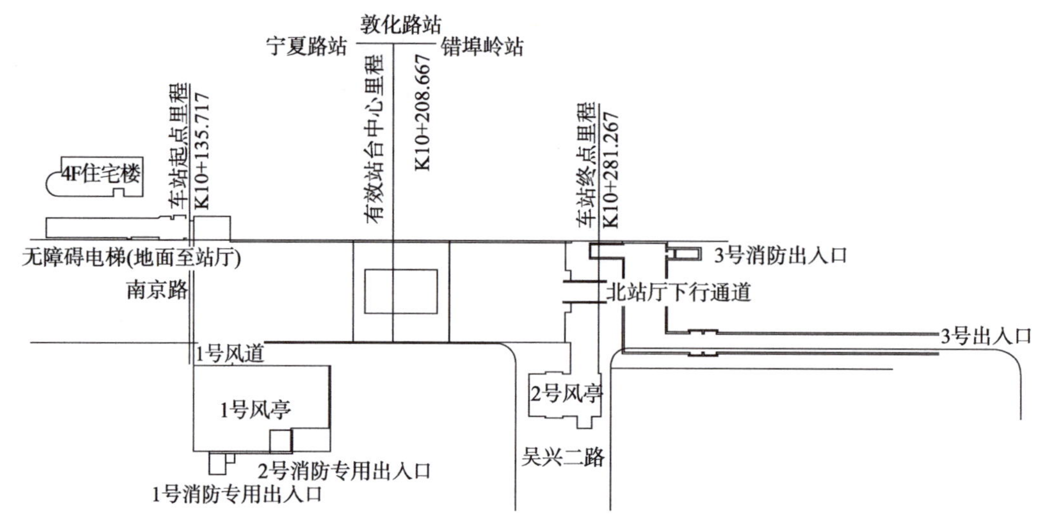

图 4-85 敦化路地铁车站平面图

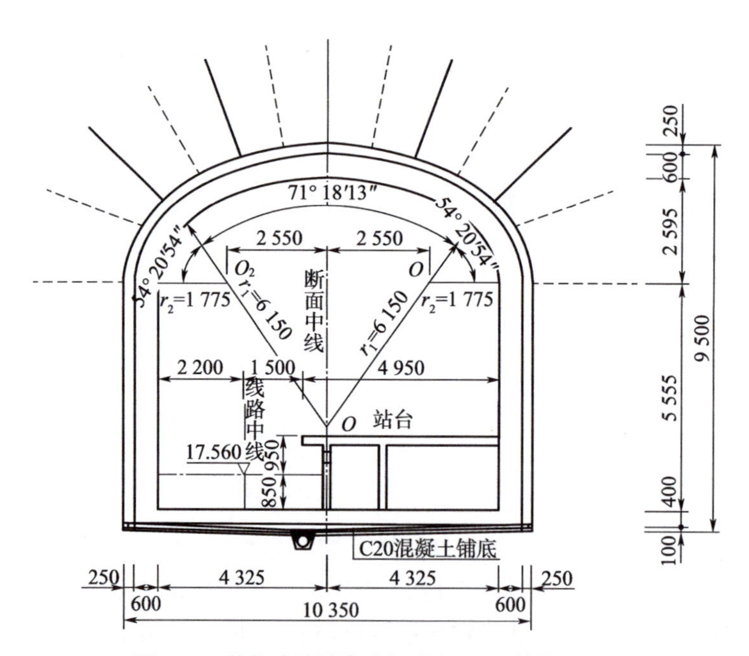

图 4-86 敦化路地铁车站标准断面图(单位：mm)

敦化路站勘察场区地处南京路与延吉路交会处北侧、南京路与敦化路交会处南侧，车站沿南京路分布，敦化路地铁车站场地地势起伏较大，根据钻孔孔口高程统计，现有地面高程 38.05～48.82 m，最大高差 10.77 m，地貌类型为剥蚀斜坡。地层由新到老、自上而下主要由全新统人工填土(Q_4^{ml})、全新统冲洪积层(Q_4^{al+pl})、上更新统冲洪积层(Q_3^{al+pl})组成，基岩主要为燕山晚期(γ_5^3)侵入花岗岩为主，部分燕山晚期(χ_5^3)侵入脉岩，岩性主要为煌斑岩，呈脉状穿插其间。燕山晚期花岗岩(γ_5^3)按风化程度划分为强风化岩带、中风化岩带和微风化岩带，强风化花岗岩带坚硬程度为极软岩，岩体完整程度为极破碎，岩体基本质量等级为Ⅴ级。花岗岩中风化带：含少量黑云母和角闪石等暗色矿物，节理裂隙发育，以构造、风化裂隙为主，该层岩石坚硬程度为软岩，岩体完整程度为较破碎，岩体基本质量等级为Ⅳ级。花岗岩微风化带含少量黑云母和角闪石等暗色矿物，矿物多未蚀变，仅节理面矿物有所蚀变，节理不发育，岩芯较完整，坚硬，锤击声脆，岩样多呈短柱～长柱状。后期岩脉侵入段节理较发育，多为高角度节理，岩体较破碎，岩样呈块状。该层岩石坚硬程度为坚硬岩，岩体完整程度为较完整，岩体基本质量等级Ⅲ级。敦化路地铁车站站址地区地层特征统计分析结果见表 4-38。

表 4-38 敦化路地铁车站站址区地层特征统计分析结果

序号	钻孔编号	里　　程	钻孔深度(m)	孔口高程(m)	土质地层(m)		强风化地层(m)		软弱土层厚度(m)
					底高程	厚　度	底高程	厚　度	
1	ZC10-01	K9+993	28.0	40.5	38.5	2.0	33.0	7.5	9.5
2	ZC10-02	K10+070	30.4	42.9	40.7	2.2	31.9	11.0	13.2
3	ZC10-03	K10+143	33.5	45.8	43.8	2.0	38.8	7.0	9.0
4	ZC10-04	K10+210	35.1	48.3	47.8	0.5	39.3	9.0	9.5
5	ZC10-05	K10+254	34.7	48.6	47.4	1.2	45.3	3.3	4.5
6	ZC10-06	K10+280	35.4	48.6	47.3	1.3	37.0	11.6	13.0
7	ZX10-01	K10+022	21.9	42.5	41.3	1.2	38.3	4.2	5.4
8	ZX10-02	K10+029	26.3	42.6	40.0	2.6	33.0	9.6	12.2
9	ZX10-03	K10+044	28.3	42.3	41.3	1.0	33.1	9.2	10.2
10	ZX10-04	K10+054	32.0	42.6	39.6	3.0	29.6	13.0	16.0
11	ZX10-05	K10+046	32.8	42.6	41.6	1.0	32.1	10.5	11.5
12	ZX10-06	K10+085	30.5	43.3	42.0	1.3	32.7	10.6	11.9
13	ZX10-07	K10+094	25.2	43.9	43.2	0.7	33.4	10.5	11.2
14	ZX10-08	K10+116	27.1	44.7	42.6	2.1	35.0	9.7	11.8
15	ZX10-09	K10+120	34.0	46.8	44.8	2.0	38.9	7.9	9.9
16	ZX10-10	K10+122	22.5	45.0	44.5	0.5	35.1	9.9	10.4
17	ZX10-11	K10+148	35.1	46.1	45.8	0.3	36.8	9.3	9.6
18	ZX10-12	K10+169	28.6	46.5	45.5	1.0	43.1	3.4	4.4
19	ZX10-13	K10+179	18.0	47.0	46.7	0.3	38.1	8.9	9.2
20	ZX10-14	K10+201	34.0	47.4	47.1	0.3	43.6	3.8	4.1
21	ZX10-15	K10+227	28.0	48.3	47.9	0.4	45.3	3.0	3.4
22	ZX10-16	K10+240	19.8	48.8	48.5	0.3	40.0	8.8	9.1
23	ZX10-17	K10+281	37.5	48.6	48.3	0.3	43.0	5.6	5.8
24	ZX10-18	K10+083	23.0	45.0	44.5	0.5	36.8	8.2	8.7
25	ZX10-19	K10+153	29.7	46.6	43.5	3.1	38.7	7.9	11.0

对本场区影响比较大的断裂为沧口断裂的派生断裂李村断裂及青岛山断裂，为沧口断裂的次级断裂，李村断裂发育在李村、大山村一带，宽约 0.5～5.0 m，走向约 NE45°，倾向北西，倾角约 68°，带内多发育碎裂岩，沿断裂方向多脉岩侵入；青岛山断裂为左行压扭性断层，该断裂发育在青岛山、双山一带，向南延伸入黄海。走向 NE40°，倾向北西，倾角 46°～80°，断裂宽约 25～30 m，带内发育碎裂岩，沿断裂方向有脉岩侵入。沿线第四系土质地层最大厚度 3.1 m，最小厚度 0.3 m，平均厚度 1.25 m；强风化岩质地层最大厚度 13 m，最小厚度 3 m，平均厚度 8.13 m。第四系土质地层和强风化岩层两者之和所构成的软弱土层最大厚度 16 m，最小厚度 3.4 m，平均厚度 9.38 m。敦化路地铁车站地层剖面如图 4-87 所示，敦化路地铁车站站址地质勘测孔平面分布如图 4-88 所示。

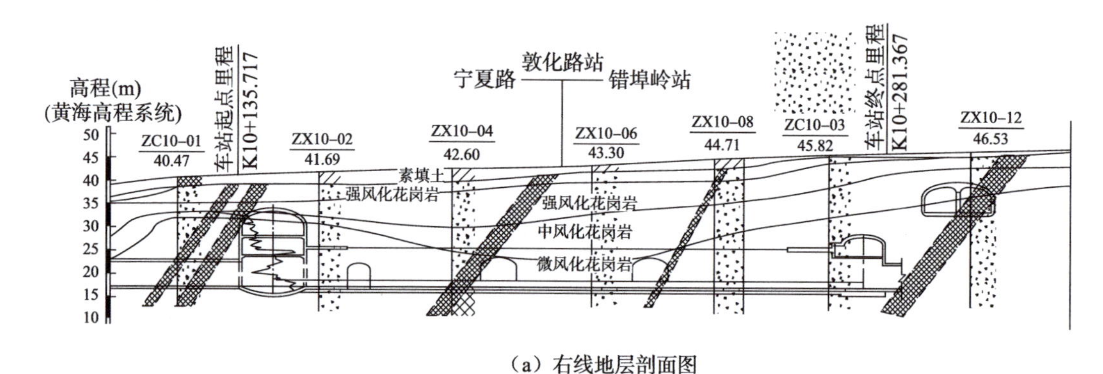

（a）右线地层剖面图

（b）左线地层剖面图

图 4-87　敦化路地铁车站地层剖面图

车站站址区发育有 F_9 断裂，走向约为 NE55°，倾向近直立，宽度约 2.0 m。受区域性断裂构造控制，不同岩性其节理发育程度差异较大，在中～粗粒花岗岩中，节理走向以 NE-NEE 及 NNW-NW 向为主。节理结构面一般较平直，紧闭～闭合，很少有充填物，多为高角度节理，倾角一般为 75°～85°。未发现大的活动性断裂及新构造运动迹象，基底地质构造背景稳定，不良地质作用不发育。

车站站址区地下水主要为第四系松散土层孔隙水和基岩裂隙水两种类型。第四系孔隙水主要为潜水，赋存于填土中，主要接受大气降水补给，地下水贫乏，属中等透水层。基岩裂隙水包括风化裂隙水和构造裂隙水。风化裂隙水主要赋存于结构已大部分破坏、节理裂隙

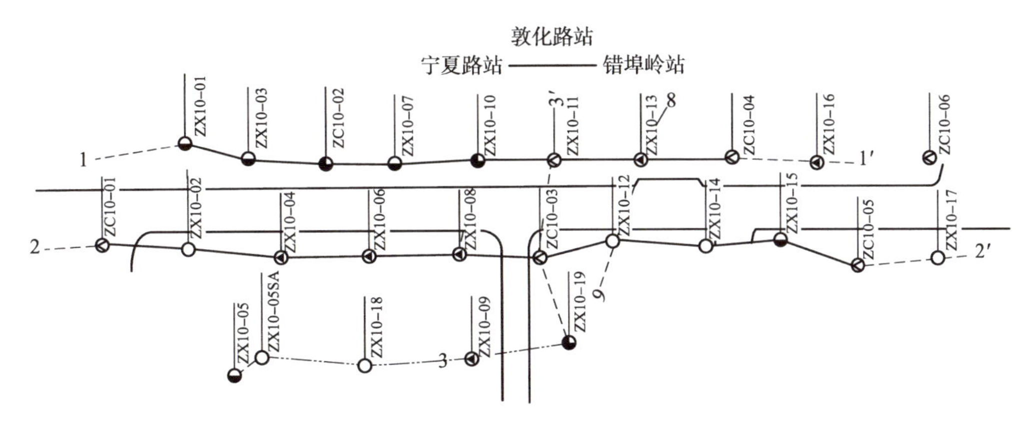

图 4-88 敦化路地铁车站站址区地质勘测孔平面分布图

极为发育的全风化～强风化花岗岩及节理裂隙较为发育的中风化花岗岩中，赋存量较小，径流条件也差，透水性弱。构造裂隙水主要赋存于断裂带两侧的构造影响带、花岗斑岩、煌斑岩等后期侵入的脉状岩脉挤压裂隙密集带中，呈脉状、带状产出，其透水性受构造裂隙发育控制。地下水位具有明显的丰、枯水期变化，稳定水位埋深为 0.80～4.20 m，稳定水位高程为 6.80～9.90 m。

青岛地铁敦化路车站主体隧道施工全过程进行了现场监测，其中第三方监测单位在隧道上方地表布设的 69 个地表沉降监测点，如图 4-89 所示。统计分析见表 4-39。地表沉降典型时程曲线分别如图 4-90 所示。

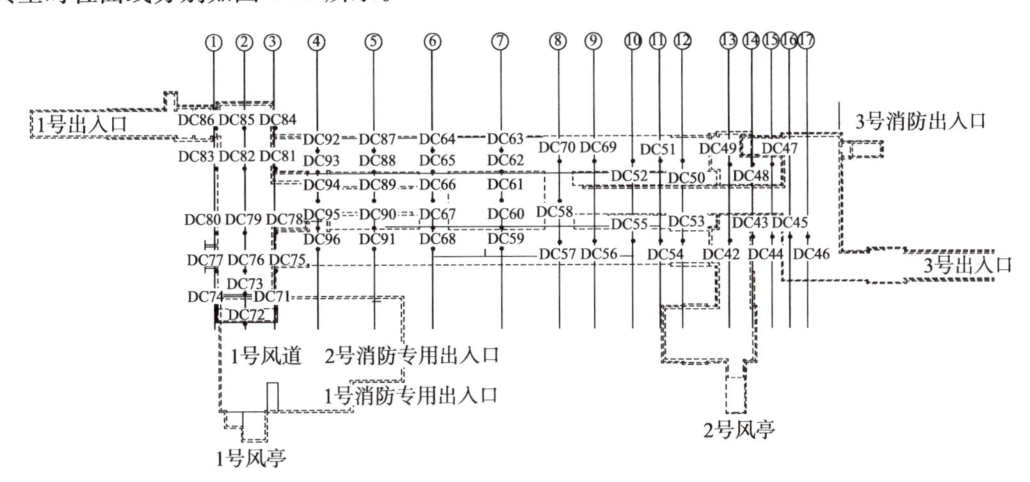

图 4-89 青岛地铁敦化路车站主体隧道监测布点图

表 4-39 青岛地铁敦化路车站隧道地表沉降值统计（mm）

样本数（个）	总体概况		分布所占百分比（%）					
	变动范围	平均值	＜30	30～40	40～50	50～60	60～70	＞70
69	16.79～76.98	46.33	13.24	20.06	17.65	27.94	14.71	4.41

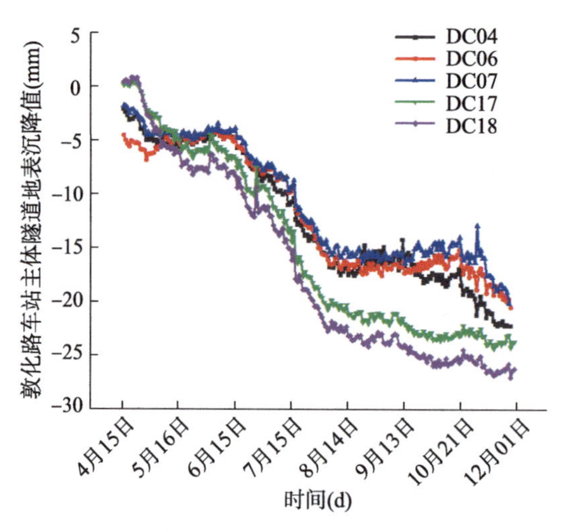

图 4-90　地表沉降典型时程曲线

由表 4-39、图 4-90 可见，青岛地铁敦化路车站主体隧道开挖引起的地表沉降最大值为 76.98 mm，最小值为 16.79 mm，平均值 46.33 mm 以内。江西路车站工程实施效果表明，在力学特征差异显著的上土下岩二元地层条件下采用暗挖法修建地铁隧道，相对于隧道拱顶上部处于岩质地层，当隧道拱顶上部处于土质地层时，隧道施工对周边地层影响较大。

4.5.5　江西路站主体结构隧道工程

江西路地铁车站位于青岛市南京路与江西路十字路口南侧，沿南京路按南北走向一字型布置，是地铁 3 号线与地铁 5 号线的换乘站。在车站场地范围南京路为双向 6 车道的城市主干道，道路红线宽 40 m，地面交通繁忙，人流、车流量很大。车站主体位置上方道路市政管线密集，主要有 DN500 雨水管埋深 1.55 m，DN300 污水管埋深 1.64 m，DN200 煤气管埋深 1.5 m，DN300 煤气管埋深 1.55 m，DN300 给水管埋深 1.49 m。车站主体东侧 17 m 左右处为多层住宅小区，建筑为 6～7 层，条形基础砖混结构住宅楼；车站主体西侧 20 m 左右处为西侧为 2 栋 26 层高层住宅，主要为独立柱基和筏板基础。车站起讫里程 K8＋358.491～K8＋605.491，车站总长度 247 m。车站共设出入口 4 座、风亭 2 座，如图 4-91 所示。

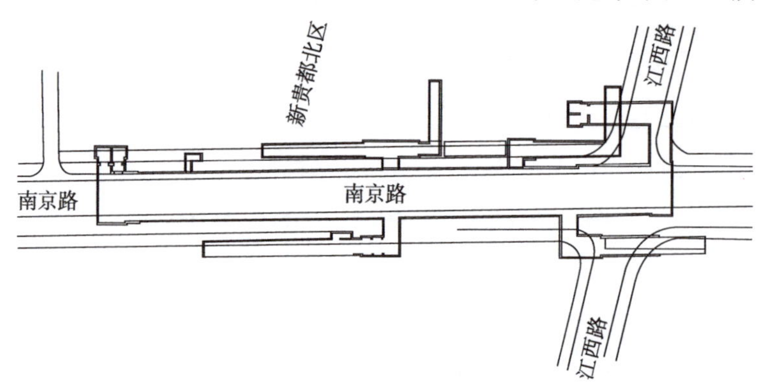

图 4-91　江西路地铁车站平面图

江西路车站主体采用标准岛式车站，车站主体采用浅埋暗挖法设计，钻爆法暗挖施工，主体结构共分为 ZA、ZB 和 ZC 三种断面形式，其中车站中部采用 ZA 形式的大拱脚薄边墙结构，断面开挖宽度为 20.6 m，开挖高度为 15.25 m，全长 188.3 m；车站南北两端分别采用 ZB 和 ZC 形式的单拱直墙衬砌结构，断面开挖宽度均为 21.6 m，开挖高度分别为 15.50 m 和 15.25 m，全长分别为 22.6 m 和 36.1 m，如图 4-92 所示。

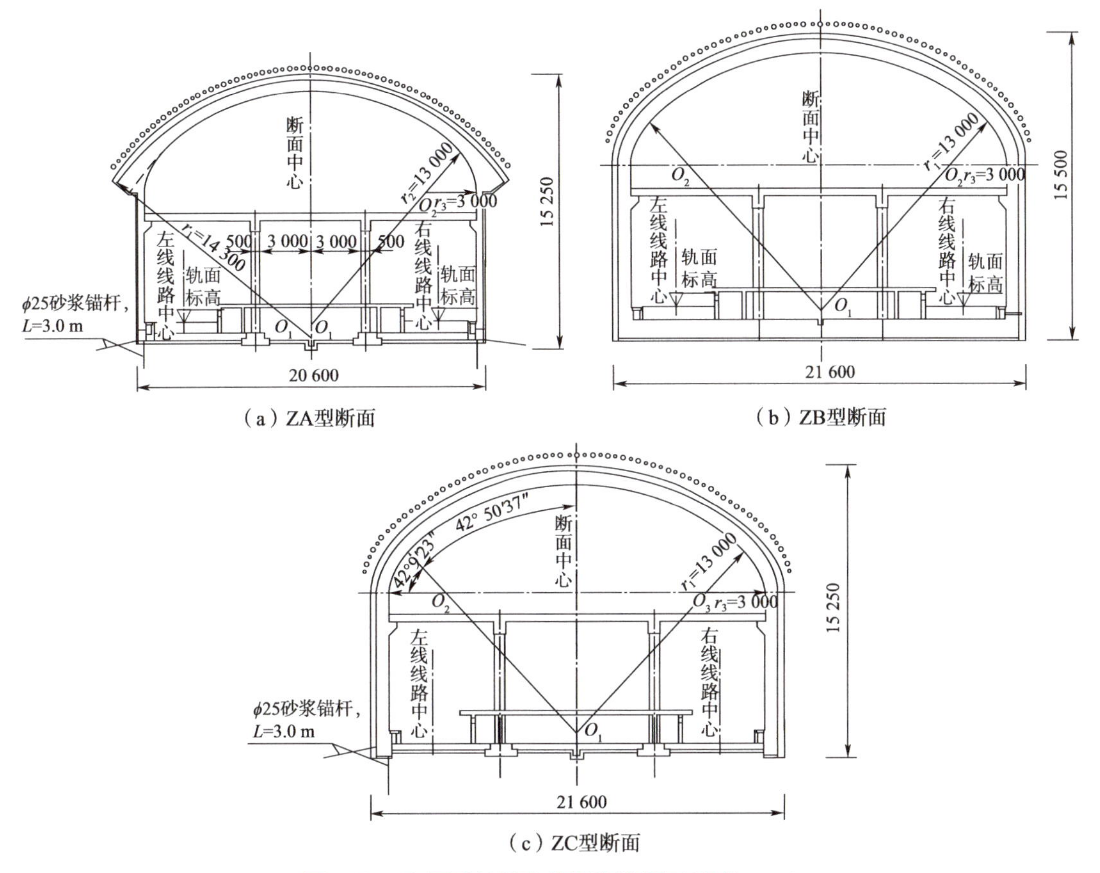

图 4-92　江西路地铁车站隧道横断面(单位：mm)

江西路地铁车站站址区地面较为平坦，车站范围内地面高程 10.70～12.20 m，最大高差 1.50 m，地貌类型为山前侵蚀堆积坡地。车站站址区地层分布自上而下依次为第四系全新统人工堆积层素填土(Q_4^{ml})、上更新统冲洪积层(Q_3^{al+pl})，下覆基岩主要为燕山晚期(γ_5^3)侵入花岗岩为主，部分燕山晚期(χ_5^3)侵入脉岩，岩性主要为花岗斑岩，呈脉状穿插其间，于不同岩性接触带见有糜棱岩、碎裂岩，如图 4-93 所示。

车站站址区共布设地质勘测孔 17 个(图 4-94)，地质勘测孔勘测数据统计分析结果见表 4-40。统计分析结果表明，车站站址区表覆第四系地层厚度最大值为 9.90 m，最小值为 1.50 m，平均值为 5.36 m；强风化岩层厚度最大值为 19.50 m，最小值为 1.80 m，平均值为 11.78 m。第四系地层厚度和强风化岩层厚度两者之和所构成的土质地层厚度最大值为 23.30 m，最小值为 7.40 m，平均值为 16.66 m，上四分位值和下四分位值分别为 12.10 m 和 21.00 m，见表 4-41。

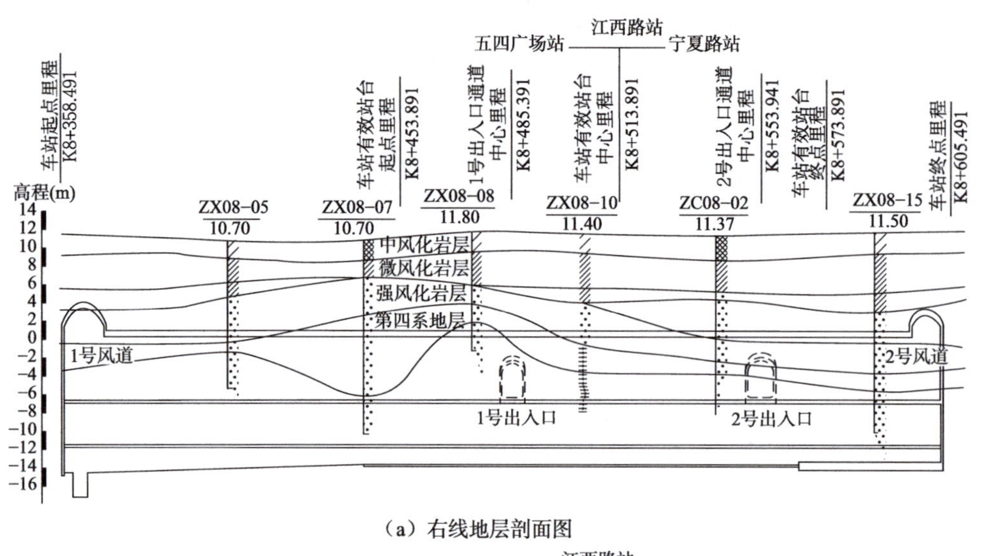

（a）右线地层剖面图

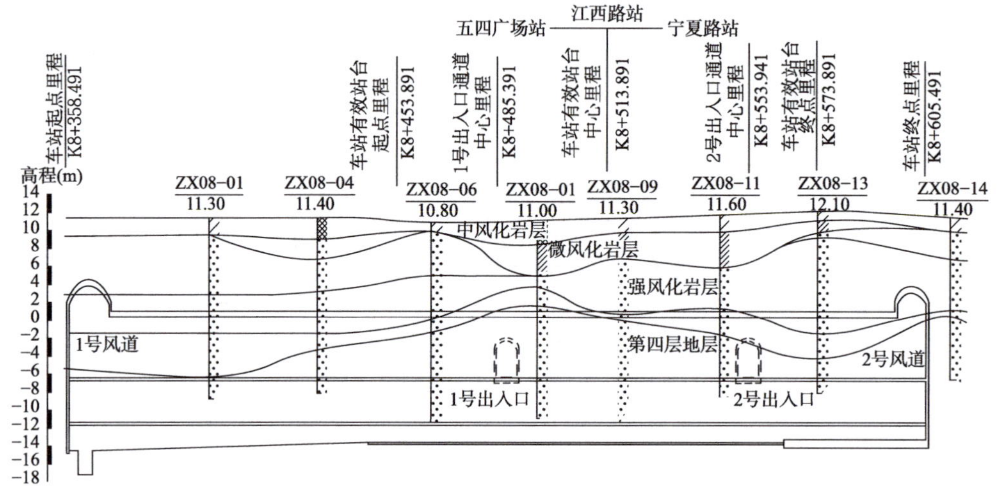

（b）左线地层剖面图

图 4-93　江西路地铁车站地层剖面图

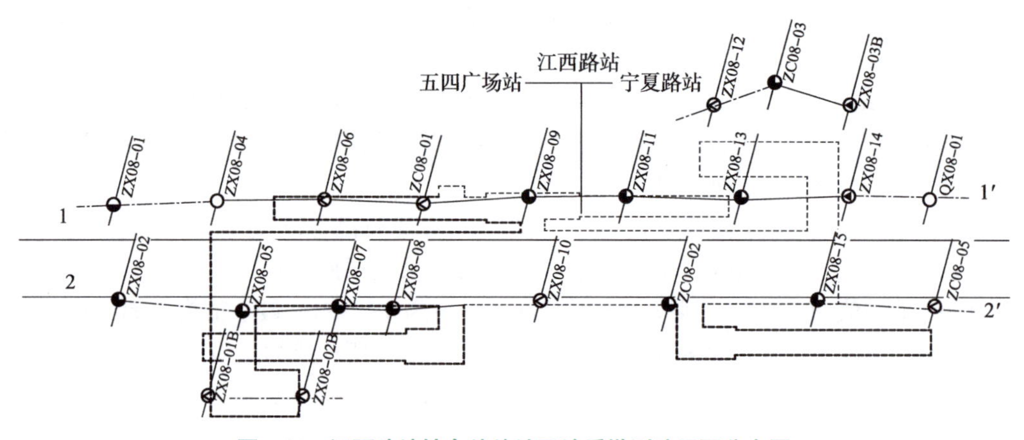

图 4-94　江西路地铁车站站址区地质勘测孔平面分布图

表 4-40 江西路地铁车站站址区地层特征统计分析结果

序号	钻孔编号	里　　程	钻孔深度(m)	孔口高程(m)	土质地层(m)		强风化地层(m)		软弱土层厚度(m)
					底高程	厚　度	底高程	厚　度	
1	QX08-23	K9+301	23.30	16.27	10.67	5.60	−2.63	13.30	18.90
2	ZC09-01	K9+326	27.50	16.94	11.84	5.10	−5.46	17.30	22.40
3	ZX09-04	K9+353	25.00	17.40	9.10	8.30	−3.60	12.70	21.00
4	ZX09-06	K9+384	25.00	17.80	7.90	9.90	−1.70	9.60	19.50
5	ZX09-07	K9+416	25.00	18.50	11.40	7.10	−0.50	11.90	19.00
6	ZX09-09	K9+450	27.00	19.00	13.60	5.40	−4.00	17.60	23.00
7	ZX09-13	K9+489	14.00	20.00	14.00	6.00	12.20	1.80	7.80
8	ZX09-12	K9+520	22.10	20.50	13.50	7.00	8.80	4.70	11.70
9	ZX09-01	K9+346	21.00	16.50	15.00	1.50	9.10	5.90	7.40
10	ZC09-02	K9+371	31.00	17.35	13.65	3.70	0.65	13.00	16.70
11	ZX09-05	K9+399	24.00	18.00	15.72	2.28	−1.48	17.20	19.48
12	ZX09-08	K9+441	23.30	18.80	15.00	3.80	−4.50	19.50	23.30
13	ZC09-03	K9+470	26.50	18.54	11.34	7.20	−3.96	15.30	15.30
14	ZC09-04	K9+513	22.70	20.77	17.97	2.80	8.47	9.50	12.30
15	QX09-01	K9+544	21.70	22.50	17.80	4.70	10.40	7.40	12.10

表 4-41 江西路地铁车站站址区土质地层厚度分布特征

样本数(个)	最大值(m)	最小值(m)	平均值(m)	上四分位值(m)	下四分位值(m)
15	15.10	7.40	11.53	10.30	12.90

车站站址区发育有 F9 断裂，走向约为 NE55°，倾向近直立，宽度约 2.0 m。受区域性断裂构造控制，不同岩性其节理发育程度差异较大，在中～粗粒花岗岩中，节理走向以 NE-NEE 及 NNW-NW 向为主。节理结构面一般较平直，紧闭～闭合，很少有充填物，多为高角度节理，倾角一般为 75°～85°。未发现大的活动性断裂及新构造运动迹象，基底地质构造背景稳定，不良地质作用不发育。

车站站址区地下水主要为第四系松散土层孔隙水和基岩裂隙水两种类型。第四系孔隙水主要为潜水，赋存于填土中，主要接受大气降水补给，地下水贫乏，属中等透水层。基岩裂隙水包括风化裂隙水和构造裂隙水。风化裂隙水主要赋存于结构已大部分破坏、节理裂隙极为发育的全风化～强风化花岗岩及节理裂隙较为发育的中风化花岗岩中，赋存量较小，径流条件也差，透水性弱。构造裂隙水主要赋存于断裂带两侧的构造影响带、花岗斑岩、煌斑岩等后期侵入的脉状岩脉挤压裂隙密集带中，呈脉状、带状产出，其透水性受构造裂隙发育控制。地下水位具有明显的丰、枯水期变化，稳定水位埋深为 0.80～4.20 m，稳定水位高程为 6.80～9.90 m。

江西路车站主体隧道采用 1 号风道和 2 号风道分别向主体中心开辟工作面的顺序进行施工作业，钻爆法施工，复合式衬砌。车站主体南北两端 ZB 和 ZC 形式的单拱直墙结构断面采用双侧壁导坑法施工，将隧道断面划分为左、中、右三个导洞，每个导洞分台阶开挖，并施作初期支护、临时支撑与仰拱，整个断面开挖完毕后再进行临时支撑拆除与二次衬砌施工，如图 4-95(a)所示。车站主体中部采用 ZA 形式的大拱脚薄边墙结构断面采用拱盖法施工，将隧道断面分为上、下两部分进行开挖，上半断面分三个导洞开挖，设立两道竖向临时支撑用于减跨。由于下部围岩为完整性较好微风化花岗岩，模筑拱部二砌，将拱脚支撑于完整岩石上，形成可靠的支撑结构，待上部混凝土拱盖浇筑完成后，再进行下部断面开挖，如图 4-95(b)所示。

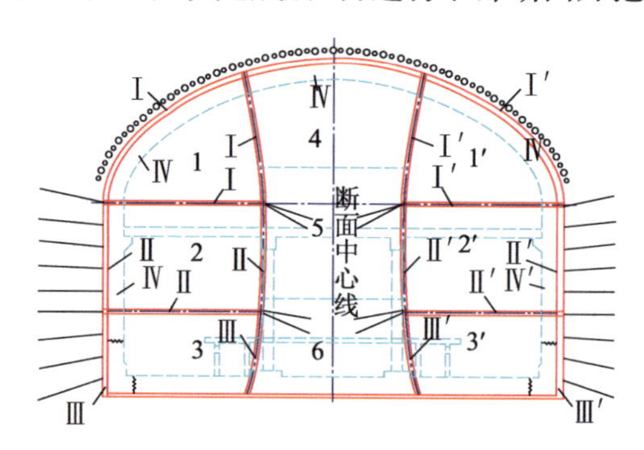

（a） ZB和ZC形式的单拱直墙结构双侧壁导坑法

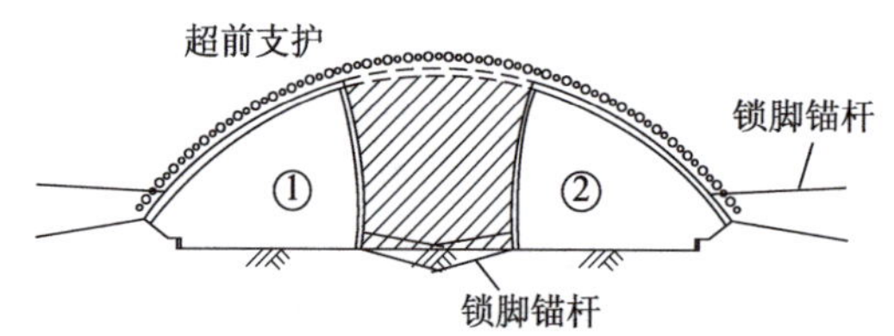

第一步：施作超前支护，分步开挖上断面左右侧岩体，并架立格栅拱架及临时支撑，两侧导洞错开不应小于15 m

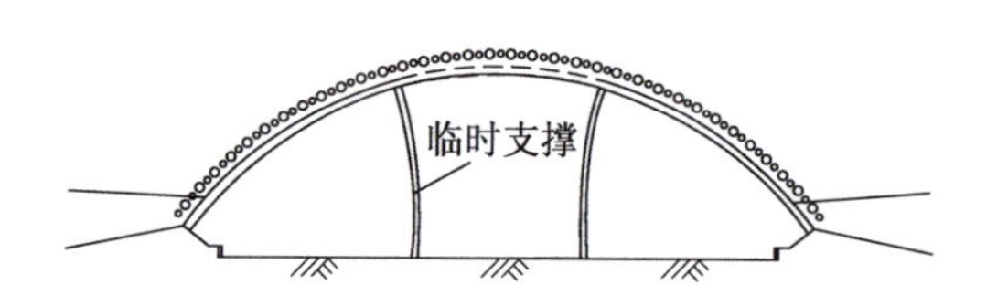

第二步：上断面中部岩体，并架立格栅拱架及临时支护

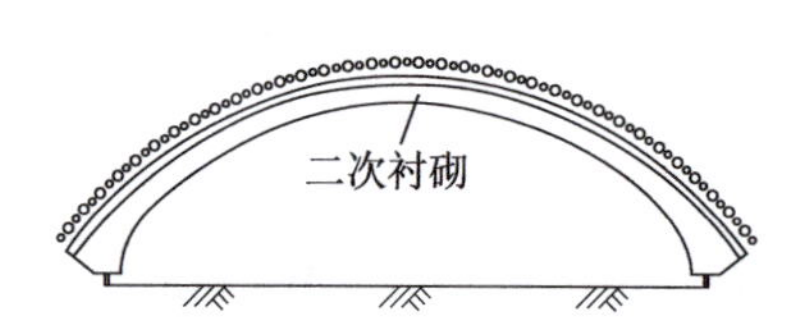

第三步：分段拆除临时支撑(一次拆撑长度不得大于6 m)施工拱部防水层及模筑二次衬砌，预埋边墙钢筋接驳器

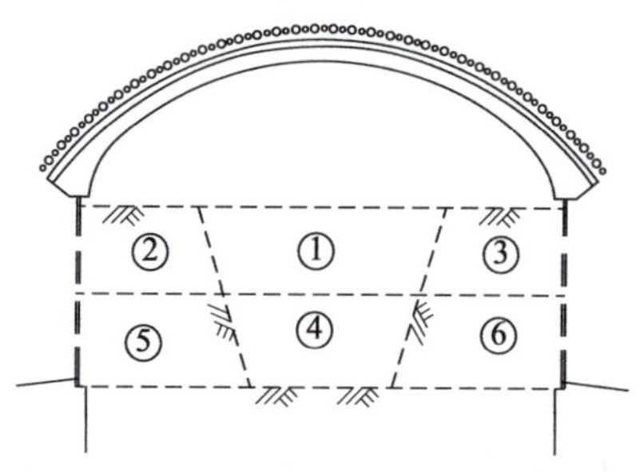

第四步：采用控制爆破技术，按①～⑥顺序开挖下半断面并及时施工初期支护

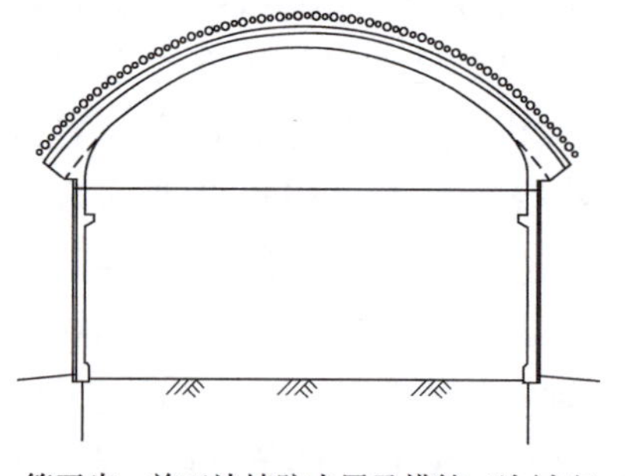

第五步：施工边墙防水层及模筑二次衬砌

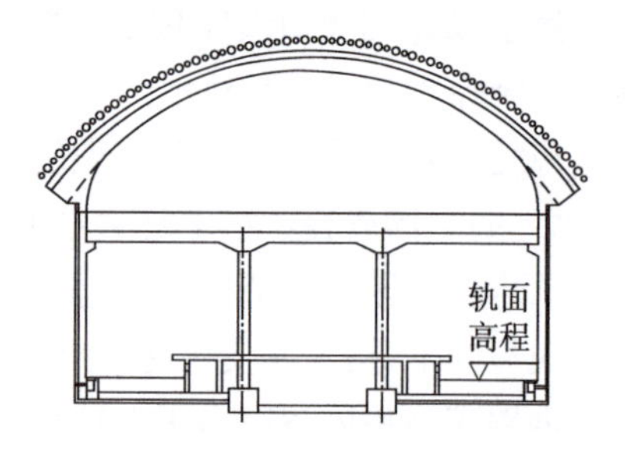

第六步：施工车站内部结构及装修

（b）大拱脚薄边墙拱盖法施工

图 4-95　青岛地铁江西路车站主体隧道施工步序图

青岛地铁江西路车站主体隧道施工全过程进行了现场监测，其中第三方监测单位在隧道上方地表布设的21个地表沉降监测点，编号依次DC1-01～DC4-07，如图4-96所示。统计分析结果见表4-42。地表沉降典型时程曲线分别如图4-97所示。

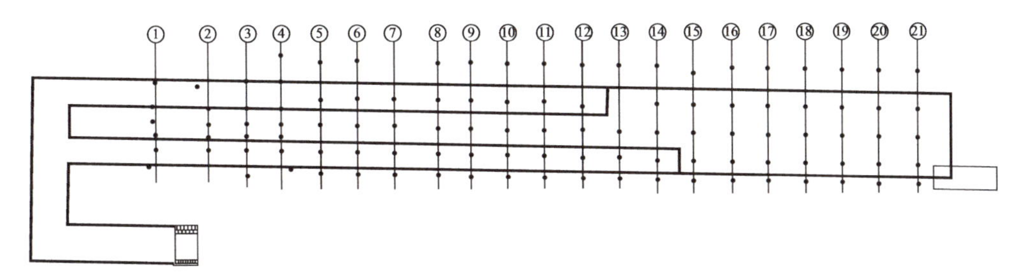

图4-96　青岛地铁江西路车站主体隧道监测布点图

表4-42　青岛地铁江西路车站隧道地表沉降值统计(mm)

样本数(个)	总体概况		分布所占百分比(%)					
	变动范围	平均值	<30	30～40	40～50	50～60	60～70	>70
69	16.79～76.98	46.33	13.24	20.06	17.65	27.94	14.71	4.41

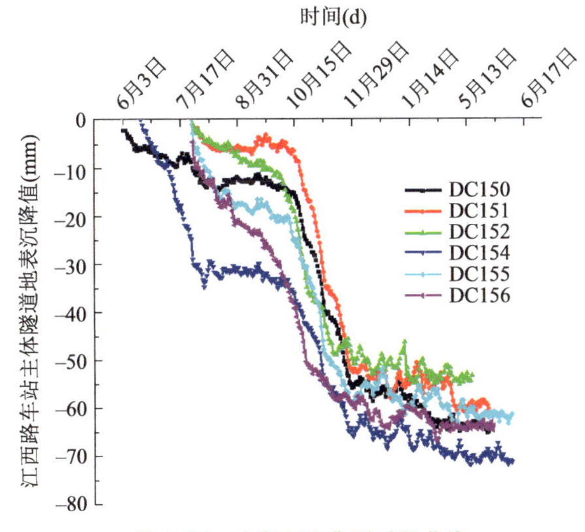

图4-97　地表沉降典型时程曲线

由表4-42、图4-97可见，青岛地铁江西路车站主体隧道开挖引起的地表沉降最大值为76.98 mm，最小值为16.79 mm，平均值46.33 mm以内。江西路车站工程实施效果表明，在力学特征差异显著的上土下岩二元地层条件下采用暗挖法修建地铁隧道，相对于隧道拱顶上部处于岩质地层，当隧道拱顶上部处于土质地层时，隧道施工对周边地层影响较大。

4.5.6　湛山车站主体结构隧道工程

湛山站位于延安三路与香港西路交叉路口下，是3号线中间站，全长201.2 m，宽度21.52 m，有效站台长120 m，宽11 m，计算站台长度113 m。车站设4个地面出入口、1个消防专用出入口、1部无障碍电梯和两组风亭。车站采用浅埋暗挖法施工，主体为暗挖单拱双层结构，设计里程为 K6＋075.4～K6＋276.8，拱顶埋深 13.50～15.80 m，宽 22.52 m，高 18.141 m，底板埋深约 31.0 m。青岛地铁湛山站平面如图 4-98 所示，标准断面如图 4-99 所示。

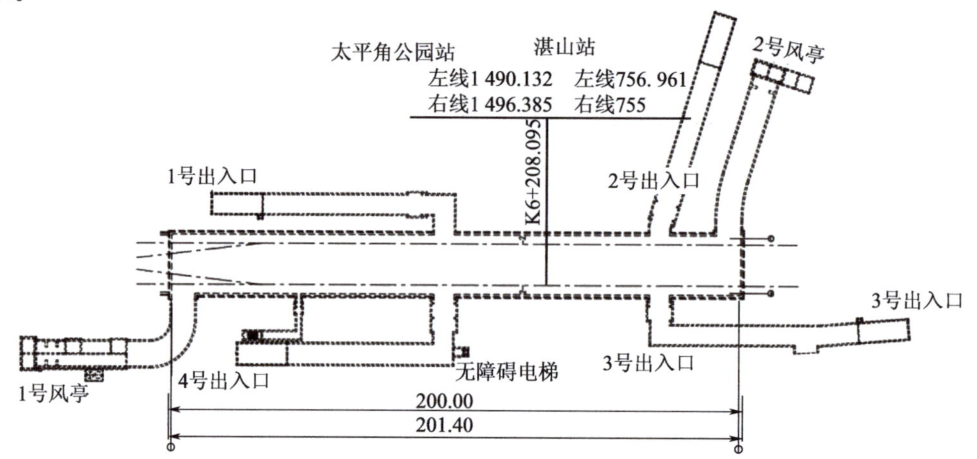

图 4-98　青岛地铁湛山站平面图(单位:m)

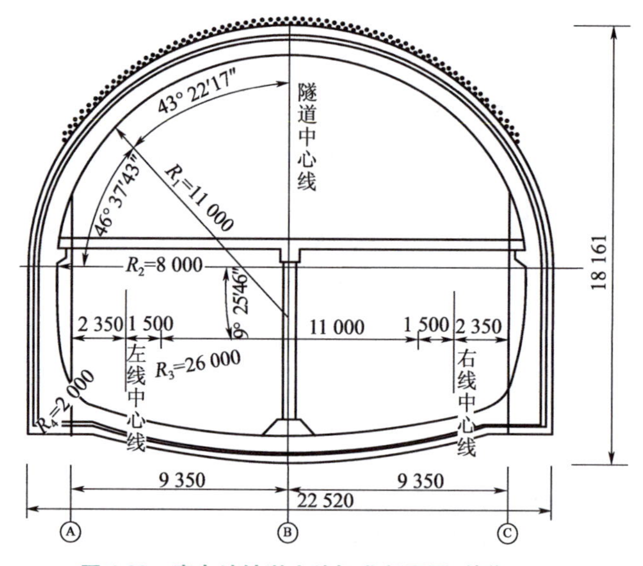

图 4-99　青岛地铁湛山站标准断面图(单位:mm)

湛山车站站址区位于香港西路现状为双向六车道，道路红线宽度 38 m，是城市主要干道，早晚高峰期地面交通流量很大，延安三路现状为双向四车道，道路红线宽度 30 m。车站东南角为湛山宾馆(现改造为万邦中心)，主楼 51 层；东北侧为观星广场及青岛民政大厦，西北侧为丽天大酒店(主楼 22 层)与裕源大厦，裕源大厦北侧为湛山居住区，西南侧的法院、水利局、审计局等已拆迁，现为待建用地，暂作为停车场使用。在香港西路南侧裕源大厦斜对面和香港西路北侧观星广场东侧设港湾式公交站。现状周边共有 8 个公交站点，26 条公交线路，其中香港西路有公交线路 15 条，延安三路有公交线路 7 条。路面下方管线密集，其中，1 号出入口下方沿车站平行于香港西路敷设的电信管、管路材质 PVC，位于 2 号出入口，平行于延安三路敷设，管底标高 4.80 m，影响 2 号出入口，需永久迁改。

湛山站地处香港西路与延安三路交会处，车站沿香港西路分布，地面多为人行道、道路，地面交通繁忙，周边多高层建筑。地貌类型为山前侵蚀堆积坡地，场地地势较平坦，地势起伏较小，根据钻孔孔口高程统计，现有地面高程 7.48～11.21 m，最大高差 3.73 m。湛山站址区地层分布自上而下依次为全新统人工填土（Q_4^{ml}）、上更新统冲洪积层（Q_3^{al+pl}）。下覆基岩主要为燕山晚期（γ_5^3）侵入花岗岩为主，部分燕山晚期（χ_5^3）侵入脉岩，岩性主要为花岗斑岩，呈脉状穿插其间，于不同岩性接触带见有煌斑岩、细粒花岗岩。燕山晚期花岗岩（γ_5^3）按风化程度划分为强风化岩带、中风化岩带和微风化岩带强风化中亚带花岗岩，岩石坚硬程度为软岩，岩体呈碎裂状结构，完整程度为破碎，岩体基本质量等级为Ⅴ级。中风化带花岗岩，岩石坚硬程度为较软岩，岩体呈镶嵌碎裂结构，完整程度为较破碎，岩体基本质量等级为Ⅳ级。微风化带花岗岩，岩体呈镶嵌～整体块状结构，完整程度为较破碎～较完整，岩体基本质量等级Ⅲ级。湛山站站址区地质勘测孔平面分布如图 4-100 所示，湛山站站址区地层特征统计分析结果见表 4-43，湛山站站址区土质地层厚度分布特征见表 4-44。

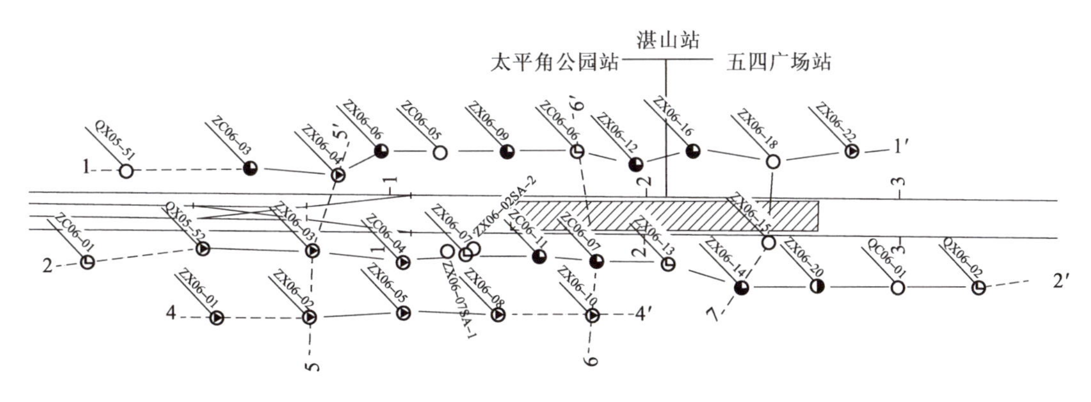

图 4-100　湛山站站址区地质勘测孔平面分布图

表 4-43　湛山站站址区地层特征统计分析结果

序号	钻孔编号	里　　程	钻孔深度（m）	孔口高程（m）	土质地层（m）		强风化地层（m）		软弱土层厚度（m）
					底高程	厚　度	底高程	厚　度	
1	QX05-51	K5+988	24.00	8.53	2.73	5.80	−4.17	12.70	18.50
2	QX05-52	K6+024	27.70	8.21	4.21	4.00	−4.99	13.20	17.20
3	ZC06-01	K5+981	25.21	8.41	2.81	5.60	−3.21	11.62	17.22
4	ZC06-03	K6+038	26.60	8.05	1.24	6.81	−7.88	15.93	22.74
5	ZC06-04	K6+104	30.00	8.06	3.06	5.00	−17.44	25.50	30.50
6	ZC06-05	K6+120	28.00	7.59	0.89	6.70	−6.81	14.40	21.10
7	ZC06-06	K6+172	27.20	7.80	1.30	6.50	−11.70	19.50	26.00
8	ZC06-07	K6+180	26.00	7.90	2.60	5.30	−9.40	17.30	22.60
9	ZX06-01	K6+031	32.00	8.36	0.96	7.40	−6.44	14.80	22.20
10	ZX06-02	K6+068	32.50	8.02	1.12	6.90	−5.48	13.50	20.40
11	ZX06-03	K6+069	33.00	8.21	1.71	6.50	−5.79	14.00	20.50

续上表

序号	钻孔编号	里　程	钻孔深度(m)	孔口高程(m)	土质地层(m)		强风化地层(m)		软弱土层厚度(m)
					底高程	厚　度	底高程	厚　度	
12	ZX06-04	K6+072	25.80	7.91	1.21	6.70	−5.59	13.50	20.20
13	ZX06-05	K6+104	31.50	8.01	0.91	7.10	−11.29	19.30	26.40
14	ZX06-06	K6+089	31.60	7.86	1.76	6.10	−6.04	13.90	20.00
15	ZX06-07	K6+129	31.50	8.05	3.75	4.30	−14.95	23.00	27.30
16	ZX06-08	K6+141	36.50	8.04	0.04	8.00	−17.86	25.90	33.90
17	ZX06-09	K6+145	32.60	7.98	2.78	5.20	−10.32	18.30	23.50
18	ZX06-10	K6+178	32.00	7.93	1.13	6.80	−11.07	19.00	25.80
19	ZX06-11	K6+158	31.00	7.86	1.86	6.00	−10.14	18.00	24.00
20	ZX06-12	K6+195	25.20	7.84	3.44	4.40	3.44	4.40	8.80
21	ZX06-13	K6+209	32.00	7.82	2.82	5.00	−8.18	16.00	21.00
22	ZX06-14	K6+236	29.00	7.48	3.88	3.60	−7.52	15.00	18.60
23	ZX06-15	K6+247	24.50	8.08	5.88	2.20	−8.42	16.50	18.70
24	ZX06-16	K6+218	32.50	8.47	5.67	2.80	−12.03	20.50	23.30
25	ZX06-17	K6+268	28.60	10.50	5.50	5.00	−9.20	19.70	24.70
26	ZX06-18	K6+250	27.80	8.59	4.59	4.00	−11.31	19.90	23.90
27	ZX06-19	K6+255	31.80	8.96	3.66	5.30	−10.54	19.50	24.80
28	ZX06-20	K6+268	36.60	9.08	6.48	2.60	−6.92	16.00	18.60
29	ZX06-22	K6+280	33.50	9.90	7.90	2.00	−3.40	13.30	15.30

表 4-44　湛山站站址区土质地层厚度分布特征(m)

样本数(个)	最大值	最小值	平均值	上四分位值	下四分位值
29	8	2	5.3	4	6.7

湛山站沿线第四系土质地层最大厚度 8 m,最小厚度 2 m,平均厚度 5.3 m;上四分位值和下四分位值分别为 4 m 和 6.7 m,强风化岩质地层最大厚度 25.9 m,最小厚度 4.4 m,平均厚度 16.7 m。第四系土质地层和强风化岩层两者之和所构成的软弱土层最大厚度 33.9 m,最小厚度 8.8 m,平均厚度 22 m。

湛山站勘察的地下水类型按赋存方式主要为:第四系松散土层孔隙水,基岩裂隙水。第四系孔隙水水力性质为潜水,主要赋存在第①层杂填土、第①层素填土,地下水贫乏,属中等透水层。基岩裂隙水分为风化裂隙水和构造裂隙水,风化裂隙水,水力性质为潜水,主要赋存于结构已大部分破坏、节理裂隙极为发育的全风化～强风化花岗岩及节理裂隙较为发育的中风化花岗岩中。构造裂隙水,水力性质为微承压水,主要赋存于断裂带两侧的构造影响带、花岗斑岩、煌斑岩等后期侵入的脉状岩脉挤压裂隙密集带中,呈脉状、带状产出。湛山站地下水位勘探受雨水季节影响,丰水期,勘察期间测得钻孔稳定水位埋深为 2.30～3.13 m,稳定水位标高为 4.65～6.75 m;平水期,勘察期间测得钻孔稳定水位埋深为 2.00～3.20 m,

稳定水位标高为 4.81～6.96 m。

湛山站为地下二层岛式车站，车站沿香港西路呈西-东向布置，车站拱部位于强风化岩层中，围岩级别Ⅴ级，侧墙和底板位于中风化～微风化中，围岩级别Ⅳ～Ⅲ级，车站顶部埋深 13.4 m，最大开挖宽度约 22.5 m，综合考虑周边环境、管线情况等情况，车站主体采用暗挖法施工，工法为“双侧壁导坑法”，整个施工断面分为 9 个部分，开挖顺序如图 4-101 所示。

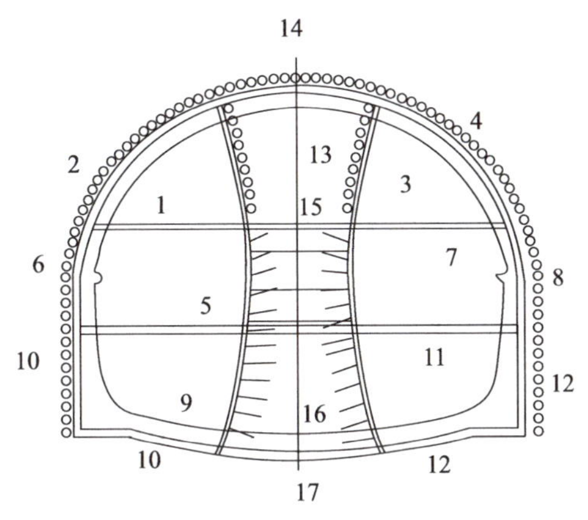

图 4-101　双侧壁导坑法开挖顺序图

湛山车站分别从车站两端的风井作为施工竖井进入车站风道，再由风道进入车站主体施工，所有工程材料和开挖土石方均利用竖井的提升设备进出。主要施工部署如下：施工准备→施工竖井开挖支护→施工竖井二次衬砌→车站风道开挖及支护→车站主体开挖及支护(同时施工风道二次衬砌)→仰拱防水板施工→仰拱钢筋施工→仰拱混凝土浇筑(车站站内结构柱基础施工)→边顶拱防水板铺挂→拱墙钢筋施工→拱墙混凝土浇筑→附属结构施工(同时车站站内结构柱、板施工)→车站内部结构施工。

湛山车站所处地貌类型为山前侵蚀堆积，地形变化不大。站址区地层分布及厚度自上而下依次为：第四系地层浅处厚 0～8 m，深处厚 0～12 m；强风化层厚 1～9.4 m，中风化层厚 1～12.7 m；地层分界线起伏较大；车站宽 19.2 m，埋深 10.5～12.5 m。车站隧道地表沉降统计情况见表 4-45。

表 4-45　青岛地铁湛山车站隧道地表沉降值统计(mm)

样本数(个)	总体概况		区间分布所占百分比(%)						
	变动范围	平均值	<30	30～40	40～50	50～60	60～70	70～80	>80
41	21.19～80.96	54.75	12.20	7.32%	19.51	14.63	26.83	9.76	9.76

由表 4-45 可见，湛山车站主体隧道开挖引起的地表沉降最大值为 80.96 mm，最小值为 21.19 mm，平均值 54.75 mm 以内。湛山车站工程实施效果表明，在力学特征差异显著的上土下岩二元地层条件下采用暗挖法修建地铁隧道，相对于隧道拱顶上部处于岩质地层，当隧道拱顶上部处于土质地层时，隧道施工对周边地层影响较大。

4.5.7　中山公园站主体结构隧道工程

青岛地铁中山公园站位于天泰体育场北侧香港西路与荣成路交会处，地处青岛八大关景区内，车站沿香港西路分布，位于香港西路正下方，平面如图 4-102 所示。设计里程为 K3+584.2～K3+760.9，全长 176.9 m，为 10 m 站台岛式车站，站台宽度为 10 m，有效站台长度 120 m，标准段宽度为 17.4 m。车站共设 3 处出入口、2 处风亭，1 处消防专用出入口，车站设有降压变电所。车站主体采用大拱脚复合衬砌结构，筏板基础，宽约 20 m，高约 17 m，基础底板埋深约为 27.0 m，施工方法为矿山法。

中山公园站车站范围内有荣成路，韶关路与香港西路交汇，西侧为天泰体育场网球场，东北侧为军事用地，周边建筑多为 2～4 层的民用建筑，地面多为绿化带、道路，地面交通繁忙，市政管线从香港西路下方通过。中山公园站为两层暗挖车站，全长均为减振断面。汇中区间采用暗挖矿山法施工。车站埋置深度为 10～12 m，围岩级别为Ⅳ～Ⅴ，采用单拱直墙暗挖断面，大拱脚拱盖法施工、钻爆法开挖。车站风亭、出入口，均为暗挖结构，车站及风道竖井向车站中心施工。中山公园站地铁车站标准断面如图 4-103 所示。

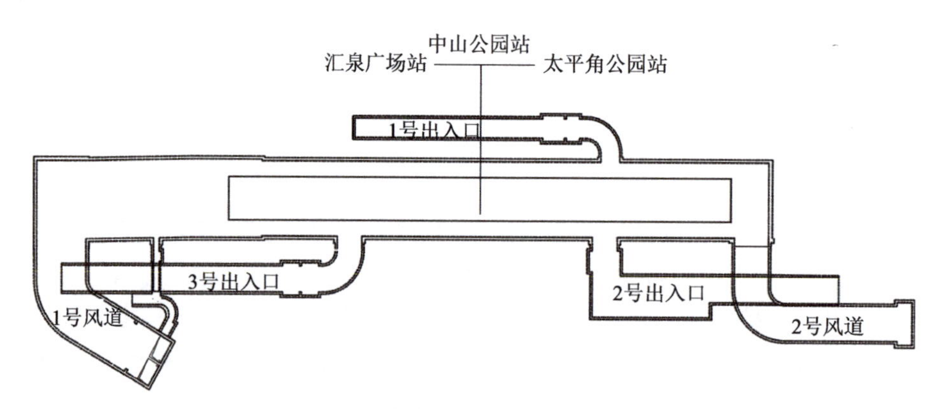

图 4-102　青岛地铁中山公园站平面图

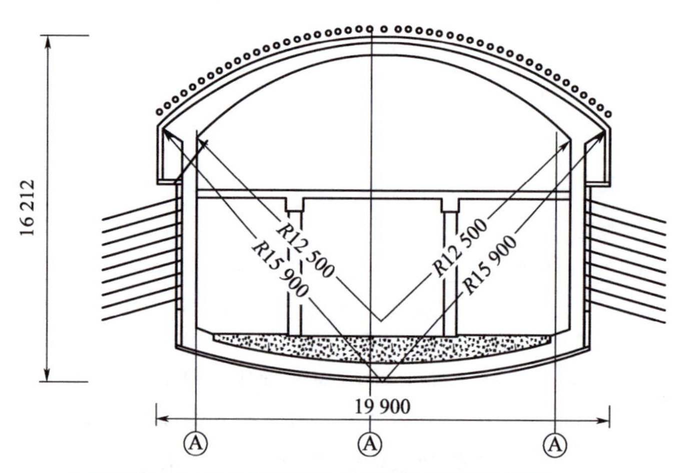

图 4-103　中山公园站地铁车站标准断面图(单位：mm)

中山公园站址在香港西路与韶关路交会处，地面为商业、商务办公、居住和空地，地貌类型为山前侵蚀堆积坡地，所处地形变化不大，地面高程约为 14.8～17.35 m。中山公园站按地层由新到老、自上而下分别为第四系全新统人工填土层(Q_4^{ml})、第四系上更新统冲洪积层

(Q_3^{al+pl})。下覆基岩主要为燕山晚期(γ_5^3)侵入花岗岩为主,部分燕山晚期(χ_5^3)侵入脉岩,岩性主要为花岗斑岩,呈脉状穿插其间,于不同岩性接触带见有糜棱岩、碎裂岩。中山公园站沿线第四系土质地层最大厚度 7.8 m,最小厚度 0 m,平均厚度 4.67 m;上四分位值和下四分位值分别为 2.4 m 和 7.5 m 强风化岩质地层最大厚度 17 m,最小厚度 0 m,平均厚度 10.53 m。第四系土质地层和强风化岩层两者之和所构成的软弱土层最大厚度 24.8 m,最小厚度 2.5 m,平均厚度 10.53 m。中山公园地铁车站地层剖面及站址区地质勘测孔平面分布如图 4-104、图 4-105 所示。

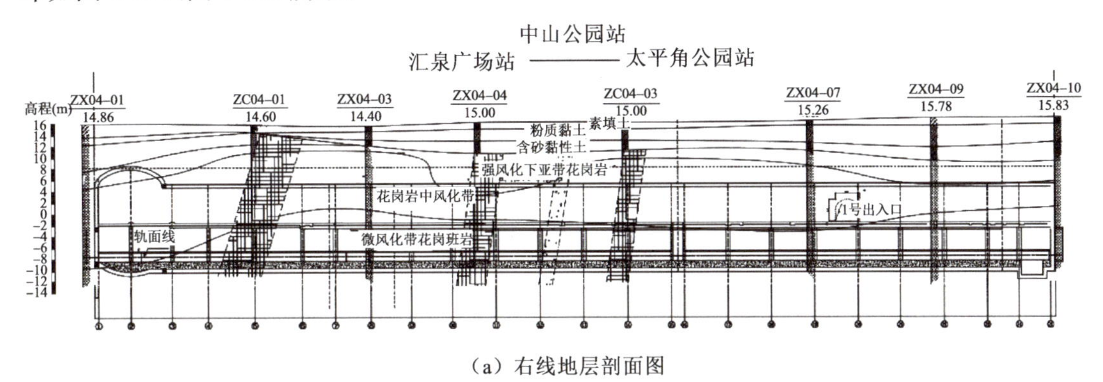

(a) 右线地层剖面图

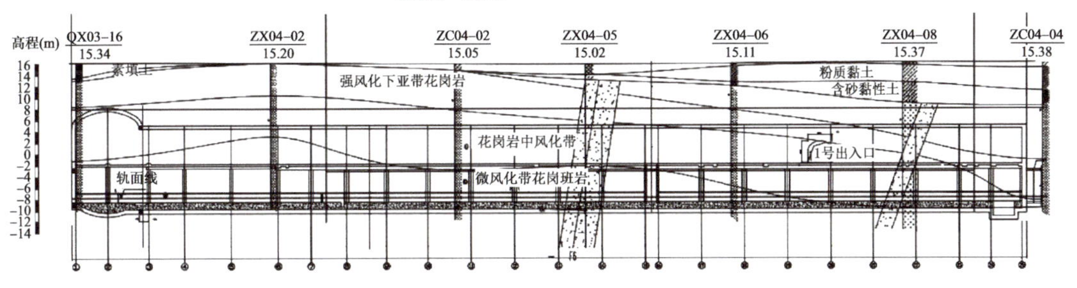

(b) 左线地层剖面图

图 4-104　中山公园地铁车站地层剖面图

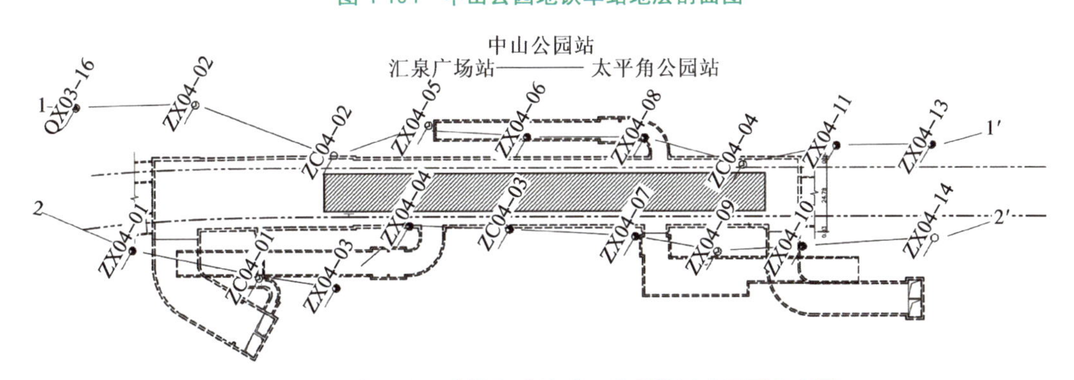

图 4-105　中山公园地铁车站站址区地质勘测孔平面分布图

中山公园站区域存在一条贯通性的断层带 15 号,走向约为 NE55°,倾向近直立,宽度约为 6.0 m,影响范围约为 18 m。ZX04-05 钻孔显示 2.8～42.5 m 揭露有碎裂岩,其中 2.8 m

至18.4 m呈砂土状碎裂岩，矿物绿泥石化、高岭土化严重，18.4～42.5 m呈碎块状，岩芯呈短柱状，锤击易碎，断裂面无规则，沿断裂面见绿泥石化、高岭土化矿物。节理裂隙受区域性断裂构造控制，不同岩性其节理发育程度差异较大，在中～粗粒花岗岩中，节理走向以NE-NEE及NNW-NW向为主。节理结构面一般较平直，紧闭～闭合，很少有充填物，多为高角度节理，倾角一般为70°～85°。中山公园站站址区地层特征统计分析结果见表4-46，中山公园站站址区土质地层厚度分布特征见表4-47。

表4-46　中山公园站站址区地层特征统计分析结果

序号	钻孔编号	里　程	钻孔深度(m)	孔口高程(m)	土质地层(m)		强风化地层(m)		软弱土层厚度(m)
					底高程	厚　度	底高程	厚　度	
1	ZC04-01	K3+613	27.00	14.60	13.30	1.30	9.60	3.70	5.00
2	ZC04-02	K3+635	28.00	15.05	13.95	1.10	6.75	7.20	8.30
3	ZC04-03	K3+681	28.56	15.00	10.00	5.00	8.50	1.50	6.50
4	ZC04-04	K3+744	27.00	15.38	7.58	7.80	−9.42	17.00	24.80
5	ZC04-05	K3+801	29.30	16.46	13.96	2.50	13.96	0.00	2.50
6	ZX04-01	K3+582	29.00	14.86	12.46	2.40	3.06	9.40	11.80
7	ZX04-01B	K3+602	27.30	11.16	3.66	7.50	0.56	3.10	10.60
8	ZX04-02	K3+601	26.10	15.20	15.20	0.00	9.40	5.80	5.80
9	ZX04-03	K3+634	27.20	14.40	10.90	3.50	9.90	1.00	4.50
10	ZX04-04	K3+654	29.00	15.00	9.50	5.50	2.00	7.50	13.00
11	ZX04-05	K3+659	44.50	15.02	12.22	2.80	−3.38	15.60	18.40
12	ZX04-06	K3+686	27.60	15.11	11.11	4.00	2.81	8.30	12.30
13	ZX04-07	K3+715	27.00	15.26	9.96	5.30	7.26	2.70	8.00
14	ZX04-08	K3+718	30.00	15.37	8.07	7.30	−1.13	9.20	16.50
15	ZX04-09	K3+738	29.80	15.78	8.08	7.70	3.78	4.30	12.00
16	ZX04-10	K3+761	27.50	15.83	8.03	7.80	4.43	3.60	11.40
17	ZX04-11	K3+770	29.80	16.03	8.73	7.30	−3.17	11.90	19.20
18	ZX04-12	K3+785	29.50	15.85	8.35	7.50	7.35	1.00	8.50
19	ZX04-13	K3+798	27.60	16.31	10.81	5.50	9.81	1.00	6.50
20	ZX04-14	K3+800	27.00	16.61	12.11	1.50	8.61	3.50	5.00

表4-47　中山公园站站址区土质地层厚度分布特征(m)

样本数(个)	最大值	最小值	平均值	上四分位值	下四分位值
20	7.8	0	4.67	2.4	7.5

本次勘察工作区内的地下水类型按赋存方式分为第四系松散岩类孔隙潜水和基岩裂隙水两类。第四系孔隙水主要赋存在第①层杂填土、第$①_1$层素填土，性质为潜水，属中等透水层。基岩裂隙水分为风化裂隙水和构造裂隙水，风化岩裂隙水水力性质表现为潜水，主要赋存于强、中风化岩层中。经钻探岩芯观察，基岩裂隙以风化裂隙为主，多呈闭合型裂隙且多

由泥质填充，地下水在基岩中的赋存量较小，径流条件也差，透水性弱。构造裂隙水水力性质表现为微承压水，主要赋存于断裂带两侧的构造影响带、细晶岩、细粒花岗岩、煌斑岩等后期侵入的脉状岩脉挤压裂隙密集带中，从抽水试验资料分析，该区构造裂隙水呈脉状、带状产出，分布不均，富水性较差。地下水主流向为自东北流向西南，受地层渗透性影响，地下水径流量不大，丰水期测得钻孔稳定水位埋深为 3.50～8.80 m，稳定水位高程为 6.58～11.10 m；平水期测得钻孔稳定水位埋深为 2.70～10.50 m，稳定水位高程为 4.80～13.61 m。

中山公园站为两层暗挖车站，全长均为减震断面。汇中区间采用暗挖矿山法施工。车站埋置深度为 10～12 m，围岩级别为Ⅳ～Ⅴ，属大断面浅埋隧道，采用直墙单拱暗挖断面，拱盖法施工、钻爆法开挖。中山公园站主体隧道施工步序如图 4-106 所示。

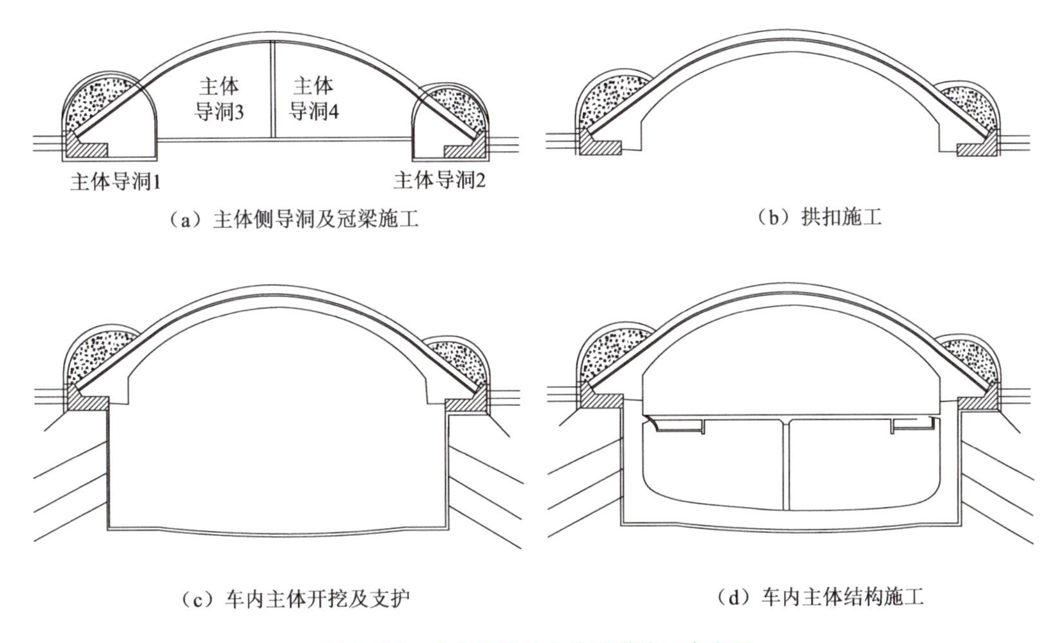

（a）主体侧导洞及冠梁施工　　（b）拱扣施工

（c）车内主体开挖及支护　　（d）车内主体结构施工

图 4-106　中山公园站主体隧道施工步序图

根据地质地层及地面建筑物情况，本车站主体采用拱盖法（暗挖）施工，属于大断面隧道开挖，施工时通过车站两端风井作为暗挖主体结构的施工竖井，从两端向车站中心施工。拱盖法施工时，将隧道断面分为上、下两部分开挖，上半部分采用双侧壁导坑法开挖，每部施工时，先进行超前支护，然后进行掘进并施作初期支护；下半部分开挖时，先对下半部分中间进行放坡开挖，然后再对两侧围岩进行开挖，并及时施作初期支护；形成整个断面后，敷设防水层，施作二次衬砌混凝土。待主体结构完成后，施作车站所有附属结构，即出入口及风亭，采用明挖法施工，混凝土结构采用搭架现浇的方法进行。

中山公园车站所处地貌类型为山前侵蚀堆积，地形变化不大。站址区地层分布自上而下依次为第四系杂填土及粉质黏土、强风化花岗岩、中风化花岗岩和微风化花岗岩，其中第四系地层浅处厚 0～8 m，深处厚 0～15 m，强风化层厚 5～13 m，中风化层厚 5～13 m，地层分界线起伏较大。车站宽 19.2 m，埋深 13～15 m。车站主体隧道地表沉降统计情况见表 4-48。

由表 4-48 可见，中山公园站主体隧道开挖引起的地表沉降最大值为 71.54 mm，最小值为 17.31 mm，平均值 38.75 mm。中山公园车站工程实施效果表明，在力学特征差异显著的上土下岩二元地层条件下采用暗挖法修建地铁隧道，相对于隧道拱顶上部处于岩质地层，当隧道拱顶上部处于土质地层时，隧道施工对周边地层影响较大。

表 4-48　中山公园车站隧道地表沉降值统计(mm)

样本数(个)	总体概况		区间分布所占百分比(%)					
	变动范围	平均值	<20	20～30	30～40	40～50	50～60	>60
61	17.31～71.54	38.75	6.56	19.67	31.15	22.95	13.11	6.56

小　结

覆岩厚度是上土下岩二元地层地铁隧道围岩自稳性分析中的一个重要指标，与地铁隧道安全性、经济性、工期影响、环境影响等诸多因素密切相关。本章针对地层物理力学参数差异显著的上土下岩二元地层地铁隧道这一工程类型的围岩自稳问题，基于充分发挥坚硬岩层良好自稳特征的工程理念，从工程实践出发，综合采用理论分析、数值计算、反演分析等多种手段对上土下岩二元地层地铁隧道围岩自稳进行了系统研究。本章得到如下主要研究成果：

(1)系统阐述了上土下岩二元地层地铁隧道特有的开挖支护及围岩稳定性特征；构建了基于充分发挥围岩自稳能力理念的上土下岩二元地层地铁隧道合理覆岩厚度通用分析模型；揭示了上土下岩地层地铁隧道围岩稳定性随埋深及覆岩厚度变化规律；提出了覆岩厚度是衡量上土下岩二元地层地铁隧道围岩自稳特征重要指标的理念。

(2)揭示了地铁隧道围岩自稳特征随埋深增加呈现“低自稳区—高自稳区—低自稳区”三个空间梯度的分布特征；提出了地铁隧道开发难易程度地层空间分布区域的概念。探讨了覆土厚度和开挖跨度对上土下岩二元地层地铁隧道围岩自稳特征的影响规律；绘制了地铁沿线隧道围岩自稳区域空间分布图，为工程应用提供了技术指导和案例支持。

(3)提出了地铁隧道围岩自稳最小覆岩厚度的概念，揭示了上土下岩二元地层地铁隧道围岩自稳最小覆岩厚度随上覆土层地层厚度和隧道开挖跨度的变化规律，并绘制了三者间的三维空间分布图，得到了基于土层地层厚度和开挖跨度两个因变量的地铁隧道围岩自稳最小覆岩厚度数学拟合方程式。

(4)提出了地铁隧道围岩自稳最佳覆岩厚度的概念，揭示了上土下岩二元地层地铁隧道围岩自稳最佳覆岩厚度随上覆土层地层厚度和隧道开挖跨度的变化规律，并绘制了三者间三维空间分布图，得到了基于上覆土层地层厚度和开挖跨度两个因变量的地铁隧道围岩自稳最佳覆岩厚度数学拟合方程式。

(5)结合上土下岩二元地层地铁隧道典型案例工程实践，展示了覆岩厚度作为衡量上土下岩二元地层地铁隧道围岩自稳特征指标的重要作用，为基于充分发挥岩土体自稳能力的上土下岩二元地层地铁隧道设计施工提供了参考依据和案例支持。

参考文献

[1] 张顶立. 隧道及地下工程的基本问题及其研究进展[J].力学学报,2017,49(1):3-21.
[2] 关宝树. 矿山法施工关键技术研究[M].北京:人民交通出版社,2016.
[3] 关宝树. 隧道工程施工要点集[M].北京:人民交通出版社,2011.
[4] 关宝树. 隧道工程设计要点集[M].北京:人民交通出版社,2003.
[5] 李志业,曾艳华. 地下结构设计原理与方法[M].成都:西南交通大学出版社,2003.
[6] 郑颖人,朱合华,方正昌,等. 地下工程围岩稳定性分析与设计理论[M].北京:人民交通出版社,2012.
[7] 徐干成,白洪才,郑颖人,等. 地下工程支护结构[M].北京:中国水利水电出版社,2001.
[8] 孙凡文,张顶立,方黄城. 浅埋隧道开挖扰动下含空洞地层位移响应解析[J].中南大学学报(自然科学版),2023,54(3):1109-1120.
[9] 石雷,吴勇,郭剑锋. 地面荷载和衬砌支护作用下浅埋隧道的围岩应力解[J].长江科学院报,2020,37(12):105-111.
[10] 杨公标,张成平,蔡义,等. 考虑重力影响的含空洞地层浅埋隧道围岩应力及位移解析解[J].中国公路学报,2020,33(3):119-131.
[11] 安建永,项彦勇,安付军,等.浅埋隧道施工对地表沉降影响的简化解析计算[J].地下空间与工程学报,2017,13(1):184-189.
[12] 宋浩然,张顶立,房倩. 地面荷载及围岩自重作用下浅埋隧道的围岩应力解[J].中国铁道科学,2015,36(5):54-60.
[13] 韩凯航,张成平,王梦恕. 浅埋隧道围岩应力及位移的显式解析解[J].岩土工程学报,2014,36(12):2253-2259.
[14] 王志良,申林方,姚激,等. 浅埋隧道围岩应力场的计算复变函数求解法[J].岩土力学,2010,31(增刊1):86-90.
[15] 房营光,孙钧. 地面荷载下浅埋隧道围岩的粘弹性应力和变形分析[J].岩石力学与工程学报,1998(3):239-247.
[16] 陆文超,仲政,王旭. 浅埋隧道围岩应力场的解析解[J].力学季刊,2003(1):50-54.
[17] 郑颖人,孔亮,阿比尔的. 强度理论与数值极限分析[M].北京:科学出版社,2020.
[18] 郑颖人,阿比尔的. 岩质隧道围岩稳定分析与分级研讨[J].现代隧道技术,2022,59(1):1-13.
[19] 唐晓松,郑颖人,王永甫. 有限元强度折减法在隧道施工稳定分析与控制中的应用[J].现代隧道技术,2020,57(3):49-55.
[20] 郑颖人,王永甫. 隧洞围岩稳定分析及其设计方法[J].隧道与地下工程灾害防治,2019,1(4):1-12.
[21] 邱陈瑜,郑颖人,张艳涛,等. 岩质隧道深浅埋划分方法及判别标准探讨[J].现代隧道技术,2019,56(1):14-21.
[22] 王永甫,唐晓松,郑颖人,等. 重庆轨道交通工程岩质围岩分级方法研究[J].地下空间与工程学报,2017,13(增刊1):40-47.
[23] 丛宇,郭徽,郑颖人,等. 岩石地铁工程的围岩分级方法研究[J].现代隧道技术,2016,53(3):33-41.
[24] 郑颖人,邱陈瑜. 普氏压力拱理论的局限性[J].现代隧道技术,2016,53(2):1-8.
[25] 阿比尔的,郑颖人,冯夏庭,等. 应力释放后隧道稳定安全系数研究[J].现代隧道技术,2016,53(2):70-76.
[26] 阿比尔的,郑颖人,冯夏庭,等. 隧道特征线法的修正与发展[J].岩石力学与工程学报,2015,34(增刊1):3067-3073.
[27] 李炎延,郑颖人,康楠. 隧洞稳定性影响因素的敏感性分析[J].地下空间与工程学报,2015,11(2):491-498.

[28] 王永甫,唐晓松,郑颖人,等. 岩体节理对隧道开挖稳定性影响的数值分析[J].岩土工程学报,2013,35(增刊2):207-211.
[29] 郑颖人,阿比尔的,向钰周. 隧道稳定性分析与设计方法讲座之三:隧道设计理念与方法[J].隧道建设,2013,33(8):619-625.
[30] 郑颖人,丛宇. 隧道稳定性分析与设计方法讲座之二:隧道围岩稳定性分析及其判据[J].隧道建设,2013,33(7):531-536.
[31] 郑颖人,王永甫. 隧道稳定性分析与设计方法讲座之一:隧道围岩压力理论进展与破坏机制研究[J].隧道建设,2013,33(6):423-430.
[32] 郑颖人. 地下工程稳定与设计的极限分析法[C]//中国工程院.重大地下工程安全建设与风险管理:国际工程科技发展战略高端论坛论文集.北京:高等教育出版社,2012:10-16.
[33] 郑颖人.有限元极限分析法在隧洞工程中的应用[J].重庆交通大学学报(自然科学版),2011,30(增刊2):1127-1137.
[34] 郑颖人. 有限元极限分析法在隧洞工程中的应用[C]// Proceedings of third China-Japan Workshop on Tunnelling Safety & Risk(CJTSR2011),2011.
[35] 杨臻,郑颖人,张红,等.岩质隧洞围岩稳定性分析与强度参数的探讨[J].地下空间与工程学报,2009,5(2):283-290.
[36] 卢伟,王薇,陶豪杰.基于双强度折减法的浅埋偏压隧道安全性与破坏模式研究[J].安全与环境学报,2020,20(2):447-456.
[37] 杜俊,梅志荣,傅立磊,等.基于强度折减法的浅埋软弱围岩隧道掌子面稳定性研究[J].现代隧道技术,2020,57(1):51-57.
[38] 刘雨萌,张俊儒,何冠男,等. 基于强度折减法的高铁隧道全断面机械化作业围岩稳定性分析及支护优化研究[J].隧道建设(中英文),2022,42(3):451-462.
[39] 孙振宇,张顶立,侯艳娟,等. 基于现场实测数据统计的隧道围岩全过程变形规律及稳定性判据确定[J].岩土工程学报,2021,43(7):1261-1270.
[40] 张顶立,曹利强,房倩. 城市隧道施工的环境力学响应预测及动态控制[J].北京交通大学学报,2021,45(4):1-8.
[41] 张顶立,方黄城,陈立平,等. 隧道支护结构体系的刚度设计理论[J].岩石力学与工程学报,2021,40(4):649-662.
[42] 张顶立,孙振宇. 复杂隧道围岩结构稳定性及其控制[J].水力发电学报,2018,37(2):1-11.
[43] 张顶立,台启民,房倩. 复杂隧道围岩安全性及其评价方法[J].岩石力学与工程学报,2017,36(2):270-296.
[44] 张顶立,李倩倩,房倩,等. 隧道施工影响下城市复杂地层的变形机制及预测方法[J].岩石力学与工程学报,2014,33(12):2504-2516.
[45] 房倩,粟威,张顶立,等. 基于现场监测数据的隧道围岩变形特征研究[J]. 岩石力学与工程学报,2016,35(9):1884-1897.
[46] 温嘉琦,汤雷. 地下工程建设围岩安全控制的技术核心:围岩失稳判据研究综述[J].华北水利水电大学学报(自然科学版),2022,43(6):60-70.
[47] 施成华,彭立敏,雷明锋. 浅埋隧道施工地层变形时空统一预测理论与应用[M].北京:科学出版社,2010.
[48] 阳军生,刘宝琛. 城市隧道施工引起的地表移动及变形[M].北京:中国铁道出版社,2002.
[49] 吴波. 城市地下工程技术研究与实践[M].北京:中国铁道出版社,2008.
[50] 齐震明,李鹏飞. 地铁区间浅埋暗挖隧道地表沉降的控制标准[J].北京交通大学学报,2010,34(3):117-121.
[51] 岳广学,何平,蔡炜. 隧道开挖过程中地层变形的统计分析[J].岩石力学与工程学报,2007,26(增刊

2):3793-3803.

[52] ZHU X G . The research reviewed of subway construction impact on stratum deformation law[J]. Applied Mechanics and Materials, 2014,670:474-478.

[53] MAZEK S A. Evaluation of surface displacement equation due to tunneling in cohesionless soil[J]. Geomechanics and Engineering, 2014,7(1):55-73.

[54] MOHAMMADI S D,NASERI F,ALIPOOR S.Development of artificial neural networks and multiple regression models for the NATM tunneling-induced settlement in Niayesh subway tunnel,Tehran[J]. Bulletin of Engineering Geology and the Environment, 2015,74(3):827-843.

[55] HAMID C, YILMAZ O, BAHTIYAR U. Investigation of ground surface settlement in twin tunnels driven with EPBM in urban area[J]. Arabian Journal of Geosciences, 2015,8(9):7655-7666.

[56] XIEX Y,YANG Y B,JI M.Analysis of ground surface settlement induced by the construction of a large-diameter shield-driven tunnel in Shanghai,China[J]. Tunnelling and Underground Space Technology, 2016,51:120-132.

[57] WANGF, GOU B C,ZHANG Q L .Evaluation of ground settlement in response to shield penetration using numberical and statistical methods:a metro tunnel construction case[J]. Structure and infrastructure Engineering, 2016,12(9):1024-1037.

[58] ZHUC H,LI N. Prediction and analysis of surface settlement due to shield tunneling for Xi'an Metro [J]. Canadian Geotechnical Journal, 2017,54(4):529-546.

[59] CARIES C, OLGA S, DANIEl S, etc.Probabilistic approach to assessing and monitoring settlements caused by tunneling[J]. Tunnelling and Underground Space Technology, 2016,51:313-325.

[60] 凌复华.突变理论:历史、现状和展望[J].力学进展,1984,14(4):389-404.

[61] 付成华,陈胜宏. 基于突变理论的地下工程洞室围岩失稳判据研究[J]. 岩土力学,2008,29(1):167-172.

[62] 华成亚,赵旭. 基于突变理论的隧道失稳判据研究[J]. 科学技术与工程,2015,15(33):85-91.

[63] 穆成林,裴向军,黄润秋,等. 基于尖点突变理论的层状围岩失稳判据研究[J]. 煤矿安全,2016,41(17):36-40.

[64] 穆成林,裴向军,路军富,等. 基于尖点突变模型巷道层状围岩失稳机制及判据研究[J]. 煤矿学报,2017,42(6):1429-1435.

[65] XIA C C,XU C B,ZHAO X. Study on the strength reduction DDA method and its application to mountain tunnel [J]. International Journal of Computational Methods,2012,9(3):1-13.

[66] REN S,WANG Z,JIANG D Y,et al. Study on the catastrophe model of the surrounding rock and simulating the constructing process by DEM in Gonghe Tunnel [C]//2013 Third International Conference on Intelligent System Design and Engineering Applications,2013:1355-1357.

[67] ZHANG C P,HAN K H. Collapsed shape of shallow unlined tunnels based on functional catastrophe theory[J].Mathematical Problems in Engineering,2015:681257.

[68] ZHANG R,XIAO H B,LI W T . Functional catastrophe analysis of collapse mechanism for shallow tunnels with considering settlement[J].Mathematical Problems in Engineering,2016:4820716.

[69] HUANG X L,ZHANG R. Catastrophe stability analysis for shallow tunnels considering settlement[J]. Journal of Central South University, 2018,25: 949-960.

[70] ZHANG C P,HAN K H. Collapsed shape of shallow unlined tunnels based on functional catastrophe theory[J].Mathematical Problems in Engineering,2015:681257.

[71] 邹洋,彭立敏,张智勇,等.基于突变理论的岩溶隧道拱顶安全厚度分析与失稳预测[J].铁道科学与工程学报,2021,18(10):2651-2659.

[72] 陈舞,岳克栋,王浩,等.基于突变理论的隧道洞口浅埋段软弱围岩失稳分析方法[J].中国铁道科学,

2021,42(4):69-77.

[73] 张建伟,李香瑞,严鹏,等.基于尖点突变理论和 MWMPE 的围岩稳定监测[J].振动、测试与诊断,2021,41(6):1199-1205.

[74] 林明才,蒋雅君,杨其新,等.基于隧道断面相对变形率判定围岩稳定性的研究[J].地下空间与工程学报,2021,17(3):872-882.

[75] 苏永华,肖峰. 基于突变理论的隧道自稳能力量化研究[J].公路工程,2020,45(5):63-67.

[76] 徐东强,李彦奇,燕鹏. 隧道不同开挖方式初期支护极限位移值[J].工业建筑,2018,48(2):110-115.

[77] 徐东强,燕鹏,李彦奇,等. 公路山岭隧道初期支护极限相对位移的确定[J].隧道建设,2017,37(9):1083-1089.

[78] 刘小俊,蒋雅君,陶双江,等.基于隧道断面面积变化的围岩稳定性判别[J].铁道标准设计,2017,61(3):119-123.

[79] 吴庆发. 基于尖点突变理论的围岩稳定性分析[J].筑路机械与施工机械化,2017,34(2):67-70.

[80] 于本福,闫相祯,杨秀娟. 基于突变理论的水封储油洞室稳定性分析[J].地下空间与工程学报,2016,12(6):1570-1576.

[81] 徐海清,陈亮,王炜,等. 软岩隧道围岩塌方的尖点突变预测分析[J].铁道工程学报,2016,33(11):97-101.

[82] 李业学,刘建锋,曹连涛. 围岩突变的时空预测研究[J].四川大学学报(工程科学版),2011,43(3):61-67.

[83] 刘会波,肖明,陈俊涛. 岩体地下工程局部围岩失稳的能量耗散突变判据[J].武汉大学学报(工学版),2011,44(2):202-206.

[84] 马莎,肖明. 基于突变理论和监测位移的地下洞室稳定评判方法[J].岩石力学与工程学报,2010,29(增刊2):3812-3819.

[85] 宫凤强,李夕兵,高科. 地下工程围岩稳定性分类的突变级数法研究[J].中南大学学报(自然科学版),2008,39(5):1081-1086.

[86] 赵常洲,李占强,魏风华,等. 地下工程中支架和围岩相互作用的突变模型[J].岩土力学,2005(增刊1):17-20.

[87] 李术才,徐帮树,蔚立元. 钻爆法施工的海底隧道最小岩石覆盖厚度确定方法 [M].北京:科学出版社,2013.

[88] 蔚立元. 水下隧道围岩稳定性研究及其覆盖层厚度确定[D].济南:山东大学,2010.

[89] 公铭. 数值方法确定海底隧道岩石覆盖层厚度的判别准则研究[D].济南:山东大学,2012.

5 结论及展望

针对近年来新出现的一种大规模处于物理力学特征差异显著的上土下岩二元地层结构中的地铁地下工程岩土体自稳问题，本书立足于充分发挥地下工程岩土体自稳能力的理念，综合采用理论分析、数值计算、原位测试、统计分析等多种研究手段，构建了上土下岩二元地层地铁地下工程岩土体自稳特征分析模型；揭示了上土下岩二元地层地铁地下工程岩土体自稳特征分布规律；提出了上土下岩二元地层地铁地下工程岩土体自稳特征评判指标；展示了上土下岩二元地层地铁地下工程岩土体自稳特征典型应用案例；形成了上土下岩二元地层地铁地下工程岩土体自稳特征研究理论体系。本书取得了如下的主要研究成果：

(1)揭示了依托地铁工程线路沿线地层厚度分布特征，分析了地铁线路沿线地层岩土体物理力学性能，构建了地铁线路沿线上土下岩二元地层结构分布模型，为上土下岩二元地层地铁地下工程岩土体自稳特征研究奠定了坚实的物质基础和理论依据。依托工程两条地铁沿线 49.2 km 线路 3 227 个地质勘测孔样本资料统计分析结果显示，第四系地层平均厚度 5.1 m，其中 80%处于 9.0 m 以内，90%处于 12 m 以内；强风化层平均厚度约 5.0 m，其中 80%处于 10.0 m 以内，90%处于 15 m 以内；中风化层平均厚度 5.1 m，其中 80%处于 9.0 m 以内，90%处于 12 m 以内。地铁线路沿线第四系土质地层与岩质地层黏聚力和弹性模量等关键力学参数相差均为三个数量级，地铁线路沿线地层分布具有显著的上土下岩二元地层结构特征。

(2)揭示了上土下岩二元地层地铁深基坑直立侧壁自稳特征变化规律；提出了直立土壁高度和直立岩壁高度作为上土下岩二元地层深基坑的独立评价指标。上土下岩二元地层按均质岩土体考虑时，地铁深基坑直立侧壁整体自稳特征几乎不受基底以下覆土层厚度和基底以上岩体厚度影响；基坑潜在破裂部位均位于上部土层开挖深度范围内，潜在破裂面近似呈圆弧状，并由基坑侧壁顶部外侧贯通至基底或基坑侧壁土岩分界点，基坑直立侧壁破坏机理与均质土体基坑侧壁基本一致；基坑在上覆土层中开挖时基坑安全系数随开挖深度的增大不断降低，当开挖深度进入下覆岩层安全系数几乎不变；开挖深度不适合作为上土下岩二元地层深基坑稳定性特征的衡量指标。

(3)提出了上土下岩二元地层深基坑工程直立岩壁自稳临界高度的概念；揭示了内倾岩体结构面倾角是影响上土下岩二元地层地铁深基坑直立岩壁自稳临界安全高度最强烈的控制因素。上土下岩二元地层地铁深基坑坑直立岩壁的整体稳定性主要由内倾结构面控制，深基坑直立岩壁自稳临界安全高度随岩体结构面内倾角逐渐增大呈现出先急剧减小后缓慢减小再缓慢增大最后再急剧增大的整体变化趋势，存在最小极限值。上土下岩二元地层无内倾结构面的地铁深基坑坑直立岩壁自稳性能良好，在基坑开挖深度范围内一般可认为其直立岩壁均满足自稳要求。

(4)明确了上土下岩二元地层地铁深基坑独特的自稳区域空间分布类型及分布特征。

依据上土下岩二元地层地铁深基坑侧壁岩土体地层自稳程度将其划分为土壁非自稳＋岩壁非自稳（USR-S＋USR-R）、土壁非自稳＋岩壁自稳（USR-S＋SR-R）、土壁自稳＋岩壁自稳（SR-S＋SR-R）三种类型；结合典型案例工程实践详细阐述了上土下岩二元地层地铁车站主体工程深基坑工程场地地层分布特征、支护结构特征、施工过程监测及工程实施效果分析等，为上土下岩二元地层地铁深基坑设计施工提供了参考依据和案例支持。

（5）阐述了上土下岩二元地层地铁隧道围岩稳定性特征；构建了基于充分发挥围岩自稳能力理念的上土下岩二元地层地铁隧道合理覆岩厚度通用分析模型；揭示了上土下岩地层地铁隧道围岩稳定性随埋深及覆岩厚度变化规律；提出了覆岩厚度是衡量上土下岩二元地层地铁隧道围岩自稳特征重要指标的理念。

（6）揭示了地铁隧道围岩自稳特征随埋深增加呈现“低自稳区—高自稳区—低自稳区”三个空间梯度的分布特征；提出了地铁隧道开发难易程度地层空间分布区域的概念。探讨了覆土厚度和开挖跨度对上土下岩二元地层地铁隧道围岩自稳特征的影响规律；绘制了地铁沿线隧道围岩自稳区域空间分布图，为工程应用提供了技术指导和案例支持。

（7）提出了上土下岩二元地层地铁隧道围岩自稳最小覆岩厚度和地铁隧道围岩自稳最佳覆岩厚度的概念；揭示了地铁隧道围岩自稳最小覆岩厚度及地铁隧道围岩自稳最佳覆岩厚度随上覆土层厚度地层厚度和隧道开挖跨度的变化规律，并分别得到了基于上覆土层地层厚度和隧道开挖跨度两个因变量下的地铁隧道围岩自稳最小覆岩厚度和地铁隧道围岩自稳最佳覆岩厚度数学拟合方程式；结合上土下岩二元地层地铁隧道典型案例工程实践，展示了覆岩厚度作为衡量上土下岩二元地层地铁隧道围岩自稳特征指标的重要作用，为基于充分发挥围岩自稳能力的上土下岩二元地层地铁隧道设计施工提供了参考依据和案例支持。

上土下岩二元地层地铁地下工程岩土体自稳特征研究是一项复杂的系统工程，涉及城市轨道交通工程、基坑工程、隧道工程、工程地质学、岩体力学、土力学等诸多学科领域。目前国内外尚未开展上土下岩二元地层地铁地下工程岩土体自稳特征专项研究。本书结合青岛地铁沿线上土下岩二元地层工程建设实践，从上土下岩二元地层地铁深基坑直立侧壁自稳高度和地铁隧道围岩自稳覆岩厚度两个方面对上土下岩二元地层地铁地下工程岩土体自稳特征进行了有益的尝试和探索。下一步，可进一步结合地质环境特征和人类活动特征，综合考虑地震动力学特征、地铁列车振动特征等诸多因素，对上土下岩二元地层地铁地下工程岩土体自稳特征进行更深入系统地研究。